土力学与基础工程

董晓丽　主　编
李文利　副主编

清华大学出版社
北京交通大学出版社
·北京·

内 容 简 介

本教材是一本供土木工程专业开设的“土力学与基础工程”课程或“土力学”和“基础工程”课程用的教科书。本书系统阐述了土的性质及工程分类、地基的应力和沉降计算、土的抗剪强度、土压力及挡土墙和土坡稳定分析；重点讨论了浅基础、桩基础的常规设计计算；简要介绍了我国目前常用的各种软土地基处理技术。

本书由浅入深，概念清楚、层次分明、重点突出、理论联系实际，既可作为高等学校土木工程专业本科学生的的教材，也可作为建筑工程类大中专学生的教材，或供土木工程（包括建筑工程、公路桥梁工程等）技术人员阅读参考。

图书在版编目（CIP）数据

土力学与基础工程/董晓丽主编. —北京：清华大学出版社；北京交通大学出版社，2009.6（2017.1重印）

ISBN 978－7－81123－675－0

Ⅰ. 土…　Ⅱ. 董…　Ⅲ. ① 土力学-高等学校-教材　② 基础（工程）-高等学校-教材　Ⅳ. TU4

中国版本图书馆CIP数据核字（2009）第093738号

责任编辑：杨正泽
出版发行：清 华 大 学 出 版 社　邮编：100084　电话：010－62776969
　　　　　北京交通大学出版社　邮编：100044　电话：010－51686414
印 刷 者：北京交大印刷厂
经　　销：全国新华书店
开　　本：185×230　印张：18.25　字数：410千字
版　　次：2009年7月第1版　2017年1月第4次印刷
书　　号：ISBN 978－7－81123－675－0/TU・44
印　　数：7 001～8 500册　定价：28.00元

本书如有质量问题，请向北京交通大学出版社质监组反映。对您的意见和批评，我们表示欢迎和感谢。
投诉电话：010－51686043，51686008；传真：010－62225406；E-mail：press@bjtu.edu.cn。

前　言

“土力学”与“基础工程”是土木工程专业的主干课程。本教材是按照国家标准《建筑地基基础设计规范》GB 50007—2002等相关规范，并参照全国高等学校土木工程专业指导委员会审定的土力学与地基基础课程教学大纲编写的。

全书共12章，第1～6章为土力学的基本理论，第7、8章为基础工程设计，第9章简要介绍了工程地质勘察方法，第10章介绍了基坑工程常用的几种基坑支护设计计算方法，第11章为特殊土地基，第12章为地基处理的常用方法。本教材由董晓丽担任主编，李文利担任副主编。两位编者均为长期从事一线教学工作，并积累丰富教学经验的教师。

一本适合教学工作的教材，往往要通过反复教学使用，发现其中存在的问题，进行多次修订才能逐步完善。对于本书的错误和不妥之处，欢迎读者批评指正。

编　者

于北京城市学院

目　录

第1章 绪论

本书主要包括两门学科的内容，即土力学与基础工程，前者是土木工程专业的专业基础课，后者是专业课。

本课程属技术基础课，是一门边缘性学科。土力学是力学的一个分支；基础工程则涉及结构设计和施工技术。本课程所涉及的邻近学科很多，如弹性理论、塑性理论、水力学及地下水动力学、材料力学、结构力学、工程地质与水文地质、勘察和土工试验技术等，它在土木、道桥、水利等有关专业中占有重要的地位。

1.1 地基、基础及土力学的基本概念

1.1.1 地基定义及分类

任何建筑物都建造在一定的地层（土层或岩层）上，通常把直接承受建筑物荷载影响的地层称为地基（见图1-1）。地基分为天然地基和人工地基。

1. 天然地基

地质情况良好，未加处理就可满足设计要求的地基称为天然地基。

承载能力和抗变形能力是地层能否作为天然地基的基本要求。承载能力要求是指该地层必须具有足够的强度和稳定性以及相应的安全储备；抗变形能力要求是指该地层承受建筑物荷载后不能产生过量的沉降和过大的不均匀沉降。

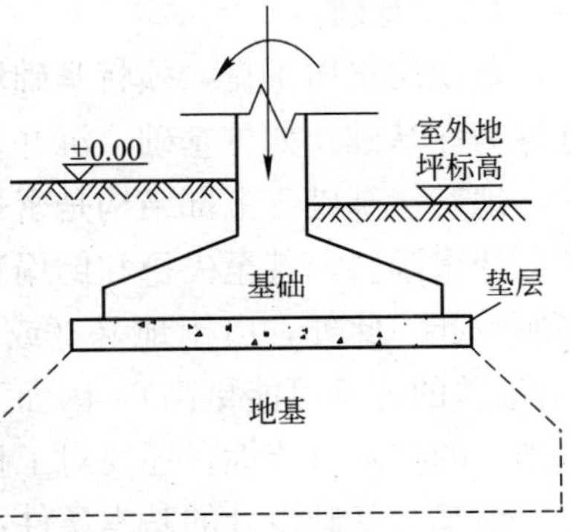

图1-1 地基及基础示意

2. 人工地基

软弱、承载力不能满足设计要求，需进行加固处理的地基称为人工地基。如换填法处理、排水固结法处理地基等属人工处理地基。

1.1.2 基础的定义

基础是将建筑物承受的各种荷载传递给地基上的实体结构（见图 1－1）。由于地层土的压缩性大，强度低而不能直接承担通过墙和柱等竖向传力构件传来的建筑物的上部结构荷载，所以只能在竖向传力构件（墙和柱等）等直接与地基的接触处设置一层尺寸大于墙或柱断面的结构将荷载扩散后安全地传递给地基。图 1－2 所示为一桥梁结构，桥梁荷载通过桥墩传递给基础，再通过基础传递给地基。

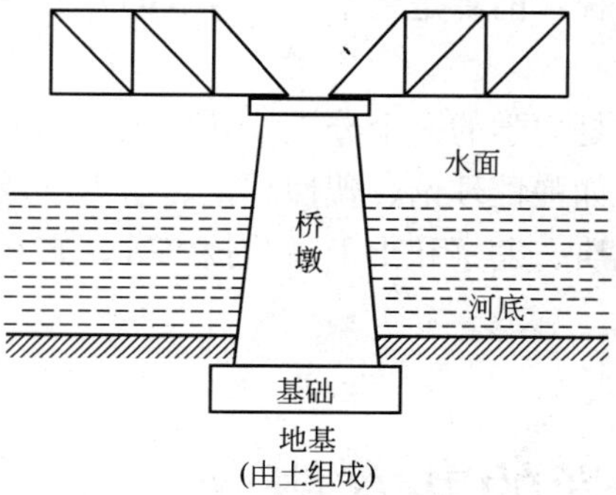

图 1－2　桥墩下基础示意

基础是连接上部结构与地基的结构构件，基础应符合上部结构使用要求。基础按埋置深度和传力方式可分为浅基础和深基础。

1. 浅基础

若基础埋深不大（一般浅于 5 米），只需经过挖槽、排水等普通的施工程序就可建造起来的基础称为浅基础。浅基础按结构形式分为：独立基础、条形基础、板式基础、筏式基础、箱形基础、壳体基础等。由于浅基础施工简单，造价低，不需要特殊的施工机具和施工方法，因此，在选择基础方案时应优先选用浅基础。

2. 深基础

若浅层土质不良，须将基础埋置于较深的良好土层，并需借助特殊的施工方法建造的基础称为深基础。如桩基础、沉井基础、地下连续墙等。

地基—基础—上部结构是密切相关的整体（见图 1－3）。一些建筑物的失效（建筑物开裂、严重倾斜，甚至失稳和倒塌），常由于对地基土的性状缺乏了解或由于地基工程设计不当所引起。此外，由于地基（或基础）方面的费用较大，一般占建筑总费用的 8%～30%（对很差的地基可能更高），因而工程人员也应对此予以极大的关注，不但对地基处理（或深基础）的技术可能性，还要对工程的经济性进行考虑。

地基与基础设计的基本条件：

- 作用于地基上的荷载效应不得超过地基容许承载力值。
- 基础沉降不得超过地基变形容许值。
- 具有足够防止失稳破坏的安全储备。

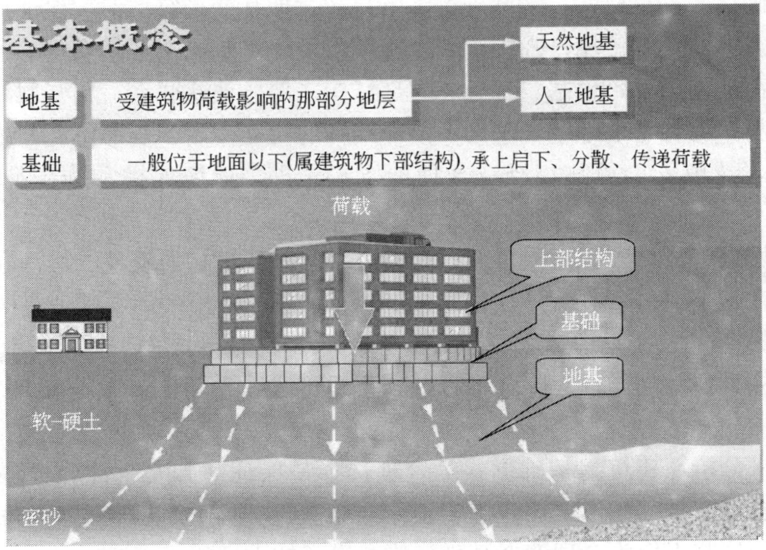

图1-3 地基、基础关系示意图

1.1.3 土力学的定义和研究对象

土力学是工程力学的一个分支，是利用力学的基本原理研究土的物理性质和土的应力、变形、强度、稳定、渗透性及其随时间的变化规律的学科。

由于土力学研究的对象“土”是散粒体属于三相体系，其力学性质与一般材料不同，在解决土工问题时，土力学很难像其他力学学科一样具备系统的理论和严密的数学公式，土力学常常要借助于工程实践经验的积累、现场试验以及室内土工实验来分析，所以，土力学是一门依赖于实践、理论与实际紧密结合的学科。

本课程主要阐述土力学的基本原理及其应用，土的工程性质和有关勘察的基本知识，以及土的一些试验技术原理和土工指标取值方法等内容。

1.2 地基基础在工程中的地位及重要性

基础工程是研究基础或包含基础的地下结构设计与施工的一门科学，既是结构工程中的一部分，又是独立的地基基础工程。基础设计与施工也就是地基基础设计与施工。其设计必须满足三个基本条件：①作用于地基上的荷载效应（基底压应力）不得超过地基容许承载力或地基承载力特征值，保证建筑物不因地基承载力不足造成整体破坏或影响正常使用，具有足够防止整体破坏的安全储备；②基础沉降不得超过地基变形容许值，保证建筑物不因地基变形而损坏或影响其正常使用；③挡土墙、边坡以及地基基础保证具有足够的防止失稳破坏的安全储备。荷载作用下，地基、基础和上部结构三部分彼此联系、相互制约。设计时应根据地质勘察资料，综合考虑地基—基础—上部结构的相互作用、变形协调与施工条件，进行经济技术比较，选取安全可靠、经济合理、技术先进、环境保护和施工简便的地基基础方案。

基础工程勘察、设计和施工质量的好坏将直接影响建筑物的安危、经济和正常使用。基础工程施工常在地下或水下进行，往往需挡土挡水，施工难度大，在一般高层建筑中，其造价约占总造价的25%，工期占25%～30%。若需采用深基础或人工地基，其造价和工期所占比例更大。注意：基础工程为隐蔽工程，施工难度大，造价高，工期长，失事难以处理，应慎重处理。

从合理性来分析，建筑物基础形式的合理选择是保证基础安全性和经济性的关键。但是，如何做到合理选择基础形式还有许多工作要做。近20年来的研究国内外提出了许多新型的基础形式，这些工作为合理选择基础形式提供了技术支持。

随着大型、重型、高层建筑和大跨径桥梁等的日益增多，在基础工程设计与施工方面积累了不少成功的经验和工程典范，然而也有不少失败的教训。

1.3 本学科发展概况

土力学始于18世纪兴起工业革命的欧洲。大规模的城市建设和水利、铁路的兴建面临着许多与土相关的问题，促进了土力学理论的产生和发展。1773年，法国库仑（Coulomb）根据试验提出了著名的砂土抗剪强度公式，创立了计算挡土墙土压力的滑楔理论。1869年，英国朗肯（Rankine）从另一途径提出了挡土墙的土压力理论，有力地促进了土体强度理论的发展。此外，法国布森涅斯克（Boussinesq，1885）提出的弹性半空间表面作用竖向集中力的应力和变形的理论解答；瑞蜂兰纽斯（Fellenius，1922）提出的土坡稳定分析法等，这些古典的理论和方法，至今仍不失其理论和实用价值。通过许多学者的不懈努力和经验积累，1925年，美国太沙基（Terzaghi）在归纳发展已有成就基础上，发表了《土力学》一书，他被认为是土力学的奠基人。

从1936年在美国召开的第一届国际土力学与基础工程会议起，土力学与基础工程方面的国际学术交流日益活跃。世界各地包括中国在内的许多国家也都交流和总结了本学科新的研究成果和实践经验，促进了该学科的发展。

基础工程学是一门古老的工程技术和年青的应用科学。远在古代人类就创造了自己的地基基础工艺。如我国都江堰水利工程、举世闻名的万里长城、隋朝南北大运河、黄河大堤、赵州石拱桥以及许许多多遍及全国各地的宏伟壮丽的宫殿寺院、巍然挺立的高塔等，都因奠基牢固，虽经历了无数次强震强风仍安然无恙。又如秦代修筑驰道时采用的“隐以金椎”（《汉书》）路基压实方法；至今常用的石灰桩、灰土、瓦渣垫层和砂垫层等古老的传统地基处理方法。再如北宋初著名木工喻皓建造开封开宝寺木塔时（公元989年），因当地多西北风而将建于饱和土上的塔身向西北倾斜，以借长期风力作用而渐趋复正，克服建筑物地基不均匀沉降。我国木桩基础更是源远流长。如钱塘江南岸发现的河姆渡文化遗址中7000年前打入沼泽地的木桩世所罕见；《水经注》记载的今山西汾水上三十墩柱木柱梁桥（公元前532年），以及秦代的渭桥（公元前221—公元206年，《三辅黄图》）等也都为木桩基础；再如郑州隋朝超化寺打入淤泥的塔基木桩（《法苑珠林》）、杭州湾五代大海塘工程木桩等都是我国古代桩基技术应用的典范。只是当时生产力发展水平所限而未能提炼成系统的科学理论。

1.4 本课程的特点和学习方法

1.4.1 本课程的特点

本课程是土木工程专业的一门主干课程，是一门理论性和实践性均较强的课程。许多内容涉及工程地质学、土力学、结构设计和施工等几个学科领域，内容广泛，综合性、理论性和实践性很强，因此必须很好地掌握好上述先修课程的基本内容和基本原理，为本课程的学习打好基础。

不同地区的地质条件各不相同，不同地区均有许多适应于该地区地质条件的基础形式。换句话说，一个好的地基基础设计方案应在充分了解地质资料，对地基土的特性进行仔细分析并结合土力学知识、基础设计方法和各地区的实践经验后才能得出。

基础工程的设计和施工必须遵循法定的规范、规程。但不同行业有不同的专门规范，且各行业间不尽平衡，土木工程专业的学生培养涉及住房和城乡建设部、交通运输部、铁道部等部门，各部委标准也未完全统一，故本课程所涉及的规范规程比较多。因此，在课堂上讲授和理论学习阶段应以学科知识体系为主，弄清基础工程设计和施工中的主要内容和基本方法；在课程设计中，可根据不同专业方向，使用、熟悉各自的行业规范，进行具体工程的设计实践训练。

本课程具有如下特点和要求。

① 在规划、勘探、设计、施工及使用阶段，地基基础问题是一个最基本的、需要分析和解决好的问题。

② 地基基础属于隐蔽工程，其质量直接影响到结构安全，一旦发生质量问题，处理起

来相当复杂和困难。

③ 地基土的条件千变万化，建筑场地一旦确定，均要根据该场地的地质条件来设计基础，所以通过地质勘探来了解地质条件是必不可少的工作。

④ 地基基础涉及的内容广泛，要有综合的知识。同时，理论知识与实践经验的结合是地基基础课程的又一大特点。地基基础课程与工程力学，建筑材料、建筑结构设计、施工技术、工程地质与土的力学性能等有着密切的关系，应充分掌握上述学科的基本原理和相关关系，做好地基基础的设计与施工工作。

⑤ 本课程的知识更新周期较短。随着科技的发展，涌现了大量新的基础形式和地基基础新技术，这就要求不断学习，求真务实。

1.4.2 学习方法和建议

1. 掌握基本理论和方法

学会运用土力学等基本原理和概念，结合结构设计方法和施工技术，提高分析问题和解决能力。

2. 采用综合的思维方式来学习

要注意到地基基础学科与其他学科的联系，特别是结构设计、抗震设计等。这些学科中有许多概念和方法在地基基础设计时必须用到。

3. 理论与实践必须相结合

教学环节要分理论教学和实践教学，必要时可组织现场教学，参观施工现场。只有通过理论与实践的比较才能逐步提高认识、提高地基基础的设计与施工能力。

第2章 土的物理性质及工程分类

自然界中土的性质是千变万化的，在工程实际中具有意义的往往是固、液、气三相的比例关系，相互作用以及在外力作用下所表现出来的一系列性质。土的物理性质是指三相的质量与体积之间的相互比例关系及固、液二相相互作用表现出来的性质。前者称为土的基本物理性质，主要研究土的密实程度和干湿状况；后者主要研究黏性土的可塑性、胀缩性及透水性等。土的物理性质在一定程度上决定了它的力学性质，其指标在工程计算中常被直接应用。

土的工程分类是岩土工程学中重要的基础理论课题。对种类繁多、性质各异的土，按一定的原则，进行分门别类，给出合适的名称，可以概略评价土的工程性质。

2.1 土的定义及成因

土是岩石在地质作用下经风化、破碎、剥蚀、搬运、沉积等过程的产物，是没有胶结或弱胶结的颗粒堆积物。

组成土的物质可分为固相、液相和气相三种状态。

固相主要是土粒，有时还有粒间胶结物和有机质，它们构成土的骨架；

液相为水及其溶解物；

气相为空气和其他微量气体。

当土骨架之间的孔隙被水充满时，称其为饱和土；当土骨架间孔隙不含水时，称其为干土；而当土的孔隙中既含有水，又有一定量的气体存在时，称其为非饱和土。

土的特征：①散体性，颗粒之间无黏结或弱黏结，存在大量孔隙，可以透水、透气；②多相性，土往往是由固体颗粒、水和气体组成的三相体系，三相之间质和量的变化直接影响它的工程性质；③自然变异性，土是在自然界漫长的地质历史时期演化形成的多矿物组合体，性质复杂，不均匀，且随时间还在不断变化。

2.2 土的组成

为研究方便，工程上把土的固体颗粒、液体水和气体三个部分组成称为土的三相组成。土中颗粒的大小、成分及三相之间的比例关系反映出土的不同性质，如干湿、轻重、松紧、软硬等。这就是土的物理性质。

1. 固体颗粒

1）土粒的矿物成分

固体颗粒的矿物成分可分为两大类，一类是原生矿物，岩石经过物理风化作用形成碎屑物（砾石、砂等），它的矿物成分与母岩相同，颗粒一般较粗，多呈浑圆形、块状或板状，吸附水的能力弱，性质比较稳定，有较好的透水性。常见的有石英、长石、云母等。另一类为次生矿物，岩石受到化学风化作用形成新矿物，颗粒极细，且多呈片状，性质活泼，有较强的吸附水能力，具塑性。常见的有高岭石、伊利石和蒙脱石。

2）土的粒组和颗粒级配

土颗粒的大小直接决定土的性质，土的颗粒的大小通常以粒径表示。为了研究方便，将粒径大小接近、矿物成分和性质相似的土粒归并为若干组别即称为粒组，即某一级粒径的变化范围，如表 2-1 所示。划分粒组的分界尺寸称为界限粒径。

表 2-1 土粒粒组划分

粒组名称		粒径范围/mm	一般特征
漂石或块石颗粒		＞200	透水性很大，无黏性，无毛细水
卵石或碎石颗粒		200～60	
圆砾或角砾颗粒	粗	60～20	透水性大，无黏性，毛细水上升高度不超过粒径大小
	中	20～5	
	细	5～2	
砂粒	粗	2～0.5	易透水，当混入云母等杂质时透水性减小，而压缩性增加，无黏性，遇水不膨胀，干燥时松散，毛细水上升高度不大，随粒径变小而增大
	中	0.5～0.25	
	细	0.25～0.1	
	极细	0.1～0.075	
粉粒	粗	0.075～0.01	透水性小，湿时稍有黏性，遇水膨胀小，干时稍有收缩，毛细水上升高度较大较快，极易出现冻胀现象
	细	0.01～0.005	
黏粒		＜0.005	透水性很小，湿时有黏性、可塑性，遇水膨胀大，干时收缩显著，毛细水上升高度大，但速度较慢

土粒的大小及其组成通常以土中各个粒组的相对含量（各粒组占土粒总量的百分数）来表示，称为土的颗粒级配。

土的颗粒级配可通过土的颗粒分析试验测定，不同类型的土，采用不同的分析方法。粗粒土采用筛析法，细粒土采用比重计法。

筛析法：对于粒径大于 0.075 mm 的粗粒土，可用筛析法测定粒度成分。试验时将风干、分散的代表性土样通过一套孔径不等的标准筛（20 mm、2 mm、0.5 mm、0.25 mm、0.1 mm、0.075 mm），称出留在各个筛子上的土的质量，即可求出各个粗粒组在土样中的相对含量。

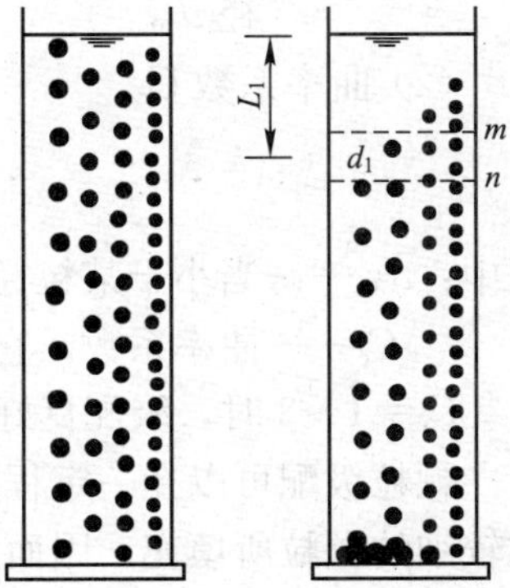

图 2－1　土颗粒在水中下沉示意

比重计法：粒径小于 0.075 mm 的粉粒或黏粒难以筛分，一般可根据土粒在水中匀速下沉时的速度与粒径的理论关系（见图 2－1），用比重计法或移液管法测定。

根据颗粒大小分析试验结果，可以绘制颗粒级配累积曲线（见图 2－2），其横坐标表示粒径，宜采用对数坐标表示；纵坐标则表示小于（或大于）某粒径的土重含量，或称累计百分含量。

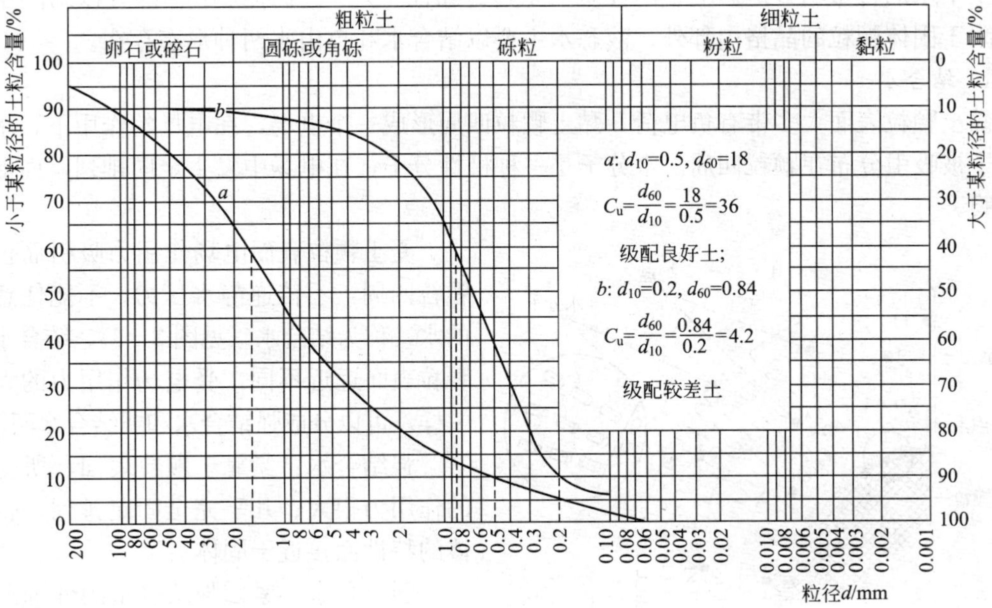

图 2－2　颗粒级配累计曲线

由曲线的坡度可以大致判断土的均匀程度。如曲线越陡，则表示粒径大小相差不多，土粒越均匀，即级配不良；反之，曲线平缓，则表示粒径大小相差悬殊，土粒不均匀，则级配良好。

（1）不均匀系数 C_u

$$C_u = d_{60}/d_{10} \quad \begin{cases} C_u > 5 & \text{级配良好} \\ C_u < 5 & \text{级配不良} \end{cases}$$

式中：d_{60}——当小于某粒径的土粒质量累计百分数为60%时，该粒径称为限定粒径 d_{60}。

d_{10}——当小于某粒径的土粒质量累计百分数为10%时，相应的粒径称为有效粒径 d_{10}。

（2）曲率系数 C_c

$$C_c = \frac{d_{30}^2}{d_{10} \cdot d_{60}}$$

式中：d_{30}——当小于某粒径的土粒质量累计百分数为30%时的粒径用 d_{30} 表示。

C_c——曲率系数，它描写的是累积曲线的分布范围，反映曲线的整体形状。

$C_c = 1 \sim 3$ 时，级配良好。

颗粒级配可以在一定程度上反映土的某些性质。对于级配良好的土，较粗颗粒间的孔隙被较细的颗粒所填充，因而土的密实度较好，相应的地基土的强度和稳定性也较好，透水性和压缩性也较小，可作为土建工程的填方材料。

2. 土中水

土中水的含量明显地影响土的性质（尤其是黏性土）。土中水除了一部分以结晶水的形式吸附于固体颗粒的晶格内部外，液态水主要以结合水和自由水两种形态存在。

1）结合水

黏土颗粒表面大多带有负电荷，黏土颗粒四周形成一个电场，在电场的作用下，水中的阳离子被吸引分布在颗粒四周。水分子是一种极性分子，在电场中发生定向排列，而形成结合水膜。

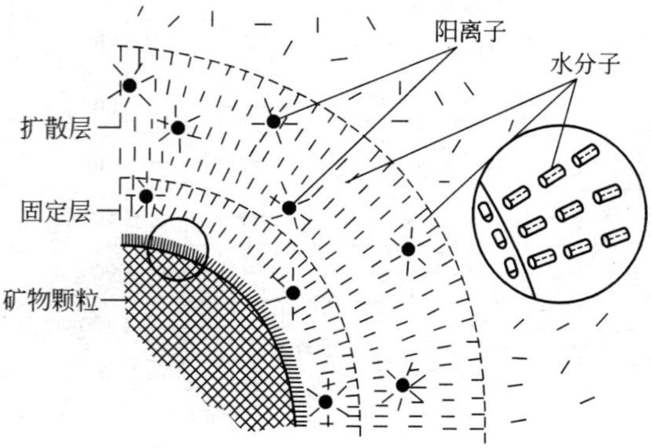

图2-3　土中结合水

受土颗粒表面电场作用力吸引而包围在颗粒四周，不传递静水压力，不能任意流动的水，称为结合水（见图2-3）。结合水因离颗粒表面远近不同，受电场作用力的大小不一样，可以分成强结合水和弱结合水两类。

强结合水：紧靠于颗粒表面、所受电场的作用力很大、几乎完全固定排列、丧失液体的特性而接近于固体。

弱结合水：紧靠强结合水的外围形成的结合水膜，所受的电场作用力随着与颗粒距离增大而减弱。

2）自由水

不受颗粒电场引力作用的水称为自由水。自由水又可分为毛细水和重力水两类。

自由水面以下，土颗粒分子引力范围以外的水，仅在自身重力作用下运动，称为重力水。重力水能传递静水压力，对土粒有浮力作用，有溶解能力。

毛细水则是土孔隙中受到水与空气的分界面处表面张力作用而存在的自由水。一般存在于地下水位以上透水土层中，由于表面张力作用，地下水沿着土中孔隙上升，形成毛细水上升带。其上升的高度视土颗粒的大小而不同，黏性土中为5～6 m，一般粒径大于2 mm的土粒无毛细现象；砂土小于2 m。由于土中存在毛细水，工程建设中要注意建筑物的防潮措施，地基土的浸湿和冻胀等的影响。

3. 土中气

在非饱和土的孔隙中，除水之外，还存在着气体，土中气体可分为两种基本类型：一种是与大气连通的气体；另一种是与大气不连通的以气泡形式出现的封闭气体。

若土的饱和度低，土中气体与大气相通，当土受到外力时，气体很快从孔隙中排出，一般对土的工程性质影响不大。但在高饱和度土中出现封闭气泡时，外力将引起气泡压缩，而一旦外力除去或孔隙水排出，气泡就膨胀。因此，土中封闭气泡的存在将使土的弹性增加，封闭气泡还能阻塞土内渗流通道，使土的透水性减小，对土的工程性质影响较大。

2.3 土的基本物理性质

土的三相组成实际上是混合分布的，为了使三相比例关系形象化和阐述方便，将它们分别集中起来画出土的三相示意图（见图2-4）。

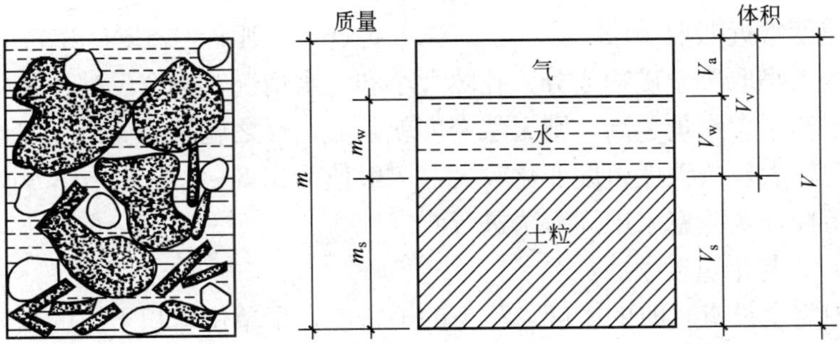

图2-4 土的三相示意图

V—土的总体积，cm^3；m—土的总质量，g；V_s—土中固体颗粒实体的体积，cm^3；m_s—土的固体颗粒质量，g；V_v—土中孔隙体积，cm^3；m_w—土中液体的质量，g；V_w—土中液体的体积，cm^3；m_a—土中空气的质量，($m_a=0$)；V_a—土中气体的体积，cm^3。

1. 土粒的相对密度 d_s

土粒的相对密度是指固体颗粒的密度与4 ℃时的纯水的密度之比。

$$d_s=\frac{\rho_s}{\rho_w}=\frac{m_s}{v_s\rho_w}\quad (g/cm^3) \tag{2-1}$$

其中 $\rho_w=1.0\ g/cm^3$。

土粒密度大小决定于土粒的矿物成分，与土的孔隙大小和含水多少无关，它的数值一般在 2.60～2.80 g/cm³ 之间（见表 2-2）。一般情况下，随有机质含量增多而减小，随铁镁质矿物增多而增大。它是土中各种矿物密度的加权平均值。

表 2-2 各种主要类型土的土粒密度

土的种类		砾类土	砂类土	粉土	粉质黏土	黏土
土粒密度 (g/cm³)	常见值	2.65～2.75	2.65～2.70	2.65～2.70	2.68～2.73	2.72～2.76
	平均值		2.66	2.68	2.71	2.74

土粒相对密度是实测指标，可在实验室内用比重瓶法直接测定。该指标一方面可以间接地说明土中矿物成分特征，另一方面主要用来计算其他指标。

2. 土的密度与重度

土的密度是指土的总质量与总体积之比，即单位体积土的质量，其单位是 g/cm³，根据土所处的状态不同，土的密度可分为如下几种情况。

(1) 天然密度 ρ 与天然重度 γ

天然状态下单位体积土的质量，称天然密度，即

$$\rho=\frac{m}{V}\quad (g/cm^3) \tag{2-2}$$

工程实际中，常将土的密度换算成土的重度（γ），重度等于密度乘以重力加速度 g，即

$$\gamma=\rho\cdot g\quad (kN/m^3) \tag{2-3}$$

式中的重力加速度常近似取 10 m/s²，当 $\rho=1.8\ g/cm^3$，则 $\gamma=18\ kN/m^3$。

天然密度的大小取决于矿物成分、孔隙大小和含水情况，综合反映了土的物质组成和结构特征。土越密实，含水量越高，则天然密度就越大，反之就越小。由于自然界土的松密程度与含水量变化较大，故天然密度变化较大，一般值为 1.6～2.2 g/cm³，小于土粒密度值，它是一个实测指标，实验室采用环刀法进行测定。

(2) 干密度 ρ_d 与干重度 γ_d

土的孔隙中完全没有水时的密度，称土的干密度，指单位体积干土的质量，即

$$\rho_d=\frac{m_s}{V}\quad (g/cm^3) \tag{2-4}$$

干重度

$$\gamma_d=\rho_d\cdot g \tag{2-5}$$

干密度与土中含水多少无关，只取决于土的矿物成分和孔隙性。对于某一种土来说，矿物成分是固定的，土的密度大小只取决土的孔隙性，所以干密度能说明土的密实程度。其值越大越密实，反之越疏松。干密度可以实测，但一般用其他指标计算求得，土的干密度一般在 1.4～1.7 g/cm³ 之间。

(3) 饱和密度 ρ_{sat} 与饱和重度 γ_{sat}

土的孔隙完全被水充满时的密度称为饱和密度，是指土孔隙中全部充满液态水时的单位体积土的质量，即

$$\rho_{sat}=\frac{m_s+V_v\cdot\rho_w}{V}\quad(g/cm^3)\tag{2-6}$$

式中：ρ_w 为水的密度（g/cm^3），常近似取 1.0 g/cm^3。

饱和重度

$$\gamma_{sat}=\rho_{sat}\cdot g\tag{2-7}$$

另外，处于地下水位以下的土层，如果土层是透水的，此时土受水的浮力作用，土的实际重量将减小，那么这种处于地水位以下的有效重度常特称为土的浮重度（γ'），即

$$\gamma'=\frac{(m_s-V_s\cdot\rho_w)}{V}\cdot g=\frac{m_s+m_w-V\cdot\rho_w}{V}\quad(kN/m^3)\tag{2-8}$$

浮重度等于土的饱和重度减去水的重度（γ_w），即

$$\gamma'=\gamma_{sat}-\gamma_w\tag{2-9}$$

对于同一种土来讲，土的天然重度、干重度、饱和重度、浮重度在数值上的关系为

$$\gamma_{sat}>\gamma>\gamma_d>\gamma'$$

3. 土的含水性

土的含水性指土中含水情况，说明土的干湿程度，有含水量与饱和度两个指标。

(1) 含水量 w

又称土的含水率，是指土中所含水分的质量与固体颗粒质量之比，以百分数表示，即

$$w=\frac{m_w}{m_s}\times100\%\tag{2-10}$$

一般所说的含水量指的是天然含水量，表示湿度的物理指标，与土的种类，埋藏条件及其所处的自然地理环境等有关，其数值相差较大。如近代沉积的三角洲软黏土或湖相黏土，含水量可达 100%以上，有的甚至高达 200%以上；而有些密实的第四纪老黏土（Q_3 以前沉积），孔隙体积较小，即使孔隙中全部充满水，含水量也可能小于 20%。干旱地区，土的含水量可能微不足道或只有百分之几。一般砂类土的含水量都不会超过 40%，以 10%～30%为常见值，一般黏性土的常见值为 20%～50%。工程上采用烘干法测定。

(2) 饱和度 S_r

土孔隙中所含水的体积与土中孔隙体积的比值称为土的饱和度，以百分数表示，即

$$S_r=\frac{V_w}{V_v}\times100\%\tag{2-11}$$

或表示为天然含水量与饱和含水量之比

$$S_r=\frac{w}{w_{sat}}\times100\%\tag{2-12}$$

饱和度表示水在孔隙中充满的程度。其数值为 0%～100%。干土：$S_r=0$；饱和土：$S_r=$

100%。工程实际中，饱和度主要用于评述砂类土的含水状况（或湿度），按饱和度大小常将砂类土划分为如下三种含水状况：

$S_r<50\%$ 稍湿的

$50\%\leqslant S_r\leqslant 80\%$ 很湿的

$S_r>80\%$ 饱和的

4. 土的孔隙性

土中孔隙大小、形状、分布特征、连通情况与总体积等，称为土的孔隙性。其主要取决于土的颗粒级配与土粒排列的疏密程度。实际上土的孔隙性指标一般反映的是土中孔隙体积的相对含量，主要有孔隙率和孔隙比两个指标。孔隙性指标只能反映土内孔隙总体积的大小，不能反映单个孔隙体积的大小。

(1) 孔隙率

孔隙率是指土中孔隙总体积与土的总体积之比，用百分数表示，即

$$n=\frac{V_v}{V}\times 100\% \tag{2-13}$$

土的孔隙率取决于土的结构状态，砂类土的孔隙率常小于黏性土的孔隙率。土的孔隙率一般为27%～52%。新沉积的淤泥，孔隙率可达80%。土的孔隙率是一个计算指标。

(2) 孔隙比

孔隙比是指土中孔隙体积与土中固体颗粒总体积的比值，即

$$e=\frac{V_v}{V_s} \tag{2-14}$$

土的孔隙比说明土的密实程度，按其大小可对砂土或粉土进行密实度分类。如在《岩土工勘察规范》(GB 50021—94) 中，用天然孔隙比来确定粉土的密实度。$e<0.75$ 为密实，$0.75\leqslant e\leqslant 0.9$ 为中密，$e>0.9$ 为稍密的粉土。孔隙比的常见值：黏性土和粉土：0.4～1.2；砂土：0.3～0.9。

孔隙度与孔隙比的关系为

$$n=\frac{e}{1+e} \quad 或 \quad e=\frac{n}{1-n} \tag{2-15}$$

5. 土的基本物理性质指标之间的关系

上述表示土的三相比例关系的指标一共有9个，即土粒密度、天然密度、干密度、饱和密度、浮重度、含水量、饱和度、孔隙度、孔隙比。它们主要反映了土的密实程度与干湿状态，而且相互之间都有内在联系。其中土粒密度、天然密度、含水量是三个基本实测指标，即通过试验直接测定。其余六个指标均可由三个实测指标换算取得，常称为导出指标或计算指标。

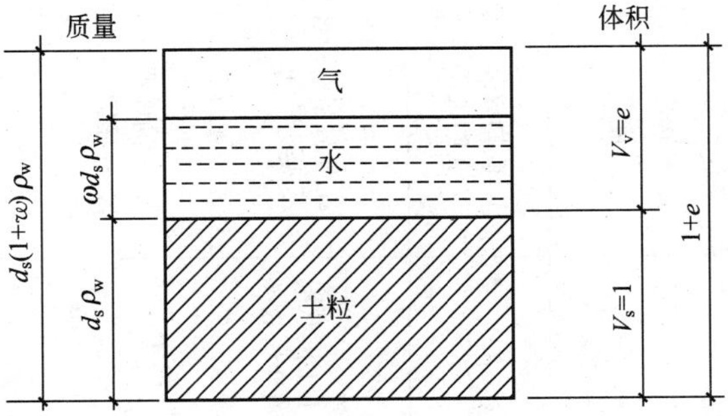

图 2－5　土的物理性质指标换算

由实测指标换算求取六个导出指标可直接用简单的数学演算方法，如：

$$\rho_d=\frac{m_s}{V}=\frac{m_s}{V}\cdot\frac{m}{m}=\frac{m/V}{m/m_s}=\frac{\rho}{\dfrac{m_s+m_w}{m_s}}=\frac{\rho}{1+w}$$

$$e=\frac{V_v}{V_s}=\frac{V-V_s}{V_s}=\frac{V}{V_s}-1=\frac{m_s}{V_s}\cdot\frac{V}{m_s}-1=\frac{\rho_s}{\rho_d}-1=\frac{\rho_s(1+w)}{\rho}-1$$

应用三相比例关系（简化的三相图），按照各指标的定义来计算导出指标更为简便。在图 2－5 三相示意图中，令 $V_s=1$，则 $V_v=e$，$V=1+e$，$m_s=\rho_s$，$m_w=w\cdot\rho_s$，$m=\rho_s(1+w)$，则各导出指标便很容易求得：

$$e=\frac{V_v}{V_s}=\frac{V}{V_s}-1=\frac{m}{\rho\cdot V_s}-1=\frac{d_s(1+w)\rho_w}{\rho}-1 \tag{2-16}$$

$$\rho_d=\frac{m_s}{V}=\frac{\rho_s}{1+e}=\frac{\rho_s}{1+\dfrac{\rho_s(1+w)}{\rho}-1}=\frac{\rho}{1+w} \tag{2-17}$$

$$\rho_{sat}=\frac{m_s+V_v\cdot\rho_w}{V}=\frac{\rho_s+e\cdot\rho_w}{1+e}=\rho_d+n\cdot\rho_w \tag{2-18}$$

$$\gamma'=\frac{m_s-V_s\cdot\rho_w}{V}\cdot g=\frac{\rho_s-\rho_w}{1+e}\cdot g=\frac{(\rho_s-\rho_w)\cdot\rho}{\rho_s(1+w)}\cdot g \tag{2-19}$$

$$n=\frac{V_v}{V}=\frac{e}{1+e}=\left[1-\frac{\rho}{\rho_s(1+w)}\right]\times100\% \tag{2-20}$$

$$S_r=\frac{V_w}{V_n}=\frac{m_w/\rho_w}{e}=\frac{w\cdot\rho_s}{e\cdot\rho_w}\times100\% \tag{2-21}$$

因此只要测得三个实测指标，其余导出指标便可求得，三个基本实测指标的精度直接影响着各导出指标的精度。为此在测定三个指标的时候应力求原状土样未受扰动，仪器设备可靠，操作过程要认真细致。

表 2－3 将土的基本物理性质指标汇总在一起，以便复习和比较。

表 2-3 土的基本物理性质指标

性质	指标名称	符号	定义	表达式	单位	常见值	求法及常用换算公式	实际意义	影响因素
土粒密度	土粒密度	ρ_s	土的固体颗粒单位体积质量	$\rho_s=\frac{m_s}{V_s}$	g/cm^3	2.65～2.75	直接测定（扰动样）	1. 换算 n，e，S_r 2. 颗粒分析计算用	1. 矿物成分 2. 土类
土的密度	天然密度	ρ	天然状态下土的单位体积质量	$\rho=\frac{m}{V}$	g/cm^3	1.60～2.20	直接测定（原状样）	1. 换算 ρ_d，n，e 2. 工程计算应用	1. 矿物成分 2. 孔隙大小 3. 水分多少
	干密度	ρ_d	土的单位体积中固体颗粒的质量	$\rho_d=\frac{m_s}{V}$	g/cm^3	1.30～1.70	直接测定（原状样）或换算求得 $\rho_d=\frac{\rho}{1+w}$	1. 换算 n，e 2. 评定土的密实程度 3. 检验填土质量	1. 矿物成分 2. 孔隙大小
	饱和密度	ρ_{sat}	孔隙中全部充满液态水时，土的单位体积质量	$\rho_{sat}=\frac{m_s+V_v\rho_w}{V}$	g/cm^3	1.80～2.30	换算求得 $\rho_{sat}=\rho_d+n\rho_w$	工程计算应用	1. 矿物成分 2. 孔隙大小
含水性	天然含水量	w	天然状态下，土中水分的质量与固体颗粒质量之比	$w=\frac{m_w}{m_s}$	%	10～50	直接测定（扰动样）	1. 换算 ρ_d，S_r，n，e 2. 估算土干湿状况 3. 估算液性指数	1. 所处自然条件 2. 受力历史
	饱和度	S_r	土中水的体积与孔隙体积之比	$S_r=\frac{V_w}{V_v}\times100\%$	%	40～100	换算求得 $S_r=\frac{w\cdot\rho_s}{e\cdot\rho_w}$	1. 说明孔隙中充水程度 2. 评定土干湿程度	1. 土的埋藏条件 2. 气候因素
孔隙性	孔隙度	n	土的孔隙体积与土的总体积之比	$n=\frac{V_v}{V}$	%	33～50	换算求得 $n=1-\frac{\rho_d}{\rho_s}$	1. 换算 e，ρ_{sat} 等 2. 工程计算用	1. 颗粒级配 2. 结构 3. 矿物成分 4. 受力历史
	孔隙比	e	土的孔隙体积与固体颗粒体积之比	$e=\frac{V_v}{V_s}$		0.5～1.0	换算求得 $e=\frac{\rho_s}{\rho_d}-1$	1. 换算 n，S_r 等 2. 压缩试验用 3. 评定土的密度 4. 地基变形计算	

【例题 2-1】 某原状土样，经试验测得 $\rho=1.85\ \mathrm{g/cm^3}$，$w=25\%$，$\rho_s=2.70\ \mathrm{g/cm^3}$，求 ρ_d，e，n，S_r。

解：

$$e=\frac{\rho_s(1+w)}{\rho}-1=\frac{2.70\times(1+25\%)}{1.85}-1=0.824$$

$$n=\frac{e}{1+e}=\frac{0.824}{1+0.824}=45.2\%\qquad \rho_d=\frac{\rho}{1+w}=\frac{1.85}{1+0.25}=1.48(\mathrm{g/cm^3})$$

$$S_r=\frac{w\cdot\rho_s}{e\cdot\rho_w}=\frac{0.25\times2.70}{0.824\times1.0}=81.9\%$$

【例题 2-2】 某地基土样数据如下：环刀体积 60 cm³，湿土质量 0.120 4 kg，干土质量 0.099 2 kg，土粒相对密度为 2.71，试计算：天然含水量 w，天然重度 γ，干重度 γ_d，孔隙比 e。

解： 本题可以用换算式求解，这里采用三相示意图的方法求解如下。

(1) 先利用已知条件求解三相图中三相的质量和体积：

已知：$m=0.120\ 4\ \mathrm{kg}=120.4\ \mathrm{g}$，$m_s=0.099\ 2\ \mathrm{kg}=99.2\ \mathrm{g}$，$V=60\ \mathrm{cm^3}$，$d_s=2.71$

则：$m_w=120.4-99.2=21.2(\mathrm{g})$；$V_w=\dfrac{m_w}{\rho_w}=21.2(\mathrm{cm^3})$

由 $d_s=\dfrac{m_s}{V_s\rho_w}$ 得 $V_s=\dfrac{m_s}{d_s\rho_w}=\dfrac{99.2}{2.71\times1.0}=36.61(\mathrm{cm^3})$

则 $V_a=V-V_w-V_s=60-21.2-36.61=2.2(\mathrm{cm^3})$

三相示意图如图 2-6 所示。

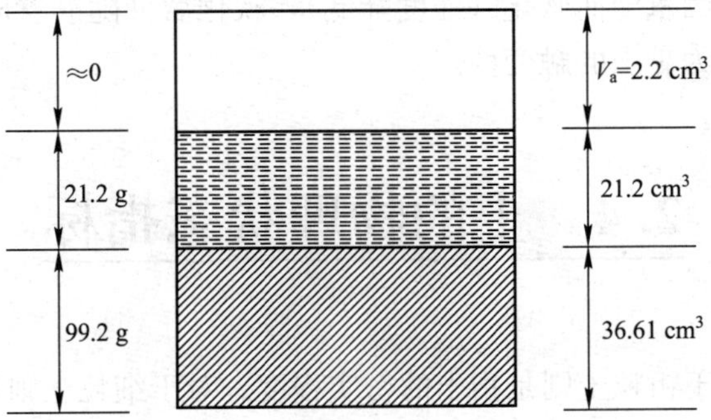

图 2-6　例题 2-2 三相示意图

(2) 用定义式求解：

$$w=\frac{m_w}{m_s}\times100\%=\frac{21.2}{99.2}\times100\%=21.37\%\qquad \gamma=10\rho=10\times\frac{m}{V}=10\times\frac{120.4}{60}=20.07(\mathrm{kN/m^3})$$

$$\gamma_d=10\rho_d=10\times\frac{m_s}{V}=10\times\frac{99.2}{60}=16.53(\mathrm{kN/m^3})\qquad e=\frac{V_v}{V_s}=\frac{21.2+2.2}{36.61}=0.639$$

6. 黏土的结构性与灵敏度

土的强度同土的结构有着密切的关系。当土的原有结构遭受破坏或扰动时，不仅改变了土粒的排列情况，同时也使土粒间的联结受到不同程度的破坏，其强度会降低，压缩性也增大。黏土的强度（或其他性质）随着其结构的改变而发生变化的特性称为土的结构性。因此，对具有明显结构性的黏土，要注意避免扰动或破坏其结构。

某些在含水率不变的条件下使其原有结构受彻底扰动的黏土，称为重塑土。黏土对结构扰动的敏感程度可用灵敏度表示。灵敏度定义为原状试样的无侧限抗压强度与相同含水率下重塑试样的无侧限抗压强度之比

$$S_t = \frac{q_u}{q_u'} \tag{2-22}$$

式中：S_t——黏土的灵敏度；

q_u——原状试样的无侧限抗压强度；

q_u'——重塑试样的无侧限抗压强度。

黏土可根据灵敏度按表 2-4 进行分类。

表 2-4　黏土按灵敏度分类

S_t	黏土分类	S_t	黏土分类
1	不灵敏	4～8	灵　敏
1～2	低灵敏	8～16	很灵敏
2～4	中等灵敏	>16	流　动

对于灵敏度高的黏土，经重塑后停止扰动，静置一段时间后其强度又会部分恢复。在含水率不变的条件下黏土因重塑而软化（强度降低），软化后又随静置时间的延长而硬化（强度增长）的这种性质称为黏土的触变性。

2.4　土的物理状态指标

土的物理状态，对于粗粒土则是指土的密实程度。对于细粒土则是指土的软硬程度或称为黏性土的稠度。

1. 无黏性土的物理性质

无黏性土主要指砂土、碎石类土。土的密实度指单位体积土中固体颗粒的含量。根据土颗粒含量的多少，天然状态下的砂、碎石等处于从紧密到松散的不同物理状态。无黏性土的密实度与其工程性质有着密切关系。

1）孔隙比 e

孔隙比 e 可以用来表示砂土的密实度。对于同一种土，当孔隙比小于某一限度时，处于密实状态。孔隙比越大，土越松散。

优点：简捷方便；缺点：无法反映土的粒径级配因素。

2）相对密实度 D_r

$$D_r=\frac{e_{max}-e}{e_{max}-e_{min}} \tag{2-23}$$

式中：e_{max}为最大孔隙比，即最疏松状态下的孔隙比；e_{min}为最小孔隙比，即紧密状态下的孔隙比；e 为天然孔隙比，即通常所指天然状态下的孔隙比。

砂土的天然孔隙比界于最大和最小孔隙比之间，故相对密度 $D_r=0\sim1$，当 $D_r=0$ 时，土处在最松状态；当 $D_r=1$ 时，土处在最密状态。用相对密度 D_r 判定砂土的密实度标准为：

$0\leqslant D_r\leqslant1/3$　松散　　$1/3<D_r\leqslant2/3$　中密　　$2/3<D_r\leqslant1$ 密实

砂土的最疏松与最密实的状态可在实验室由人工制备。实际上，由于砂土原状样不易取得，测定天然孔隙比较为困难，加上实验室测定砂土的 e_{max}与 e_{min}精度有限，因此计算的相对密度值误差较大。

3）按动力触探确定无黏性土的密实度

天然砂土的密实度，可按原位标准贯入试验的锤击数 N 进行评定。天然碎石土的密实度，见表 2-5，可按原位重型圆锥动力触探的锤击数 $N63.5$ 进行评定（GB 50007—2002）。

表 2-5　天然砂土的密实度

砂土密实度	松　散	稍　密	中　密	密　实
N	$N\leqslant10$	$10<N\leqslant15$	$15<N\leqslant30$	$N>30$

【例题 2-3】 某砂土试样，试验测定土粒相对密度 $d_s=2.7$，含水量 $w=9.43\%$，天然密度 $\rho=1.66\ g/cm^3$。已知砂样 $V=1\ 000\ cm^3$，最密实状态时称得干砂质量 $m_{s1}=1.62\ kg$，最疏松状态时称得干砂质量 $m_{s2}=1.45\ kg$。求此砂土的相对密度 D_r，并判断砂土所处的密实状态。

解： 砂土在天然状态下的孔隙比

$$e=\frac{d_s(1+w)\rho_w}{\rho}-1=\frac{2.7(1+0.094\ 3)}{1.66}-1=0.78$$

砂土最小孔隙比　$\rho_{dmax}=\frac{m_{s1}}{V}=1.62\ g/cm^3$　$e_{min}=\frac{d_s\rho_w}{\rho_{dmax}}-1=0.67$

砂土最大孔隙比

$$\rho_{dmin}=\frac{m_{s2}}{V}=1.45\ g/cm^3\quad e_{max}=\frac{d_s\rho_w}{\rho_{dmin}}-1=0.86$$

相对密实度　$D_r=\frac{e_{max}-e}{e_{max}-e_{min}}=0.42$　中密状态

2. 黏性土的液限和塑限

黏性土最主要的物理状态特征是它的稠度。所谓稠度是指黏性土在某一含水量下对外力引起的变形或破坏的抵抗能力。黏性土在含水量发生变化时，它的稠度也随之而变，通常用坚硬、硬塑、可塑、软塑和流塑等术语来描述。

黏性土从一种状态转变为另一状态，可用某一界限含水量来区分。这种界限含水量称为稠度界限。工程上常用的稠度界限有：液限 w_L、塑限 w_P 和缩限 w_S，如图 2-7 所示。

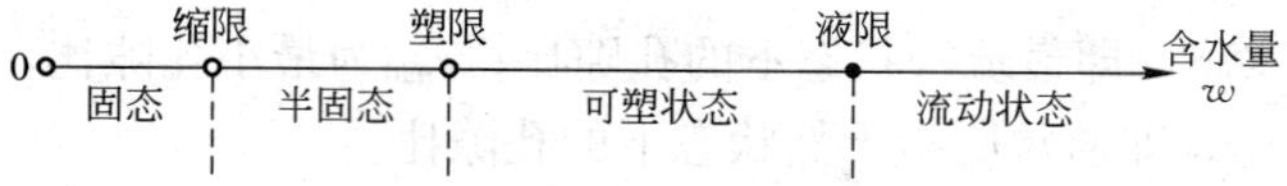

图 2-7　黏性土的物理状态与含水量的关系

液限又称液性界限或流限，它是流动状态与可塑状态的界限含水量，也就是可塑状态的上限含水量。

塑限又称塑性界限，它是可塑状态与半固体状态的界限含水量，也就是可塑状态的下限含水量。

缩限是半固体状态与固体状态的界限含水量，也就是黏性土随着含水量的减小体积开始不变时的含水量。

黏性土的液限 w_L、塑限 w_P 可分别采用常用圆锥液限仪、搓条法测定。

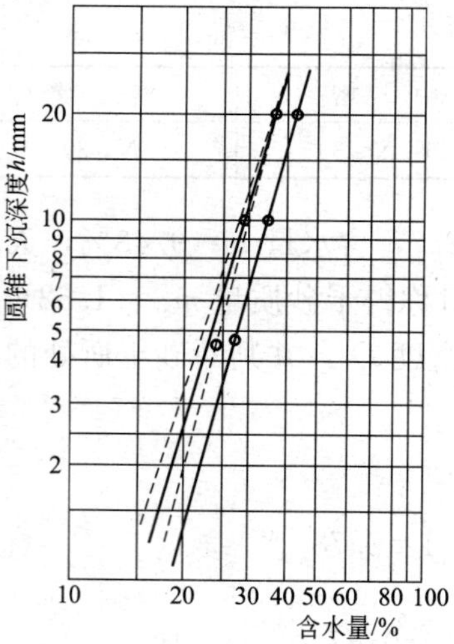

图 2-8　液塑限联合测定结果

液塑限测定根据《土工试验规程》（SL 237—007—1999）规定，亦可采用液塑限联合测定仪进行测定。试验结果可整理成图 2-8 所示，其中下沉深度为 10 mm 所对应的含水量为液限；下沉深度为 2 mm 处所对应的含水量为塑限。

3. 塑性指数和液性指数

黏性土中含水量在液限与塑限两个稠度界限之间时，土处于可塑状态，具有可塑性，这是黏性土的独特性能。由于黏性土的可塑性是含水量界于液限与塑限之间表现出来的，故可塑性的强弱可由这两个稠度界限的差值大小来反映，这差值称为塑性指数 I_P。即

$$I_P = w_L - w_P \tag{2-24}$$

实际应用中，常将界限含水量的百分符号省去。塑性指数越大，意味着黏性土处于可塑态的含水量变化范围越大，其可塑性就越强，说明土中弱结合水膜（扩散层）厚度越大，土中黏粒含量越多，且含亲水性强的矿物成分越多；反之亦然。所以在工程实际中直接按塑性指数大小对一般黏性土进行分类，1994 年国家标准《岩土工程勘察规范》按塑性指数 I_P 将黏性土分为两类，$I_P>17$ 为黏土，$17 \geqslant I_P > 10$ 为粉质黏土。

土处于何种稠度状态取决于土中的含水量，但是由于不同土的稠度界限是不同的，因此天然含水量不能说明土的稠度状态。为判别自然界中黏性土的稠度状态，通常采用液性指数

(I_L)进行评价，即

$$I_L=\frac{w-w_P}{w_L-w_P} \tag{2-25}$$

当 $w>w_L$ 时，$I_L>1$，则土处于流态；当 $w<w_P$ 时，$I_L<0$，则土处于固态；当 $w_P<w<w_L$ 时，$0<I_L<1$，则土处于塑态。也就是说，天然含水量越高，I_L 就越大，土就越软；相反，天然含水量越低，I_L 越小，土就越硬。工程实际中常用 I_L 值判别土的稠度状态，如表 2-6 所示。

表 2-6　按液性指数划分黏性土的稠度状态

液性指数 I_L	$I_L\leqslant 0$	$0<I_L\leqslant 0.25$	$0.25<I_L\leqslant 0.75$	$0.75<I_L\leqslant 1$	$I_L>1.00$
稠度状态	坚硬	硬塑	可塑	软塑	流塑

稠度状态能说明黏性土的强度与压缩性，处于坚硬与硬塑状态的，土质较坚硬，强度较高且压缩性较低(变形量较小)，处于流塑与软塑的土，土质软弱且压缩性较高，处于可塑态的土，其性质界于前二者之间。

黏性土的液限与塑限一般在室内进行测定，液限常采用碟式液限仪，塑限常采用搓条法。

用液性指数判别黏性土稠度状态时，测得的液限与塑限用的是扰动土样，忽视了自然界原始土层的结构影响。因而有时天然含水量大于液限情况下，原始土层并不表现出流塑状态；或者天然含水量大于塑限时不显示塑态而呈固态。

2.5　土的透水性

土中孔隙一般情况下是互相连通的，当饱和土中的两点存在能量差(水头差或压力差)时，水就在土的孔隙中从能量高的点向能量低的点流动。土的渗透性就是指水在土孔隙中渗透流动的性能。在计算基坑涌水量、水库与渠道的渗漏量，评价土体的渗透变形，分析饱和黏性土在建筑荷载作用下地基变形与时间的关系(渗透固结)等方面都与土的渗透性有密切关系。

法国工程师达西(H·Darcy，1856)对均匀砂进行了大量的渗透试验，得出了层流条件下(渗流十分缓慢，相邻两个水分子运动的轨迹相互平行而不混掺)，土中水渗透速度与能量(水头)损失之间的渗透规律，即达西定律。该定律认为，渗出水量 Q 与圆筒过水断面积 A 和水力梯度 I 成正比，且与土的透水性质有关，其表达式为

$$Q=k\cdot A\cdot i \tag{2-26}$$

$$v=\frac{Q}{A}=k\cdot i \tag{2-27}$$

式中：v——渗透速度，cm/s；

　　k——渗透系数，cm/s。

上式中的渗透速度不是地下水的实际流速，而是通过过水断面的地下水流量与垂直水流的过水断面面积的比值，即单位时间通过单位截面积水量。渗透系数是反映土的透水性能的比例系数，是水力梯度为1时的渗透速度，其量纲与渗透速度相同。其物理含义是单位面积单位水力梯度单位时间内透过的水量。土的渗透系数是一个很重要的物理性质指标，是渗流计算时必须用到的一个基本参数，不同类型的土，k 值相差较大，表2-7列出了渗透系数经验值。

表2-7　土的渗透系数参考值

土　类	k/(m/s)	土　类	k/(m/s)	土　类	k/(m/s)
黏　土	$<5\times10^{-9}$	粉　砂	$10^{-6}\sim10^{-5}$	粗　砂	$2\times10^{-4}\sim5\times10^{-4}$
粉质黏土	$5\times10^{-9}\sim10^{-8}$	细　砂	$10^{-5}\sim5\times10^{-5}$	砾　石	$5\times10^{-4}\sim10^{-3}$
粉　土	$5\times10^{-8}\sim10^{-6}$	中　砂	$5\times10^{-5}\sim2\times10^{-4}$	卵　石	$10^{-3}\sim5\times10^{-3}$

一般认为 $k<10^{-8}$ m/s 的土为相对隔水层（不透水层）。

准确测定土的渗透系数是一项十分重要的工作，其测定方法主要分实验室与现场测定两大类。现场测定常用井孔抽水试验或井孔注水试验，比室内测定准确，但费用高。室内试验可分为常水头与变水头法两种。

1. 砂土、粉土的渗透规律

砂土、粉土的水流基本属于层流，故其渗透规律服从达西定律如图2-9中1曲线所示，即

$$v = k \cdot i \tag{2-28}$$

2. 纯砾以上很粗的土的渗透规律

水力梯度较大时，水在这类土中的流态已不再是层流，而是紊流，如图2-9中2曲线所示。这时达西定律不适用，渗透速度与水力梯度之间的关系不再保持直线而变为次线性的曲线。有的学者认为当流速 v 大于0.003～0.005 m/s时，达西定律应修改为

$$v=k \cdot i^m \quad (m<1) \tag{2-29}$$

3. 黏性土的渗透规律

目前对饱和均质黏性土中水的渗透规律有着不同的认识。不少研究者曾进行过大量的黏性土室内渗透试验，但得出的结果并不相同。其中，图2-10所示的渗透规律曲线被大多数人所接受。从该图中可以看出，黏性土的 $v-i$ 关系可大致分为三个阶段。点 a 为实际起始水力梯度（i_0'），即用于克服结合水抗剪强度的那部分水力梯度。当水力梯度大于 i_0'后，渗透才会发生。在 ab 段，$v-i$ 的关系才近似于直线。此时黏性土的透水性才可近似地用达西定律表示。由于 a 点的位置不易测定，即 i_0'值不易确定，常用 $v-i$ 直线段延长线在横坐标上的截距 i_0 代之，故在实际中用的起始水力梯度是 i_0，因此黏性土的渗透规律为

$$v = k(i-i_0) \tag{2-30}$$

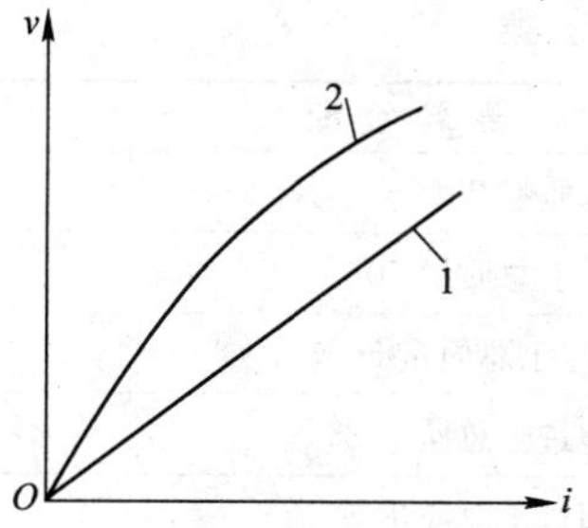

图 2-9　土的渗透曲线

1—砂、粉土；2—纯砾以上很粒的土

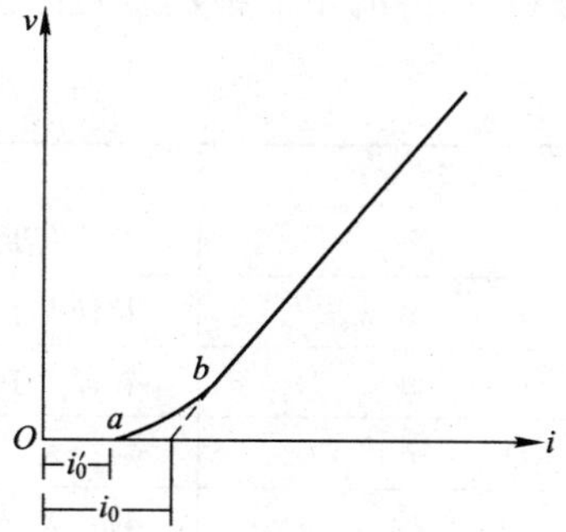

图 2-10　黏性土渗透曲线

2.6　土的工程分类

土的分类考虑到土的天然结构联结的性质和强度，首先可以按堆积年代和地质成因进行划分，并将某些特殊条件下形成具特殊工程性质的区域性特殊土与一般性土区别开来，工程上一般按颗粒级配或塑性指数将土分为碎石土、砂土、粉土和黏性土四大类，并结合堆积年代、成因和某种特殊性质综合定名。

1. 碎石土

粒径大于 2 mm 的颗粒含量超过总质量 50%。根据颗粒级配和颗粒形状，按表 2-8 分为漂石、块石、卵石、碎石、圆砾和角砾。

表 2-8　碎石土分类

土的名称	颗粒形状	颗粒级配
漂　石	以圆形及亚圆形为主	粒径大于 200 mm 的颗粒超过土总质量 50%
块　石	以棱角形为主	
卵　石	以圆形及亚圆形为主	粒径大于 20 mm 的颗粒超过土总质量 50%
碎　石	以棱角形为主	
圆　砾	以圆形及亚圆形为主	粒径大于 2 mm 的颗粒超过土总质量 50%
角　砾	以棱角形为主	

注：定名时，应根据颗粒由大到小，以最先符合者确定。

2. 砂土

粒径大于 2 mm 的颗粒含量不超过总质量 50%，且粒径大于 0.075 mm 的颗粒含量超过土的总量的50%的土。根据颗粒级配，按表2-9分为砾砂、粗砂、中砂、细砂和粉砂。

表2-9 砂土分类

土的名称	颗粒级配
砾　砂	粒径大于2 mm的颗粒占土总质量25%～50%
粗　砂	粒径大于0.5 mm的颗粒超过土总质量50%
中　砂	粒径大于0.25 mm的颗粒超过土总质量50%
细　砂	粒径大于0.075 mm的颗粒超过土总质量85%
粉　砂	粒径大于0.075 mm的颗粒超过土总质量50%

注：1. 定名时，应根据颗粒级配由大到小，以最先符合者确定；

2. 当砂土中小于0.075 mm的土的塑性指数大于10时，应冠以含黏性土定名，如含黏性土粗砂等。

【例题2-4】 某无黏性土样，土样颗粒分析试验结果见下表，试确定该土样名称。

粒径/mm	2～0.5	0.5～0.25	0.25～0.075	0.075～0.05	0.05～0.01	<0.01
粒组含量/%	7.4	19.1	28.6	26.7	14.3	3.9

解： 根据题意，先判断该土样是碎石还是砂土。

因该土样粒径大于2 mm的颗粒含量为0，不超过总质量50%，且粒径大于0.075 mm的颗粒含量为55.1%，超过土的总量的50%，故该土样为砂土。

按照砂土的判别标准表2-9，有

(1) 粒径大于2 mm的颗粒含量为0，不是砾砂；

(2) 粒径大于0.5 mm的颗粒含量为7.4%，不超过总质量50%，不是粗砂；

(3) 粒径大于0.25 mm的颗粒含量为26.5%，不超过总质量50%，不是中砂；

(4) 粒径大于0.075 mm的颗粒含量为55.1%，不超过总质量85%，不是细砂；

(5) 粒径大于0.075 mm的颗粒含量为55.1%，超过总质量50%，是粉砂。

故该土样定名：粉砂。

3. 黏性土

若土的塑性指数$I_P>10$，则该土属黏性土。黏性土根据塑性指数I_P按表2-10细分。并把在静水或缓慢的流水环境中沉积，经生物化学作用形成，其天然含水量大于液限，天然孔隙比大于或等于1.5的黏性土称为淤泥。天然孔隙比小于1.5，但大于或等于1.0的黏性土称为淤泥质土。

表2-10 黏性土分类

土的名称	塑性指数I_P	土的名称	塑性指数I_P
黏　土	$I_P>17$	粉质黏土	$10<I_P\leqslant 17$

4. 粉土

粒径大于 0.075 mm 的颗粒含量超过全重 50%，塑性指数 $I_P \leqslant 10$ 的土称为粉土。

思考题

2-1　何谓土粒粒组？土粒六大粒组划分标准是什么？

2-2　颗粒级配曲线反映的是什么？级配良好有什么意义？如何判别级配是否良好？

2-3　在土的三相比例指标中，哪些指标是直接测定的？其余指标如何导出？

2-4　判断砂土松密程度有哪些方法？

习题

2-1　有一块体积为 60 cm^3 的原状土样，重 105 g，烘干后 85 g。已知土粒比重（相对密度）$d_s=2.67$。求土的天然重度 γ、天然含水量 w、干重度 γ_d、饱和重度 γ_{sat}、浮重度 γ'、孔隙比 e。

（答案：$\gamma=17.5$ kN/m^3，$w=23.53\%$，$\gamma_d=14.17$ kN/m^3，$\gamma_{sat}=18.86$ kN/m^3，$\gamma'=8.86$ kN/m^3，$e=0.884$）

2-2　一原状土样，测出其体积 V 与重量分别为 38.4 cm^3 和 67.21 g，把土样放入烘箱烘干，并在烘箱内冷却到室温后，测得重量为 49.35 g。试求土样的 ρ（天然密度），ρ_d（干密度），w（含水量），e（孔隙比），n（孔隙率），饱和度。（$G_s=2.69$）

（答案：$\rho=1.75$ g/cm^3，$\rho_d=1.285$ g/cm^3，$w=36.19\%$，$e=1.093$，$n=52.22\%$，$S_r=89.07\%$）

2-3　一块原状土样，经试验测得土的天然密度 $\rho=1.67$ t/m^3，含水量 $w=12.9\%$，土粒相对密度 $d_s=2.67$。求该土样的孔隙比 e、孔隙率 n、饱和度 S_r、饱和密度 ρ_{sat} 及干密度 ρ_d。

（答案：$e=0.805$，$n=44.6\%$，$S_r=43\%$，$\rho_{sat}=1.925$ g/cm^3，$\rho_d=1.48$ g/cm^3）

2-4　某饱和土样重 1.98 N，体积为 97 cm^3，将其烘过一段时间后重为 1.64 N，求土样的 e、w 及 γ_d。

（答案：$w=20.7\%$，$e=0.557$，$\gamma_d=16.9$ kN/m^3）

2-5　某砂土的重度 $\gamma=17$ kN/ m^3，含水量 $w=8.6\%$，土粒相对密度 $d_s=2.65$。其最大孔隙比和最小孔隙比分别为 0.842 和 0.562，求该砂土的孔隙比 e 及相对密实度 D_r，并按规范定其密实度。

（答案：$e=0.693$，$D_r=0.533$，中等密实状态）

2-6　某黏土的含水量 $w=36.4\%$，液限 $w_L=48\%$，塑限 $w_P=25.4\%$，要求：

(1) 计算该土的塑性指标 I_P；

(2) 确定该土的名称；

(3) 计算该土的液性指标 I_L；

(4) 按液性指标数确定土的状态。

(答案：$I_P=22.6$，黏土，$I_L=0.487$，可塑状态)

2-7 从干土样中称取1 000 g的试样，经标准筛充分过筛后称得各级筛上留下来的土粒质量如下表所示。试求土中各粒组的质量的百分含量，并对该土样进行定名。

(答案：中砂)

筛分析试验结果

筛孔径/mm	2.0	1.0	0.5	0.25	0.075	底盘
各级筛上的土粒质量/g	100	100	250	350	100	100

第3章

土中应力及计算

3.1 概　　述

地基承受基础及上部荷载后，地基土层中原有的应力状态发生了变化，从而引起地基发生压缩变形，导致基础沉降或倾斜。土中应力按产生原因分为自重应力和附加应力两种。由土体自重产生的应力称为自重应力，由建筑或地面堆载及基础引起的应力叫附加应力。地基的变形一般是因附加应力的作用引起。为了计算基础沉降以验算地基强度和稳定性，掌握土中应力的大小及分布规律显得十分重要。

土中应力计算通常是用弹性理论求解，假定地基土是均匀、连续和各向同性的半无限线性变形体。而地基土往往是成层的非均质的各向异性体，且受荷后会出现塑性变形，所以弹性半无限空间的假定与土的实际情况不尽相同。但是这种假定使计算比较简单实用，而且当荷载不很大时，计算结果与工程实践相当接近。因此，工程界至今仍应用弹性理论来计算土中应力和变形。分析地基发生变形的主要因素：由三相组成的土，孔隙大，具有压缩性，此为内因；由于上部荷载作用而在地基中产生附加应力，这是外因。因此，计算附加应力、结合土的工程性质将可计算出地基土的变形。

3.2 土中的自重应力

计算土的自重应力时，将地基视为在水平方向及地面以下都是无限延伸的半无限弹性体。对于均质土，由于天然地面是一个无限大的水平面，所以在自重应力作用下地基土只产生竖向变形，而无侧向位移和剪切变形，故可认为土中任何垂直面及水平面上不产生剪应力。取横截面面积为 A 的土柱计算，设土的重度为 γ（kN/m^3），地面以下 z 处的自重应力即土柱的重力 $\gamma Z\times A$，即

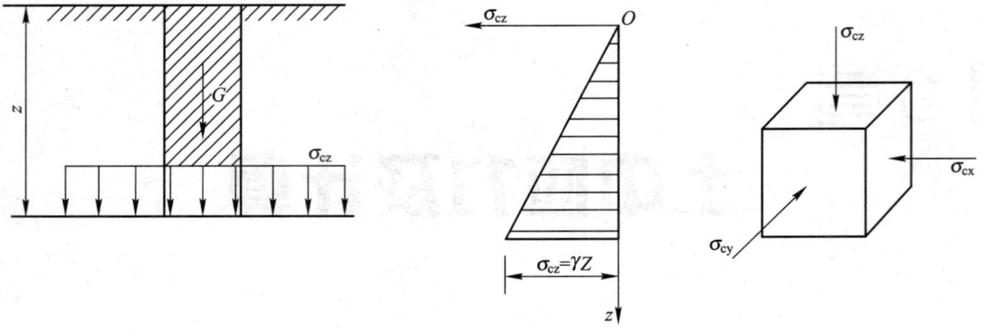

(a) 任意水平面上的分布　　(b) 沿深度的分布　　(c) 水平自重应力

图 3-1　均质土中竖向自重应力

$$\sigma_{cz}=\frac{G}{A}=\frac{\gamma AZ}{A}=\gamma\cdot Z \tag{3-1}$$

式中：σ_{cz}——天然地面以下 z 深度处土的自重应力，kN/m^2；

　　G——面积 A 上高为 z 的土柱重量，kN；

　　A——土柱底面积，m^2。

由式（3-1）可知，均质土的自重应力与深度 Z 成正比，即 σ_{sz} 随深度按直线分布（见图 3-2）。

当深度 z 范围内有多层土时，深度 z 处的自重应力为各土层自重应力之和，即

$$\sigma_{cz}=\gamma_1 h_1+\gamma_2 h_2+\cdots+\gamma_n h_n=\sum_{i=1}^{n}\gamma_i h_i \tag{3-2}$$

式中：σ_{cz}——土中的自重应力，kPa；

　　γ_i——第 i 层土的天然重度，kN/m^3；

　　h_i——第 i 层土的厚度，m；

　　n——从地面到深度 z 处的土层数。

从式（3-2）可知，土中自重应力 σ_{cz} 随深度呈线性增加。

此外，地下水位的升降也会引起土中自重应力的变化。例如在软土地区，常因大量抽取地下水而导致地下水位长期大幅度下降，使地基中原水位以下土的自重应力增加，造成地表大面积下沉的严重后果。至于地下水位的长期上升，常发生在人工抬高蓄水水位地区（如筑坝蓄水）或工业用水大量渗入地下的地区，如果该地区土质具有遇水后发生湿陷或膨胀的性

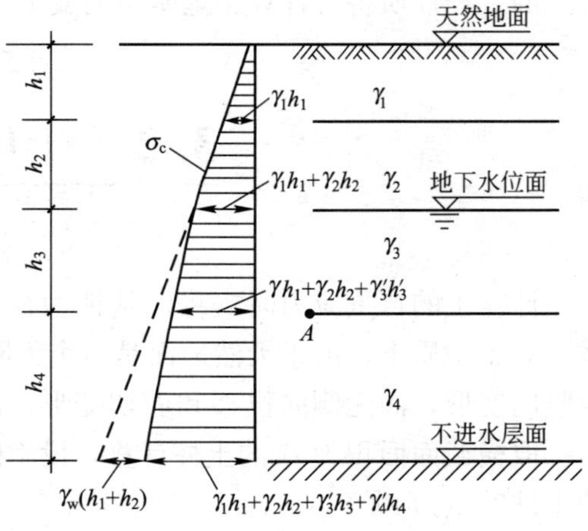

图 3-2　成层地基土中自重应力

质，则必须引起足够的注意。

通常，土的自重应力不会引起地基变形，因为土层生成年代很久，早已固结完成，唯有新沉积的土或人工填土，尚未固结，需考虑自重引起的变形。

【例题 3-1】 按照图 3-3（a）给出的资料，计算并绘制出地基中的自重应力 σ_{sz} 沿深度的分布曲线。

解：

1. ▽41.0 m 高程处（地下水位处）

$$H_1 = 44.0 - 41.0 = 3.0(\text{m})$$

$$\sigma_{cz1} = \gamma_1 H_1 = 17.0 \times 3.0 = 51(\text{kN/m}^2)$$

2. ▽40.0 m 高程处

$$H_2 = 41.0 - 40.0 = 1.0(\text{m})$$

$$\sigma_{cz2} = \sigma_{cz1} + \gamma_2' H_2 = 51 + (19.0 - 10) \times 1 = 60.0(\text{kN/m}^2)$$

3. ▽38.0 m 高程处

$$H_3 = 40.0 - 38.0 = 2.0(\text{m})$$

$$\begin{aligned}\sigma_{cz3} &= \sigma_{cz2} + \gamma_3' H_3 \\ &= 60.0 + (18.5 - 10) \times 2 = 77.0(\text{kN/m}^2)\end{aligned}$$

4. ▽35.0 m 高程处

$$H_4 = 38.0 - 35.0 = 3.0(\text{m})$$

$$\begin{aligned}\sigma_{cz4} &= \sigma_{cz3} + \gamma_4' H_4 \\ &= 77.0 + (20 - 10) \times 3 = 107.0(\text{kN/m}^2)\end{aligned}$$

自重应力 σ_{cz} 沿深度的分布如图 3-3 所示。

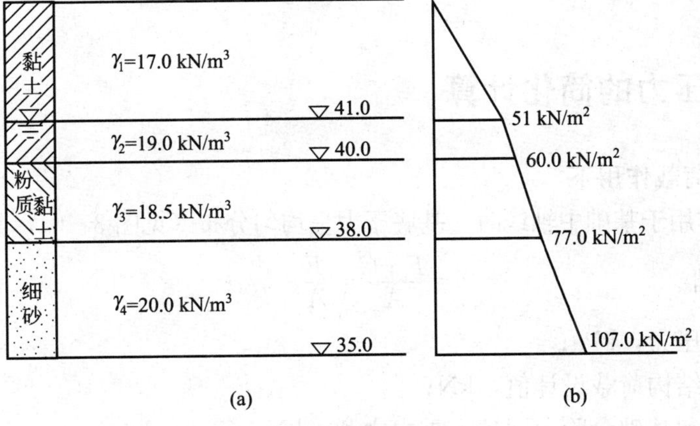

图 3-3　例题 3-1 图

3.3 基底压力

3.3.1 基底压力及其分布规律

建筑物的荷载通过基础传给地基，在基础和地基之间存在着接触压力。这个压力是一对作用和反作用力，其中基础底面给地基的压力，称为基底压力（方向向下）；而地基对基底的反力，则称之为地基反力（方向向上）。两者大小相等，分布相同。计算地基中的附加应力及设计基础时，必须先确定基底压力（或地基反力）的大小和分布。

基底压力的分布与基础刚度、基础形状及尺寸、埋置深度、基础所受荷载大小及分布、四周超载以及地基土性质等因素有关。

完全柔性基础如图 3-4 所示，刚性基础基底反力与上部荷载大小有关，如图 3-5 所示，其中$p_1<p_2<p_3$。

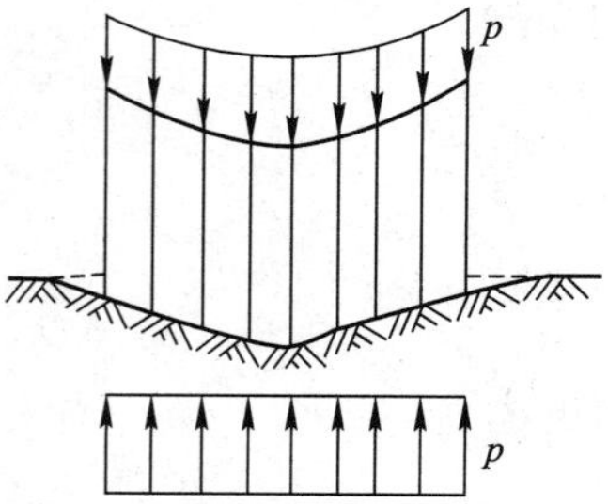

图 3-4　柔性基础基底压力分布图

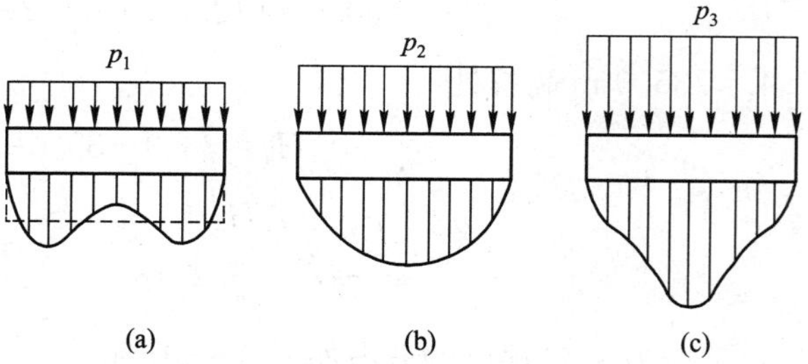

图 3-5　刚性基础基底压力分布图

3.3.2 基底压力的简化计算

1. 竖直中心荷载作用下

当竖直荷载作用于基础中轴线时，基底压力呈均匀分布（见图 3-6），其值按下式计算：

对于矩形基础

$$p=\frac{F+G}{A}=\frac{F}{A}+\gamma_G d \tag{3-3}$$

式中：p——基底压力，kPa；

F——上部结构荷载设计值，kN；

G——基础和基础台阶上回填土重力之和，kN，$G=\gamma_G Ad$；

γ_G——基础材料和回填土平均重度，一般地下水位以上取 $\gamma_G=20\ kN/m^3$，地下水位下取 $\gamma_G=10\ kN/m^3$；

A——基底面积，m^2；$A=bl$，b 和 l 分别为矩形基础的宽度和长度，m；

d——基础埋置深度，m。

对于条形基础，在长度方向上取 1 m 计算，故有：

$$p=\frac{F+G}{b}=\frac{F}{b}+\gamma_G d \quad (3-4)$$

式中：p——沿基础长度方向 1 m 内相应的荷载值，kN/m。

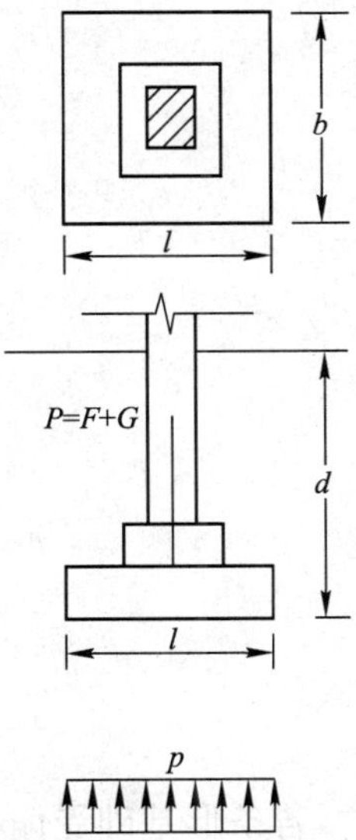

图 3-6　中心受压基础

2. 偏心荷载作用下

矩形基础受偏心荷载作用时，基底压力可按材料力学偏心受压柱计算。若基础受双向偏心荷载作用，则基底任意点的基底压力为：

$$p=\frac{F+G}{A}\pm\frac{M_x\cdot y}{I_x}\pm\frac{M_y\cdot x}{I_y} \quad (3-5)$$

式中：p——基础底面的基底压力，kPa；

M_x、M_y——竖直偏心荷载 P 对基础底面 x 轴和 y 轴的力矩，kN·m，$M_x=(F+G)\cdot e_y$，$M_y=(F+G)\cdot e_x$；

I_x、I_y——基础底面对 x 轴和 y 轴的惯性矩，m^4；

e_x、e_y——竖直荷载对 y 轴和 x 轴的偏心矩，m。

如果基础只受单向偏心荷载作用，如作用于 x 主轴上（见图 3-7），则 $M_x=0$，$e_y=e$。这时，基底两端的压力为：

$$p_{min}^{max}=\frac{F+G}{A}\left(1\pm\frac{6e}{l}\right)=\frac{F+G}{A}\left(1\pm\frac{6e}{l}\right) \quad (3-6)$$

按式（3-6）计算，基底压力分布有下列三种情况：

（1）当 $e<l/6$ 时，p_{min}为正值，基底压力为梯形分布［见图 3-7（a）］；

（2）当 $e=l/6$ 时，$p_{min}=0$，基底压力按三角形分布［见图 3-7（b）］；

（3）当 $e>l/6$ 时，p_{min}为负值，表示基础底面与地基之间一部分出现拉应力。但实际上，在地基土与基础之间不可能存在拉力，因此基础底面下的压力将重新分布［见图 3-7（c）］。这时，可根据力的平衡原理确定基础底面的受压宽度和应力大小［见图 3-7（c）］。

基础底面最大应力：

$$p_{max}=2(F+G)/3Kb \quad (3-7)$$

受压宽度：

$$B'=3\left(\frac{l}{2}-e\right) \quad (3-8)$$

式中：$K=l/2-e$，符号意义同前。

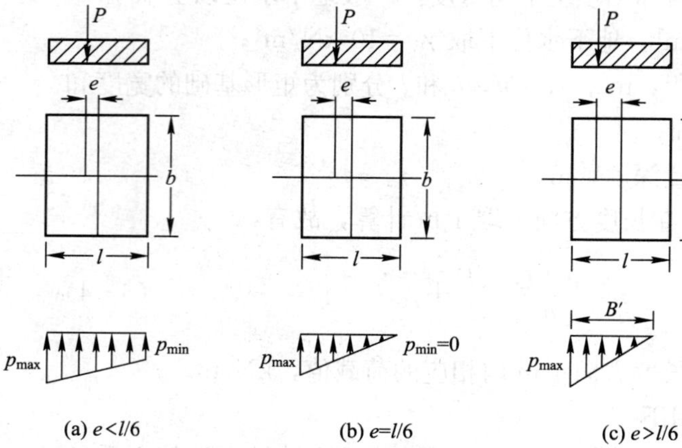

图 3-7　单向偏心荷载下的基底压力

若条形基础受偏心荷载作用，同样可取长度方向上的一延米进行计算，则基底宽度方向两端的压力为：

$$p_{\substack{\max\\\min}}=\frac{F+G}{b}\left(1\pm\frac{6e}{b}\right) \tag{3-9}$$

【例题 3-2】 柱基础底面尺寸为 1.2 m×1.0 m，作用在基础底面的偏心荷载 $F+G=$ 150 kN［见图 3-8（a）］。如果偏心距分别为 0.1 m、0.2 m 和 0.3 m。试确定基础底面应力数值，并绘出应力分布图。

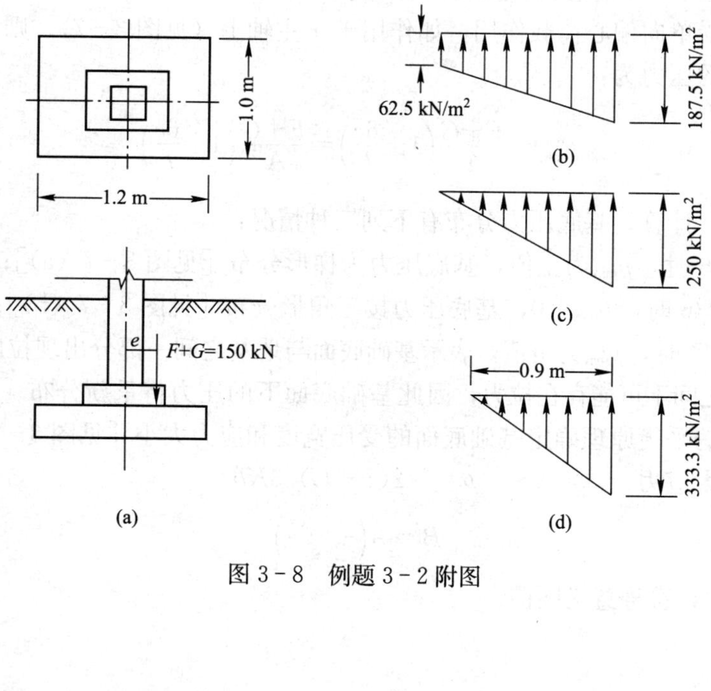

图 3-8　例题 3-2 附图

解：（1）当偏心距 $e=0.1$ m 时，

因为 $e=0.1\ \text{m}<l/6=1.2/6=0.2$ m，故最大应力和最小应力可按公式（3-9）计算：

$$p_{max}=\frac{F+G}{lb}\left(1+\frac{6e}{l}\right)$$

$$=\frac{150}{1.2\times1.0}\left(1+\frac{6\times0.1}{1.2}\right)$$

$$=187.5(\text{kN/m}^2)$$

$$p_{min}=\frac{F+G}{lb}\left(1-\frac{6e}{l}\right)$$

$$=\frac{150}{1.2\times1.0}\left(1-\frac{6\times0.1}{1.2}\right)$$

$$=62.5(\text{kN/m}^2)$$

应力分布图如图 3-8（b）所示。

（2）当偏心距 $e=0.2$ m 时，

因为 $e=0.2\ \text{m}=l/6=0.2$ m，所以基础底面最大应力和最小应力仍可按公式（3-9）计算：

$$p_{max}=\frac{150}{1.2\times1.0}\left(1+\frac{6\times0.2}{1.2}\right)=250(\text{kN/m}^2)$$

$$p_{min}=\frac{150}{1.2\times1.0}\left(1-\frac{6\times0.2}{1.2}\right)=0(\text{kN/m}^2)$$

应力分布图如图 3-8（c）所示。

（3）当偏心距 $e=0.3$ m 时，

因为 $e=0.3\ \text{m}>l/6=0.2$ m，故基底应力需按公式（3-7）计算：

$$p_{max}=\frac{2(F+G)}{3\left(\frac{l}{2}-e\right)b}=\frac{2\times150}{3\left(\frac{1.2}{2}-0.3\right)\times1.0}=333.3(\text{kN/m}^2)$$

基础受压宽度按公式（3-8）计算：

$$B'=3\left(\frac{l}{2}-e\right)=3\left(\frac{1.2}{2}-0.3\right)=0.9(\text{m})$$

其应力分布图如图 3-8（d）所示。

由以上例题可见，中心受压基础的底面应力呈均匀分布，如果地基土层沿水平方向分布比较均匀时，则基础将产生均匀沉降。而偏心受压基础底面的应力分布，则随偏心距而变化，偏心距越大，基底应力分布越不均匀。基础在偏心荷载作用下将发生倾斜，当倾斜过大时，就会影响上部结构的正常使用。所以，在设计偏心受压基础时，应当注意选择合理的基础底面尺寸，尽量减小偏心距，以保证建筑物的荷载比较均匀地传递给地基，以免基础过分倾斜。

3.3.3 基础底面附加应力 p_0

前面叙述的地基内附加应力的计算方法，均为荷载作用在地表面时的情形。实际上，在工程设计计算中所遇到的荷载多由建筑物基础传给地基，也就是说大多数荷载都是作用在地面下某一深度处的，这个深度就是基础埋置深度。

在建筑物建造以前，基础底面标高处就已经受到地基土的自重应力作用。设基础埋置深度为 d，在其范围内土的重度为 γ，则基底处土的自重应力 $\sigma_{cz}=\gamma d$。当开挖到基础埋置深度，即挖好基槽后，就相当于在基槽底面卸除荷载 γD。如果地基土是理想的弹性体，则卸荷后槽底必定会产生向上的回弹变形。事实上，地基土不是理想的弹性体，卸除 γd 荷载后，基槽底面不会立刻产生回弹变形，而是逐渐回弹的。回弹变形的大小、速度与土的性质、基槽深度和宽度，以及开挖基槽后至砌筑基础前所经历的时间等因素有关。一般情况下，为了简化计算，常假设基槽开挖后，槽底不产生回弹变形（浅基槽）。因此，由于建筑物荷载在基础底面所引起的附加应力，即引起地基变形的应力（新增加的应力）（见图 3-9），对于中心受压基础则为：

$$p_0=p-\gamma_0 d \tag{3-10}$$

式中：p——基础底面总的压应力，kN/m^2；

γ_0——基础埋深范围内土的加权平均重度，kN/m^3；单一土层时，$\gamma_0=\gamma$，多层土时

$$\gamma_0=\frac{\sum_{i=1}^{n}\gamma_i h_i}{\sum_{i=1}^{n}h_i}$$

d——基础埋置深度，m。

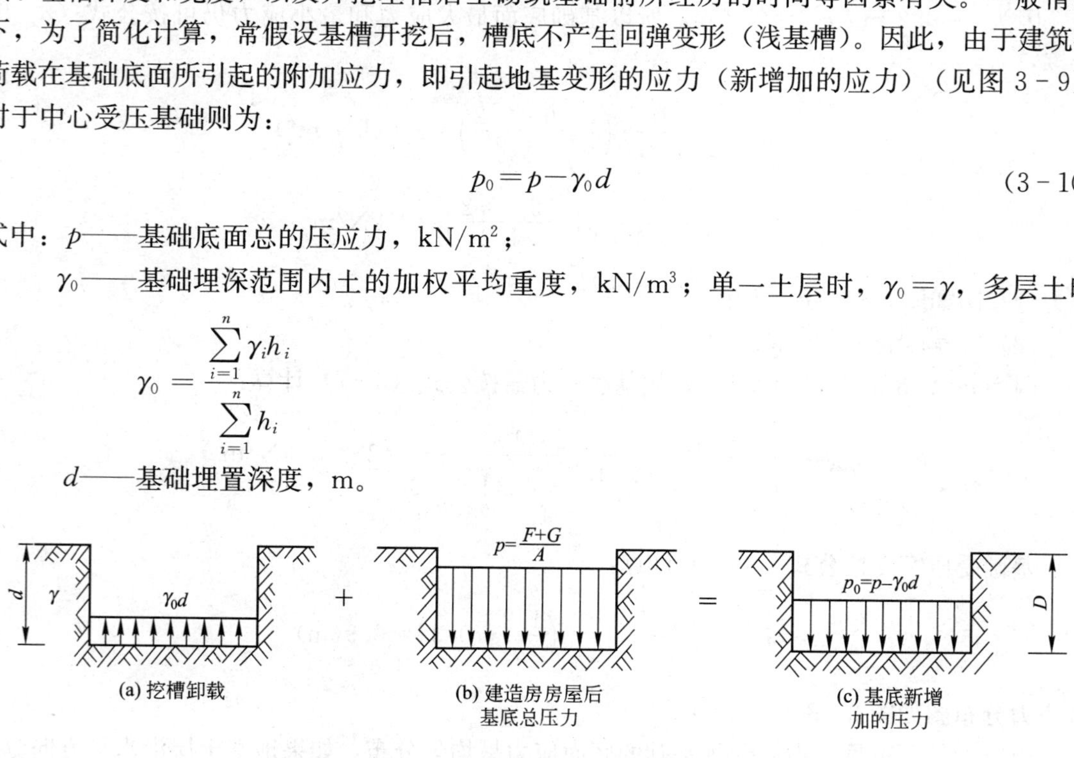

图 3-9 基底附加应力的计算

根据公式（3－3）和公式（3－4），可将公式（3－10）变换成：

矩形基础：
$$p_0=\frac{F}{A}+(\gamma_G-\gamma_0)d \tag{3-11}$$

条形基础：
$$p_0=\frac{F}{b}+(\gamma_G-\gamma_0)d \tag{3-12}$$

因此，计算基础底面下任一点的附加应力时，外荷载已经转变为基底的附加应力 p_0 了。不同外荷载类型下的地基中附加应力公式也应作相应的改变。

3.4　地基附加应力及计算方法

地基附加应力是指外荷载作用下地基中增加的应力。常见的外荷载有建筑物荷重等。建筑物荷重通过基础传递给地基。当基础底面积是圆形或矩形时，求解地基附加应力属于空间问题；当基础底面积是长条形时，常将其近似为平面问题。

地基中的附加应力是地基发生变形，引起建筑物沉降的主要原因。在计算地基中的附加应力时，把地基看成是均质的弹性半空间，应用弹性力学理论求解。

下面介绍当地表上作用不同类型的荷载时，在地基中引起的附加应力计算。

3.4.1　竖向集中荷载作用下地基中的附加应力

在地基表面作用有竖向集中荷载 p 时，在地基内任意一点 $M(r, \theta, z)$ 的应力分量及位移分量由法国数学家布辛奈斯克（J·Boussinesq）在 1885 年用弹性理论求解得出（见图 3－10），其中应力分量为：

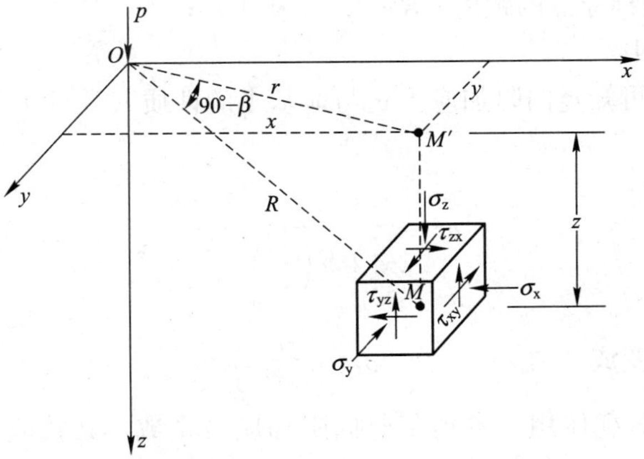

图 3－10　竖向集中荷载作用下的应力

$$\sigma_z=\frac{3p\cdot z^3}{2\pi R^5}=\frac{3p}{2\pi z^2}\cdot\frac{1}{\left[1+\left(\frac{r}{z}\right)^2\right]^{5/2}} \tag{3-13}$$

$$\sigma_r=\frac{p}{2\pi}\left[\frac{3zr^2}{R^5}-\frac{1-2\mu}{R(R+z)}\right] \tag{3-14}$$

$$\sigma_\theta=\frac{p}{2\pi}(1-2\mu)\left[\frac{1}{R(R+z)}-\frac{z}{R^3}\right] \tag{3-15}$$

$$\tau_{rz}=\frac{3p}{2\pi}\cdot\frac{z^2r}{R^5} \tag{3-16}$$

$$\tau_{\theta z}=\tau_{r\theta}=0 \tag{3-17}$$

在集中荷载 p 的作用下，其径向位移和竖向位移分别按下列公式计算

$$u(r,\ z)=\frac{p(1+\mu)}{2\pi E}\left[\frac{rz}{R^3}-(1-2\mu)\frac{r}{R(R+z)}\right] \tag{3-18}$$

$$w(r,\ z)=\frac{p(1+\mu)}{2\pi E}\left[\frac{z^2}{R^3}+\frac{2(1-\mu)}{R}\right] \tag{3-19}$$

在地基表面上任一点（$z=0$）的竖向位移为：

$$w(r,\ 0)=\frac{p(1-\mu^2)}{\pi Er} \tag{3-20}$$

式中：p——作用在坐标原点 O 点的竖向集中荷载；

z——M 点的深度；

r——M 点与集中荷载作用线之间的距离，$r=\sqrt{x^2+y^2}$；

R——M 点与坐标原点的距离，$R=\sqrt{x^2+y^2+z^2}$；

μ——土的泊松比。

由公式（3-13）可知竖向附加应力 σ_z 与地基土的性质（E，μ）无关。为了计算方便，可令

$$\alpha=\frac{3}{2\pi\left[1+\left(\frac{r}{z}\right)^2\right]^{5/2}} \tag{3-21}$$

则公式（3-13）变成

$$\sigma_z=\alpha\frac{p}{z^2} \tag{3-22}$$

式中 α 称为集中荷载作用下的地基竖向附加应力系数，其数值可按 r/z 值由表 3-1 查得。

表 3-1　集中荷载下竖向附加应力系数 α

$\frac{r}{z}$	α	$\frac{r}{z}$	α	$\frac{r}{z}$	α	$\frac{r}{z}$	α	$\frac{r}{z}$	α
0.00	0.477 5	0.40	0.329 4	0.80	0.138 6	1.20	0.051 3	1.60	0.020 0
0.01	0.477 3	0.41	0.323 8	0.81	0.135 3	1.21	0.050 1	1.61	0.019 5
0.02	0.477 0	0.42	0.318 3	0.82	0.132 0	1.22	0.048 9	1.62	0.019 1
0.03	0.476 4	0.43	0.312 4	0.83	0.128 8	1.23	0.047 7	1.63	0.018 7
0.04	0.475 6	0.44	0.306 8	0.84	0.125 7	1.24	0.046 6	1.64	0.018 3
0.05	0.474 5	0.45	0.301 1	0.85	0.122 6	1.25	0.045 4	1.65	0.017 9
0.06	0.473 2	0.46	0.295 5	0.86	0.119 6	1.26	0.044 3	1.66	0.017 5
0.07	0.471 7	0.47	0.289 9	0.87	0.116 6	1.27	0.043 3	1.67	0.017 1
0.08	0.469 9	0.48	0.284 3	0.88	0.113 8	1.28	0.042 2	1.68	0.016 7
0.09	0.467 9	0.49	0.278 8	0.89	0.111 0	1.29	0.041 2	1.69	0.016 3
0.10	0.465 7	0.50	0.273 3	0.90	0.108 3	1.30	0.040 2	1.70	0.016 0
0.11	0.463 3	0.51	0.267 9	0.91	0.105 7	1.31	0.039 3	1.72	0.015 3
0.12	0.460 7	0.52	0.262 5	0.92	0.103 1	1.32	0.038 4	1.74	0.014 7
0.13	0.457 9	0.53	0.257 1	0.93	0.100 5	1.33	0.037 4	1.76	0.014 1
0.14	0.454 8	0.54	0.251 8	0.94	0.098 1	1.34	0.036 5	1.78	0.013 5
0.15	0.451 6	0.55	0.246 6	0.95	0.095 6	1.35	0.035 7	1.80	0.012 9
0.16	0.448 2	0.56	0.241 4	0.96	0.093 3	1.36	0.034 8	1.82	0.012 4
0.17	0.444 6	0.57	0.236 3	0.97	0.091 0	1.37	0.034 0	1.84	0.011 9
0.18	0.440 9	0.58	0.231 3	0.98	0.088 7	1.38	0.033 2	1.86	0.011 4
0.19	0.437 0	0.59	0.226 3	0.99	0.086 5	1.39	0.032 4	1.88	0.010 9
0.20	0.432 9	0.60	0.221 4	1.00	0.084 4	1.40	0.031 7	1.90	0.010 5
0.21	0.428 6	0.61	0.216 5	1.01	0.082 3	1.41	0.030 9	1.92	0.010 1
0.22	0.424 2	0.62	0.211 7	1.02	0.080 3	1.42	0.030 2	1.94	0.009 7
0.23	0.419 7	0.63	0.207 0	1.03	0.078 3	1.43	0.029 5	1.96	0.009 3
0.24	0.415 1	0.64	0.202 4	1.04	0.076 4	1.44	0.028 8	1.98	0.008 9
0.25	0.410 3	0.65	0.199 8	1.05	0.074 4	1.45	0.028 2	2.00	0.008 5
0.26	0.405 4	0.66	0.193 4	1.06	0.072 7	1.46	0.027 5	2.10	0.007 0
0.27	0.400 4	0.67	0.188 9	1.07	0.070 9	1.47	0.026 9	2.20	0.005 8
0.28	0.395 4	0.68	0.184 6	1.08	0.069 1	1.48	0.026 3	2.30	0.004 8
0.29	0.390 2	0.69	0.180 4	1.09	0.067 4	1.49	0.025 7	2.40	0.004 0
0.30	0.384 9	0.70	0.176 2	1.10	0.065 8	1.50	0.025 1	2.50	0.003 4
0.31	0.379 6	0.71	0.172 1	1.11	0.064 1	1.51	0.024 5	2.60	0.002 9
0.32	0.374 2	0.72	0.168 1	1.12	0.062 6	1.52	0.024 0	2.70	0.002 4
0.33	0.368 7	0.73	0.164 1	1.13	0.061 0	1.53	0.023 4	2.80	0.002 1
0.34	0.363 2	0.74	0.160 3	1.14	0.059 5	1.54	0.022 9	2.90	0.001 7
0.35	0.357 7	0.75	0.156 5	1.15	0.058 1	1.55	0.022 4	3.00	0.001 5
0.36	0.352 1	0.76	0.152 7	1.16	0.056 7	1.56	0.021 9	3.50	0.000 7
0.37	0.346 5	0.77	0.149 1	1.17	0.055 3	1.57	0.021 4	4.00	0.000 4
0.38	0.340 8	0.78	0.145 5	1.18	0.035 9	1.58	0.020 9	4.50	0.000 2
0.39	0.335 1	0.79	0.142 0	1.19	0.052 6	1.59	0.020 4	5.00	0.000 1

【例题 3-3】　在地面作用一集中荷载 p =200 kN，试确定：

(1) 在地基中 z=2 m 的水平面上，水平距离 r=1 m、2 m、3 m 和 4 m 各点的竖向附加

应力 σ_z值，并绘出分布图；

(2) 在地基中 $r=0$ 的竖直线上距地面 $z=0$ m、1 m、2 m、3 m和4 m处各点的 σ_z值，并绘出分布图；

(3) 取 $\sigma_z=20$ kN/m²、10 kN/m²、4 kN/m² 和 2 kN/m²，反算在地基中 $z=2$ m 的水平面上的 r 值和在 $r=0$ 的竖直线上的 z 值，并绘出相应于该四个应力值的 σ_z等值线图。

解：(1) 在地基中 $z=2$ m 的水平面上指定点的附加应力 σ_z的计算数据，如表 3-2 所示；σ_z的分布图如图 3-11 所示。

(2) 在地基中 $r=0$ 的竖直线上，指定点的附加应力 σ_z的计算数据如表 3-3 所示；σ_z分布图如图 3-12 所示。

表 3-2　地基中 $z=2$ m 的水平面上指定点的附加应力 σ_z 的计算数据

z/m	r/m	$\frac{r}{z}$	α（查表 3-1）	$\sigma_z=\alpha\frac{p}{z^2}$/(kN/m²)
2	0	0	0.477 5	23.8
2	1	0.5	0.273 3	13.7
2	2	1.0	0.084 4	4.2
2	3	1.5	0.025 1	1.2
2	4	2.0	0.008 5	0.4

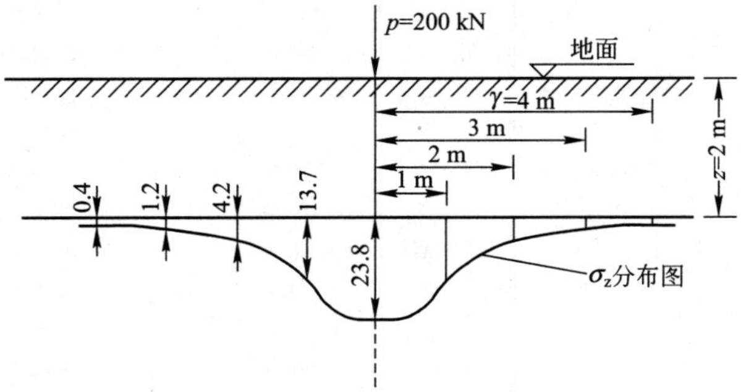

图 3-11　$z=2$ m时 σ_z 的分布图

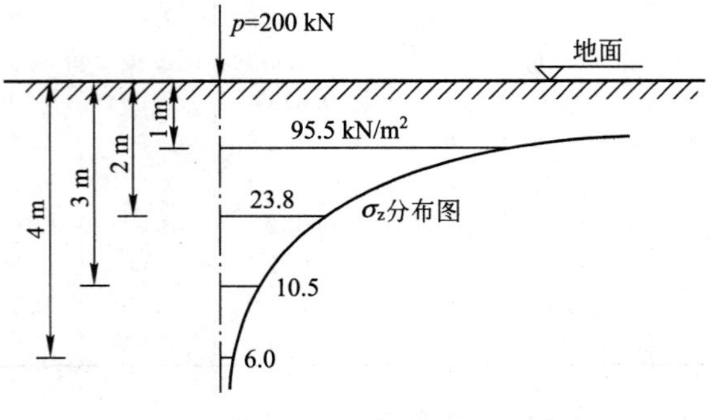

图 3-12　$r=0$ 时 σ_z 的分布图

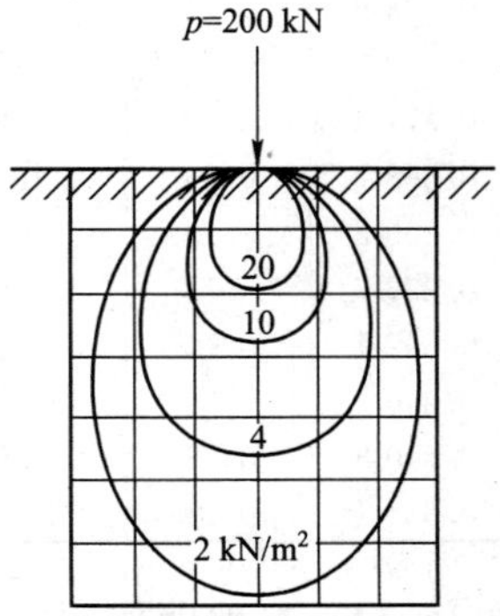

图 3-13　附加应力 σ_z 的等值线

表 3-3 地基中 $r=0$ 的竖直线上指定点的附加应力 σ_z 的计算数据

z/m	r/m	$\frac{r}{z}$	α（查表 3-1）	$\sigma_z=\alpha\frac{p}{z^2}$/(kN/m²)
0	0	0	0.477 5	∞
1	0	0	0.477 5	95.5
2	0	0	0.477 5	23.8
3	0	0	0.477 5	10.5
4	0	0	0.477 5	6.0

(3) 当指定附加应力 σ_z 时，反算 $z=2$ m 的水平面上的 r 值和在 $r=0$ 的竖直线上的 z 值的计算数据，如表 3-4 所示；附加应力 σ_z 的等值线绘于图 3-13。

表 3-4 指定附加应力 σ_z 时相应 r 值和 z 值数据

σ_z/(kN/m²)	z/m	$\alpha=\frac{\sigma_z z^2}{p}$	$\frac{r}{z}$	r/m
20	2	0.400 0	0.27	0.54
10	2	0.200 0	0.65	1.30
4	2	0.080 0	1.02	2.04
2	2	0.040 0	1.30	2.60
σ_z/(kN/m²)	r/m	$\frac{r}{z}$	α（查表 3-1）	$z=\sqrt{\frac{\alpha p}{\sigma_z}}$
20	0	0	0.477 5	2.19
10	0	0	0.477 5	3.09
4	0	0	0.477 5	4.88
2	0	0	0.477 5	6.91

由于竖直向集中力作用下地基中的附加应力是轴对称的空间问题，再通过上面的例题分析，可知地基土中附加应力分布的特征如下。

① 在集中力 p 作用线上，$r=0$，由公式（3-21）及公式（3-22）可知，$\alpha=\frac{3}{2\pi}$，$\sigma_z=\frac{3}{2\pi}\cdot\frac{p}{z^2}$。

在地面下同一深度处，该水平面上的附加应力不同，沿竖直向集中力作用线上的附加应力最大，向两边则逐渐减小；

② 离地表越深，应力分布范围越大，在同一铅直线上的附加应力随深度的增加而减小。如果在空间将 σ_z 相同的点连接起来形成曲面，就可以得到如图 3-13 所示的等值线，其空间曲面的形状如泡状，所以也称为应力泡。

通过上述对附加应力 σ_z 分布图形的讨论，应该建立起土中应力分布的正确概念：集中力 p 在地基中引起的附加应力 σ_z 的分布是向下、向四周无限扩散的，其特性与杆件中应力的传递完全不一样。

当地基表面作用有几个集中力时，可以分别算出各集中力在地基中引起的附加应力，然后根据弹性体应力叠加原理求出地基的附加应力的总和。

在实际工程应用中，当基础底面形状不规则或荷载分布较复杂时，可将基底划分为若干个小面积，把小面积上的荷载当成集中力，然后利用上述公式计算附加应力。

3.4.2 矩形面积作用均布荷载的情况

地基表面有一矩形面积，宽度为 B，长度为 L，其上作用着竖直均布荷载，荷载强度为 p，求地基内各点的附加应力 σ_z。轴心受压柱基础的底面附加压力即属于均布的矩形荷载。这类问题的求解方法是：先求出矩形面积角点下的附加应力，再利用“角点法”求出任意点下的附加应力。

3.4.2.1 角点下的附加应力

角点下的附加应力是指图 3－14 中 O、A、C、D 四个角点下任意深度处的附加应力。只要深度 z 一样，则四个角点下的附加应力 σ_z 都相同。将坐标的原点取在角点 O 上，在荷载面积内任取微分面积 $\mathrm{d}A=\mathrm{d}x\mathrm{d}y$，并将其上作用的荷载以集中力 $\mathrm{d}P$ 代替，则 $\mathrm{d}P=p\cdot\mathrm{d}A=p\cdot\mathrm{d}x\mathrm{d}y$。利用式（3－20）即可求出该集中力在角点 O 以下深度 z 处 M 点所引起的竖直向附加应力 $\mathrm{d}\sigma_z$：

$$\mathrm{d}\sigma_z=\frac{3\mathrm{d}p}{2\pi}\cdot\frac{z^3}{R^5}=\frac{3p}{2\pi}\cdot\frac{z^3}{(x^2+y^2+z^2)^{5/2}}\mathrm{d}x\mathrm{d}y \tag{3-23}$$

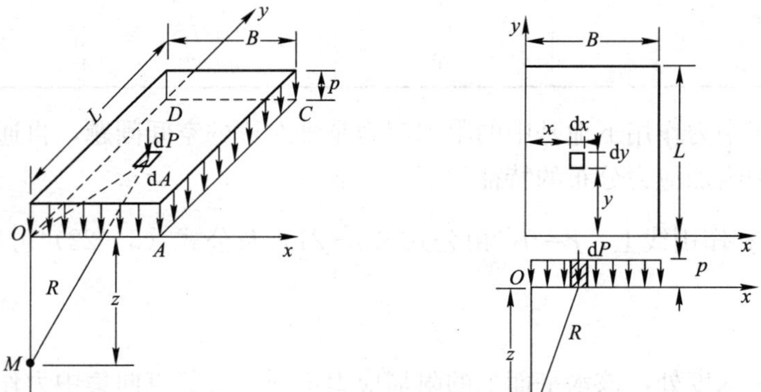

图 3－14 矩形面积均布荷载作用时角点下点的附加应力

将式（3－23）沿整个矩形面积 $OACD$ 积分，即可得出矩形面积上均布荷载 P 在 M 点引起的附加应力 σ_z：

$$\begin{aligned}\sigma_z&=\int_0^L\int_0^B\frac{3p}{2\pi}\cdot\frac{z^3}{(x^2+y^2+z^2)^{5/2}}\mathrm{d}x\mathrm{d}y\\&=\frac{p}{2\pi}\left[\arctan\frac{m}{n\sqrt{1+m^2+n^2}}+\frac{m\cdot n}{\sqrt{1+m^2+n^2}}\left(\frac{1}{m^2+n^2}+\frac{1}{1+n^2}\right)\right]\end{aligned} \tag{3-24}$$

式中：$m=\dfrac{L}{B}$；$n=\dfrac{z}{B}$，其中 L 为矩形的长边，B 为矩形的短边。

为了计算方便，可将式（3－24）简写成

$$\sigma_z=\alpha_c p \tag{3-25}$$

称 α_c 为矩形竖直向均布荷载角点下的应力分布系数，$\alpha_c=f(m,n)$，可从表 3－5 中查得。

表 3－5　矩形面积受竖直均布荷载作用时角点下的应力系数 α_c

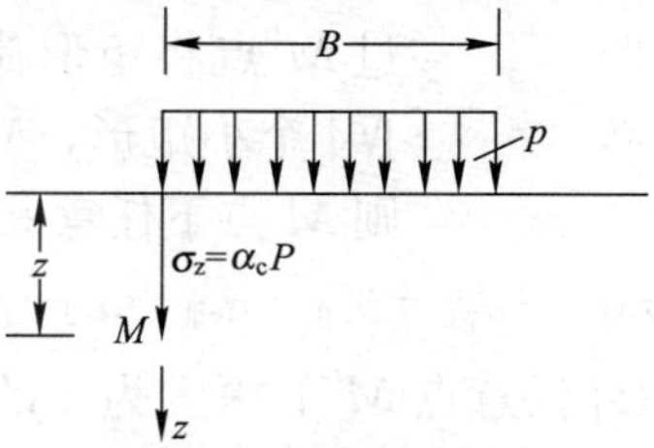

$m=L/B$ \ $n=z/B$	1.0	1.2	1.4	1.6	1.8	2.0	3.0	4.0	5.0	6.0	10.0
0.0	0.250 0	0.250 0	0.250 0	0.250 0	0.250 0	0.250 0	0.250 0	0.250 0	0.250 0	0.250 0	0.250 0
0.2	0.248 6	0.248 9	0.249 0	0.249 1	0.249 1	0.249 1	0.249 2	0.249 2	0.249 2	0.249 2	0.249 2
0.4	0.240 1	0.242 0	0.242 9	0.243 4	0.243 7	0.243 9	0.244 2	0.244 3	0.244 3	0.244 3	0.244 3
0.6	0.222 9	0.227 5	0.230 0	0.235 1	0.232 4	0.232 9	0.233 9	0.234 1	0.234 2	0.234 2	0.234 2
0.8	0.199 9	0.207 5	0.212 0	0.214 7	0.216 5	0.217 6	0.219 6	0.220 0	0.220 2	0.220 2	0.220 2
1.0	0.175 2	0.185 1	0.191 1	0.195 5	0.198 1	0.199 9	0.203 4	0.204 2	0.204 4	0.204 5	0.204 6
1.2	0.151 6	0.162 6	0.170 5	0.175 8	0.179 3	0.181 8	0.187 0	0.188 2	0.188 5	0.188 7	0.188 8
1.4	0.130 8	0.142 3	0.150 8	0.156 9	0.161 3	0.164 4	0.171 2	0.173 0	0.173 5	0.173 8	0.174 0
1.6	0.112 3	0.124 1	0.132 9	0.143 6	0.144 5	0.148 2	0.156 7	0.159 0	0.159 8	0.160 1	0.160 4
1.8	0.096 9	0.108 3	0.117 2	0.124 1	0.129 4	0.133 4	0.143 4	0.146 3	0.147 4	0.147 8	0.148 2
2.0	0.084 0	0.094 7	0.103 4	0.110 3	0.115 8	0.120 2	0.131 4	0.135 0	0.136 3	0.136 8	0.137 4
2.2	0.073 2	0.083 2	0.091 7	0.098 4	0.103 9	0.108 4	0.120 5	0.124 8	0.126 4	0.127 1	0.127 7
2.4	0.064 2	0.073 4	0.081 2	0.087 9	0.093 4	0.097 9	0.110 8	0.115 6	0.117 5	0.118 4	0.119 2
2.6	0.056 6	0.065 1	0.072 5	0.078 8	0.084 2	0.088 7	0.102 0	0.107 3	0.109 5	0.110 6	0.111 6
2.8	0.050 2	0.058 0	0.064 9	0.070 9	0.076 1	0.080 5	0.094 2	0.099 9	0.102 4	0.103 6	0.104 8
3.0	0.044 7	0.051 9	0.058 3	0.064 0	0.069 0	0.073 2	0.087 0	0.093 1	0.095 9	0.097 3	0.098 7
3.2	0.040 1	0.046 7	0.052 6	0.058 0	0.062 7	0.066 8	0.080 6	0.087 0	0.090 0	0.091 6	0.093 3
3.4	0.036 1	0.042 1	0.047 7	0.052 7	0.057 1	0.061 1	0.074 7	0.081 4	0.084 7	0.086 4	0.088 2
3.6	0.032 6	0.038 2	0.043 3	0.048 0	0.052 3	0.056 1	0.069 4	0.076 3	0.079 9	0.081 6	0.083 7
3.8	0.029 6	0.034 8	0.039 5	0.043 9	0.047 9	0.051 6	0.064 5	0.071 7	0.075 3	0.077 3	0.079 6
4.0	0.027 0	0.031 8	0.036 2	0.040 3	0.044 1	0.047 4	0.060 3	0.067 4	0.071 2	0.073 3	0.075 8
4.2	0.024 7	0.029 1	0.033 3	0.037 1	0.040 7	0.043 9	0.056 3	0.063 4	0.067 4	0.069 6	0.072 4
4.4	0.022 7	0.026 8	0.030 6	0.034 3	0.037 6	0.040 7	0.052 7	0.059 7	0.063 9	0.066 2	0.069 6
4.6	0.020 9	0.024 7	0.028 3	0.031 7	0.034 8	0.037 8	0.049 3	0.056 4	0.060 6	0.063 0	0.066 3
4.8	0.019 3	0.022 9	0.026 2	0.029 4	0.032 4	0.035 2	0.046 3	0.053 3	0.057 6	0.060 1	0.063 5
5.0	0.017 9	0.021 2	0.024 3	0.027 4	0.030 2	0.032 8	0.043 5	0.050 4	0.054 7	0.057 3	0.061 0
6.0	0.012 7	0.015 1	0.017 4	0.019 6	0.021 8	0.023 3	0.032 5	0.038 8	0.043 1	0.046 0	0.050 6
7.0	0.009 4	0.011 2	0.013 0	0.014 7	0.016 4	0.018 0	0.025 1	0.030 6	0.034 6	0.037 6	0.042 8
8.0	0.007 3	0.008 7	0.010 1	0.011 4	0.012 7	0.014 0	0.019 8	0.024 6	0.028 3	0.031 1	0.036 7
9.0	0.005 8	0.006 9	0.008 0	0.009 1	0.010 2	0.011 2	0.016 1	0.020 2	0.023 5	0.026 2	0.031 9
10.0	0.004 7	0.005 6	0.006 5	0.007 4	0.008 3	0.009 2	0.013 2	0.016 7	0.019 8	0.022 2	0.028 0

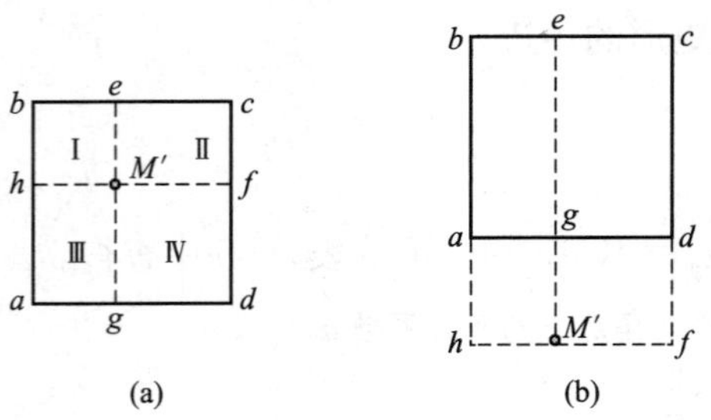

图 3-15 用角点法计算 M' 点以下的附加应力

3.4.2.2 任意点的附加应力——角点法

利用矩形面积角点下的附加应力计算公式（3-25）和应力叠加原理，推求地基中任意点的附加应力的方法称为角点法。角点法的应用可以分下列两种情况。第一种情况：计算矩形面积内任一点 M' 深度为 z 的附加应力［见图 3-15（a）］。过 M' 点将矩形荷载面积 $abcd$ 分成Ⅰ、Ⅱ、Ⅲ、Ⅳ4 个小矩形，M' 点为 4 个小矩形的公共角点，则 M' 点下任意 z 深度处的附加应力 $\sigma_{zM'}$ 为

$$\sigma_{zM'}=(\alpha_{c\,\mathrm{I}}+\alpha_{c\,\mathrm{II}}+\alpha_{c\,\mathrm{III}}+\alpha_{c\,\mathrm{IV}})p \qquad [3-26\text{(a)}]$$

第二种情况：计算矩形面积外任意点 M' 下深度为 z 的附加应力。思路是：仍然设法使 M' 点成为几个小矩形面积的公共角点，如图 3-15（b）所示。然后将其应力进行代数叠加。

$$\sigma_{zM'}=(\alpha_{c\,\mathrm{I}}+\alpha_{c\,\mathrm{II}}-\alpha_{c\,\mathrm{III}}-\alpha_{c\,\mathrm{IV}})p \qquad [3-26\text{(b)}]$$

以上两式中 $\alpha_{c\,\mathrm{I}}$、$\alpha_{c\,\mathrm{II}}$、$\alpha_{c\,\mathrm{III}}$、$\alpha_{c\,\mathrm{IV}}$ 分别为矩形 $M'hbe$、$M'fce$、$M'hag$、$M'fdg$ 的角点应力分布系数，p 为荷载强度。必须注意，在应用角点法计算每一块矩形面积的 α_c 值时，B 恒为短边，L 恒为长边。

【例题 3-4】 如图 3-16 所示，矩形基础底面积 $A=5\text{ m}\times4\text{ m}$，基底埋深 $d=2.0\text{ m}$，柱传至基顶标高的集中竖向荷载 $F=2\,000\text{ kN}$，土的重度 $\gamma=20\text{ kN/m}^3$。求此基础中心点以下不同深度分别为 $z=0$ m、1 m、2 m、3 m、4 m、5 m、6 m、7 m、8 m、9 m 处的附加应力 σ_z 的分布。

解：（1）基底附加应力 p_0

$$p_0=\frac{F}{A}+(\gamma_G-\gamma_0)d=\frac{2\,000}{5\times4}+(20-20)\times2.0=100(\text{kPa})$$

计算中心点下的附加应力时，过基底中心点 O 将矩形基底分成四个相等的小矩形，O 点即为四个小矩形的公共角点。列表计算地下 10 个点处的附加应力系数 α_c（m、n 查表 3-5 得），然后乘以 4 即得相应点的附加应力系数，再乘 p_0 即得相应的附加应力。具体计算过程详见表 3-6，中心点下各点的附加应力分布图如图 3-16 所示。

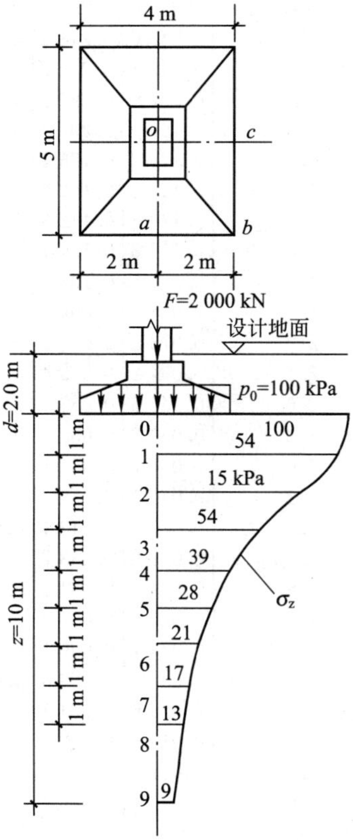

图 3-16 例题 3-4 图

表 3-6　附加应力计算表

点号	z (m)	l/b	z/b	α_c	$\sigma_z=4\alpha_c p_0$
0	0.	2.5/2=1.25	0.0	0.250 0	4×0.25×100=100.0
1	1.	1.25	0.5	0.235 2	94.0
2	2.	1.25	1.0	0.186 6	75.0
3	3.	1.25	1.5	0.135 4	54.0
4	4.	1.25	2.0	0.096 9	39.0
5	5.	1.25	2.5	0.071 2	28.0
6	6.	1.25	3.0	0.053 5	21.0
7	7.	1.25	3.5	0.041 5	17.0
8	8.	1.25	4.0	0.032 9	13.0
10	10.	1.25	5.0	0.022 0	9.0

3.4.3　矩形面积承受竖直三角形分布荷载作用时的附加应力

设竖向荷载在矩形面积上沿着 x 轴方向呈三角形分布，而沿 y 轴均匀分布，荷载的最大值为 p_t，取荷载零值边的角点 1 为坐标原点（见图 3-17）。与均布荷载相同，以 $dp_t=\frac{x}{b}p\,dxdy$ 代替微元面积 $dA=dxdy$ 上的分布荷载，则可按下式求得角点 1 下深度 z 处的 M_1 点由该矩形面积竖直三角形分布荷载引起的附加应力 σ_z：

$$\sigma_z=\frac{3}{2\pi}\int_0^B\int_0^L\frac{xp_t z^3}{b(x^2+y^2+z^2)^{5/2}}dxdy \tag{3-27}$$

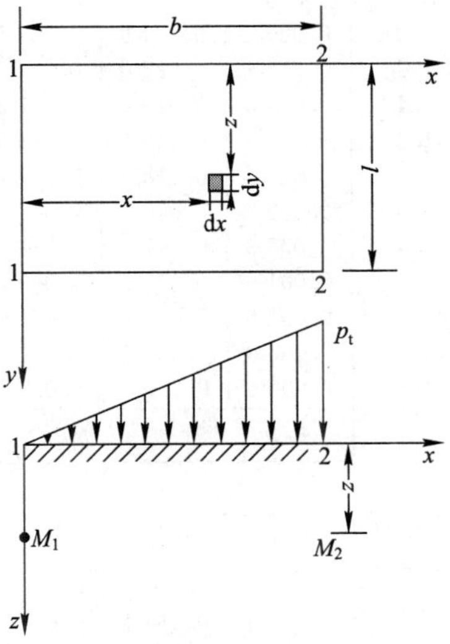

图 3-17　矩形面积三角形分布荷载下地基中附加应力计算

由此可得受荷面积角点 1 下深度 z 处的附加应力 σ_z为：

$$\sigma_z=\alpha_{t1}\cdot p_t \tag{3-28}$$

式中：$\alpha_{t1}=\frac{n\cdot m}{2\pi}\left[\frac{1}{\sqrt{n^2+m^2}}-\frac{m^2}{(1+m^2)\sqrt{1+n^2+m^2}}\right]$　(3-29)

同理可得受荷面积角点 2 下深度 z 处 M_2 点的附加应力 σ_z为：

$$\sigma_z=\alpha_{t2}\cdot p_t \tag{3-30}$$

式中：

$$\alpha_{t2}=\frac{1}{2\pi}\left[\frac{\pi}{2}+\frac{n\cdot m(1+n^2+2m^2)}{(n^2+m^2)(1+m^2)\sqrt{1+n^2+m^2}}-\frac{n\cdot m}{\sqrt{n^2+m^2}}-\arctan\frac{m\sqrt{1+n^2+m^2}}{n}\right] \tag{3-31}$$

矩形面积上竖直三角形分布荷载作用下的附加压力系数 α_{t1}、α_{t2}如表 3-7 所示。

表 3-7 矩形面积上竖直三角形分布荷载作用下的附加压力系数 α_{t1}、α_{t2}

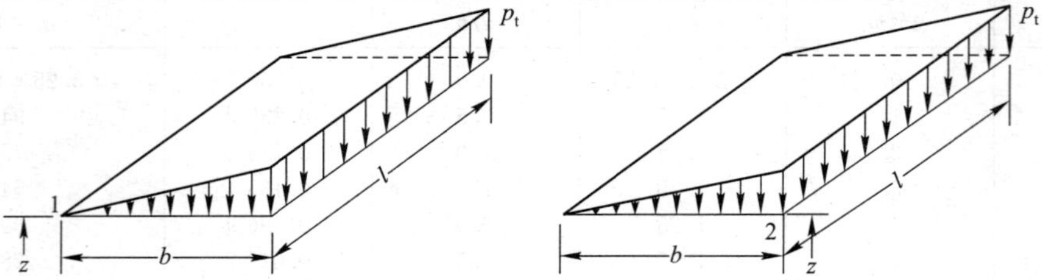

z/b	l/b 0.2		0.4		0.6		0.8		1.0	
	1点	2点	1点	2点	1点	2点	1点	2点	1点	2点
0.0	0.000 0	0.250 0	0.000 0	0.250 0	0.000 0	0.250 0	0.000 0	0.250 0	0.000 0	0.250 0
0.2	0.022 3	0.182 1	0.028 0	0.211 5	0.029 6	0.216 5	0.030 1	0.217 8	0.030 4	0.218 2
0.4	0.026 9	0.109 4	0.042 0	0.160 4	0.048 7	0.178 1	0.051 7	0.184 4	0.053 1	0.187 0
0.6	0.025 9	0.070 0	0.044 8	0.116 5	0.056 0	0.140 5	0.062 1	0.152 0	0.065 4	0.157 5
0.8	0.023 2	0.048 0	0.042 1	0.085 3	0.055 3	0.109 3	0.063 7	0.123 2	0.068 8	0.131 1
1.0	0.020 1	0.034 6	0.037 5	0.063 8	0.050 8	0.080 5	0.060 2	0.099 6	0.066 6	0.108 6
1.2	0.017 1	0.026 0	0.032 4	0.049 1	0.045 0	0.067 3	0.054 6	0.080 7	0.061 5	0.090 1
1.4	0.014 5	0.020 2	0.027 8	0.038 6	0.039 2	0.054 0	0.048 3	0.066 1	0.055 4	0.075 1
1.6	0.012 3	0.016 0	0.023 8	0.031 0	0.033 9	0.044 0	0.042 4	0.054 7	0.049 2	0.062 8
1.8	0.010 5	0.013 0	0.020 4	0.025 4	0.029 4	0.036 3	0.037 1	0.045 7	0.043 5	0.053 4
2.0	0.009 0	0.010 8	0.017 6	0.021 1	0.025 5	0.030 4	0.032 4	0.038 7	0.038 4	0.045 6
2.5	0.006 3	0.007 2	0.012 5	0.014 0	0.018 3	0.020 5	0.023 6	0.026 5	0.028 4	0.031 8
3.0	0.004 6	0.005 1	0.009 2	0.010 0	0.013 5	0.014 8	0.017 6	0.019 2	0.021 4	0.023 3
5.0	0.001 8	0.001 9	0.003 6	0.003 8	0.005 4	0.005 6	0.007 1	0.007 4	0.008 8	0.009 1
7.0	0.000 9	0.001 0	0.001 9	0.001 9	0.002 8	0.002 9	0.003 8	0.003 8	0.004 7	0.004 7
10.0	0.000 5	0.000 4	0.000 9	0.001 0	0.001 4	0.001 4	0.001 9	0.001 9	0.002 3	0.002 4

z/b	l/b 1.2		1.4		1.6		1.8		2.0	
	1点	2点	1点	2点	1点	2点	1点	2点	1点	2点
0.0	0.000 0	0.250 0	0.000 0	0.250 0	0.000 0	0.250 0	0.000 0	0.250 0	0.000 0	0.250 0
0.2	0.030 5	0.218 4	0.030 5	0.218 5	0.030 6	0.218 5	0.030 6	0.218 5	0.030 6	0.218 5
0.4	0.053 9	0.188 1	0.054 3	0.188 6	0.054 5	0.188 9	0.054 6	0.189 1	0.054 7	0.189 2
0.6	0.067 3	0.160 2	0.068 4	0.161 6	0.069 0	0.162 5	0.069 4	0.163 0	0.069 6	0.163 3
0.8	0.072 0	0.135 5	0.073 9	0.138 1	0.075 1	0.139 6	0.075 9	0.140 5	0.076 4	0.141 2
1.0	0.070 8	0.114 3	0.073 5	0.117 6	0.075 3	0.120 2	0.076 6	0.121 5	0.077 4	0.122 5
1.2	0.066 4	0.096 2	0.069 8	0.100 7	0.072 1	0.103 7	0.073 8	0.105 5	0.074 9	0.106 9
1.4	0.060 6	0.081 7	0.064 4	0.086 4	0.067 2	0.089 7	0.069 2	0.092 1	0.070 7	0.093 7
1.6	0.054 5	0.069 6	0.058 6	0.074 3	0.061 6	0.078 0	0.063 9	0.080 6	0.065 6	0.082 6
1.8	0.048 7	0.059 6	0.052 8	0.064 4	0.056 0	0.068 1	0.058 5	0.070 9	0.060 4	0.073 0
2.0	0.043 4	0.051 3	0.047 4	0.056 0	0.050 7	0.059 6	0.053 3	0.062 5	0.055 3	0.064 9
2.5	0.032 6	0.036 5	0.036 2	0.040 5	0.039 3	0.044 0	0.041 9	0.046 9	0.044 0	0.049 1
3.0	0.024 9	0.027 0	0.028 0	0.030 3	0.030 7	0.033 3	0.033 1	0.035 9	0.035 2	0.038 0
5.0	0.010 4	0.010 8	0.012 0	0.012 3	0.013 5	0.013 9	0.014 8	0.015 4	0.016 1	0.016 7
7.0	0.005 6	0.005 6	0.006 4	0.006 6	0.007 3	0.007 4	0.008 1	0.008 3	0.008 9	0.009 1
10.0	0.002 8	0.002 8	0.003 3	0.003 2	0.003 7	0.003 7	0.004 1	0.004 2	0.004 6	0.004 6

续表

z/b	l/b									
	3.0		4.0		6.0		8.0		10.0	
	1点	2点	1点	2点	1点	2点	1点	2点	1点	2点
0.0	0.000 0	0.250 0	0.000 0	0.250 0	0.000 0	0.250 0	0.000 0	0.250 0	0.000 0	0.250 0
0.2	0.030 6	0.218 6	0.030 6	0.218 6	0.030 6	0.218 6	0.030 6	0.218 6	0.030 6	0.218 6
0.4	0.054 8	0.189 4	0.054 9	0.189 4	0.054 9	0.189 4	0.054 9	0.189 4	0.054 9	0.189 4
0.6	0.070 1	0.163 8	0.070 2	0.163 9	0.070 2	0.164 0	0.070 2	0.164 0	0.070 2	0.164 0
0.8	0.077 3	0.142 3	0.077 6	0.142 4	0.077 6	0.142 6	0.077 6	0.142 6	0.077 6	0.142 6
1.0	0.079 0	0.124 4	0.079 4	0.124 8	0.079 5	0.125 0	0.079 6	0.125 0	0.079 6	0.125 0
1.2	0.077 4	0.109 6	0.077 9	0.110 3	0.078 2	0.110 5	0.078 3	0.110 5	0.078 3	0.110 5
1.4	0.073 9	0.097 3	0.074 8	0.098 6	0.075 2	0.098 6	0.075 2	0.098 7	0.075 3	0.098 7
1.6	0.069 7	0.087 0	0.070 8	0.088 2	0.071 4	0.088 7	0.071 5	0.088 8	0.071 5	0.088 9
1.8	0.065 2	0.078 2	0.066 6	0.079 7	0.067 3	0.080 5	0.067 5	0.080 6	0.067 5	0.080 8
2.0	0.060 7	0.070 7	0.062 4	0.072 6	0.063 4	0.073 4	0.063 6	0.073 6	0.063 6	0.073 8
2.5	0.050 4	0.055 9	0.052 9	0.058 5	0.054 3	0.060 1	0.054 7	0.060 4	0.054 8	0.060 5
3.0	0.041 9	0.045 1	0.044 9	0.048 2	0.046 9	0.050 4	0.047 4	0.050 9	0.047 6	0.051 1
5.0	0.021 4	0.022 1	0.024 8	0.025 6	0.025 3	0.029 0	0.029 6	0.030 3	0.030 1	0.030 9
7.0	0.012 4	0.012 6	0.015 2	0.015 4	0.018 6	0.019 0	0.020 4	0.020 7	0.021 2	0.021 6
10.0	0.006 6	0.006 6	0.008 4	0.008 3	0.011 1	0.011 1	0.012 3	0.013 0	0.013 9	0.014 1

α_{t1}、α_{t2}为三角形荷载附加应力系数，α_{t1}为三角形荷载零角点下的附加应力系数；α_{t2}为三角形荷载最大值角点下的附加应力系数，根据 $n=l/b$ 和 $m=z/b$ 由表 3－4 查得。其中 b 为承载面积沿荷载呈三角形分布方向的边长。

3.4.4 条形荷载下的土中附加应力

当基础的长度比相当大（例如 $l/b>10$）时，在弹性力学中把它们作为平面问题来推导出其下的附加应力计算公式。例如，墙下条基、挡土墙及堤坝等均属此类问题。

首先研究土体表面承受竖向均布线性荷载，如图 3－18 所示，由弹性力学中的弗拉曼解

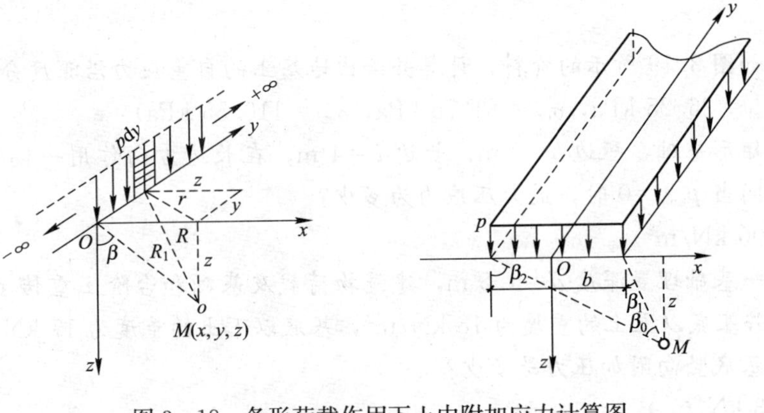

图 3－18 条形荷载作用下土中附加应力计算图

(Flaman) 可得线荷载下土中 M 点的附加应力为

$$\sigma_x=\frac{2p}{\pi z}\cos^4\beta \tag{3-32}$$

将上式对宽度 b 积分可得条形均布荷载下土中某点 M 的竖向附加应力为

$$\sigma_z=\alpha_{sxz}p_0 \tag{3-33}$$

式中：α_{sxz}——均布条形荷载下土中附应力系数，可由 $m=z/b$ 及 $n=x/b$ 查表 3-8 得到。

表 3-8 均布条形荷载下土中附加应力系数 α_{sxz}

z/b \ x/b	0.00	0.25	0.50	1.00	2.00
0.00	1.00	1.00	0.50	0.00	0.00
0.25	0.96	0.90	0.50	0.02	0.00
0.50	0.82	0.74	0.48	0.08	0.00
0.75	0.67	0.61	0.45	0.15	0.02
1.00	0.55	0.51	0.41	0.19	0.03
1.50	0.40	0.38	0.33	0.21	0.06
2.00	0.31	0.31	0.28	0.20	0.08
3.00	0.21	0.21	0.20	0.17	0.10
4.00	0.16	0.16	0.15	0.14	0.10
5.00	0.13	0.13	0.12	0.12	0.09

思考题

3-1 什么是自重应力与附加应力？附加应力大小与何有关？

3-2 基底压力的计算有何实用意义？列举影响基底压力分布的各因素。

3-3 附加应力在地基中的传播、扩散有何规律？目前附加应力计算的依据是什么？附加应力计算有哪些假设条件？

3-4 怎样计算矩形均布荷载作用下地基内任意点的附加应力？

3-5 地下水位的变化对地表沉降有无影响？为什么？

习题

3-1 按如图 3.19 所示的资料，计算并绘出地基土的自重应力沿深度分布的曲线。

(答案：$\sigma_{cz1}=26.25$ kPa，$\sigma_{cz2}=81.75$ kPa，$\sigma_{cz3}=110.55$ kPa)

3-2 一矩形基础，短边 $b=3$ m，长边 $l=4$ m，在长边方向作用一偏心荷载 $F+G=$ 1 200 kN。试问当 $p_{min}=0$ 时，最大压应力为多少？

(答案：200 kN/m^2)

3-3 有一基础埋置深度 $d=1.5$ m，建筑物荷载及基础和台阶土重传至基底总应力为 100 kN/m^2，若基底以上土的重度为 18 kN/m^2，基底以下土的重度为 17 kN/m^2，地下水位在基底处，则基底竖向附加压力是多少？

(答案：73 kN/m^2)

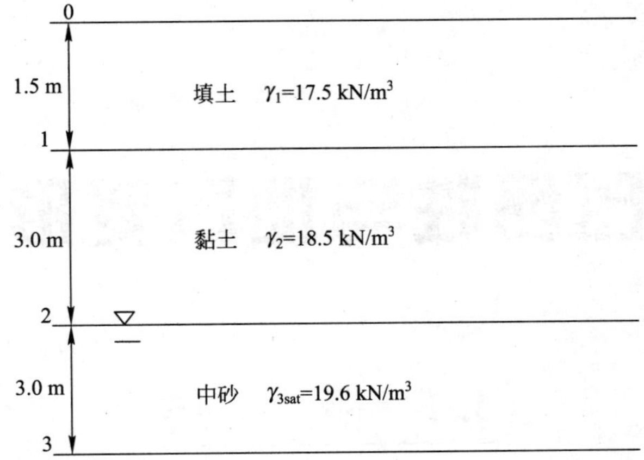

图 3－19　习题 3－1 图

3－4　今有均布荷载 p＝100 kN/m²，荷载面积为 2 m×1 m，如图 3－20 所示，求荷载面积上角点 A、边点 E、中心点 O 以及荷载面积外 F 点和 G 点等各点下 z＝1 m 深度处的附加应力，并利用计算结果说明附加应力的扩散规律。

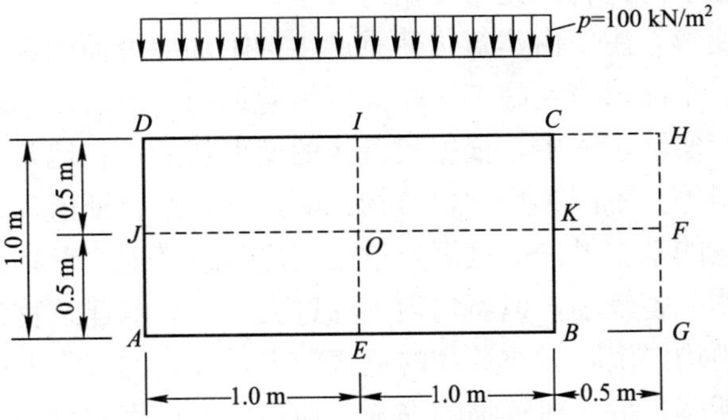

图 3－20　习题 3－4 图

（答案：σ_{zA}＝20 kPa，σ_{zE}＝35 kPa，σ_{zO}＝48.1 kPa，σ_{zF}＝10.5 kPa，σ_{zG}＝8.1 kPa）

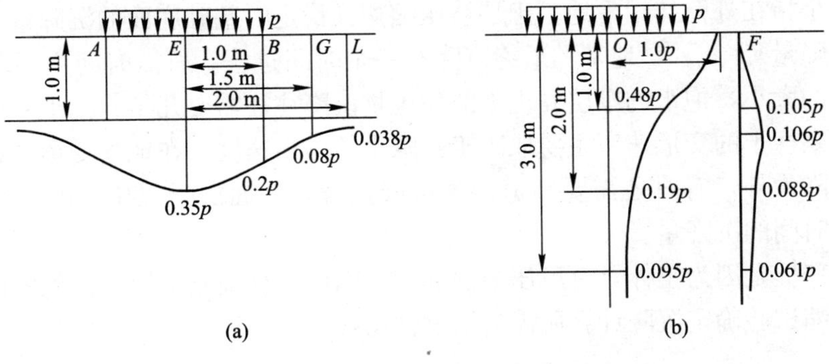

图 3－21　习题 3－4 计算结果图示

第4章
土的压缩性与地基变形计算

4.1 概　　述

地基土层承受上部建筑物的荷载，必然会产生变形，从而引起建筑物基础沉降，当场地土质坚实时，地基的沉降较小，对工程正常使用没有影响；但若地基为软弱土层且厚薄不均，或上部结构荷载轻重变化悬殊时，地基将发生严重的沉降和不均匀沉降，其结果将使建筑物发生各类事故，影响建筑物的正常使用与安全。

一般地基的压缩变形，主要由建筑物荷重产生的附加应力而引起。其次，欠固结土层的自重、地下水位下降、水的渗流及施工影响等可引起地面的下沉。本章主要分析在建筑物荷载作用下地基的变形。实际工程中，根据建筑物的变形特征，将地基变形可分为沉降量、沉降差、倾斜、局部倾斜等。不同类型的建筑物，对这些变形特征值都有不同的要求，其中沉降量是其他变形特征值的基本量。一旦沉降量确定之后，其他变形特征值便可求得。地基的均匀沉降一般对建筑物危害较小，但当均匀沉降过大，会影响建筑物的正常使用和使建筑物的高程降低。地基的不均匀沉降对建筑物的危害较大，较大的沉降差或倾斜可能导致建筑物的开裂或局部构件的断裂，危及建筑物的安全。地基变形计算的目的，在于确定建筑物可能出现的最大沉降量和沉降差，为建筑物设计或地基处理提供依据。

在工程计算中，首先关心的问题是建筑物的最终沉降量（或地基最终沉降量），所谓地基最终沉降量是指在外荷作用下地基土层被压缩达到稳定时基础底面的沉降量，常简称地基变形量（或沉降量）。此外，地基的最终沉降有一个时间过程。所需时间主要取决于土层的透水性和荷载的大小，饱水的厚层黏土上的建筑物沉降往往需要几年、几十年或更长时间才能完成。饱水黏性土的变形速率主要取决于孔隙水的排出速度。在地基变形计算中，除了计算地基最终沉降量外，有时还需要知道地基沉降过程，掌握沉降规律，即沉降与时间的关系，计算不同时间的沉降量。

地基产生变形是因为土体具有可压缩的性能，因此计算地基变形，首先要研究土的压缩性以及通过压缩试验确定沉降计算所需的压缩性指标。

4.2　土的压缩性

4.2.1　室内压缩试验

土的压缩性是指土在压力作用下体积压缩变小的性能。土的压缩性高低，常用压缩性指标定量表示。压缩性指标，通常由工程地质勘察取天然结构的原状土样，进行室内压缩试验测定。

1. 土的压缩试验

(1) 试验仪器

试验仪器如图 4－1 所示。

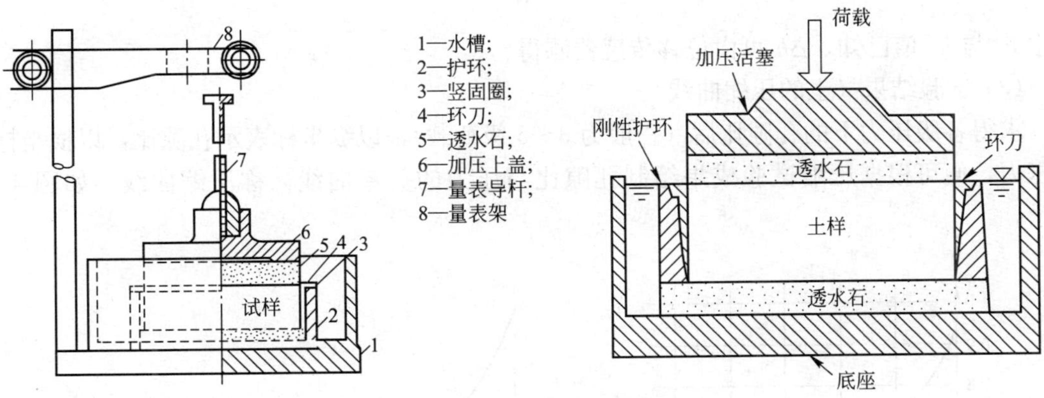

图 4－1　侧限压缩试验仪器

(2) 试验方法

试验时是通过加荷装置和加压板将压力均匀地施加到土样上（见图 4－2）。荷载逐级加上，每加一级荷载，要等土样压缩相对稳定后，才施加下一级荷载。土样的压缩量可通过位移传感器测量。并根据每一级压力下的稳定变形量，计算出与各级压力下相应的稳定孔隙比。若试验前试样的横截面积为 A，土样的原始高度为 h_0，原始孔隙比为 e_0，当加压 p_1 后，土样的压缩量为 Δh_1，土样高度由 h_0 减至 $h_1 = h_0 - \Delta h_1$，相应的孔隙比由 e_0 减至 e_1，如图 4－2 所示。由于土样压缩时不可能发生侧向膨胀，故压缩前后土样的横截面积不变。压缩过程中土粒体积也是不变的，因此加压前土粒体积等于加压后土粒体积，即

$$\frac{Ah_0}{1+e_0}=\frac{A(h_0-\Delta h_1)}{1+e_1}$$

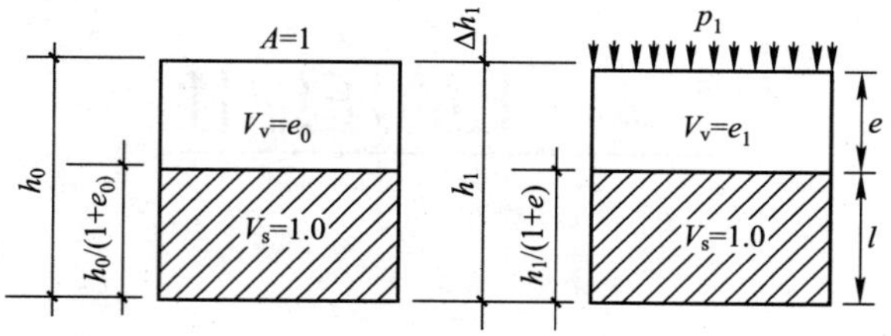

图 4-2 侧限条件下土样原始孔隙比的变化

整理得：

$$\frac{\Delta h_1}{h_0}=\frac{e_0-e_1}{1+e_0}$$

则：

$$e_1=e_0-\frac{\Delta h_1}{h_0}(1+e_0) \tag{4-1}$$

同理，各级压力 p_i 作用下土样压缩稳定后相应的孔隙比 e_i 为：

$$e_i=e_0-\frac{\Delta h_i}{h_0}(1+e_0) \tag{4-2}$$

式中 e_0 与 h_0 值已知，Δh 可由位移传感器测得。

(3) 试验结果（土的压缩曲线）

求得各级压力下的孔隙比后（一般为 3～5 级荷载），以纵坐标表示孔隙比，以横坐标表示压力，便可根据压缩试验成果绘制孔隙比与压力的关系曲线，称压缩曲线，如图 4-3 所示。

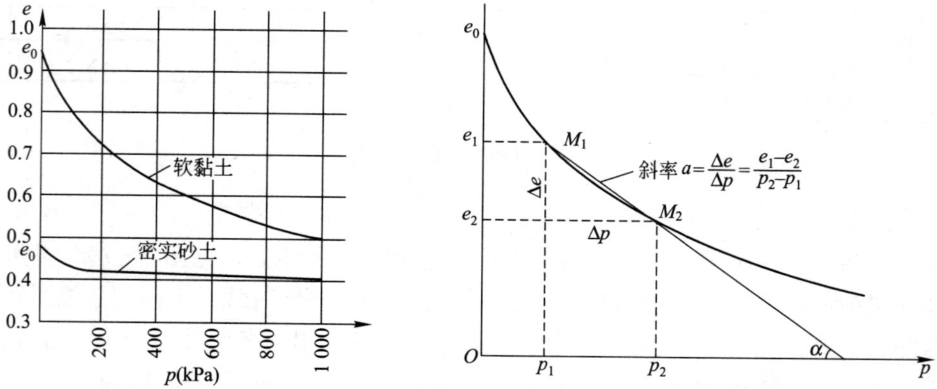

图 4-3 侧限压缩曲线

从压缩曲线的形状可以看出，压力较小时曲线较陡，随压力逐渐增加，曲线逐渐变缓，这说明土在压力增量不变情况下进行压缩时，其压缩变形的增量是递减的。压缩曲线的形状与土样的成分、结构、状态以及受力历史有关。若压缩曲线较陡，说明压力增加时孔隙比减小得多，土易变形，土的压缩性相对高；若曲线是平缓的，土不易变形，土的压缩性相对低。因此，压缩曲线的坡度可以形象地说明土的压缩性高低。

在压缩曲线上，当压力的变化范围不大时，可将压缩曲线上相应一小段 M_1M_2 近似地用直线来代替。若 M_1 点的压力为 p_1 相应孔隙比为 e_1；M_2 点的压力为 p_2 相应孔隙比为 e_2；则 M_1M_2 段的斜率可用下式表示，即

$$a=\tan\alpha=\frac{\Delta e}{\Delta p}=\frac{e_1-e_2}{p_2-p_1} \tag{4-3}$$

这个公式是土的力学性质的基本定律之一，称压缩定律。它表明：在压力变化范围不大时，孔隙比的变化值（减小值）与压力的变化值（增加值）成正比。其比例系数称为压缩系数，用符号 a 表示，单位为 MPa^{-1}。

压缩系数是表示土的压缩性大小的主要指标，其值越大，表明在某压力变化范围内孔隙比减少得越多，压缩性就越高。但由图 4-3 可以看出，同一种土的压缩系数并不是常数，而是随所取压力变化范围的不同而改变。因此，评价不同类型和状态土的压缩性大小时，必须以同一压力变化范围来比较。在《建筑地基基础设计规范》中规定，以 $p_1=0.1$ MPa，$p_2=0.2$ MPa 时相应的压缩系数 a_{1-2} 作为判断土的压缩性的标准。

低压缩性土：$a_{1-2}<0.1\ MPa^{-1}$

中等压缩性土：$0.1\ MPa^{-1}\leqslant a_{1-2}<0.5\ MPa^{-1}$

高压缩性土：$a_{1-2}\geqslant 0.5\ MPa^{-1}$

目前还常用压缩指数 C_c 来进行压缩性评价，进行地基变形量计算。它是通过压缩试验求得不同压力下的孔隙比 e 值，将压缩曲线的横坐标用对数坐标表示，纵坐标轴不变（见图 4-4），在一定压力 p 值之下，$e-\log p$ 曲线是直线，用直线段的斜率作为土的压缩指数 C_c（无因次）。

$$C_c=\frac{e_1-e_2}{\log p_2-\log p_1} \tag{4-4}$$

试验证明，$e-\log p$ 曲线在很大范围内是一条直线，故压缩指数 C_c 值是比较稳定的数值，不像压缩系数 a 是随压力变化范围而变化的，一般黏性土的 C_c 值多数在 0.1～1.0 之间，C_c 值越大，土的压缩性越高。

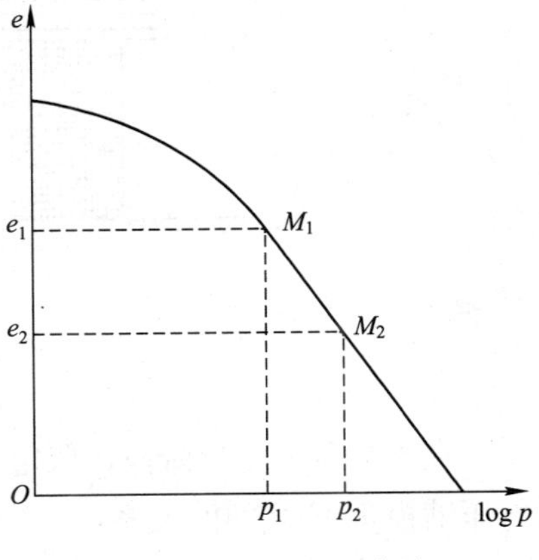

图 4-4　$e-\log p$ 曲线

压缩试验除了求得压缩系数 a 和压缩指数 C_c 外，还可求得另一个常用的压缩性指标——压缩模量 E_s（单位为 MPa 或 kPa），E_s 是指土在侧限条件下受压时压应力 σ_z 与相应的应变 ε_z 之间的比值，即

$$E_s=\frac{\sigma_z}{\varepsilon_z} \tag{4-5}$$

因为 $\sigma_z = p_2 - p_1 \quad \varepsilon_z = \frac{\Delta h_1}{h_0} = \frac{e_1 - e_2}{1 + e_1}$

故压缩模量 E_s 与压缩系数 a 之关系为：

$$E_s = \frac{p_2 - p_1}{e_1 - e_2}(1 + e_1) = \frac{1 + e_1}{a} \tag{4-6}$$

式中 a 为压力从 p_1 增加至 p_2 时的压缩系数；e_1 为压力 p_1 时对应的孔隙比。

2. 土的变形模量 E_0

土的变形模量是指土在无侧限压缩条件下，压应力与相应的压缩应变的比值，单位也是 MPa，它是通过现场载荷试验求得的压缩性指标，能较真实地反映天然土层的变形特性。载荷试验装置如图 4-5 所示，适用于地基土为粉、细砂、软土，取原状土样困难或国家一级工程、规模大或建筑物对沉降有严格要求的工程。载荷试验设备笨重，历时长和花费多，且目前深层土的载荷试验在技术上极为困难，故土的变形模量常根据室内三轴压缩试验的应力—应变关系曲线来确定，或根据压缩模量的资料来估算。

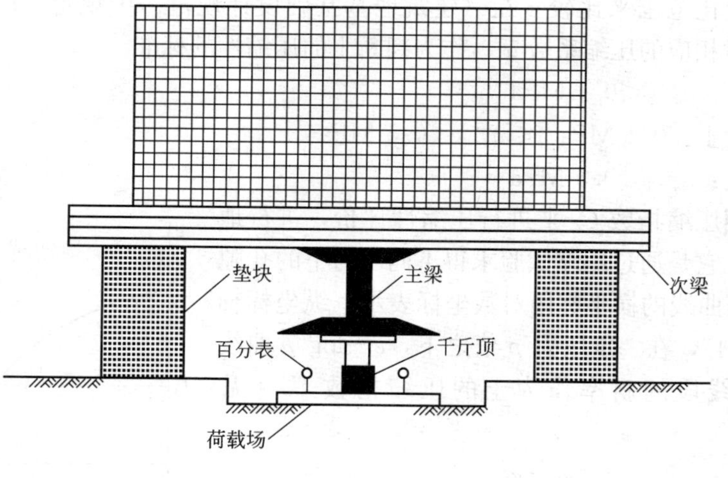

图 4-5 载荷试验装置

在土的压密变形阶段，假定土为弹性材料，可根据材料力学理论，推导出变形模量 E_0 与压缩模量 E_s 之间的关系：

$$E_0 = E_s\left(1 - \frac{2\mu^2}{1-\mu}\right) \tag{4-7}$$

令

$$\beta = 1 - \frac{2\mu^2}{1-\mu} \tag{4-8}$$

则

$$E_0 = \beta E_s$$

式中 μ 为土的侧膨胀系数（泊松比）。

土的侧膨胀系数是指土在无侧限条件下受压时，侧向膨胀应变 ε_x 与竖向压缩应变 ε_z 之比，即

$$\mu=\frac{\varepsilon_x}{\varepsilon_z} \tag{4-9}$$

当土在侧限条件下受压时，竖向压力增加，必然引起侧向压力的增加，侧向压力 σ_x 与竖向压力 σ_z 之比值，称为土的侧压力系数 K_0，即

$$K_0=\frac{\sigma_x}{\sigma_z} \tag{4-10}$$

根据材料力学中广义虎克定律可推导求得 K_0 与 μ 的相互关系

$$K_0=\frac{\mu}{1-\mu} \tag{4-11}$$

$$\mu=\frac{K_0}{1+K_0} \tag{4-12}$$

土的侧压力系数可由专门仪器测得，但侧膨胀系数不易直接测定，可根据土的侧压力系数，按式 4-11 计算求得。一般情况下可参照表 4-1 所列数值选用 K_0 和 μ 值。

表 4-1　土的 K_0 和 μ 的参考值

土的类别	土的状态	K_0	μ
卵砾土		0.18～0.25	0.15～0.20
砾　土		0.25～0.33	0.20～0.25
粉　土		0.25	0.20
粉质黏土	坚　硬	0.33	0.25
	可　塑	0.43	0.30
	软塑或流塑	0.53	0.35
黏　土	坚　硬	0.33	0.25
	可　塑	0.54	0.35
	软塑或流塑	0.72	0.42

根据理论分析，当 μ 从 0 变化到 0.5 时，β 值从 1 变化到 0，即 $\frac{E_0}{E_s}$ 的比值在 0～1 之间变化。因为 E_0 是无侧限条件下的变形模量，其应变比有侧限条件时大，故一般应是 $E_0<E_s$。但实践表明，理论分析与实际情况有很大出入，很多情况都是 $\frac{E_0}{E_s}$ 值大于 1。究其原因，一方面土不是真正的弹性体，用弹性理论建立的关系会带来误差；另一方面就是土的结构的影响，在取样过程中土的天然结构会受到不同程度的扰动。其他原因还有待进一步研究。因此，在过去的规范中，常用压缩试验求得的 E_s 乘以 β 值来换算 E_0 的做法是不够恰当的。目前常根据统计地区性经验回归方程得到经验公式进行 E_0 与 E_s 的换算。

4.3 地基最终沉降量计算

地基的最终沉降量是指地基在建筑物等其他荷载作用下，地基变形稳定后的基础底面的沉降量。

地基沉降的原因：外因方面，通常认为地基土层在自重作用下压缩已稳定，主要是建筑物荷载在地基中产生的附加应力。而内因为土的三相组成中孔隙的存在。

沉降计算的目的是为了预知该工程建成后将产生的最终沉降量、沉降差、倾斜和局部倾斜，以判断该地基变形是否超出允许的范围，以便在建筑物设计时采取相应的工程措施。

计算地基的最终沉降量，目前最常用的就是分层总和法。它主要是将地层按其性质和应力状态进行分层，然后用测定的变形计算参数来计算地基的沉降量。该法是按照古典弹性理论，将土看做是一种完全弹性的、均质的、各向同性的连续体，以计算地基内的应力分布，并将非线性应力—应变关系作为线性增量处理的。对变形计算参数的选择，国内规范大多数选用压缩模量 E_s。

4.3.1 分层总和法

1. 基本原理

地基的最终沉降量可用室内压缩试验确定的参数（e_i、E_s、a）进行计算，根据式（4-2）有：

$$e_{2i}=e_{1i}-(1+e_{1i})\frac{\Delta h_i}{h_i}$$

变换后得：

$$\Delta h_i=\frac{e_{1i}-e_{2i}}{1+e_{1i}}h_i$$

或写作：

$$s_i=\frac{e_{1i}-e_{2i}}{1+e_{1i}}h_i \tag{4-13}$$

或

$$s_i=\frac{a_i}{1+e_{1i}}\bar{\sigma}_{zi}\cdot h_i=\frac{\bar{\sigma}_{zi}}{E_{si}}h_i \tag{4-14}$$

式中：s_i——i 层地基最终沉降量，mm；

e_{1i}——i 层地基受荷前（自重应力作用下）的孔隙比；

e_{2i}——i 层地基受荷（自重与附加应力作用下）沉降稳定后的孔隙比；

h_i——i 层的土层的厚度。

计算沉降量时，首先在地基可能受荷变形的压缩层范围内，参照地基的土质条件、基础条件以及荷载分布情况等，将基底压缩层范围内土层分成若干小层（见图 4－6），每个小层按式（4－13）或（4－14）分别计算沉降量，然后计算各分层的沉降量 s_i。最后将各分层的沉降量总和起来即为地基的最终沉降量：

$$S=\sum_{i=1}^{n} s_i \tag{4-15}$$

2. 计算要点

每个小层的沉降量计算步骤均相同，其计算要点主要有以下几点：

（1）确定分层厚度 h_i

一般按照 $h_i \leqslant 0.4b$（其中 b 为基础底面宽度）对土层进行分层，但需注意在不同土层的分界面上以及地下水位所在位置必须划分土层。

（2）沉降计算深度 Z_n

一般情况下，沉降计算深度取至 $\sigma_{zi} \leqslant 0.2\sigma_{czi}$，若沉降计算深度范围内有基岩存在时，计算至基岩顶面为止。对软土地基，沉降计算深度一般取至 $\sigma_{zi} \leqslant 0.1\sigma_{czi}$（见图 4－7）。

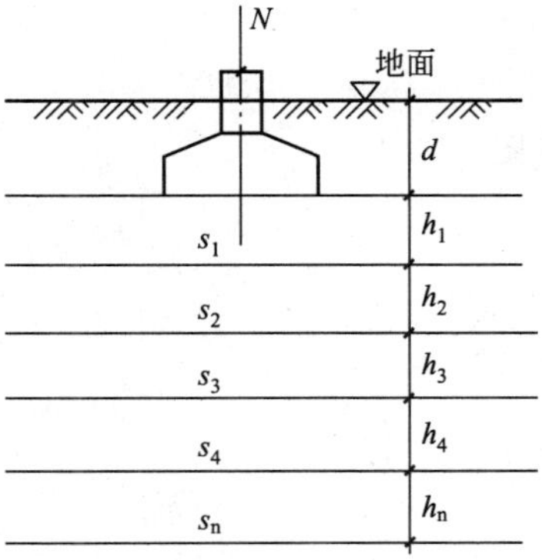

图 4－6　分层总和法分层

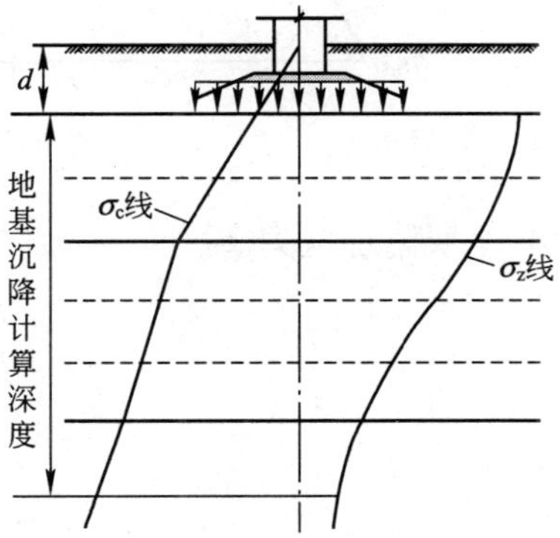

图 4－7　沉降计算深度 Z_n

（3）计算各分土层的沉降量

按公式（4－13）、（4－14）计算各层沉降量，并累加求地基的最终沉降量。

基础最终沉降量等于各分层变形量之和，即

$$S=\sum_{i=1}^{n} \frac{e_{1i}-e_{2i}}{1+e_{1i}} h_i \tag{4-16}$$

或

$$S=\sum_{i=1}^{n} \frac{a_i}{1+e_{1i}} \bar{\sigma}_{zi} h_i \tag{4-17}$$

或

$$S=\sum_{i=1}^{n} \frac{\bar{\sigma}_{zi}}{E_{si}} h_i \tag{4-18}$$

【例题 4－1】　某柱下独立基础底面尺寸为 $b \times l = 2\ \text{m} \times 4\ \text{m}$，上部结构传至基础顶面的

中心荷载设计值 $F=600$ kN，基础埋深 $d=1.0$ m。土层情况如图 4-8 所示，试用分层总和法求基础中心 O 点下的最终沉降量（mm）。

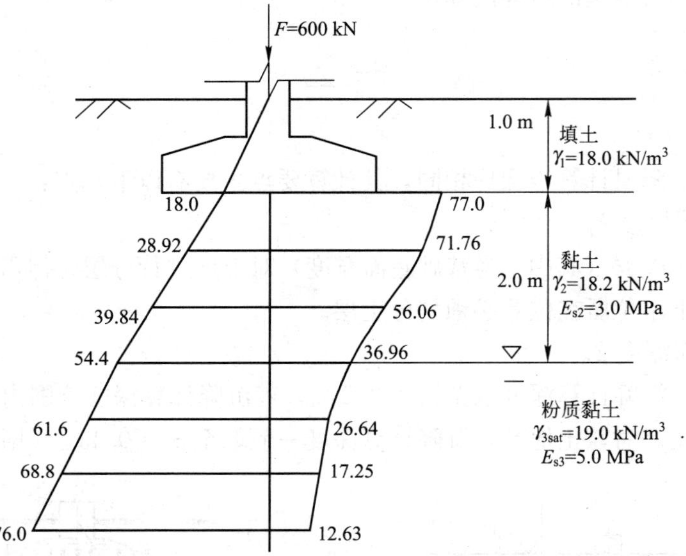

图 4-8　例题 4-1 图

解：（1）基底附加应力 p_0

$$p_0=\frac{F}{b\times l}+(\gamma_G-\gamma_0)d$$

$$=\frac{600}{2\times4}+(20-18)\times1.0$$

$$=77.0(\text{kPa})$$

（2）分层厚 $h_i\leqslant0.4b=0.8$ m，$\frac{l_1}{b_1}=\frac{2.0}{1.0}=2.0$

点号	深度 z_i/m	厚度 h_i/m	α_{ci}	σ_{czi}/kPa	σ_{zi}/kPa	$\overline{\sigma}_{zi}$/kPa	E_{si}/MPa	$s_i=\frac{\overline{\sigma}_{zi}}{E_{si}}h_i$/mm
0	0.0		0.250	18.0	77.0			
1	0.6	0.6	0.233	28.92	71.76	74.38	3.0	14.88
2	1.2	0.6	0.182	39.84	56.06	63.91	3.0	12.78
3	2.0	0.8	0.120	54.40	36.96	46.51	3.0	12.40
4	2.8	0.8	0.080	61.60	26.64	31.80	5.0	5.09
5	3.6	0.8	0.056	68.8	17.25	21.95	5.0	3.51
6	4.4	0.8	0.041	76.0	12.63	14.94	5.0	2.39

因$\frac{\sigma_{z6}}{\sigma_{cz6}}=\frac{12.63}{76.0}=16.6\%\leqslant 20.0\%$，则 $z_n=z_6=4.4(\text{m})$

$S=s_1+s_2+s_3+s_4+s_5+s_6=14.88+12.78+12.40+5.09+3.51+2.39=51.05(\text{mm})$

4.3.2 《规范》推荐法

新中国成立以来，全国各地都采用上述分层总和法来计算建筑物的沉降。多年来，通过大量建筑物沉降观测，并与理论计算相对比，结果发现，两者的数值往往不同，有的相差很大。对于坚实地基，用分层总和法计算的沉降值比实测值显著偏大；遇软弱地基，则计算值比实测值偏小，只有中等软硬的地基其沉降计算值与实测值符合得较好。分析沉降计算值与实测值不符的原因，一方面由于分层总和法在理论上的假定条件与实际情况不完全符合；另一方面由于取土的代表性不够，取原状土的技术以及室内压缩试验的准确度等问题。此外，在沉降计算中，没有考虑地基基础与上部结构的共同作用。这些因素导致了计算值与实测值之间的差异。为了使计算值与实测沉降值相符合，并简化分层总和法的计算工作，在总结大量实践经验的基础上，经统计引入沉降计算经验系数 ψ_s，对分层总和法的计算结果进行修正。因此，便产生了我国《建筑地基基础设计规范》所推荐的沉降计算方法，简称《规范》推荐法。

1. 计算原理

由公式（4-14），分层总和法计算第 i 层土的变形量为：$s_i'=\frac{\bar{\sigma}_{zi}\cdot H_i}{E_{si}}$

上式的分子$\bar{\sigma}_{zi}\cdot H_i$等于第 i 层的附加应力图形的面积 A_{5643}（见图 4-9）。

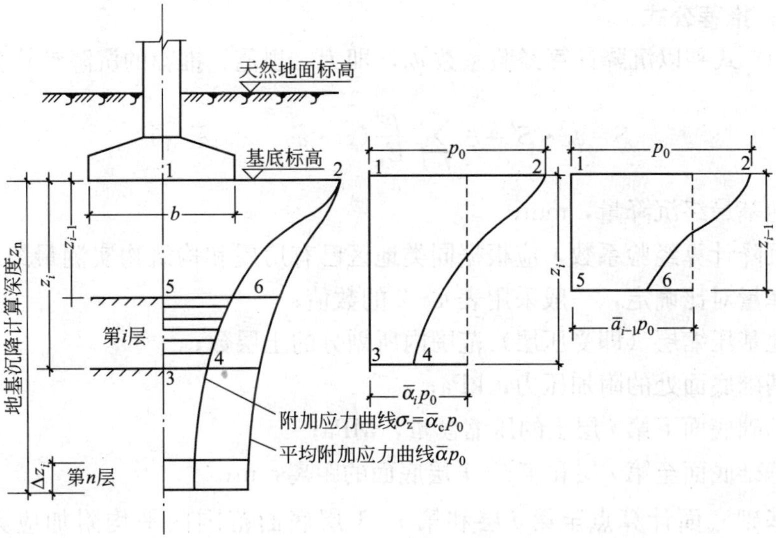

图 4-9 《规范》公式的推导

$$A_{5643}=A_{1243}-A_{1265}$$

其中：

$$A_{1243}=\int_0^{z_i}\sigma_z \mathrm{d}z=\bar{\sigma}_i\cdot z_i$$

$$A_{1265}=\int_0^{z_{i-1}}\sigma_z \mathrm{d}z=\bar{\sigma}_{i-1}\cdot z_{i-1}$$

故

$$s_i'=\frac{\bar{\sigma}_i\cdot z_i-\bar{\sigma}_{i-1}\cdot z_{i-1}}{E_{si}}$$

式中：$\bar{\sigma}_i$——深度 z_i 范围的平均附加应力；

$\bar{\sigma}_{i-1}$——深度 z_{i-1} 范围的平均附加应力。

将平均附加应力除以基础底面处附加应力 p_0，便可得平均附加应力系数。即

$$\bar{\alpha}_i=\frac{\bar{\sigma}_i}{p_0},\quad 即\quad \bar{\sigma}_i=p_0\cdot\bar{\alpha}_i$$

$$\bar{\alpha}_{i-1}=\frac{\bar{\sigma}_{i-1}}{p_0},\quad 即\quad \bar{\sigma}_{i-1}=p_0\cdot\bar{\alpha}_{i-1}$$

那么第 i 层土的变形量为：

$$s_i'=\frac{1}{E_{si}}(p_0\bar{\alpha}_i z_i-p_0\bar{\alpha}_{i-1}z_{i-1})=\frac{p_0}{E_{si}}(z_i\bar{\alpha}_i-z_{i-1}\cdot\bar{\alpha}_{i-1})$$

地基总沉降量为：

$$S'=\sum_{i=1}^{n}s_i'=\sum_{i=1}^{n}\frac{p_0}{E_{si}}(z_i\cdot\bar{\alpha}_i-z_{i-1}\bar{\alpha}_{i-1})\tag{4-19}$$

2. 《规范》推荐公式

由（4－19）式乘以沉降计算经验系数 ψ_s，即为《规范》推荐的沉降计算公式：

$$S=\psi_s\cdot S'=\psi_s\sum_{i=1}^{n}\frac{p_0}{E_{si}}(z_i\cdot\bar{\alpha}_i-z_{i-1}\bar{\alpha}_{i-1})\tag{4-20}$$

式中：S——地基最终沉降量，mm；

ψ_s——沉降计算经验系数，应根据同类地区已有房屋和构筑物实测最终沉降量与计算降量对比确定，一般采用表 4－2 的数值；

n——地基压缩层（即受压层）范围内所划分的土层数；

p_0——基础底面处的附加压力，kPa；

E_{si}——基础底面下第 i 层土的压缩模量，MPa；

z_i、z_{i-1}——基础底面至第 i 层和第 $i-1$ 层底面的距离，m；

$\bar{\alpha}_i$、$\bar{\alpha}_{i-1}$——基础底面计算点至第 i 层和第 $i-1$ 层底面范围内平均附加应力系数，可查表 4－3。

表 4-2　沉降计算经验系数 ψ_s

基底附加压力 p_0/kPa ＼ 压缩模量 $\overline{E}_s$/MPa	2.5	4.0	7.0	15.0	20.0
$p_0=f_k$	1.4	1.3	1.0	0.4	0.2
$p_0<0.75f_k$	1.1	1.0	0.7	0.4	0.2

注：1. 表列数值可内插；

2. 当变形计算深度范围内有多层土时，E_s 可按附加应力面积 A 的加权平均值采用，即 $E_s=\dfrac{\sum A_i}{\sum \dfrac{A_i}{E_{si}}}$，其中 $A_i=p_0(z_i\alpha_i-z_{i-1}\alpha_{i-1})$。

表 4-3　矩形及圆形面积上均布荷载作用下，通过中心点竖线上的平均附加应力系数 $\overline{\alpha}$

z/b ＼ l/b	1.0	1.2	1.4	1.6	1.8	2.0	2.4	2.8	3.2	3.6	4.0	5.0	>10（条形）
0.0	1.000	1.000	1.000	1.000	1.000	1.000	1.000	1.000	1.000	1.000	1.000	1.000	1.000
0.1	0.997	0.998	0.998	0.998	0.998	0.998	0.998	0.998	0.998	0.998	0.998	0.998	0.998
0.2	0.987	0.990	0.991	0.992	0.992	0.992	0.993	0.993	0.993	0.993	0.993	0.993	0.993
0.3	0.967	0.973	0.976	0.978	0.979	0.979	0.980	0.980	0.981	0.981	0.981	0.981	0.982
0.4	0.936	0.947	0.953	0.956	0.958	0.965	0.961	0.962	0.962	0.963	0.963	0.940	0.963
0.5	0.900	0.915	0.924	0.929	0.933	0.935	0.937	0.939	0.939	0.940	0.940	0.940	0.940
0.6	0.858	0.878	0.890	0.898	0.903	0.906	0.910	0.912	0.913	0.914	0.914	0.915	0.915
0.7	0.816	0.840	0.855	0.865	0.871	0.876	0.881	0.884	0.885	0.886	0.887	0.887	0.888
0.8	0.775	0.801	0.819	0.831	0.839	0.844	0.851	0.855	0.857	0.858	0.859	0.860	0.860
0.9	0.735	0.764	0.784	0.797	0.806	0.813	0.821	0.826	0.829	0.830	0.831	0.832	0.833
1.0	0.698	0.723	0.749	0.764	0.775	0.783	0.792	0.798	0.801	0.803	0.804	0.806	0.807
1.1	0.663	0.694	0.717	0.733	0.744	0.753	0.764	0.771	0.775	0.777	0.779	0.780	0.782
1.2	0.631	0.663	0.686	0.703	0.715	0.725	0.737	0.744	0.749	0.752	0.754	0.756	0.758
1.3	0.601	0.633	0.657	0.674	0.688	0.698	0.711	0.719	0.725	0.728	0.730	0.733	0.735
1.4	0.573	0.605	0.629	0.648	0.661	0.672	0.687	0.696	0.701	0.705	0.708	0.711	0.714
1.5	0.548	0.580	0.604	0.622	0.637	0.643	0.664	0.676	0.679	0.683	0.686	0.690	0.693
1.6	0.524	0.556	0.580	0.599	0.613	0.625	0.641	0.651	0.658	0.663	0.666	0.670	0.675
1.7	0.502	0.533	0.558	0.577	0.591	0.603	0.620	0.631	0.638	0.643	0.646	0.651	0.656
1.8	0.482	0.513	0.527	0.556	0.571	0.583	0.600	0.611	0.619	0.624	0.629	0.633	0.638
1.9	0.463	0.493	0.517	0.536	0.551	0.563	0.581	0.593	0.601	0.606	0.610	0.616	0.622
2.0	0.446	0.475	0.499	0.518	0.533	0.545	0.563	0.575	0.584	0.590	0.594	0.600	0.606
2.1	0.429	0.459	0.482	0.500	0.515	0.528	0.546	0.559	0.567	0.574	0.578	0.585	0.591
2.2	0.414	0.443	0.466	0.484	0.499	0.511	0.530	0.543	0.552	0.558	0.563	0.570	0.577
2.3	0.400	0.428	0.451	0.469	0.484	0.496	0.515	0.528	0.537	0.544	0.548	0.556	0.564

续表

l/b z/b	1.0	1.2	1.4	1.6	1.8	2.0	2.4	2.8	3.2	3.6	4.0	5.0	>10 （条形）
2.4	0.387	0.414	0.436	0.454	0.469	0.481	0.500	0.513	0.523	0.530	0.535	0.543	0.551
2.5	0.374	0.401	0.423	0.441	0.455	0.468	0.486	0.500	0.509	0.516	0.522	0.530	0.539
2.6	0.362	0.389	0.410	0.428	0.442	0.455	0.473	0.487	0.496	0.504	0.509	0.518	0.528
2.7	0.351	0.377	0.398	0.416	0.430	0.442	0.461	0.474	0.484	0.492	0.497	0.506	0.517
2.8	0.341	0.366	0.387	0.404	0.418	0.430	0.449	0.463	0.472	0.480	0.486	0.495	0.506
2.9	0.331	0.356	0.377	0.393	0.407	0.419	0.438	0.451	0.461	0.469	0.475	0.485	0.496
3.0	0.322	0.346	0.366	0.383	0.397	0.409	0.427	0.441	0.451	0.459	0.465	0.474	0.487
3.1	0.313	0.337	0.357	0.373	0.387	0.398	0.417	0.430	0.440	0.448	0.454	0.464	0.477
3.2	0.305	0.328	0.348	0.364	0.377	0.389	0.407	0.420	0.431	0.439	0.445	0.455	0.468
3.3	0.297	0.320	0.339	0.355	0.368	0.379	0.397	0.411	0.421	0.429	0.436	0.446	0.460
3.4	0.289	0.312	0.331	0.346	0.359	0.371	0.388	0.402	0.412	0.420	0.427	0.437	0.452
3.5	0.282	0.304	0.323	0.338	0.351	0.362	0.380	0.393	0.403	0.412	0.418	0.429	0.444
3.6	0.276	0.297	0.315	0.330	0.343	0.354	0.372	0.385	0.395	0.403	0.410	0.421	0.436
3.7	0.269	0.290	0.308	0.323	0.335	0.346	0.364	0.377	0.387	0.395	0.402	0.413	0.429
3.8	0.263	0.284	0.301	0.316	0.328	0.339	0.356	0.369	0.379	0.388	0.394	0.405	0.422
3.9	0.257	0.277	0.294	0.309	0.321	0.332	0.349	0.362	0.372	0.380	0.387	0.398	0.415
4.0	0.251	0.271	0.288	0.302	0.314	0.325	0.342	0.355	0.365	0.373	0.379	0.391	0.408
4.1	0.246	0.265	0.282	0.296	0.308	0.318	0.335	0.348	0.368	0.366	0.372	0.384	0.402
4.2	0.241	0.260	0.276	0.290	0.302	0.312	0.328	0.341	0.352	0.359	0.366	0.377	0.396
4.3	0.236	0.255	0.270	0.284	0.296	0.306	0.322	0.335	0.345	0.363	0.359	0.371	0.390
4.4	0.231	0.250	0.265	0.278	0.290	0.300	0.316	0.329	0.339	0.347	0.353	0.365	0.384
4.5	0.226	0.245	0.260	0.273	0.285	0.294	0.310	0.323	0.333	0.341	0.347	0.359	0.378
4.6	0.222	0.240	0.255	0.268	0.279	0.289	0.305	0.317	0.327	0.335	0.341	0.353	0.373
4.7	0.218	0.235	0.250	0.263	0.274	0.284	0.299	0.312	0.321	0.329	0.336	0.347	0.367
4.8	0.214	0.231	0.245	0.258	0.269	0.279	0.294	0.306	0.316	0.324	0.330	0.342	0.362
4.9	0.210	0.227	0.241	0.253	0.265	0.274	0.289	0.301	0.311	0.319	0.325	0.337	0.357
5.0	0.206	0.223	0.237	0.249	0.260	0.269	0.284	0.296	0.306	0.313	0.320	0.332	0.352

式中的经验系数 ψ_s 综合考虑了沉降计算公式中所不能反映的一些因素，如土的工程地质类型不同、选用的压缩模量与实际的出入、土层的非均质性对应力分布的影响、荷载性质的不同与上部结构对荷载分布的调整作用等。

还应注意，平均附加应力系数 α_i 系指基础底面计算点至第 i 层全部土层的附加应力系数平均值，而非地基中某一点的附加应力系数。

3. 地基沉降计算深度 z_n

（1）存在相邻荷载影响的情况下，应满足下式要求：

$$\Delta s_n' \leqslant 0.025 \sum_{i=1}^{n} \Delta s_i' \tag{4-21}$$

式中：$\Delta s_n'$——在深度 z_n 处，向上取计算厚度为 Δz 的计算变形值；Δz 查表 4－4；

$\Delta s_i'$——在深度 z_n 范围内，第 i 层土的计算变形量。

表 4－4　Δz 取值

b/m	≤2	2<b≤4	4<b≤8	8<b≤15	15<b≤30	>30
Δz/m	0.3	0.6	0.8	1.0	1.2	1.5

（2）对无相邻荷载的独立基础，可按下列简化的经验公式确定沉降计算深度 z_n：

$$z_n = b(2.5 - 0.4\ln b) \tag{4-22}$$

其中 b 为基础宽度。

分层总和法计算地基最终沉降量，物理意义比较明确。《规范》推荐法，应用附加应力面积系数的原理，考虑了单向分层总和法的理论简化所造成的计算值与实测沉降之间的差别，并进行了校正，因此，这种方法的计算结果更符合实际。在多层土地基沉降计算时，《规范》推荐法可以节省计算工作量和时间。

【例题 4－2】 已知柱下独立基础，基础底面尺寸为 $b \times l = 2.0\ \text{m} \times 3.6\ \text{m}$。基础埋深 $d = 1.0$ m。作用于基础上（设计地面标高处）的轴向荷载 $F =$ 640 kN，有关地基勘察资料与基础剖面详见图 4－10。试用《规范》法计算基础中点最终沉降量。

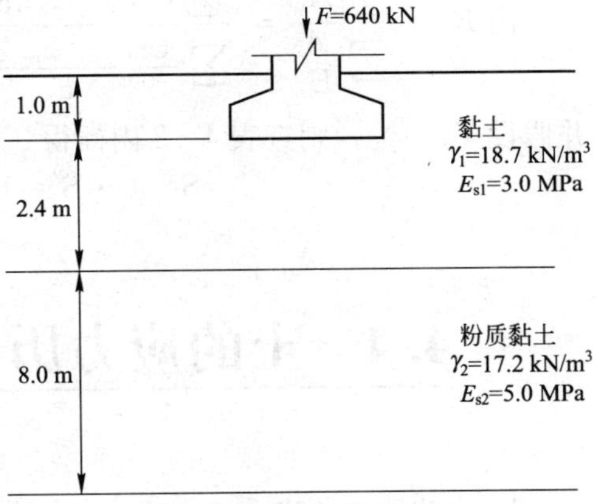

图 4－10　例题 4－2 图

解：

（1）基底附加压力计算

$$p_0 = \frac{F}{A} + (\gamma_G - \gamma_0)d = \frac{640}{2 \times 3.6} + (20 - 18.7) \times 1.0 = 90.19(\text{kPa})$$

（2）沉降计算深度 z_n

沉降计算深度 z_n 先按经验公式计算

$$z_n = b(2.5 - 0.4\ln b) = 2(2.5 - 0.4\ln 2) = 4.4(\text{m})。$$

然后根据表 4－4 取 $\Delta z = 0.3$ m，进行沉降深度的验算。具体验算见步骤（3）。

（3）沉降量计算

$$l/b=\frac{3.6}{2.0}=1.8$$

z_i/m	z_i/b	$\bar{\alpha}_i$	$\bar{\alpha}_i z_i$	$\bar{\alpha}_i z_i-\bar{\alpha}_{i-1}z_{i-1}$	$\frac{p_0}{E_{si}}$/kPa^{-1}	$\Delta S'=\frac{p_0}{E_{si}}(\bar{\alpha}_i z_i-\bar{\alpha}_{i-1}z_{i-1})$/mm
0	0	1.000	0			
2.4	1.2	0.715	1.716 0	1.716 0	30.063	51.59
4.1	2.05	0.524	2.148 4	0.432 4	18.038	7.80
4.4	2.2	0.499	2.195 6	0.047 2	18.038	0.85

$\Delta s'_n=0.85\ \text{mm}\leqslant 0.025\sum_{i=1}^{n}\Delta s'_i=0.025\times(51.59+7.80+0.85)=0.025\times 60.24=$ 1.51(mm)满足式（4－21）的要求，则沉降计算深度 $z_n=4.4$ m 合适。

则
$$S'=\sum_{i=1}^{n}\Delta s'_i=51.59+7.82+0.85=60.24(\text{mm})$$

（4）考虑沉降计算经验系数 ψ_s

由 $\bar{E}_s=\frac{\sum A_i}{\sum\frac{A_i}{E_{si}}}=\frac{\sum(z_i\bar{\alpha}_i-z_{i-1}\bar{\alpha}_{i-1})}{\sum\frac{(z_i\bar{\alpha}_i-z_{i-1}\bar{\alpha}_{i-1})}{E_{si}}}=\frac{1.716\ 0+0.432\ 4+0.047\ 2}{\frac{1.716\ 0}{3.0}+\frac{0.432\ 4}{5.0}+\frac{0.047\ 2}{5.0}}=3.29(\text{MPa})$，

并假设 $f_{ak}=p_0$，则查表 4－2 内插得 $\psi_s=1.347$。那么，最终沉降量为：

$$S=\psi_s\cdot S'=1.347\times 60.24=81.16(\text{mm})$$

4.4 土的应力历史与天然土层的固结状态

1. 土的应力历史

天然沉积的原状土，在漫长的地质历史年代中，有的是在很早以前形成的，有的是近代（约一万年以来）沉积的（如海相或河湖相等）。一般来说，沉积时间较长的土层相对埋藏深，承受上覆压力大，经历固结时间长，故土层比较密实，压缩性较低。沉积时间较短的土层一般埋藏浅，上覆压力较小，经历固结时间较短，故土层比较疏松，压缩性较高。有的土层曾经在自重压力作用下完成固结稳定，后因构造变动使上覆土层被冲刷剥蚀掉。有的土层在自重压力作用下还未完全固结就又接受了新的沉积。不管土层经历了怎样的压力历史，在地质历史上必然承受过上覆最大的压力作用，土体达到了一定程度的固结状态，这种土层在地质历史过程中受到过的最大固结压力（包括自重和外荷）称为前期固结压力，以 p_c表示，引出这个概念的目的在于：一是与现今天然状态下土层自重应力（以 σ_{cz}表示）进行对比，说明土层现时的固结状态，从而判断现今土层的压缩性能；二是评价土层在未来条件下（加外荷或失水等）是否会产生新的压密固结，可进行地面沉降的预测。天然土层根据 p_c 与 σ_{cz} 大小进行对比可分为 3 种固结状态（见图 4－11）。

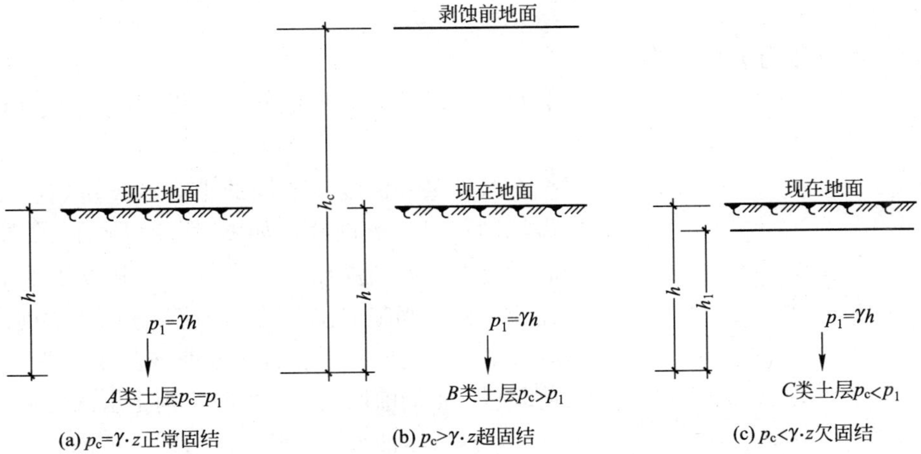

图 4－11　天然土层的三种固结状态

① $p_c=\sigma_{cz}$，称正常固结土，表征某一深度的土层在地质历史上所受过的最大压力 σ'_p 与现今的自重应力相等，土层处于正常固结状态。一般来说，这种土层沉积时间较长，在其自重应力作用下已达到了最终的固结，沉积后土层厚度没有什么变化，也没有受到过侵蚀或其他卸荷作用等。

② $p_c>\sigma_{cz}$，称超固结土，表征土层曾经受过的最大压力比现今的自重应力要大，处于超固结状态。如土层在过去地质历史上曾有过相当厚的沉积物，后来由于地面上升或河流冲刷将上部土层剥蚀掉；或者古冰川下曾受过冰荷重的压缩，后来气候转暖冰川融化，压力减小；或者由于古老建筑物的拆毁、地下水位的长期变化以及土层的干缩；或者是人类工程活动如碾压、打桩等，这些都可以使土层形成超固结状态。

③ $p_c<\sigma_{cz}$，称欠固结土，表征土层的固结程度尚未达到现有自重压力条件下的最终固结状态，处于欠固结状态。一般来说，这种土层的沉积时间较短，土层在其自重作用下还未完成固结，还处于继续压缩之中。如新近沉积的淤泥、冲填土等属欠固结土。

由此可见，前期固结压力是反映土层的原始应力状态的一个指标。一般当施加于土层的荷重小于或等于土的前期固结压力时，土层的压缩变形将极小，甚至可以忽略不计。当荷重超过土的前期固结压力时，土层的压缩变形量将会发生很大的变化。当其他条件相同时，超固结土的压缩变形量常小于正常固结土的压缩量，而欠固结土的压缩量则大于正常固结土的压缩量。因此，在计算地基变形量时，必须首先弄清土层的受荷历史，以便分别考虑这三种不同固结状态的影响，使地基变形量的计算尽量符合实际情况。

在工程实际上，通常用超固结比的概念来定量地表征土的天然固结状态，即

$$OCR=\frac{p_c}{\sigma_{cz}} \tag{4-23}$$

式中：OCR 为土的超固结比。若 OCR＝1，属正常固结土；OCR＞1，属超固结土；OCR＜1，属欠固结土。

2. 前期固结压力 p_c的确定

为了判断天然土层的固结状态及应力历史对地基变形的影响，需要确定土的前期固结压力。

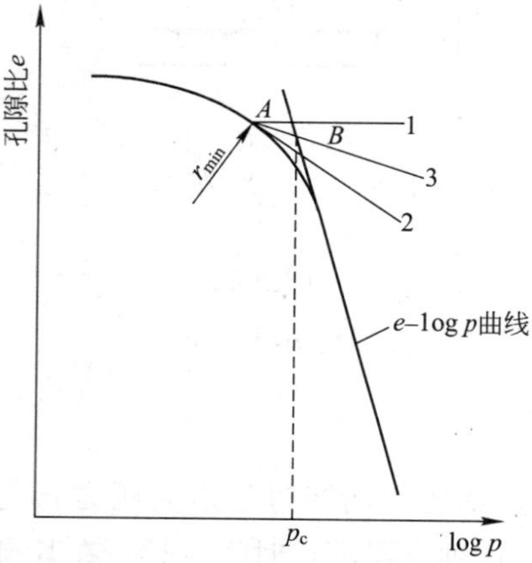

图 4－12　前期固结压力的确定

在野外某一深度 z 取回的土样经过室内高压固结试验可绘制 $e-\log p$ 曲线，如图 4－12 所示。如果土样取回时没有发生卸荷膨胀，土样的性质和处于地下时的状态完全一样，当施加在土层上的荷载小于土的前期固结压力时，则土层变形微小，这一段曲线基本上为一水平线，当荷载超过土的前期固结压力时，则土层的变形将有明显的变化，这一段曲线为一倾斜的直线，如图 4－12 中的虚线部分所示，因此可以把土的前期固结压力看做是土层在荷载作用下其变形性质发生变化的临界指标。那么在应力与应变的关系曲线上，明显的转折点即为前期固结压力。但是，由于取样卸荷与试验的扰动作用都不同程度地破坏了土样的结构，所以当施加的荷载小于前期固结压力时，土样也受到压缩，没有明显的水平段，也没有明显的转折点，如图 4－12 中的实线部分所示。这样给前期固结压力的确定带来一定的难度。人们通过长期实践经验，摸索出了从试验曲线中确定 σ'_p的方法，实际中比较常用的是美国学者卡萨格兰德（A. Casagrade）的经验图解法，简称“C”法，其步骤如下：

① 取原状土做室内高压固结试验，绘出 $e-\log p$ 曲线，如图 4－12 所示；

② 在 $e-\log p$ 曲线的转折点处，找出相应最小曲率半径的点 O，过 O 点作该曲线的切线 Ob 和平行于横坐标的水平线 Oc；

③ 作$\angle bOc$ 的分角线 Od，延长 $e-\log p$ 曲线后段的直线段与 Od 线相交于 a 点；则 a 点所对应的有效固结压力 σ'_p，即为该原状土的前期固结压力。

最小曲率半径所对应的 O 点，如果目测难以定出，也可用作图法确定。将曲率变化较大的曲线段，分成若干等分小段，过各点分别作曲线的切线和垂线，各垂线于曲线内侧相交，择其交点至曲线垂距最短的两半径所夹曲线段的中分点，即为最小曲率半径对应的 O 点。为能准确地定出 O 点，在做压缩试验时可用小增量多级加荷法。为使 $e-\log p$ 曲线能出现向下倾斜的直线段，最后一级荷重需大于 10×10^2 kPa。

上述图解法是目前最常用的一种简便方法。但应注意，若试验时采用的压缩稳定标准及绘制 $e-\log p$ 曲线时采用的比例不同，对相应最小曲率半径的 O 点定得不准，都将影响 σ'_p值的确定。因此，如何能确定较符合实际的前期固结压力，尚需进一步研究。

4.5　地基沉降与时间的关系

地基的变形不是瞬时完成的，地基在建筑物荷载作用下要经过相当长的时间才能达到最终沉降量。土体在压力作用下，其压缩变形随时间而增长直至稳定的过程，称为土的固结。饱和土体在外荷作用下的压缩过程，是土中孔隙水逐渐排出，孔隙体积逐渐减小，亦即孔隙水压力逐渐消散并转移到土粒骨架上，有效应力（粒间挤压应力）逐渐增大，压缩变形逐渐增大直至稳定的过程。这一过程又称为饱和土的渗透固结。饱和黏土受荷载后，一般都要经历缓慢的渗透固结过程，压缩变形才能逐渐终止。在工程设计中，除了要知道地基最终沉降量外，往往还需要知道沉降随时间的变化过程即沉降与时间的关系。此外，在研究土体的稳定性时，还需了解土体中孔隙水压力值，尤其是超静孔隙水压力。这两个问题需依赖土体渗流固结理论方能得以解决。由有效应力原理可知，饱和黏性土的变形过程是土体中孔隙水压力逐渐消散的过程，是有效应力逐渐增加的过程，也是土的抗剪强度逐渐增加的过程。这种孔隙水压力转换为有效应力的速率主要取决于土中孔隙水的排出速率，与土的渗透性和土层厚度有关。固结理论就是研究不同时间孔隙水压力是如何转化为有效应力的。

1. 饱和土的渗透固结模型

图 4－13 中饱和土体被一带小孔的弹簧活塞模型所模拟。模型中的弹簧模拟饱和土体中的土骨架，其下端与容器底部固定连接，上端与活塞固定连接。容器中的水代表饱和土体中的孔隙水，可以沿小孔排出。活塞上的小孔代表排水条件。通过上述模型分析可以看出，在整个渗透固结过程中，饱和土体的渗透固结符合土的有效应力原理，即 $\sigma=\sigma'+u$，同时亦可得出结论，饱和土体的孔隙水压力 u 和附加有效应力 σ' 是深度 z 和时间 t 的函数（见图 4－14）。

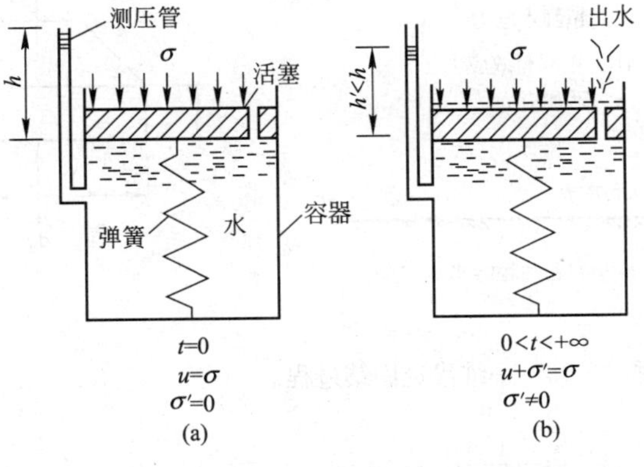

图 4－13　饱和土的渗透固结模型

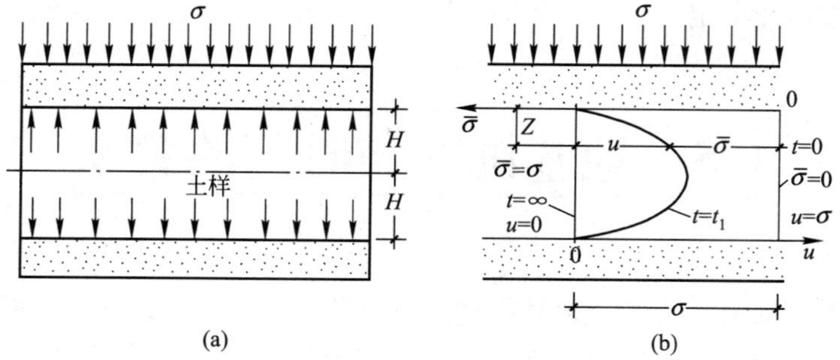

图 4-14 两种应力随时间与深度的分布

一维渗透固结理论的目的在于求解地基中孔隙水压力随时间和深度的变化。在一定基本假设前提下，建立渗透固结微分方程。然后根据具体的起始条件和边界条件求解土中任意点在任意时刻的 u 或 σ'，进而求得整个土层在任意时刻达到的固结度。

2. 基本假设（一维渗透固结理论）

① 土层是均质的、完全饱和的；

② 土粒和水是不可压缩的；

③ 水的渗出和土层的压缩只沿一个方向（竖向）发生；

④ 水的渗流遵从达西定律，且渗透系数 k 保持不变；

⑤ 孔隙比的变化与有效应力的变化成正比，即 $-de/d\sigma'=a$，且压缩系数 a 保持不变；

⑥ 外荷载一次瞬时施加。

3. 一维固结微分方程

从土层中深度 z 处取一微元体（断面积＝1×1，厚度＝dz），如图 4-15 所示，在此微元体中。

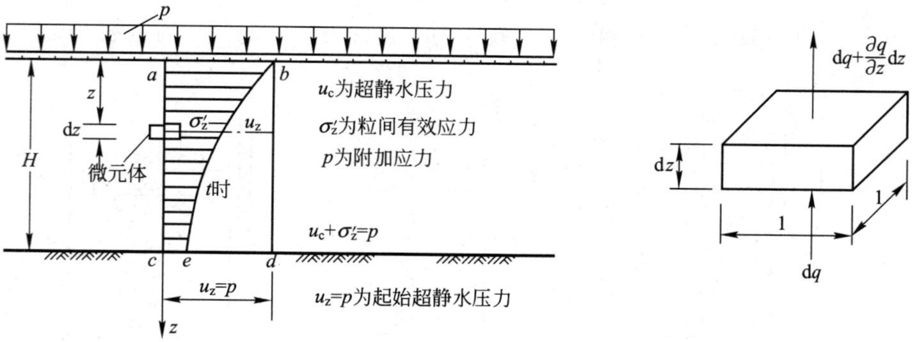

图 4-15 一维渗透固结过程

固体体积
$$V_s=\frac{1}{1+e_1}dz=\text{常量} \tag{a}$$

孔隙体积
$$V_n = eV_s = e\left(\frac{1}{1+e_1}dz\right) \tag{b}$$

在附加应力作用下，根据微元体的渗流连续条件，变形条件（压缩定律）及渗透水流条件（达西定律）建立微元体的微分方程。

在 dt 时间内，微元体中孔隙体积的变化（减小）等于同一时间内从微元体中流出的水量，亦即

$$\frac{\partial V_n}{\partial t}dt = \frac{\partial q}{\partial z}dzdt \tag{c}$$

式中，q 代表单位时间内流过单位横截面积的水量。

从式（b）：

$$\frac{\partial V_n}{\partial t}dt = \left(\frac{dz}{1+e_1}\right)\frac{\partial e}{\partial t}dt$$

代入（c），得：

$$\frac{1}{1+e_1}\frac{\partial e}{\partial t} = \frac{\partial q}{\partial z} \tag{4-24}$$

这是饱和土体渗流固结过程的基本关系式。由压缩系数公式 $a = -\frac{\Delta e}{\Delta \sigma'}$，得 $\Delta e = -a\Delta\sigma'_z$

则
$$\frac{\partial e}{\partial t} = -a\frac{\partial \sigma'_z}{\partial t} = a\frac{\partial u}{\partial t} \tag{d}$$

根据达西定律

$$q = ki = \frac{k}{\gamma_w}\frac{\partial u}{\partial z} \tag{e}$$

将式（d）和（e）代入式（4-24），得

$$\frac{k(1+e_1)}{a\gamma_w}\frac{\partial^2 u}{\partial z^2} = \frac{\partial u}{\partial t}$$

或
$$C_v\frac{\partial^2 u}{\partial z^2} = \frac{\partial u}{\partial t} \tag{4-25}$$

式中，
$$C_v = \frac{k(1+e_1)}{a\gamma_w} \tag{4-26}$$

C_v 称为土的固结系数（m^2/年或 cm^2/年）。

式中：e_1——渗流固结前土的初始孔隙比；

a——土的压缩系数；

k——土的渗透系数。

式（4-25）反映的是土中孔隙水压力 u 随时间与深度 z 的关系，在一定的初始条件和边界条件下，该方程有解析解，可求得任意时刻、任意深度的孔隙水压力值。

4. 一维固结微分方程的解析

式（4-25）一般称为一维渗流固结微分方程，为一抛物线型微分方程，可以根据不同

的起始条件和边界条件求得它的特解。对于图 4－15 所示的情况，

当 $t=0$ 和 $0\leqslant z\leqslant H$　$u=u_0=p$

$0<t\leqslant\infty$和 $z=0$　$u=0$

$0\leqslant t\leqslant\infty$和 $z=H$　$\dfrac{\partial u}{\partial z}=0$

$t=\infty$和 $0\leqslant z\leqslant H$　$u=0$

应用傅里叶级数，可求得满足上述边界条件的解答如下：

$$u_{z,t}=\frac{4p}{\pi}\sum_{m=1}^{\infty}\frac{1}{m}\sin\frac{m\pi z}{2H}e^{-m^2\left(\frac{\pi^2}{4}\right)T_v} \tag{4-27}$$

式中：m——奇数正整数（1，3，5，…）。

e——自然对数底。

H——排水最长距离，cm，当土层为单面排水时，H 等于土层厚度。当土层上下双面排水时，H 采用一半土层厚度。

T_v——时间因数（无量纲）按下式计算：

$$T_v=\frac{C_v}{H^2}t \tag{4-28}$$

式中：C_v 为土层的固结系数，cm^2/年；t 为固结历时，年。

5. 固结度 U_t

图 4－15a 表示在附加应力 p 的作用下，历时 t，土层中的有效应力 σ_t'和超静孔隙水压力 u_t的分布。对某一深度 z 处，有效应力 σ_{zt}'与总应力 p 的比值，也即超静孔隙水压力的消散部分 u_0-u_{zt}与起始孔隙水压力的比值，称为该点土的固结度，表示为：

$$U_{zt}=\frac{\sigma_{zt}'}{p}=\frac{u_0-u_{zt}}{u_0} \tag{4-29}$$

对工程而言，更有意义的是土层的平均固结度。土层的平均固结度等于时间 t 时，土层骨架已经承担起来的有效压应力对全部附加压应力的比值。表示为：

$$U_t=\frac{A_{abec}}{A_{abdc}}$$

亦即

$$U_t=\frac{\int_0^H u_0\,dz-\int_0^H u_{z,t}\,dz}{\int_0^H u_0\,dz}=1-\frac{\int_0^H u_{z,t}\,dz}{\int_0^H u_0\,dz} \tag{4-30}$$

将上面求得的式（4－27）代入上式，积分化简后便得：

$$U_t=1-\frac{8}{\pi^2}\sum_{m=1}^{\infty}\frac{1}{m^2}e^{-m^2\left(\frac{\pi^2}{4}\right)T_v} \tag{4-31}$$

或
$$U_t=1-\frac{8}{\pi^2}\left(e^{-\left(\frac{\pi^2}{4}\right)T_v}+\frac{1}{9}e^{-9\left(\frac{\pi^2}{4}\right)T_v}+\cdots\right) \tag{4-32}$$

由于括号内是快收敛级数，从实用目的考虑，通常采用第一项已经足够，因此，当 $U_t>30\%$时，式（4-32）亦可近似写成：

$$U_t=1-\frac{8}{\pi^2}e^{-\left(\frac{\pi^2}{4}\right)T_v} \tag{4-33}$$

式（4-32）给出的 U_t 和 T_v 之间的关系可用图 4-16 中的曲线①表示。为计算简便，曲线①或式（4-32）亦可用下列近似公式表达：

$$T_v=\frac{\pi}{4}U_t^2 \quad (U_t<0.60) \tag{4-34 (a)}$$

$$T_v=-0.933\lg(1-U_t)-0.085 \quad (U_t>0.60) \tag{4-34 (b)}$$

$$T_v\approx 3U_t \quad (U_t=1.0) \tag{4-34 (c)}$$

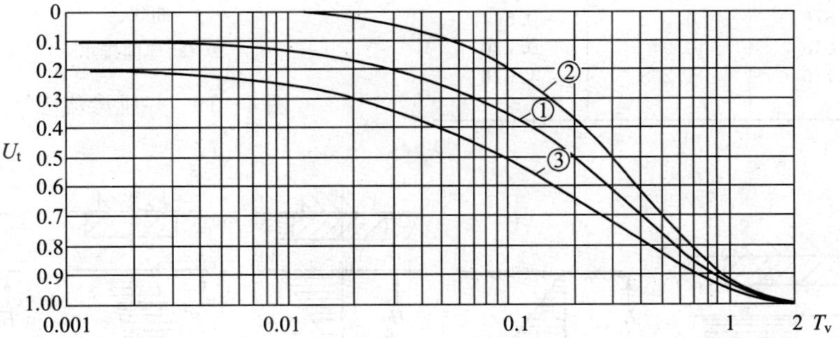

图 4-16　U_t-T_v 关系曲线

对于起始孔隙水压力 u_0 沿土层深度为线性变化的情况（图 4-17 中的情况 2 和情况 3），可根据此时的边界条件，解微分方程 4-25 并对式（4-31）进行积分，分别得：

情况 2：
$$U_{t2}=1-1.03\left(e^{-\left(\frac{\pi^2}{4}\right)T_v}-\frac{1}{27}e^{-9\left(\frac{\pi^2}{4}\right)T_v}+\cdots\right) \tag{4-35}$$

情况 3：
$$U_{t3}=1-0.59\left(e^{-\left(\frac{\pi^2}{4}\right)T_v}-0.37e^{-9\left(\frac{\pi^2}{4}\right)T_v}+\cdots\right) \tag{4-36}$$

这种情况下的 U_t-T_v 关系曲线如图 4-16 中的曲线②和曲线③所示。可利用表 4-5 查相应于不同固结度的 T_v 值。

实际工程中，作用于饱和土层中的起始超静水压力分布要比图 4-17 所示的三种情况复杂，但实用上可以足够准确地把实际上可能遇到的起始超静水压力分布近似地分为五种情况处理（见图 4-18）。

表 4-5 $U_t - T_v$ 对照表

固结度 U_t（%）	时间因数 T_v		
	T_{v1}［曲线①］	T_{v2}［曲线②］	T_{v3}［曲线③］
5	0	0	0
10	0.002	0.024	0.001
15	0.008	0.047	0.003
20	0.016	0.072	0.005
25	0.031	0.100	0.009
30	0.048	0.124	0.016
35	0.071	0.158	0.024
40	0.096	0.188	0.036
45	0.126	0.221	0.048
50	0.156	0.252	0.072
55	0.197	0.294	0.092
60	0.236	0.336	0.128
65	0.287	0.383	0.160
70	0.336	0.440	0.216
75	0.403	0.500	0.271
80	0.472	0.568	0.352
85	0.567	0.665	0.440
90	0.676	0.772	0.544
95	0.848	0.940	0.720
100	1.120 ∞	1.268 ∞	1.016 ∞

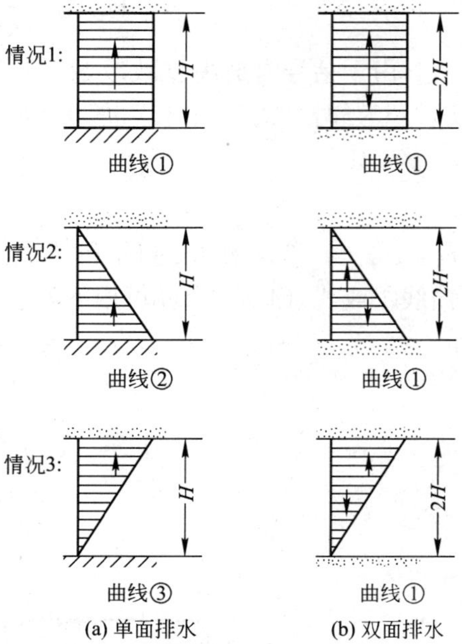

图 4-17 一维渗流固结的三种基本情况

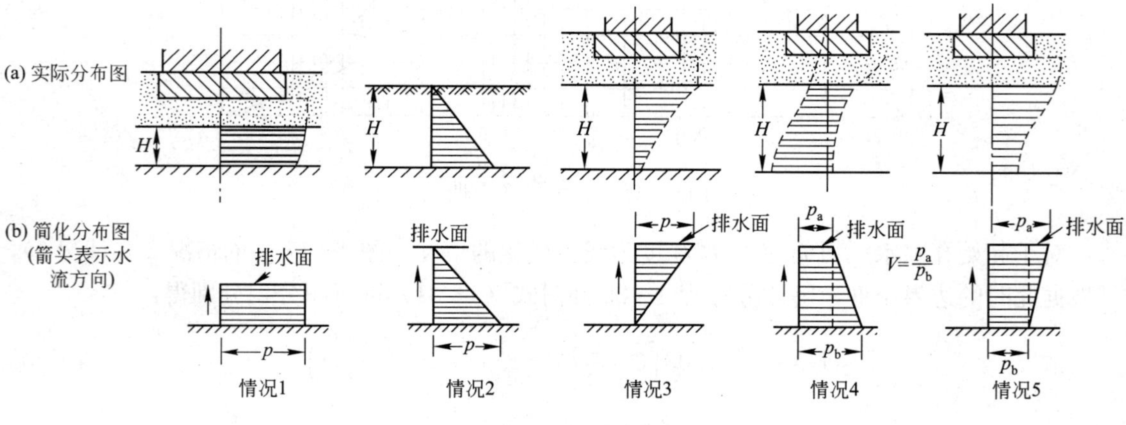

图 4-18 固结土层中的起始压应力分布

情况 1：基础底面很大而压缩土层较薄的情况。

情况 2：相当于无限宽广的水力冲填土层，由于自重压力而产生固结的情况。

情况 3：相当于基础底面积较小，在压缩土层底面的附加应力已接近零的情况。

情况 4：相当于地基在自重作用下尚未固结就在上面修建建筑物基础的情况。

情况 5：与情况 3 相似，但相当于在压缩土层底面的附加应力还不接近于零的情况。

情况 4 和情况 5 的固结度 U_{t4}、U_{t5} 可以根据土层平均固结度的物理概念，利用情况 1、

2、3 的 U_t- T_v 关系式推算。

6. 沉降与时间关系的计算

以时间 t 为横坐标，沉降 S_t 为纵坐标，可以绘出沉降与时间关系曲线。比较建筑物不同点的沉降与时间关系曲线，就可以求出建筑物各点在任一时间的沉降差。

按土层平均固结度的定义

$$U_t=\frac{\int_0^H \sigma'_{zt}\mathrm{d}H}{pH}=\frac{\frac{a}{1+e_1}\int_0^H \sigma'_{zt}\mathrm{d}H}{\frac{a}{1+e_1}pH}=\frac{S_t}{S_\infty} \tag{4-37}$$

故

$$S_t=U_tS_\infty$$

土层平均固结度既可按有效应力对全部附加应力的比值表示，也可根据土层某时刻的沉降量 S_t与最终沉降量 S_∞之比来求得。

利用上面的固结理论可进行以下几方面的计算（U_t、S_t、t 三者之间的求算关系）。

（1）已知固结度求相应的时间 t 和沉降量

查 U_t- T_v 关系图表，确定 T_v，则 $t=\frac{H^2}{C_v}T_v$，$S_t=S_\infty\cdot U_t$，其中最终沉降 S_∞和固结系数 C_v 可根据给定的参数（k、e、a、H 等）求得。

（2）已知某时刻的沉降量求相应的固结度和时间

用 $U_t=\frac{S_t}{S_\infty}$直接求得 U_t，再用 U_t- T_v 关系图表求 T_v，即可求得 t。

【例题 4-3】 在不透水的非压缩岩层上，为一厚 12 m 的饱和黏土层，其上面作用着大面积均布荷载 p=150 kPa，已知该土层的孔隙比 e_1=0.85，压缩系数 α=0.000 25/kPa，渗透系数 k=20.18 mm/年。

试计算：

（1）加荷一年后地基的沉降量；

（2）加荷后多长时间，地基的固结度 U_t=75%。

解：（1）求一年后的沉降量

土层的最终沉降量：

$$S=\frac{a}{1+e_1}\bar{\sigma}_zH=\frac{0.25}{1+0.85}\times150\times12.0=243.2(\mathrm{mm})$$

土层的固结系数：

$$C_v=\frac{k(1+e_1)}{\gamma_w a}=\frac{20.18\times(1+0.85)}{10\times0.25}=14.933(\mathrm{m^2/年})$$

经一年时间的时间因数：

$$T_v = \frac{C_v t}{H^2} = \frac{14.933 \times 1.0}{12^2} = 0.104$$

由图 4－16 曲线①查得 $U_t = 0.37$，按 $U_t = \frac{S_t}{S}$，计算加荷一年后的地基沉降量：

$$S_t = SU_t = 243.2 \times 0.37 = 89.98(\text{mm})$$

（2）求 $U_t = 0.75$ 时所需时间：

由 $U_t = 0.75$ 查图表得 $T_v = 0.472$，按公式 $T_v = \frac{c_v t}{H^2}$，可计算所需时间：

$$t = \frac{T_v H^2}{c_v} = \frac{0.472 \times 12^2}{14.933} = 4.55(\text{年})$$

4.6　地基容许沉降量与减小沉降危害的措施

沉降计算的目的是为了预测建筑物建成后基础的沉降量（包括差异沉降）会不会太大，是否超过建筑物安全和正常使用所容许的数值。如果计算结果表明，基础的沉降量有可能超出容许值，那就要改变基础设计，并考虑采用一些工程措施以尽量减小基础沉降可能给建筑物造成的危害。

4.6.1　容许沉降量

地基容许沉降量的确定比较困难，因为这牵涉到上部结构、基础、地基之间的相互作用问题，而结构类型、材料性质以及地基土的性状又是多种多样的。同时，除了从结构安全的角度考虑之外，尚应满足建筑物的使用功能、生产工艺以及人们心理感觉等方面的要求。目前，确定地基容许沉降量主要有两条途径，一是理论分析法，二是经验统计法。

理论分析法的实质是进行结构与地基相互作用分析，计算上部结构中由于地基差异沉降可能引起的次应力或拉应变，然后在保证次应力或拉应变不超出结构承受能力的前提下，综合考虑其他方面的要求，确定地基容许沉降量。这方面的理论分析研究工作虽然已有相当大的进展，但仍存在不少困难，如结构、构件的性状，地基土的本构关系，土性参数以及现场的边界条件等都不容易确定。因此，从工程实用角度，目前主要还是依靠经验统计法。

经验统计法是对大量的各类已建建筑物进行沉降观测和使用状况调查，然后结合地基地质情况，分类归纳整理，提出容许沉降量控制值。表 4－6 是我国《建筑地基基础设计规范》中列出的容许沉降量和容许差异沉降值。它是用经验统计方法得出的，可供一般参考。

表 4-6　容许沉降量和容许差异沉降值

地基变形形省标	图　例	计　算　方　法
沉　降　量	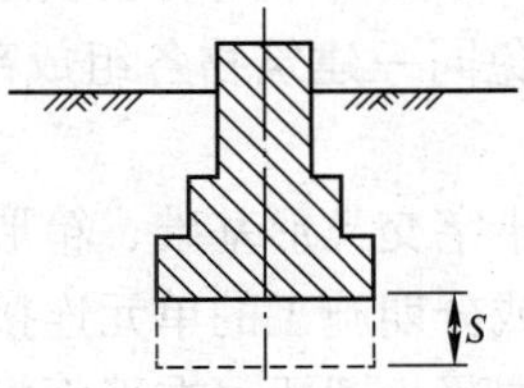	S_1 基础中点沉降值
沉　降　差	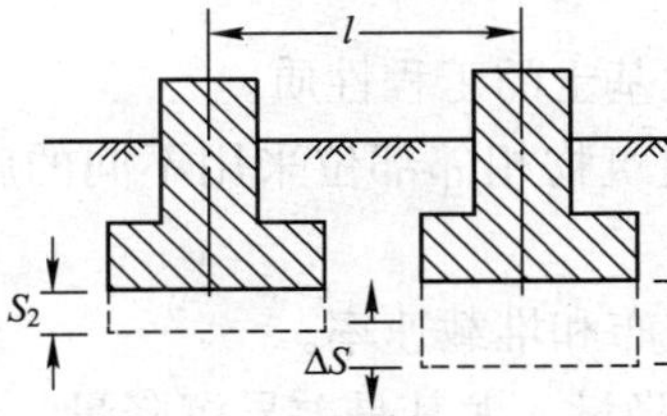	两相邻独立基础沉降值之差 $\Delta S=S_1-S_2$
倾　　斜	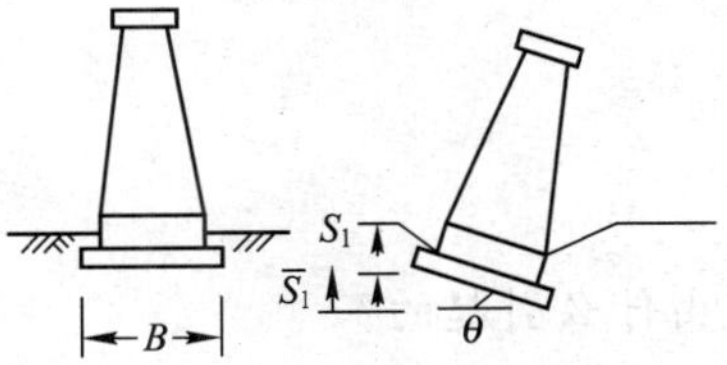	$\lg\theta=\dfrac{S_1-S_2}{B}$
局部倾斜	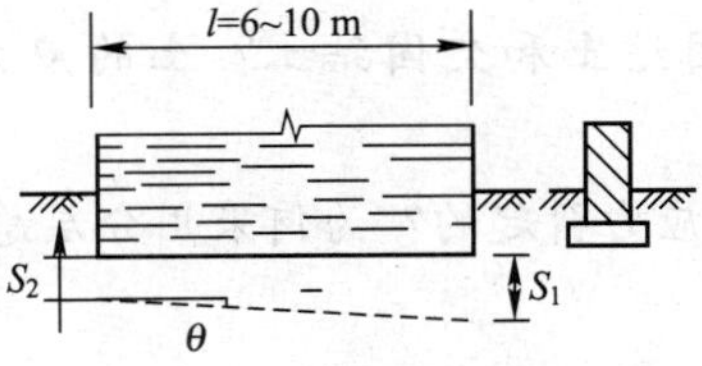	$\lg\theta'=\dfrac{S_1-S_2}{l}$

注：1. 有括号者仅适用于中压缩性土；
　　2. H_g——自地面算起的建筑物高度（m）。

4.6.2　减小沉降危害的措施

实践表明，绝对沉降量越大，差异沉降往往亦越大。因此，为减小地基沉降对建筑物可能造成的危害，除采取措施尽量减小差异沉降外，尚应设法尽可能减小基础的绝对沉降量。

目前，对可能出现过大沉降或差异沉降的情况，通常从以下几个方面采取措施。

① 采用轻型结构、轻型材料，尽量减轻上部结构自重；减少填土，增设地下室，尽量

减小基础底面附加应力。

② 妥善处理局部软弱土层，如暗浜、墓穴、杂填土、吹填土和建筑垃圾、工业废料等。

③ 调整基础形式、大小和埋置深度；必要时采用桩基或深基础。

④ 尽量避免复杂的平面布置，并避免同一建筑物各组成部分的高度以及作用荷载相差过多。

⑤ 加强基础的刚度和强度，如采用十字交叉形基础、箱形基础。

⑥ 在可能产生较大差异沉降的位置或分期施工的单元连接处设置沉降缝。

⑦ 在砖石承重结构墙体内设置钢筋混凝土圈梁（在平面内呈封闭系统，不断开）。

⑧ 预留吊车轨道高程调整余地。

⑨ 防止施工开挖、降水不当恶化地基土的工程性质。

⑩ 对高差较大、重量差异较多的建筑物相邻部位采用不同的施工进度，先施工荷重大的部分，后施工荷重轻的部分。

⑪ 控制大面积地面堆载的高度、分布和堆载速率。

以上措施，有的是设法减小地基沉降量，尤其是差异沉降量，有的是设法提高上部结构对沉降和差异沉降的适应能力。设计时，应从具体工程情况出发，因地制宜，选用合理、有效、经济的一种或几种措施。

思考题

4-1 什么是土的压缩性，它是由什么引起的？

4-2 压缩系数和压缩模量的物理意义是什么？两者有何关系？如何利用压缩系数和压缩模量评价土的压缩性质？

4-3 什么是正常固结土、超固结土和欠固结土？土的应力历史对土的压缩性有何影响？

4-4 地基的变形主要是由什么应力引起的？为何采用分层总和法计算基础沉降先要计算土中的自重应力？

4-5 简述饱和黏土地基的固结过程及有效应力的变化。

4-6 计算沉降的分层总和法与规范法有何异同？试从基本假定，分层厚度，采用指标，计算深度和数值修正加以比较。

习题

4-1 一个土样，含水量 $w=40\%$，重度 $\gamma=18\ \mathrm{kN/m^3}$，土粒重度 $\gamma_s=27\ \mathrm{kN/m^3}$，在压缩试验中，荷载从零增至 100 kPa，土样压缩了 0.95 mm，试问压缩模量 E_s 为多少？（环刀高度为 2 cm）

（答案：$E_s=2.1\ \mathrm{MPa^{-1}}$）

4-2 一块饱和黏性土样的原始高度为 20 mm，试样面积为 $3\times103\ \mathrm{mm^2}$，在固结仪中做压缩试验。土样与环刀的总重为 175.6×10^{-2} N，环刀重 58.6×10^{-2} N。当压力 $P_1=$ 100 kPa 增加到 $P_2=200$ kPa 时，土样变形稳定后的高度相应地由 19.31 mm 减小为 18.76 mm。试验结束后烘干土样，称得干土重为 94.8×10^{-2} N。试计算及回答：

(1) 与 P_1 及 P_2 相对应的孔隙比 e_1 及 e_2；

(2) 该土的压缩系数 a_{1-2}；

(3) 评价该土高、中还是低压缩性。

(答案：$e_1=0.551$，$e_2=0.507$，$a_{1-2}=0.44\ \text{MPa}^{-1}$，中等压缩性土)

4-3　有一矩形基础 4 m×8 m，埋深为 2 m，受 $F=4\ 000$ kN 中心荷载的作用。地基为细砂层，其 $\gamma=19\ \text{kN/m}^3$，$E_s=7.3$ MPa，试用分层总和法计算基础的总沉降。

(答案：75.62 mm)

4-4　某工程矩形基础长 3.6 m、宽 2.0 m，埋深 $d=1.3$ m。上部结构物的荷载 $F=$ 900 kN。地基土为均质的粉质黏土，$\gamma=16\ \text{kN/m}^3$，$E_s=5.25$ MPa。试用规范法计算基础中心点的最终沉降量。

(答案：64.0 mm)

4-5　某饱和软土地基厚 10 m，孔隙比 $e_1=1.35$，压缩模量 $E_s=4.0$ MPa，渗透系数 $k=22.0$ mm/年。现在其上大面积堆载 80 kPa，单面排水条件下，固结度达到 80%，求：

(1) 此时沉降量为多少？

(2) 若该层为两面排水，达到固结度 50%所需时间。

(答案：160 mm，0.56 年)

第 5 章

土的抗剪强度

5.1 概　　述

土是固相、液相和气相组成的散体材料。一般而言，在外部荷载作用下，土体中的应力将发生变化。当土体中的剪应力超过土体本身的抗剪强度时，土体将产生沿着其中某一滑裂面滑动，而使土体丧失整体稳定性。所以，土体的破坏通常都是剪切破坏。

在工程建设实践中，道路的边坡、路基、土石坝、建筑物的地基等丧失稳定性的例子是很多的（见图 5－1）。为了保证土木工程建设中建（构）筑物的安全和稳定，就必须详细研究土的抗剪强度和土的极限平衡等问题。

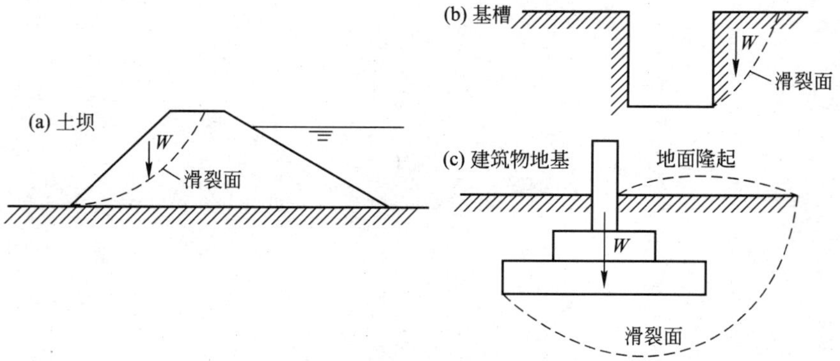

图 5－1　土坝、基槽和建筑物地基失稳示意图

土的抗剪强度是指土体对于外荷载所产生的剪应力的极限抵抗能力，其数值等于土体产生剪切破坏时滑动面上的剪应力。抗剪强度是土的主要力学性质之一，也是土力学的重要组成部分。当土中某点由外力所产生的剪应力达到土的抗剪强度时，土体就会发生一部分相对于另一部分的移动，该点便发生了剪切破坏。工程实践和室内试验都验证了建筑物地基和土工建筑物的破坏绝大多数属于剪切破。例如堤坝、路堤边坡的坍滑［见图 5－1（a)]，挡土

墙墙后填土失稳［见图 5－1（b）］建筑物地基的失稳［见图 5－1（c）］，都是由于沿某一些面上的剪应力超过土的抗剪强度所造成。因此土的抗剪强度是决定地基或土工建筑物稳定性的关键因素。所以研究土的抗剪强度的规律对于工程设计、施工和管理都具有非常重要的理论和实际意义。

土体的破坏准则是一个十分复杂的问题。到目前为止，还没有一个被人们普遍认为能完全适用于土体的理想的破坏准则。本章主要介绍目前被认为比较能拟合试验结果，因而为生产实践所广泛采用的土体破坏准则，即摩尔—库伦破坏准则。

土的抗剪强度主要由黏聚力 c 和内摩擦角 φ 来表示，土的黏聚力 c 和内摩擦角 φ 称为土的抗剪强度指标。土的抗剪强度指标主要依靠土的室内剪切试验和土体原位测试来确定。测试土的抗剪强度指标时所采用的试验仪器种类和试验方法对土的抗剪强度指标的试验结果有很大影响。本章将介绍主要的测试仪器和常规的试验方法，另外，还将阐述试验过程中土样排水固结条件对测得的土体抗剪强度指标的影响，以便根据实际的工程条件来选择合适的指标。

5.2　土的抗剪强度的基本理论

5.2.1　直剪试验

当土体在外部荷载作用下发生剪切破坏时，作用在剪切面上的极限剪应力就称为土的抗剪强度。

土的抗剪强度可以通过室内试验或现场试验测定。直接剪切试验是其中最基本的室内试验方法，简称直剪试验。

图 5－2 为直接剪切仪示意图。该仪器的主要部分由固定的上盒和活动的下盒组成，将土样放置于刚性金属盒内上下透水石之间。进行直剪试验时，先由加荷板施加法向压力 P，

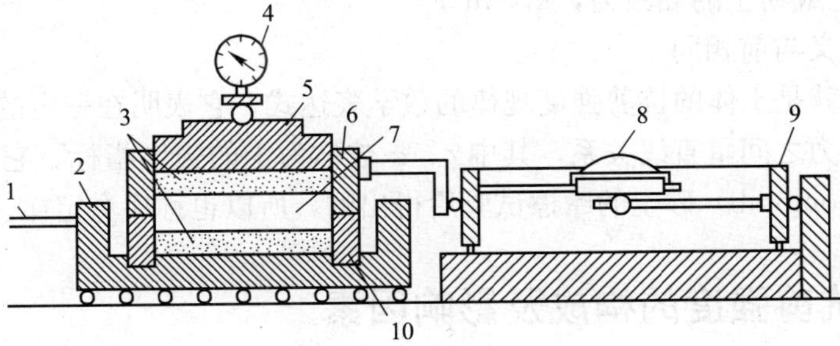

图 5－2　直接剪切仪示意图

1—轮轴；2—底座；3—透水石；4—垂直变形量表；5—活塞；
6—上盒；7—土样；8—水平位移量表；9—量力环；10—下盒

土样产生相应的压缩 ΔS，然后再在下盒施加水平向力，使其产生水平向位移 Δl，从而使土样沿着上盒和下盒之间预定的横截面承受剪切作用，直至土样破坏。假设这时土样所承受的水平向推力为 T，土样的水平横断面面积为 A，那么，作用在土样上的法向应力则为 $\sigma=P/A$，而土的抗剪强度就可以表示为 $\tau_f=T/A$。

为了绘制出土的抗剪强度 τ_f 与法向应力 σ 的关系曲线，一般需要采用至少 4 个相同的土样进行直剪试验。方法是，分别对这些土样施加不同的法向应力，并使之产生剪切破坏，可以得到 4 组不同的 τ_f 和 σ 的数值。然后，以 τ_f 作为纵坐标轴，以 σ 作为横坐标轴，就可绘制出土的抗剪强度 τ_f 和法向应力 σ 的关系曲线。图 5－3 为直剪试验的试验结果。可见，对于砂土而言，τ_f 与 σ 的关系曲线是通过原点的，而且，它是与横坐标轴呈 φ 角的一条直线［见图 5－3（a）］。该直线方程为：

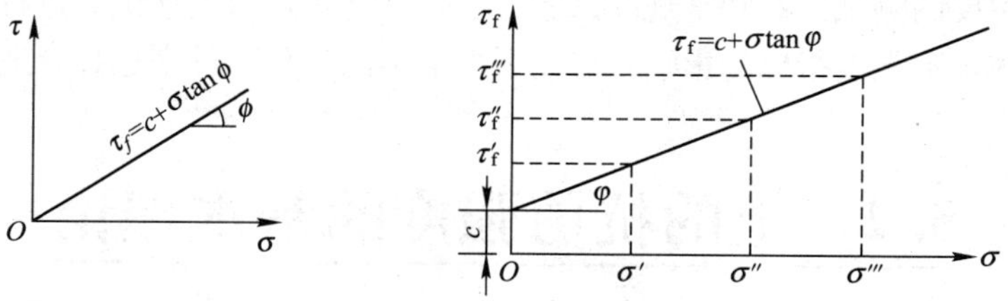

(a) 砂土　　(b) 黏性土和粉土

图 5－3　抗剪强度 τ 与法向应力 σ 的关系曲线

$$\tau_f=\sigma\tan\varphi \qquad [5-1\ (a)]$$

式中：τ_f——砂土的抗剪强度，kN/m^2；

σ——砂土试样所受的法向应力，kN/m^2；

φ——砂土的内摩擦角，°。

对于黏性土和粉土而言，τ_f 和 σ 之间的关系基本上仍呈一条直线，但是，该直线并不通过原点，而是与纵坐标轴形成一截距 c［见图 5－3（b）］，其方程为：

$$\tau_f=\sigma\tan\varphi+c \qquad [5-1\ (b)]$$

式中：c——黏性土或粉土的黏聚力，kN/m^2；

其余符号的意义与前相同。

公式（5－1）就是土体的抗剪强度规律的数学表达式，它表明在一定的荷载范围内土的抗剪强度与法向应力之间呈直线关系，其中 c、φ 被称为土的强度指标。它是 18 世纪 70 年代由库仑（C. A. Coulomb）砂土的摩擦试验后得出的，所以也称库仑定律。

5.2.2　土的抗剪强度的构成及影响因素

1）土的抗剪强度的构成

土的抗剪能力是由于砂土有摩阻力和黏性土有黏聚力、摩阻力所致。

（1）黏聚力

原始黏聚力：系土粒间的分子吸力和公共结合水膜的作用，当土被扰动后，该黏聚力即被破坏，但能缓慢恢复。

加固黏聚力：系土中胶结物质的胶结作用，当土扰动后，该黏聚力被破坏，且不能恢复，只能由另外胶结物再形成。

（2）摩阻力

摩擦力：是指土粒表面间的摩擦阻力。

咬合力：由于颗粒间的嵌入和联锁作用在产生相对滑动时需克服的力称为咬合力。

2）抗剪强度的影响因素

（1）土粒的矿物成分、形状、大小及颗粒级配

矿物成分不同，土粒表面薄膜水和电分子吸力不同，则原始黏聚力也不同。另外胶结物质可使加固黏聚力增大。

土粒形状不规则的比圆卵形的摩阻力大；土粒越细小，表面积越大，与水的作用越强烈，黏聚力大；颗粒粗大且形状多不规则，摩阻力大；颗粒级配越好，越易压密，黏聚力和摩阻力均增大。

（2）原始密实度

原始密实度越密实其黏聚力和摩阻力越大。

（3）含水量

含水量越高则黏粒表面薄膜水越厚，粒间甚至被自由水分离，胶结力及粒间吸力减小，因而黏聚力小。对无黏性土来说，水可起润滑作用，因而摩阻力减小。

（4）土的结构扰动

受扰动的土结构被破坏，土体变得疏松，黏粒间胶结物质以及土粒、离子、水分子所组成的平衡体系受到破坏，因而摩阻力和黏聚力均下降。

（5）有效法向压力

有效法向压力越大，即粒间传递的应力越大，土体越易挤紧压密，其黏聚力和摩阻力也越大。当然，不能大到使土体剪切破坏。

（6）土体的应力历史

超固结土的 τ_f 值比正常固结土的大，而正常固结土的又比欠固结土的大，这是因为前者的密实度高于后者。

5.2.3　土的极限平衡条件

1）土中一点的应力状态

我们先来研究土体中某点的应力状态，以便求得实用的土体极限平衡条件的表达式。为简单起见，下面仅研究平面问题。

在地基土中任意点取出一微分单元体，设作用在该微分体上的最大主应力和最小主应力分别为σ_1和σ_3。而且，微分体内与最大主应力σ_1作用平面成任意角度α的平面mn上有正应力σ和剪应力τ［见图5－4（a)］。为了建立σ、τ与σ_1、σ_3之间的关系，取微分三角形斜面体abc为隔离体［见图5－4（b)］。将各个应力分别在水平方向和垂直方向上投影，根据静力平衡条件得：

$$\sum x=0,\quad \sigma_3 \cdot ds \cdot \sin\alpha \cdot 1-\sigma \cdot ds \cdot \sin\alpha \cdot 1+\tau ds \cdot \cos\alpha \cdot 1=0 \qquad \text{(a)}$$

$$\sum y=0,\quad \sigma_1 \cdot ds \cdot \cos\alpha \cdot 1-\sigma \cdot ds \cdot \cos\alpha \cdot 1-\tau ds \cdot \sin\alpha \cdot 1=0 \qquad \text{(b)}$$

联立求解以上方程（a)、(b)，即得平面mn上的应力为：

$$\left.\begin{aligned}\sigma&=\frac{1}{2}(\sigma_1+\sigma_3)+\frac{1}{2}(\sigma_1-\sigma_3)\cos 2\alpha\\ \tau&=\frac{1}{2}(\sigma_1-\sigma_3)\sin 2\alpha\end{aligned}\right\} \qquad (5-2)$$

由材料力学可知，以上σ，τ与σ_1、σ_3之间的关系也可以用莫尔应力圆的图解法表示，即在直角坐标系中（图5－5)，以σ为横坐标轴，以τ为纵坐标轴，按一定的比例尺，在σ轴上截取$OB=\sigma_3$、$OC=\sigma_1$，以O_1为圆心，以1/2（$\sigma_1-\sigma_3$）为半径，绘制出一个应力圆。并从sO_1C开始逆时针旋转2α角，在圆周上得到点A。可以证明，A点的横坐标就是斜面mn上的正应力σ，而其纵坐标就是剪应力τ。事实上，可以看出，A点的横坐标为：

$$\begin{aligned}\overline{OB}+\overline{BO_1}+\overline{O_1A}\cos 2\alpha&=\sigma_3+\frac{1}{2}(\sigma_1-\sigma_3)+\frac{1}{2}(\sigma_1-\sigma_3)\cos 2\alpha\\&=\frac{1}{2}(\sigma_1+\sigma_3)+\frac{1}{2}(\sigma_1-\sigma_3)\cos 2\alpha=\sigma\end{aligned}$$

而A点的纵坐标为：

$$\overline{O_1A}\sin 2\alpha=\frac{1}{2}(\sigma_1-\sigma_3)\sin 2\alpha=\tau$$

上述用图解法求应力所采用的圆通常称为莫尔应力圆。由于莫尔应力圆上点的横坐标表示土中某点在相应斜面上的正应力，纵坐标表示该斜面上的剪应力，所以，我们可以用莫尔应力圆来研究土中任一点的应力状态。

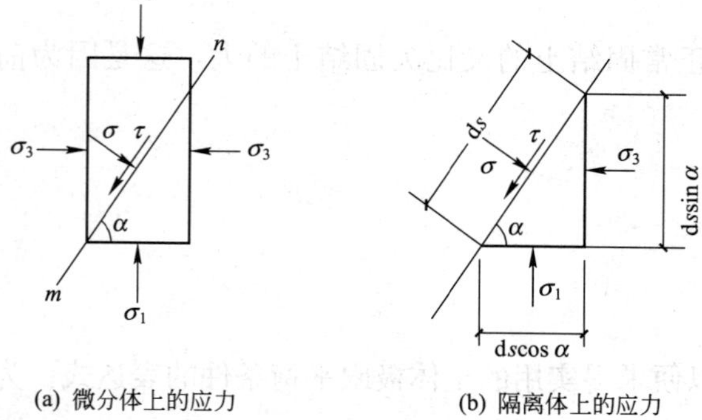

图5－4　土中任一点的应力

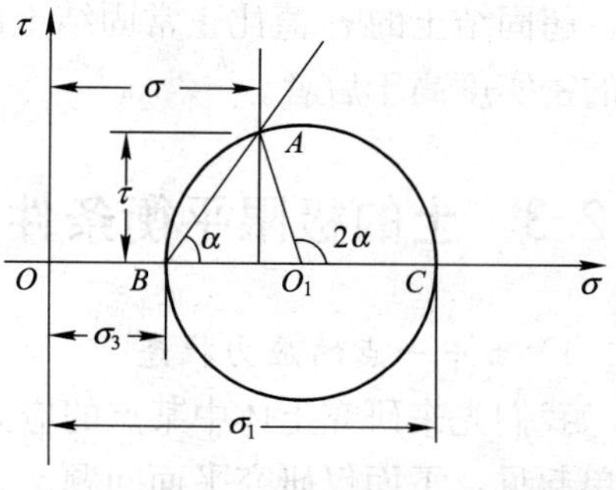

图5－5　用莫尔应力圆求正应力和剪应力

【例题 5-1】 已知土体中某点所受的最大主应力 $\sigma_1=600$ kPa，最小主应力 $\sigma_3=200$ kPa。试计算与最大主应力 σ_1 作用平面成 30°角的平面上的正应力 σ 和剪应力 τ。

解： 由公式（5-2）计算，得：

$$\sigma=\frac{1}{2}(\sigma_1+\sigma_3)+\frac{1}{2}(\sigma_1-\sigma_3)\cos 2\alpha$$

$$=\frac{1}{2}(600+200)+\frac{1}{2}(600-200)\cos(2\times 30^\circ)=500(\text{kPa})$$

$$\tau=\frac{1}{2}(\sigma_1-\sigma_3)\sin 2\alpha=\frac{1}{2}(600-200)\sin(2\times 30^\circ)=173.2(\text{kPa})$$

2）土的极限平衡条件——莫尔—库伦破坏准则

为了建立实用的土体极限平衡条件，将土体中某点的莫尔应力圆和土体的抗剪强度与法向应力关系曲线（简称抗剪强度线）画在同一个直角坐标系中（见图 5-6），这样，就可以判断土体在这一点上是否达到极限平衡状态。

由前述可知，莫尔应力圆上的每一点的横坐标和纵坐标分别表示土体中某点在相应平面上的正应力 σ 和剪应力 τ，如果莫尔应力圆位于抗剪强度包线的下方（见图 5-6 中的Ⅰ曲线），即通过该点任一方向的剪应力 τ 都小于土体的抗剪强度 τ_f，则该点土不会发生剪切破坏，而处于弹性平衡状态。若莫尔应力圆恰好与抗剪强度线相切（见图 5-6 中的Ⅱ曲线），切点为 B，则表明切点 B 所代表的平面上的剪应力 τ 与抗剪强度 τ_f 相等，此时，该点土体处于极限平衡状态。如果莫尔应力圆与抗剪强度包线相交（见图 5-6 中的Ⅲ曲线），则通过该点某些方向的剪应力 τ 都大于土体的抗剪强度 τ_f，则该点土发生剪切破坏。

根据莫尔应力圆与抗剪强度线相切的几何关系，就可以建立起土体的极限平衡条件。利用土的极限平衡条件可以判断土体中某点所处的应力状态。

下面，我们就以图 5-7 中的几何关系为例，说明如何建立无黏性土的极限平衡条件。

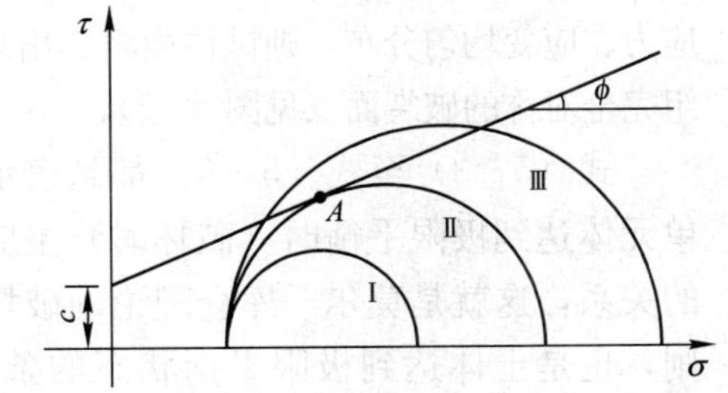

图 5-6　莫尔应力圆与土的抗剪强度之间的关系

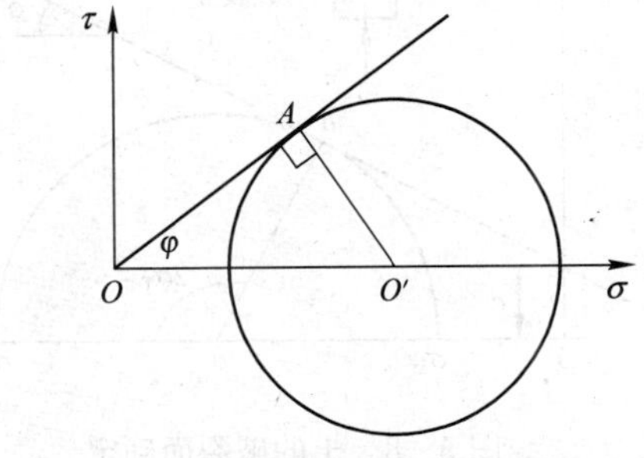

图 5-7　无黏性土极限平衡条件推导示意图

土体达到极限平衡条件时，莫尔应力圆与抗剪强度线相切于 A 点，延长 CB 与 τ 轴交于 A 点，由图中关系可知：

$$\sin\varphi=\frac{O'A}{OO'}=\frac{\dfrac{\sigma_1-\sigma_3}{2}}{\dfrac{\sigma_1+\sigma_3}{2}}=\frac{\sigma_1-\sigma_3}{\sigma_1+\sigma_3}$$

得 $\sigma_1=\sigma_3\dfrac{1+\sin\varphi}{1-\sin\varphi}$ 及 $\sigma_3=\sigma_1\dfrac{1-\sin\varphi}{1+\sin\varphi}$，利用三角函数关系可导得（为了应用方便，这里我们给公式左端的主应力都加上了脚标）

$$\sigma_{1f}=\sigma_3\tan^2\left(45°+\frac{\varphi}{2}\right) \tag{5-3}$$

$$\sigma_{3f}=\sigma_1\tan^2\left(45°-\frac{\varphi}{2}\right) \tag{5-4}$$

对黏性土而言，可以类似地推导出其极限平衡条件，为

$$\sigma_{1f}=\sigma_3\tan^2\left(45°+\frac{\varphi}{2}\right)+2c\cdot\tan\left(45°+\frac{\varphi}{2}\right) \tag{5-5}$$

同理可以证明

$$\sigma_{3f}=\sigma_1\tan^2\left(45°-\frac{\varphi}{2}\right)-2c\cdot\tan\left(45°-\frac{\varphi}{2}\right) \tag{5-6}$$

由图 5-8 的几何关系可以求得剪切面（破裂面）与大主应力面的夹角关系，因为

$$2\alpha_f=90°+\varphi$$

$$\alpha_f=45°+\frac{\varphi}{2} \tag{5-7}$$

即剪切破裂面与大主应力 σ_1 作用平面的夹角为 $\alpha=45°+\dfrac{\varphi}{2}$（共轭剪切面）。

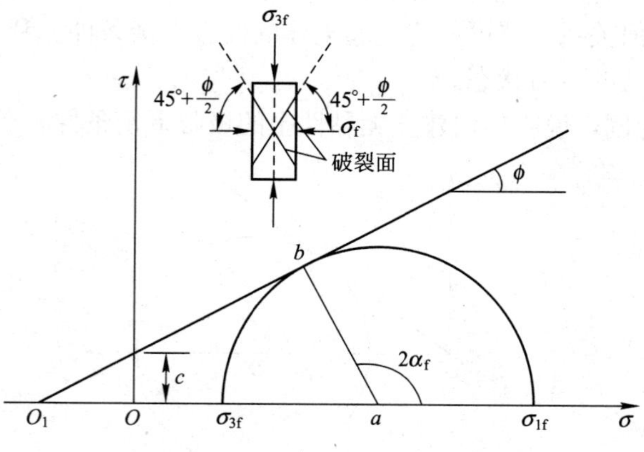

图 5-8 土的破裂面确定

由此可见，土与一般连续性材料（如钢、混凝土等）不同，是一种具有内摩擦强度的材料。其剪切破裂面不产生于最大剪应力面，而是与最大剪应力面成 $\varphi/2$ 的夹角。如果土质均匀，且试验中能保证试件内部的应力、应变均匀分布，则试件内将会出现两组完全对称的破裂面（见图 5-8）。

式（5-3）至式（5-6）都是表示土单元体达到极限平衡时（破坏时）主应力的关系，这就是莫尔—库仑理论的破坏准则，也是土体达到极限平衡状态的条件，故而，我们也称之为极限平衡条件。

3）土的极限平衡条件的应用

利用式（5-3）至式（5-6），已知土单元体实际上所受的应力和土的抗剪强度指标 c、φ，可以很容易地判断该土单元体是否产生剪切破坏。例如，利用公式（5-3），将土单元体所受的实际应力 σ_3 和土的内摩擦角 φ 代入公式的右侧，求出土处在极限平衡状态时的大主应力 $\sigma_{1f}=\sigma_3\tan^2\left(45°+\dfrac{\varphi}{2}\right)$，如果计算得到 $\sigma_1>\sigma_{1f}$，表示土体达到极限平衡状态要求的最大

主应力小于实际的最大主应力，则土体处于破坏状态；反之，如果 $\sigma_1 < \sigma_{1f}$，表示土体处于弹性平衡状态。同理，也可以用 σ_1 和 φ 求出 σ_{3f}，再比较 σ_3 和 σ_{3f} 的大小，来判断土体是否发生了剪切破坏。

【例题 5-2】 设砂土地基中一点的最大主应力 $\sigma_1 = 500$ kPa，最小主应力 $\sigma_3 = 200$ kPa，砂土的内摩擦角 $\varphi = 28°$，黏聚力 $c = 0$，试判断该点是否破坏。

解　解法一：

利用库仑定律进行判断：

根据式（5-7）可知，破坏时土单元中可能出现的破裂面与最大主应力 σ_1 作用面的夹角 $\alpha_f = 45° + \dfrac{\varphi}{2}$。因此，作用在与 σ_1 作用面成 $45° + \dfrac{\varphi}{2}$ 平面上的法向应力 σ 和剪应力 τ，可按式（5-2）计算；抗剪强度 τ_f 可按式［5-1（a）］计算：

$$\sigma = \frac{1}{2}(\sigma_1 + \sigma_3) + \frac{1}{2}(\sigma_1 - \sigma_3)\cos 2\left(45° + \frac{\varphi}{2}\right)$$

$$= \frac{1}{2}(500 + 200) + \frac{1}{2}(500 - 200)\cos 2\left(45° + \frac{28°}{2}\right) = 279.58(\text{kPa})$$

$$\tau = \frac{1}{2}(\sigma_1 - \sigma_3)\sin 2\left(45° + \frac{\varphi}{2}\right)$$

$$= \frac{1}{2} \times (500 - 200)\sin 2\left(45° + \frac{28°}{2}\right) = 132.44(\text{kPa})$$

利用库仑定律，计算该斜面上土的抗剪强度为：

$$\tau_f = \sigma \tan \varphi = 279.58 \times \tan 28° = 148.66(\text{kPa}) > \tau = 132.44(\text{kPa})$$

故可判断该点未发生剪切破坏。

解法二：

利用极限平衡条件判断：

按式（5-3）有：

$$\sigma_{1f} = \sigma_3 \tan^2\left(45° + \frac{\varphi}{2}\right) = 200 \times \tan^2\left(45° + \frac{28°}{2}\right) = 553.97(\text{kPa})$$

由于 $\sigma_{1f} = 553.97$ kPa $> \sigma_1 = 500$ kPa，

故该点未发生剪切破坏。

或按式（5-4）有：

$$\sigma_{3f} = \sigma_1 \tan^2\left(45° - \frac{\varphi}{2}\right) = 500 \times \tan^2\left(45° - \frac{28°}{2}\right) = 180.52(\text{kPa})$$

由于 $\sigma_{3f} = 180.52$ kPa $< \sigma_3 = 200$ kPa，

故该点未发生剪切破坏。

此外，还可以用图解法，比较莫尔应力圆与抗剪切强度包线的相对位置关系来判断，可以得出同样的结论。

5.3 抗剪强度试验方法

土的抗剪强度指标的测试方法有原状土室内试验和现场原位试验两大类。室内试验常用的方法有直接剪切试验、三轴剪切试验；现场原位测试的方法有十字板剪切试验和大型直剪试验。

5.3.1 直接剪切试验

直剪试验基本原理与方法已在前述，在直接剪切试验中，不能两侧孔隙水压力，也不能控制排水，所以只能一总应力法来表示土的抗剪强度。但是为了考虑固结程度和排水条件对抗剪强度的影响，根据加荷速率的快慢将直剪试验划分为块剪、固结快剪和慢剪三种试验类型。

直剪试验应用广泛，具有设备简单，操作方便，易于掌握等优点。但也存在下列缺点：

① 人为地将剪切破裂面限制在上下盒之间，而不能反映土体实际最薄弱的剪切面。

② 剪切面在整个剪切过程中随上下盒的错动而逐渐减小，并非定数 A 值，且竖向荷载也随之产生偏心，剪应力 τ 也不是均匀分布，有应力集中现象。

③ 不能严格控制排水条件和测定孔隙压力值，故不能完全反映实际土体的受力状态和排水条件。

因此，为了克服直剪试验存在的问题，后来又发展了三轴压缩试验方法，三轴压缩仪是目前测定土抗剪强度较为完善的仪器。

5.3.2 三轴压缩试验

1）试验仪器和试验方法

三轴压缩试验使用的仪器为三轴剪力仪（也称三轴压缩仪），其核心部分是三轴压力室，它的构造如图 5-9 所示。此外，还配备有：(a) 轴压系统，即三轴剪切仪的主机台，用以对式样施加轴向附加压力，并可控制轴向应变的速率；(b) 侧压系统，通过液体（通常是水）对土样施加周围压力；(c) 孔隙水压力测读系统，用以测量土样孔隙水压力及其在试验过程中的变化。

试验用的土样为正圆柱形，常用的高度与直径之比为 2∶2.5。土样用薄橡皮膜包裹，以免压力室的水进入。试样上、下两端可根据试样要求放置透水石或不透水板。试验中试样的排水情况由排水阀控制（见图 5-9）。试样底部与孔隙水压力量测系统相接，必要时借以测定试验过程中试样的孔隙水压力变化。

试验时，先打开周围压力阀，向压力室压入液体，使土样在三个轴向受到相同的周围压

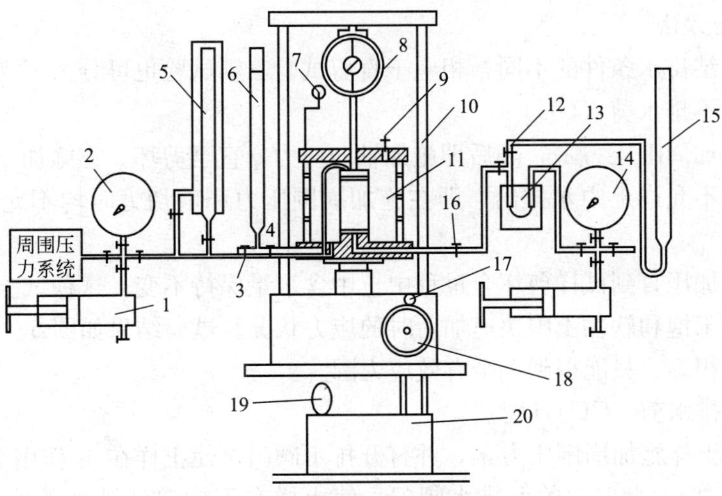

应变控制式三轴剪切仪

图 5-9 三轴试验装置

1—调压筒；2—周围压力表；3—周围压力阀；4—排水阀；5—体变管；6—排水管；7—变形量表；8—量力环；9—排气孔；10—轴向加压设备；11—压力室；12—量管阀；13—零位指示器；14—孔隙压力表；15—量管；16—孔隙压力阀；17—离合器；18—手轮；19—马达；20—变速箱

力 σ_3，此时土样中不受剪力。然后再由轴向系统通过活塞对土样施加竖向压力 q，此时试样中将产生剪应力。在周围压力 σ_3 不变情况下，不断增大 q，直到土样剪坏。其破坏面发生在与大主应力作用成面 $\alpha_f=45°+\dfrac{\varphi}{2}$ 的夹角处。这时作用于土样的轴向应力 $\sigma_1=\sigma_3+q$，为最大主应力，周围压力 σ_3 为最小主应力。用 σ_1 和 σ_3 可绘得土样破坏时的一个极限应力圆。同一种土取 3～4 个试样，在不同的 σ_3 作用下，便可画出相应的一组极限应力圆，它们的公切线即为抗剪强度包线，一般接近直线，它在纵轴上的截距和倾角就是该土的 c、ϕ 值。

若在试验过程中，通过孔隙水测读系统分别测得每一个土样剪切破坏时的孔隙水压力的大小就可以得出土样剪切破坏时有效应力 $\sigma_1'=\sigma_1-u$，$\sigma_3'=\sigma_3-u$，绘制出相应的有效极限应力圆如图 5-10 所示，根据有效极限应力圆，即可求得有效强度指标 φ'、c'。

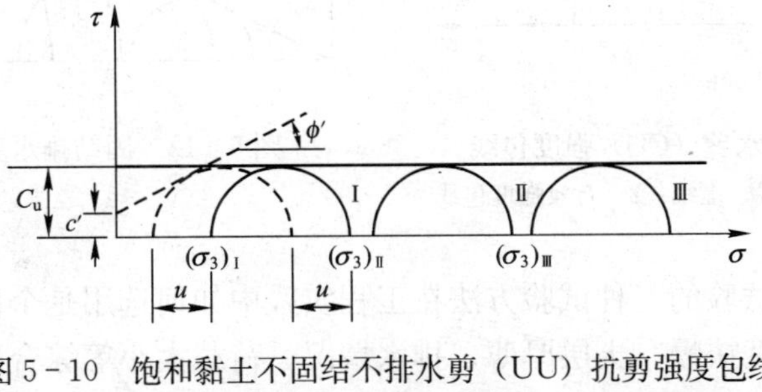

图 5-10 饱和黏土不固结不排水剪（UU）抗剪强度包线

1—有效强度包线；2—总应力强度包线

2）三轴试验方法

根据土样固结排水条件的不同，相应于直剪试验三轴试验也可分为下列三种基本方法：

（1）不固结不排水剪（UU）

先向土样施加周围压力 σ_3，随后即施加轴向应力 q 直至剪坏。在施加 q 过程中，自始至终关闭排水阀门不允许土中水排出，即在施加周围压力和剪切力时均不允许土样发生排水固结。

这样从开始加压直到试样剪坏全过程中土中含水量保持不变。这种试验方法所对应的实际工程条件相当于饱和软黏土中快速加荷时的应力状况。试验结果如图 5 - 10 所示，特点是总应力圆的直径相等，只能得到一个有效应力圆。

（2）固结不排水剪（CU）试验

试验时先对土样施加周围压力 σ_3，并打开排水阀门，使土样在 σ_3 作用下充分排水固结。然后施加轴向应力 q，此时，关上排水阀门，使土样在不能向外排水条件下受剪直至破坏为止。

三轴“CU”试验是经常要做的工程试验，它适用的实际工程条件常常是一般正常固结土层在工程竣工时或以后受到大量、快速的活荷载或新增加的荷载的作用时所对应的受力情况。试验结果如图 5 - 11 所示，可以获得总应力和有效应力表示的两套抗剪强度指标。

（3）固结排水剪（CD）试验

在施加周围压力 σ_3 和轴向压力 q 的全过程中，土样始终是排水状态，土中孔隙水压力始终处于消散为零的状态，使土样剪切破坏。

这三种不同的三轴试验方法所得强度、包线性状及其相应的强度指标不相同，其大致形态与关系如图 5 - 12 所示。特点是只能获得一套抗剪强度指标，总应力圆就是有效应力圆。

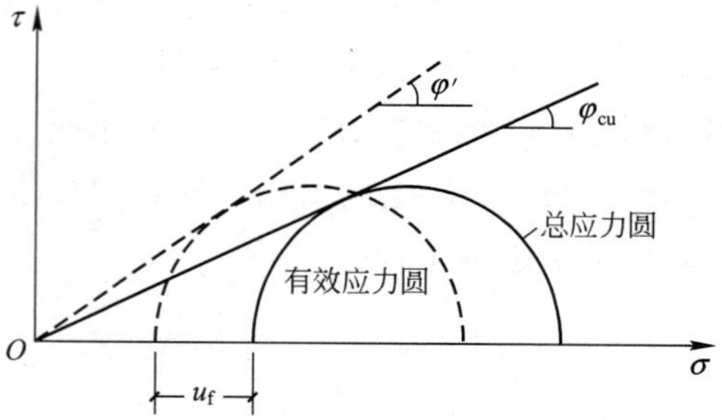

图 5 - 11　固结不排水剪（CU）强度包线

实线：1—总应力强度包线；虚线：2—有效强度包线

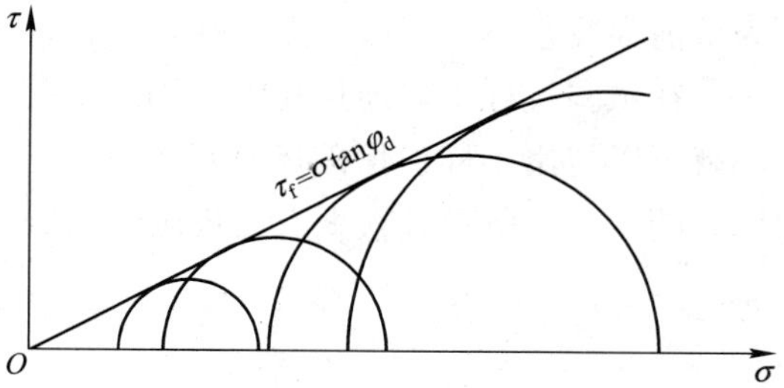

图 5 - 12　固结排水剪（CD）强度包线

三轴试验和直剪试验的三种试验方法在工程实践中如何选用是个比较复杂的问题，应根据工程情况、加荷速度快慢、土层厚薄、排水情况、荷载大小等综合确定。一般来说，对不易透水的饱和黏性土，当土层较厚，排水条件较差，施工速度较快时，为使施工期土体稳定可采用不固结不排水剪。反之，对土层较薄，透水性较大，排水条件好，施工速度不快的短期稳定问题可采用固结不排水剪。击实填土地基或路基以及挡土墙及船闸等结构物的地基，一般认为采用固结不排水剪。此外，如确定施工速度相当慢，土层透水性及排水条件都很好，可考虑用排水剪。当然，这些只是一般性的原则，实际情况往往要复杂得多，能严格满足试验条件的很少，因此还要针对具体问题作具体分析。

5.3.3　无侧限抗压试验

三轴试验时，如果对土样不施加周围压力，而只施加轴向压力，则土样剪切破坏时的最小主应力 $\sigma_{3f}=0$，最大主应力 $\sigma_{3f}=q_u$，此时绘出的莫尔极限应力圆如图 5－13 所示。q_u称为土的无侧限抗压强度。

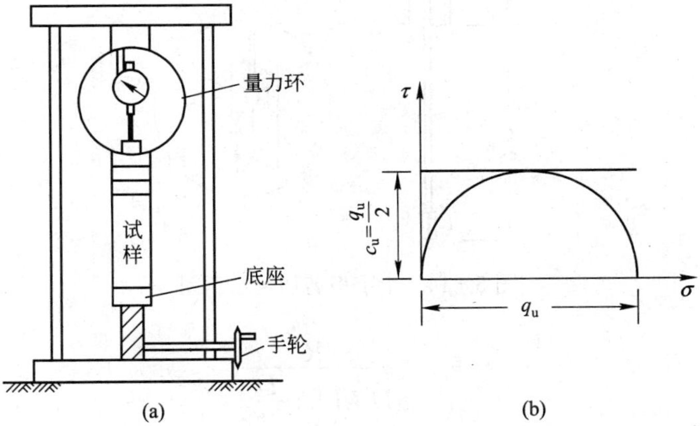

图 5－13　无侧限试验极限应力圆

对于饱和软黏土，可以认为 $\varphi=0$，此时其抗剪强度线与 σ 轴平行，且有 $C_u=q_u/2$。所以，可用无侧限抗压试验测定饱和软黏土的强度，该试验多在无侧限抗压仪上进行。

5.3.4　十字板剪切试验

十字板剪切仪示意图如图 5－14 所示。在现场试验时，先钻孔至需要试验的土层深度以上 750 mm 处，然后将装有十字板的钻杆放入钻孔底部，并插入土中 750 mm，施加扭矩使钻杆旋转直至土体剪切破坏。土体的剪切破坏面为十字板旋转所形成的圆柱面。土的抗剪强度可按下式计算：

$$\tau_f=k_c(p_c-f_c) \qquad [5-8\ (a)]$$

式中：k_c——十字板常数，按下式计算：

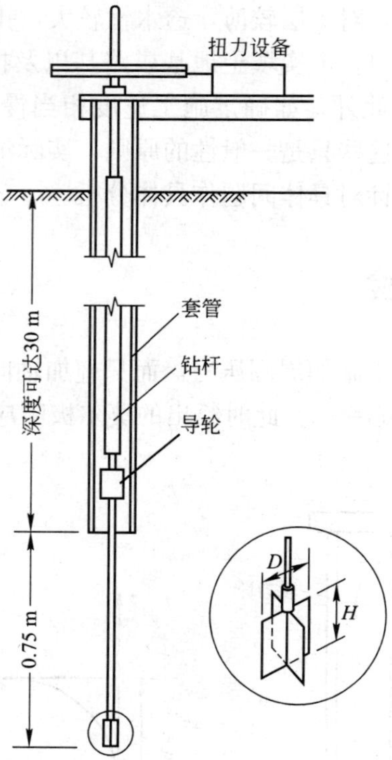

图 5-14　十字板剪切仪示意图

$$k_c=\frac{2R}{\pi D^2 h\left(1+\frac{D}{3h}\right)} \qquad [5-8\ (b)]$$

p_c——土发生剪切破坏时的总作用力，由弹簧秤读数求得，N；

f_c——轴杆及设备的机械阻力，在空载时由弹簧秤事先测得，N；

h、D——十字板的高度和直径，mm；

R——转盘的半径，mm。

十字板剪切试验的优点是不需钻取原状土样，对土的结构扰动较小。它适用于软塑状态的黏性土。

思考题

5-1　砂土与黏性土的抗剪强度表达式有何不同？同一土样的抗剪强度是不是一个定值？为什么？

5-2　土中发生剪切破坏面是不是剪应力的最大面？在什么情况下，剪切破坏面与最大剪应力面是一致的？剪切破坏面与大主应力作用面呈什么角度？

5-3　三轴剪切试验的三种试验方法各适用于何种情况？对于一级建筑物地基应采用何

种仪器？对饱和软黏土应采用何种试验方法？

5-4　当一土样遭受一组压力（σ_1，σ_3）作用，土样正好达到极限平衡。如果此时，在大小主应力方向同时增加压力 $\Delta\sigma$，问土的应力状态如何？若同时减少 $\Delta\sigma$，情况又将如何？

习题

5-1　设有一干砂样进行直剪试验，剪切盒断面积为 60 cm^2，在砂样上作用一垂直荷载 900 N，然后作水平剪切，当水平推力达 300 N 时，砂样开始被剪破。试求当垂直荷载为 1 800 N 时，应使用多大的水平推力砂样才能被剪坏？该砂样的内摩擦角为多大？

（答案：600 N，18.43°）

5-2　设有一黏性土样作单轴压缩试验，当压力加到 90 kPa 时，黏性土样开始破坏，并呈现破裂面，此面与竖直线呈 35°角，如图 5-15 所示。试求其内摩擦角 φ 及黏聚力 c。

图 5-15　习题 5-2 图

（答案：φ=20°，c=31.5 kPa）

5-3　一种土，测得其 c=9.8 kPa，$\varphi\approx$15°，当该土某点某斜面上 σ=280 kPa，τ=80 kPa 时，该点土体是否已达极限平衡状态？（答案：否）

5-4　已知地基中某点受到大主应力 σ_1=500 kPa，小主应力 σ_3=180 kPa，其内摩擦角为 φ=36°，求：

（1）该点的最大剪应力是多少？最大剪应力面上的法向应力为多少？

（2）此点是否已达到极限平衡状态？为什么？

（3）如果此点未达到极限平衡，令大主应力不变，而改变小主应力，使该点达到极限平衡状态，这时小主应力应为多少？

（答案：τ_{max}=160 kPa，σ=340 kPa，否，σ_{3f}=129.81 kPa）

5-5　已知一砂土层中某点应力达到极限平衡时，过该点的最大剪应力平面上的法向应力和剪应力分别为 264 kPa 和 132 kPa。试求：

（1）该点处的大主应力 σ_1 和小主应力 σ_3；

（2）过该点的剪切破坏面上的法向应力 σ_f 和剪应力 τ_f；

（3）该砂土内摩擦角；

（4）剪切破坏面与大主应力作用面的交角 α。

（答案：σ_1=396 kPa，σ_3=132 kPa，σ_f=198 kPa，τ_f=114.3 kPa，φ=30°，α=60°）

5-6　对饱和黏土样进行固结不排水三轴试验，围压 σ_3 为 250 kPa，剪坏时的压力差 $(\sigma_1-\sigma_3)_f$=350 kPa，破坏时的孔隙水压 u_f=100，破坏面与水平面夹角 α=60°。试求：

（1）剪裂面上的有效法向压力 σ'_f 和剪应力 τ'_f；

（2）最大剪应力 τ_{max} 和方向？

（答案：σ'_f=187.5 kPa，τ'_f=151.6 kPa，τ_{max}=175 kPa，α=45°）

第6章 土压力理论和土坡稳定分析

6.1 概　　述

6.1.1 土压力

在房屋建筑、铁路桥梁和水利工程中，地下室的外墙，重力式码头的岸壁，桥梁接岸的桥台，以及地下硐室的侧墙等都支持着侧向土体。这些用来侧向支持土体的结构物，统称为挡土墙（见图6-1）。而被支持的土体作用于挡土墙上的侧向压力，称为土压力。

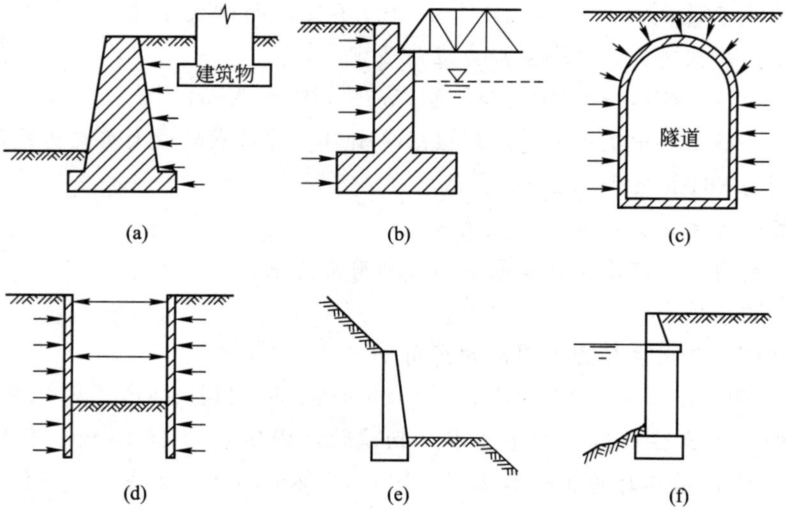

图6-1 挡土墙的应用

形成挡土结构物与土体界面上侧向压力的主要荷载包括：土体自重引起的侧向压力、水压力、影响区范围内的构筑物荷载、施工荷载及必要时应考虑的地震荷载等引起的侧向压力。

在挡土结构物设计中，必须计算土压力的大小及其分布规律。土压力的大小及其分布规律同挡土结构物的侧向位移的方向、大小、土的性质、挡土结构物的刚度及高度等因素有关，按挡土结构的位移方向、大小及土体所处的三种极限平衡状态，可分为三种。

1. 静止土压力

在土压力的侧向作用下，挡土墙并不向任何方向运动（移动或转动）。土体处于弹性极限平衡状态，此时的土压力称为静止土压力，用 E_0 表示［见图 6-2（a)］。

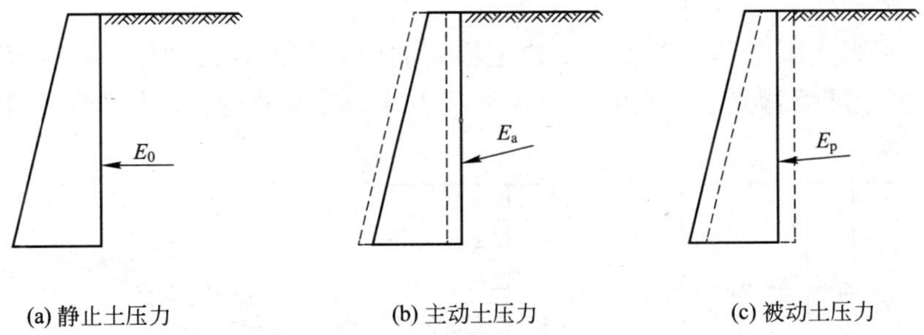

图 6-2　三种土压力

2. 主动土压力

在土压力的侧向作用下，挡土墙向背离土体的方向运动（移动或转动）。土压力大小将随着位移的增大而减小。当位移达某一数值时，土体达到主动极限平衡状态，此时的土压力称为主动土压力，用 E_a 表示［见图 6-2（b)］。

3. 被动土压力

在外力的作用下，挡土墙向土体的方向推挤土体（移动或转动）。土压力大小将随着位移的增大而增大。当位移达某一数值时，土体达到被动极限平衡状态，此时的土压力称为被动土压力，用 E_p 表示［见图 6-2（c)］。

在相同条件下，主动土压力小于静止土压力，而静止土压力小于被动土压力。

实际上，土压力是挡土结构与土体相互作用的结果，大部分情况下的土压力均介于上述三种极限状态土压力之间。在影响土压力大小及其分布的诸因素中，挡土结构物的位移是关键因素，图 6-3 中给出了土压力与挡土结构位移间的关系，从中可以看出，挡土结构物后达到被动土压力所需的位移远大于导致主动土压力所需的位移。

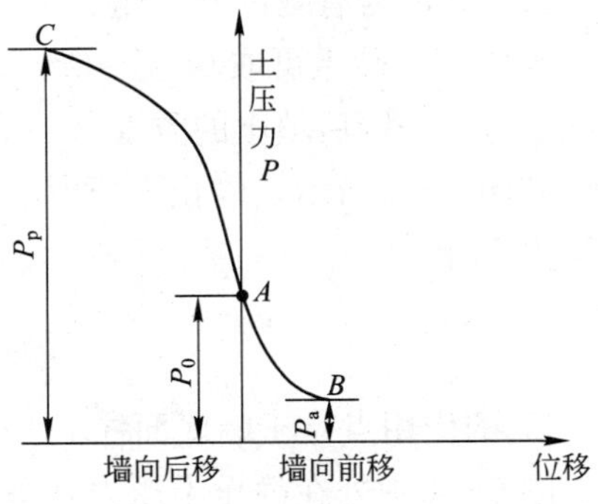

图 6-3　土压力与挡土墙的位移关系

土压力的计算是个比较复杂的问题，其实质是土的抗剪强度理论的一种应用。静止土压力的计算主要应用了弹性理论方法和经验方法；主动土压力和被动土压力的计算则是应用了土体极限平衡理论，计算方法包括经典的朗肯土压力理论和库仑土压力理论以及以上述理论为基础发展起来的计算方法和图解方法。土压力的计算一般按平面问题考虑。

6.1.2 静止土压力计算

静止土压力强度（p_0）可按半空间直线变形体在土的自重作用下无侧向变形时的水平侧向应力 σ_h 来计算。

图 6-4 表示半无限土体中深度为 z 处土单元的应力状态，设想用一挡土墙代替单元体左侧的土体，挡土墙墙背光滑，则墙后土体的应力状态并没有变化，仍处于侧限应力状态。

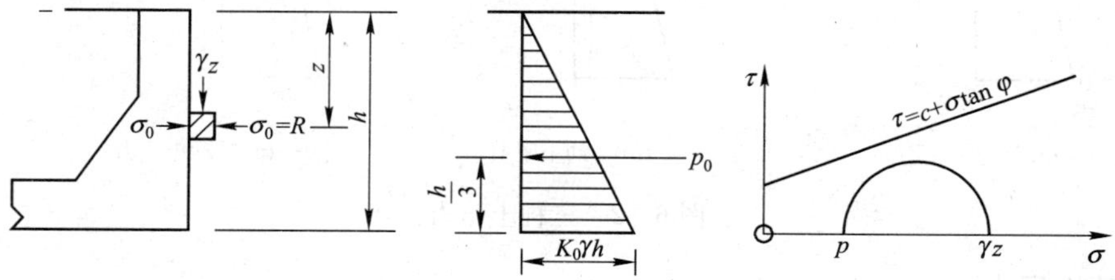

图 6-4 静止土压力计算

计算静止土压力时，墙后填土处于弹性平衡状态，由于墙静止不动，土体无侧向位移，可假定墙后填土内的应力状态为半无限弹性体的应力状态。这时，土体表面下任意深度 z 处的静止土压力强度，可按第 4 章半无限体在无侧移条件下侧向应力的计算公式计算，即

$$\sigma_0 = k_0\sigma_{cz} = k_0\gamma z \tag{6-1}$$

式中：k_0——静止土压力系数。可按半经验公式（6-2）确定，也可按经验值取值。

半经验公式：

$$k_0 = 1 - \sin\varphi' \tag{6-2}$$

其中，φ'为有效内摩擦角。

经验值：砂土可取 0.35～0.50；黏性土可取 0.50～0.70。

γ——墙后填土的重度。

如图 6-4 所示，静止土压力沿墙高呈三角形分布，作用于墙背面单位长度上的总静止土压力 E_0：

$$E_0 = \frac{1}{2}k_0\gamma h^2 \tag{6-3}$$

E_0 的作用点位于墙底面往上 $h/3$ 处，单位：kN/m。

图 6-4 中处在静止土压力状态下的土单元体的摩尔应力圆，可以看出，这种应力状态离破坏包线很远，属于弹性平衡应力状态。

6.2　朗肯土压力理论

1857 年英国学者朗肯（W. J. M. Rankine）从研究弹性半空间体内的应力状态，根据土的极限平衡理论，得出计算土压力的方法，又称极限应力法。

基本假定：（1）墙后填土水平；（2）墙背垂直于填土面；（3）墙背光滑。

从这些假定出发，墙背处没有摩擦力，土体的竖直面和水平面没有剪应力，故竖直方向和水平方向的应力为主应力。而竖直方向的应力即为土的竖向自重应力。

6.2.1　主动土压力

考察挡土墙后土体表面下深度 z 处的微小单元体的应力状态［见图 6－5（a)］，显然，作用在它上面的竖向应力为 $\sigma_z = \gamma \cdot z$。当挡土墙在土压力的作用下向远离土体的方向位移时，作用在微元体上的竖向应力 σ_z 保持不变，而水平向应力 σ_x 逐渐减小，直至达到土体处于极限平衡状态。土体处于极限平衡状态时的最大主应力为 $\sigma_1 = \gamma \cdot z$，而最小主应力 σ_3 即为主动土压力强度 σ_a。由土的强度理论可知，当土体中某一点处于极限平衡状态时，大主应力 σ_1 和小主应力 σ_3 之间应满足以下关系：

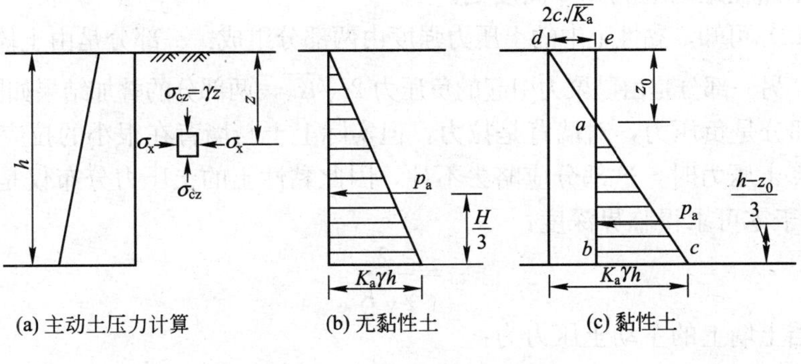

图 6－5　主动土压力强度图

黏性土
$$\sigma_{1f} = \sigma_3 \cdot \tan^2\left(45° + \frac{\varphi}{2}\right) + 2c \cdot \tan\left(45° + \frac{\varphi}{2}\right) \tag{6-4}$$

或
$$\sigma_{3f} = \sigma_1 \cdot \tan^2\left(45° - \frac{\varphi}{2}\right) - 2c \cdot \tan\left(45° - \frac{\varphi}{2}\right) \tag{6-5}$$

无黏性土
$$\sigma_{1f} = \sigma_3 \cdot \tan^2\left(45° + \frac{\varphi}{2}\right) \tag{6-6}$$

或 $$\sigma_{3f}=\sigma_1 \cdot \tan^2\left(45°-\frac{\varphi}{2}\right) \tag{6-7}$$

将$\sigma_1=\gamma \cdot z$和$\sigma_3=\sigma_a$代入式（6－4）、（6－7）中就得到主动土压力强度：

无黏性土 $$\sigma_a=\gamma \cdot z \cdot \tan^2\left(45°-\frac{\varphi}{2}\right) \tag{6-8}$$

或 $$\sigma_a=\gamma \cdot zK_a \tag{6-9}$$

黏性土 $$\sigma_a=\gamma \cdot z \cdot \tan^2\left(45°-\frac{\varphi}{2}\right)-2c \cdot \tan\left(45°-\frac{\varphi}{2}\right) \tag{6-10}$$

或 $$\sigma_a=\gamma \cdot z \cdot K_a-2c \cdot \sqrt{K_a} \tag{6-11}$$

上述各式中：σ_a—— 主动土压力强度，kPa；

K_a——主动土压力系数，$K_a=\tan^2\left(45°-\frac{\varphi}{2}\right)$；

γ——土体重度，kN/m^3；

c——土体黏聚力，kPa；

φ——土体内摩擦角，(°)；

z——计算点离土体表面深度，m。

由式（6－9）知，无黏性土中主动土压力强度与深度成正比，沿墙高的土压力强度呈三角形分布［见图 6－5（b)］。单位长度挡土墙上的土压力为：

$$E_a=\frac{1}{2}\gamma \cdot h^2\tan^2\left(45°-\frac{\varphi}{2}\right)=\frac{1}{2}\gamma \cdot h^2 \cdot K_a \tag{6-12}$$

土压力作用点在距离墙底 $h/3$ 高度处。

由式（6－12）可知，黏性土中的土压力强度由两部分组成：一部分是由土体自重引起的土压力$\gamma \cdot z \cdot K_a$。另一部分是由黏聚力引起的负压力 $2c\sqrt{K_a}$，两部分的叠加结果如图 6－5（c）所示，其中 aed 部分是负压力，对墙背是拉力，但实际上土与墙背在很小的拉应力作用下即会分离，故在计算土压力时，这部分应略去不计，因此黏性土的土压力分布仅是 abc 部分。令式（6－11）等于零可求得临界深度：

$$z_0=\frac{2c}{\gamma\sqrt{K_a}} \tag{6-13}$$

单位长度挡土墙上的主动土压力为：

$$E_a=\frac{1}{2}(h-z_0)(\gamma \cdot hK_0-2c\sqrt{K_a}) \tag{6-14}$$

主动土压力 E_a作用点通过三角形的形心，即作用在离墙底$\frac{h-z_0}{3}$高度处，如图 6－5（c）所示。

【例题 6－1】 有一高 7 m 的挡土墙，墙背直立光滑、填土表面水平。填土的物理力学性质指标为：$c=12$ kPa，$\varphi=20°$，$\gamma=18\ kN/m^3$，试求主动土压力及作用点位置，并绘出主动土压力分布图。

解：(1) 主动土压力系数 K_a

$$K_a=\tan^2\left(45°-\frac{\varphi}{2}\right)=\tan^2\left(45°-\frac{20}{2}\right)=0.49$$

(2) 临界深度 z_0 为

$$z_0=\frac{2c}{\gamma\sqrt{K_a}}=\frac{2\times12}{18\times\sqrt{0.49}}=1.90(\text{m})$$

(3) 在墙底 B 点处的主动土压力强度为

$$\sigma_{aB}=K_a\gamma z-2c\sqrt{K_a}=0.49\times18\times7-2\times12\times\sqrt{0.49}=44.94(\text{kPa})$$

(4) 总主动土压力为 E_a

大小：$E_a=\frac{1}{2}\sigma_{aB}(h-z_0)=\frac{1}{2}\times44.94\times(7.0-1.90)=114.60(\text{kN/m})$

方向：垂直指向墙背。

作用点位置：距墙底$\frac{h-z_0}{3}=\frac{7.0-1.90}{3}=1.7(\text{m})$ 处。

(5) 主动土压力分布如下图所示。

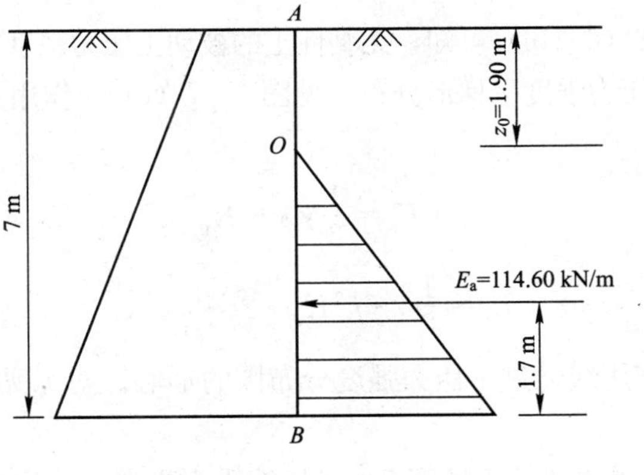

图 6-6　例题 6-1 图

6.2.2　被动土压力

当挡土墙在外荷载作用下向土体方向位移时，土体中深度处的微小单元体［见图 6-7(a)］受到的竖向应力仍为 $\sigma_z=\gamma\cdot z$，而水平方向的应力 σ_x 则逐渐增大，直至达到极限平衡状态，这时水平方向的土应力 σ_x 即为被动土压力强度 σ_p。对于微单元体而言，在极限平衡状态最大主应力 σ_1 为被动土压力强度 σ_p，最小主应力为竖向应力 $\sigma_3=\gamma\cdot z$。由式 (6-4)、(6-6) 可得：

无黏性土　$$\sigma_p=\gamma\cdot zK_p \tag{6-15}$$

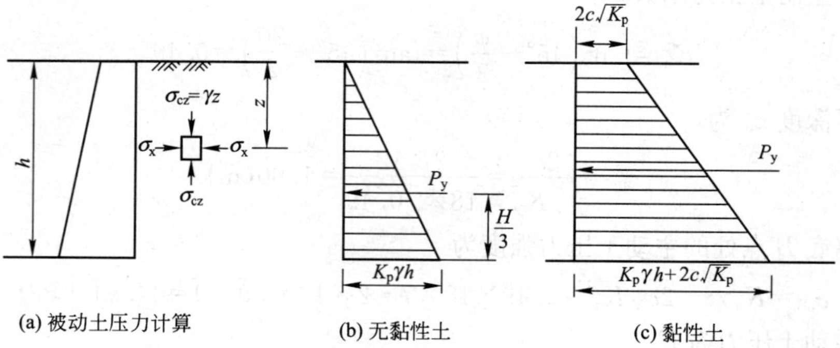

图 6－7 被动土压力强度图

黏性土 $$\sigma_p=\gamma \cdot zK_p+2c\sqrt{K_p} \quad (6-16)$$

式中：σ_p——被动土压力强度，kPa；

K_p——被动土压力系数，$K_p=\tan^2\left(45°+\frac{\varphi}{2}\right)$；

其他符号同前。

由式（6－15）和式（6－16）可知，无黏性土的被动土压力强度呈三角形分布［见图 6－7 (b)］，黏性土的被动土压力强度呈梯形分布［见图 6－7（c)］。作用在单位长度挡土墙上的土压力为：

无黏性土 $$E_p=\frac{1}{2}\gamma \cdot h^2K_p \quad (6-17)$$

黏性土 $$E_p=\frac{1}{2}\gamma \cdot h^2K_p+2c \cdot h\sqrt{K_p} \quad (6-18)$$

被动土压力 E_p 的作用线通过土压力强度分布图的形心。对无黏性土 E_p 在离墙底 $h/3$ 高度处。

【例题 6－2】 有一重力式挡土墙高 5 m，墙背垂直光滑，墙后填土水平。填土的性质指标为：$c=10$ kPa，$\varphi=40°$，$\gamma=18$ kN/m³，试求出作用于墙上的主动及被动土压力的大小和分布。

解：（1）计算土压力系数：

主动土压力系数

$$K_a=\tan^2\left(45°-\frac{\varphi}{2}\right)=\tan^2(45°-20°)=0.217$$

被动土压力系数

$$K_p=\tan^2\left(45°+\frac{\varphi}{2}\right)=\tan^2(45°+20°)=4.6$$

（2）主动土压力计算：

① 临界深度：$z_0=\dfrac{2c}{\gamma\sqrt{K_a}}=\dfrac{2\times10}{18\times\sqrt{0.217}}=2.385(\text{m})$

② 墙底土压力强度：

$$\sigma_{aB}=K_a\gamma h-2c\sqrt{K_a}=0.217\times18\times5-2\times10\times\sqrt{0.217}=10.21(\text{kPa})$$

③ 主动土压力合力：

大小：$E_a=\dfrac{1}{2}\times10.21\times(5-2.385)=13.35(\text{kN/m})$

方向：垂直指向墙背。

位置：距墙底$\dfrac{5-2.385}{3}=0.872(\text{m})$ 处。

(3) 被动土压力计算：

① 墙顶土压力强度：$\sigma_{pA}=2c\sqrt{K_p}=2\times10\times\sqrt{4.6}=42.9(\text{kPa})$

② 墙底土压力强度：

$$\sigma_{pB}=K_p\gamma h+2c\sqrt{K_p}=4.6\times18\times5+2\times10\times\sqrt{4.6}=456.9(\text{kPa})$$

③ 被动土压力合力：

大小：$E_p=\dfrac{1}{2}\times5\times(42.9+456.9)=1\,249.5(\text{kN/m})$

方向：垂直指向墙背。

位置：距墙底 $x=\dfrac{2a+b}{3(a+b)}\times h=\dfrac{2\times42.9+456.9}{3\times(42.9+456.9)}\times5=1.81(\text{m})$ 处。

土压力强度分布如图 6－8 所示。

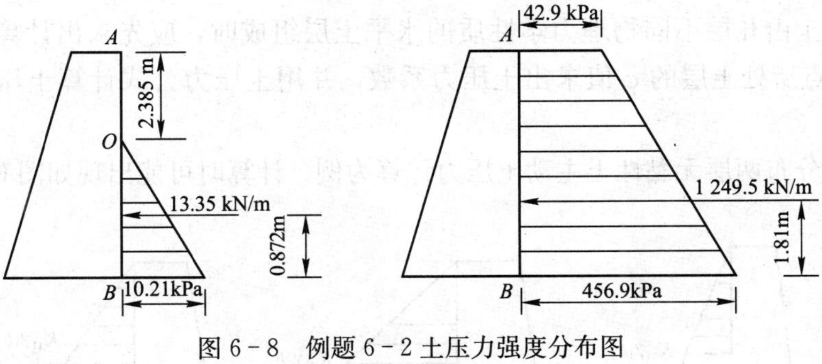

图 6－8　例题 6－2 土压力强度分布图

6.2.3　几种情况下朗肯土压力的计算

1. 填土表面有均布荷载

当墙背垂直，墙后填土表面水平并有无限均布荷载 q 作用时［见图 6－9 (a)］，以无黏性土主动土压力的计算为例，则深度 z 处微分体的水平面上受有垂直应力为：

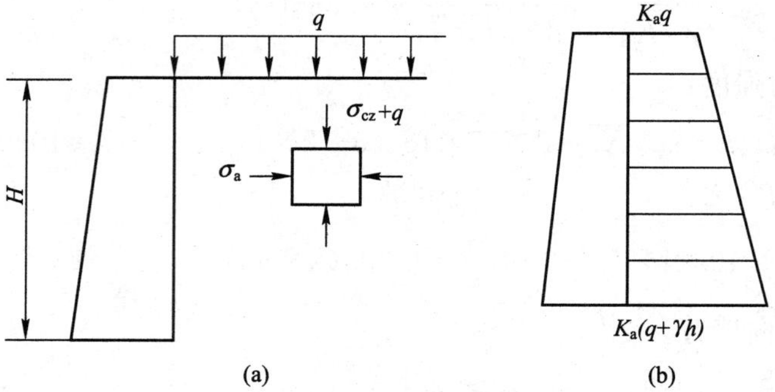

图 6-9　填土表面分布均布荷载的情况

$$\sigma_y=\sigma_{cz}+q=\gamma z+q \tag{6-19}$$

而垂直面上的土压力强度为：

$$\sigma_a=K_a(\gamma z+q) \tag{6-20}$$

土压力分布图形为梯形图形，如图 6-9（b）所示。

土压力的合力大小为梯形图形的面积，作用点位置为梯形图形的重心，可按公式（6-21）计算，其中 x 为梯形图形重心距墙底的距离，a 为梯形图形上底，b 为梯形图形的下底，h 为梯形的高。

$$x=\frac{2a+b}{3(a+b)}h \tag{6-21}$$

2. 墙后填土分层的情况

当墙后填土由几层不同物理力学性质的水平土层组成时，应先求出计算点的垂直应力 σ_y，然后用该点所处土层的 φ 值求出土压力系数，并用土压力公式计算土压力强度和总土压力。

如以墙后分布两层无黏性土主动土压力计算为例，计算时可能出现如图 6-10 所示的三种情况：

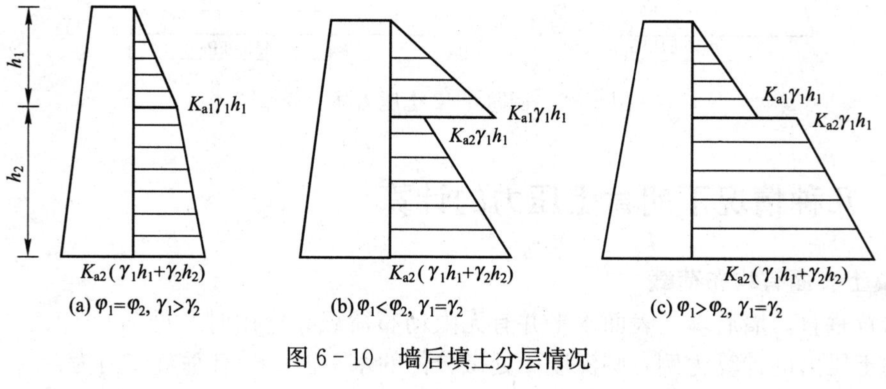

图 6-10　墙后填土分层情况

3. 墙后填土中有地下水的情况

当填土中有地下水时，计算挡土墙的侧压力应考虑土压力及水压力的影响，此时作用于墙背的侧压力由土压力和静水压力两者叠加而成。计算由自土压力时，水下土层的容重用浮容重 γ'，ϕ 值取水下值。水压力按静水压力计算。地下水对土压力的影响见图 6－11。

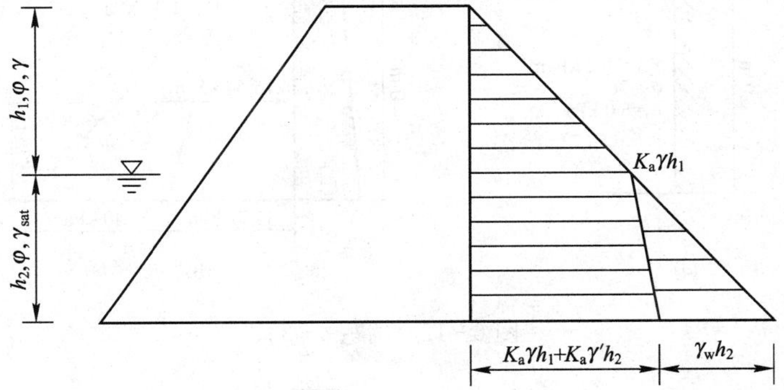

图 6－11　土体中有地下水的土压力计算

土压力合力大小：

$$E_a=\frac{1}{2}\gamma\cdot h_1^2\cdot K_a+\gamma\cdot h_1h_2K_a+\frac{1}{2}\gamma'\cdot h_2^2K_a \tag{6-22}$$

式中：γ'——土体有效重度，kN/m³，$\gamma'=\gamma_{sat}-\gamma_w$；

γ_{sat}——土体饱和重度，kN/m³；

γ_w——水的重度，kN/m³。

静水压力：

$$E_w=\frac{1}{2}\gamma_w h_2^2 \tag{6-23}$$

E_a与E_w的叠加就是作用在墙体上的侧压力。这种将土压力和水压力先分开计算再叠加的方法被称为“水土分算”，比较适合于渗透性大的砂土。对于黏性土，由于其渗透性小，在计算土压力时则将地下水位以下的土体重度取为饱和重度，水压力的计算不再单独计算后进行叠加，这种方法被称为“水土合算”。

【例题 6－3】 挡土墙高 7 m，墙背直立、光滑，墙后填土面水平，填土面上有均布荷载 $q=20$ kPa，填土情况如图 6－12 所示。(1) 计算主动土压力，作出墙背主动土压力分布图；(2) 求墙背侧压力大小及作用点。

解：(1) $K_{a1}=\tan^2(45°-\varphi_1/2)=\tan^2(45°-20/2)=0.49$

$$K_{a2}=\tan^2(45°-\varphi_2/2)=\tan^2(45°-26/2)=0.39$$

(2) 土压力计算

$$\sigma_{a1}=20\times0.49-2\times12\times0.7=-7(\text{kPa})$$

$$\sigma_{a2上}=(q+\gamma_1h_1)K_{a1}-2c_1\sqrt{K_{a1}}=19.46(\text{kPa})$$

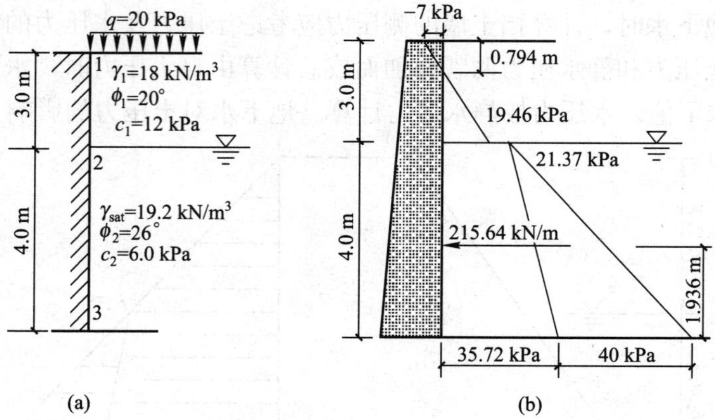

图 6-12　例题 6-3 图

$$\sigma_{a2下}=(q+\gamma_1 h_1)K_{a2}-2c_2\sqrt{K_{a2}}=21.37(\text{kPa})$$

$$\sigma_{a3}=(q+\gamma_1 h_1+\gamma'_2 h_2)K_{a2}-2c_2\sqrt{K_{a2}}=35.72(\text{kPa})$$

$$z_0=\frac{7}{7+19.46}\times 3=0.794(\text{m})$$

$$3-z_0=2.206(\text{m})$$

(3) 水压力计算

$$\sigma_w=\gamma_w\cdot h_2=10\times 4.0=40(\text{kPa})$$

(4) 墙背侧压力计算

合力大小：

$$E=\frac{1}{2}\times 2.206\times 19.46+4.0\times 21.37+\frac{1}{2}\times(75.72-21.37)\times 4.0$$
$$=21.46+85.48+108.7$$
$$=215.64(\text{kN/m})$$

合力作用点位置：

$$x=\frac{21.46\times\left(4+\frac{1}{3}\times 2.206\right)+85.48\times 2.0+108.7\times\frac{4.0}{3}}{215.64}$$
$$=1.936(\text{m})$$

6.3　库仑土压力理论

1776 年法国的库仑（C・A・Coulomb）根据极限平衡的概念，并假定滑动面为平面，分析了滑动楔体的力系平衡，从而求算出挡土墙上的土压力，成为著名的库仑土压力理论。基本假定：①挡土墙后土体均为各向同性无黏性土；②挡土墙后产生主动或被动土压力时墙后土体形成滑动土楔，其滑裂面为通过墙踵的平面；③将滑动土楔视为刚体。

6.3.1　主动土压力

如图 6－13 (a)，设挡土墙高为 h，墙背俯斜，墙后土体为无黏性土（$c=0$），土体表面与水平线夹角为 β，墙背与土体的摩擦角为 δ。挡土墙在土压力作用下将向远离土体的方向产生位移，最后土体处于极限平衡状态，墙后土体将形成一个滑动土楔，其滑裂面为平面 BC，滑裂面与水平面成 α 角。因为一般挡土墙的土压力计算均属于平面问题，因而沿挡土墙长度方向取 1 m 进行分析。取滑动土楔 ABC 为隔离体，作用在滑动土楔上的力有三个：

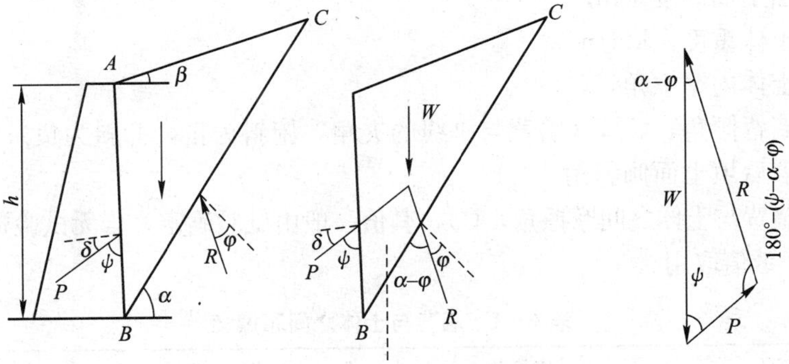

图 6－13　库仑主动土压力计算图式

土楔体的自重力 W，其作用方向垂直向下；

滑裂面 BC 上的反力 R，其大小未知，方向与滑裂面 BC 的法线顺时针成 φ 角（φ 为土的内摩擦角）；

墙背面对土楔的反力 E，其作用方向与墙背面的法线逆时针成 δ 角（δ 为墙背与土体之间的内摩擦角）。

显然，土体作用在墙背上的土压力与 E 大小相等，方向相反。

滑动土楔在三力作用下处于平衡状态，因此三力必形成一个封闭的力矢三角形［见图 6－13 (b)］，由正弦定理可得：

$$E=\frac{\sin(\theta-\varphi)}{\sin[180°-(\theta-\varphi+\psi)]}W=\frac{\sin(\theta-\varphi)}{\sin(\theta-\varphi+\psi)}W \tag{6-24}$$

式中：$\psi=90°-\varepsilon-\delta$。

E 值随滑裂面倾角 θ 而变化。按微分学求极值的方法，可由 $\frac{dE}{d\theta}=0$ 的条件求得 E 为最大值（即主动土压力 E_a）时的 θ 角。相应于此时的 θ 角即为最危险的滑裂面与水平面的夹角。略去推导过程，库仑土压力的计算公式为：

$$E_a=\frac{1}{2}\gamma\cdot h^2\cdot\frac{\cos^2(\varphi-\varepsilon)}{\cos^2\varepsilon\cdot\cos(\varepsilon+\delta)\cdot\left[1+\sqrt{\frac{\sin(\varphi+\delta)\cdot\sin(\varphi-\beta)}{\cos(\varepsilon+\delta)\cos(\varepsilon-\beta)}}\right]^2} \tag{6-25}$$

令

$$K_a=\frac{\cos^2(\varphi-\varepsilon)}{\cos^2\varepsilon\cdot\cos(\varepsilon+\delta)\cdot\left[1+\sqrt{\frac{\sin(\varphi+\delta)\cdot\sin(\varphi-\beta)}{\cos(\varepsilon+\delta)\cos(\varepsilon-\beta)}}\right]^2} \tag{6-26}$$

则

$$E_a=\frac{1}{2}\gamma\cdot h^2\cdot K_a \tag{6-27}$$

式中：K_a——库仑主动土压力系数；

h——挡土墙高度，m；

γ——土体重度，kN/m^3；

φ——土体内摩擦角，(°)；

ε——墙背倾角，(°)，(墙背与垂线的夹角，俯斜为正，仰斜为负)；

β——墙后填土面倾斜角，(°)；

δ——墙背与土体之间摩擦角，(°)，其值一般由试验确定，当无试验资料时可按表 6-1 数值取用。

表 6-1　墙背与土体之间摩擦角

挡土情况	摩擦角 δ	挡土情况	摩擦角 δ
墙背平滑、排水不良	$(0\sim0.33)\varphi$	墙背很粗糙、排水良好	$(0.5\sim0.67)\varphi$
墙背粗糙、排水良好	$(0.33\sim0.5)\varphi$	墙背与土体之间不可能滑动	$(0.67\sim1.0)\varphi$

土压力合力的作用点在距离墙底 $h/3$ 高度处。

沿墙高分布的主动土压力 σ_a，可通过式（6-28）对 z 求导数求得：

$$\sigma_a=\frac{dE}{dz}=\frac{d}{dz}\left(\frac{1}{2}\gamma\cdot z^2K_a\right)=\gamma\cdot zK_a \tag{6-28}$$

可见，主动土压力沿墙高呈三角形分布。

6.3.2 被动土压力

分析方法类似于库仑主动土压力，不同之处在于 P、R 的作用方向都在法线的上侧。按上述求主动土压力的方法和原理，求得库仑被动土压力的计算公式为：

$$E_p=\frac{1}{2}\gamma\cdot h^2\cdot K_p \tag{6-29}$$

其中

$$K_p=\frac{\cos^2(\varphi+\varepsilon)}{\cos^2\varepsilon\cdot\cos(\varepsilon-\delta)\cdot\left[1-\sqrt{\frac{\sin(\varphi+\delta)\cdot\sin(\varphi+\beta)}{\cos(\varepsilon-\delta)\cdot\cos(\varepsilon-\beta)}}\right]^2} \tag{6-30}$$

式中：K_p——库仑被动土压力系数；其他符号同前。

库仑被动土压力强度为：

$$\sigma_p=\gamma\cdot zK_p \tag{6-31}$$

其分布图也为三角形。E_p的作用点离墙底 $h/3$ 高度处，其方向与墙背的法线顺时针成 δ 角。

当填土面水平，墙背竖直、光滑（$\varepsilon=\varphi=\delta=0$）时，库仑土压力公式与朗肯公式相同。即朗肯理论是库仑理论的特殊情况。

【例题 6-4】 挡土墙高 5 m，墙背倾斜角 $\varepsilon=10°$，填土坡角 $\beta=20°$，填土重度 $\gamma=18\ \text{kN/m}^3$，$\varphi=30°$，$c=0$，填土与墙背的摩擦角 $\delta=0.67\varphi$，试按库仑土压力理论求主动土压力及其作用点。

解： 将 $\varepsilon=10°$，$\beta=20°$，$\varphi=30°$，$c=0$，$\delta=0.67\varphi$ 代入式（6-26）求得主动土压力系数：$K_a=0.540$

计算主动土压力：

$$E_a=\frac{1}{2}\gamma\cdot h^2\cdot K_a=\frac{1}{2}\times18\times5^2\times0.540=121.5(\text{kN/m})$$

土压力作用点在离墙底 $h/3=5/3=1.67(\text{m})$ 处。

6.4　挡土墙设计

6.4.1　挡土墙的分类

按照结构形式，挡土墙可分为：重力式挡土墙、加筋土挡土墙、锚定式挡土墙、薄壁式挡土墙等。

按照墙体材料，挡土墙可分为：石砌挡土墙、混凝土挡土墙、钢筋混凝土挡土墙、钢板挡土墙等。

1. 重力式挡土墙

重力式挡土墙依靠墙身自重支撑土压力来维持其稳定。一般多用片（块）石砌筑，在缺乏石料的地区有时也用混凝土修建。重力式挡土墙形式简单，施工方便，可就地取材，适应性较强，故被广泛应用。

2. 加筋土挡土墙

加筋土挡土墙是填土、拉筋、墙面板三者的结合体，如图 6-14 所示。填土和拉筋之间的摩擦力改善了土的物理力学性质，从而使得填土与拉筋结合为一个整体。在这个整体中起

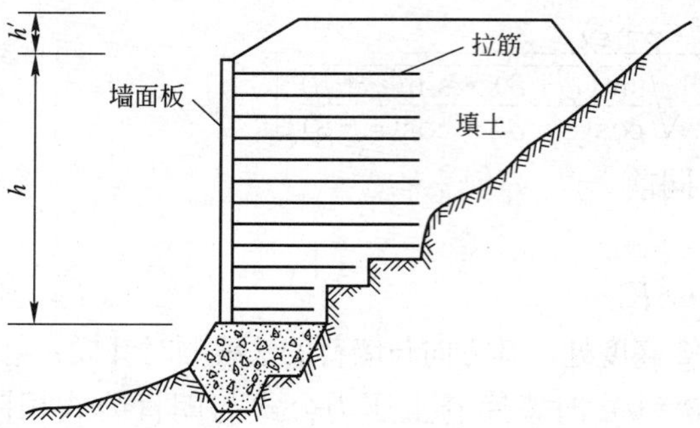

图 6-14 加筋土挡土墙

控制作用的是填土与拉筋之间的摩擦力。面板的作用是阻挡填土坍落挤出，迫使填土与拉筋结合为整体。

加筋土挡土墙属于柔性结构，对地基变形适应性大，建筑高度大，具有省工、省料、施工方便、快速等优点，适用于填土路基。

3. 锚定式挡土墙

锚定式挡土墙可分为锚杆式和锚定板式两种。

锚杆式挡土墙是由预制的钢筋混凝土立柱、挡土板构成墙面，与水平或倾斜的钢锚杆联合组成，如图 6-15（a）所示。锚杆的一端与立柱连接，另一端被锚固在山坡深处的稳定岩层或土层中。墙后侧向土压力由挡土板传结立柱，由锚杆与稳定岩层或上层之间的锚固力，使墙获得稳定。它适用于墙高较大，缺乏石料或挖基困难地区，具有锚固条件的路堑挡土墙。

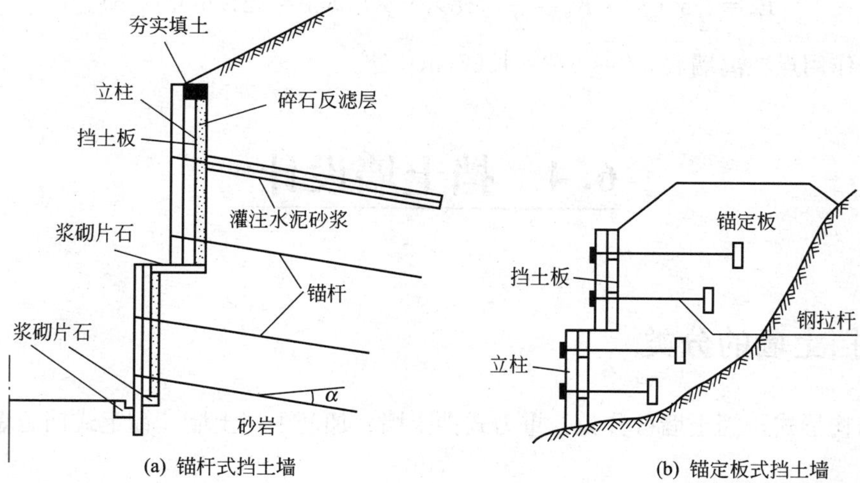

图 6-15 锚定式挡土墙

锚定板式挡土墙是由钢筋混凝土墙面、钢拉杆、锚定板及其间的填土共同形成的一种组合挡土结构，如图 6-15（b）所示。它借助于埋在填土内的锚定板的抗拔力抵抗侧土压力，保持墙的稳定。锚定式挡土墙的特点在于构件断面小，工程量省，不受地基承载力的限制，构件可顶制，有利于实现结构轻型化和施工机械化。它适用于缺乏石料地区的路肩墙或路堤墙。

4. 薄壁式挡土墙

薄壁式挡土墙属于钢筋混凝土结构，可以分为悬臂式和扶壁式两种。

悬臂式挡土墙由立壁、趾板和踵板三个部分组成，如图 6-16（a）所示。当墙身较高时，沿墙长每隔一定距离加设扶壁（肋板）连接墙面板及踵板，构成扶壁式挡土墙，如图 6-16（b）所示。薄壁式挡土墙的稳定性不是依靠本身的重量，主要依靠墙踵板上的填土重量来保证。它具有断面尺寸较小，自重轻，能修建在较弱的地基上等优点，适用于城市或缺乏石料的地区。其缺点是需耗用一定数量的水泥和钢筋，施工工艺较为复杂。

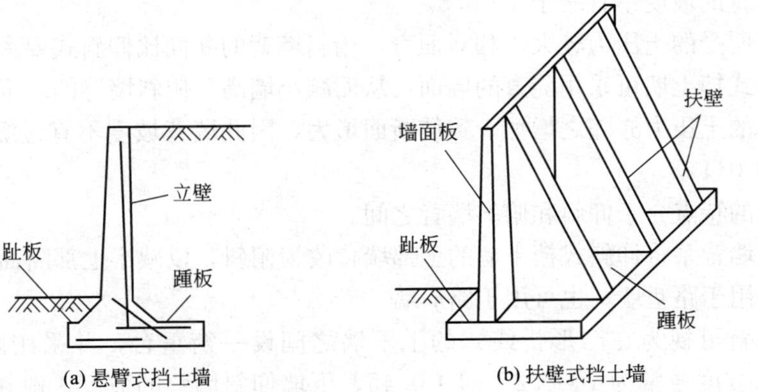

图 6-16　薄壁式挡土墙

6.4.2　重力式挡土墙的构造与布置

常用的重力式挡土墙，一般由墙身、基础、排水设施和沉降、伸缩缝等几部分组成。

1. 墙身

(1) 墙背

根据墙背倾斜方向的不同，墙身断面形式可分为仰斜、垂直、俯斜、凸形折线式和衡重式等几种，如图 6-17 所示。

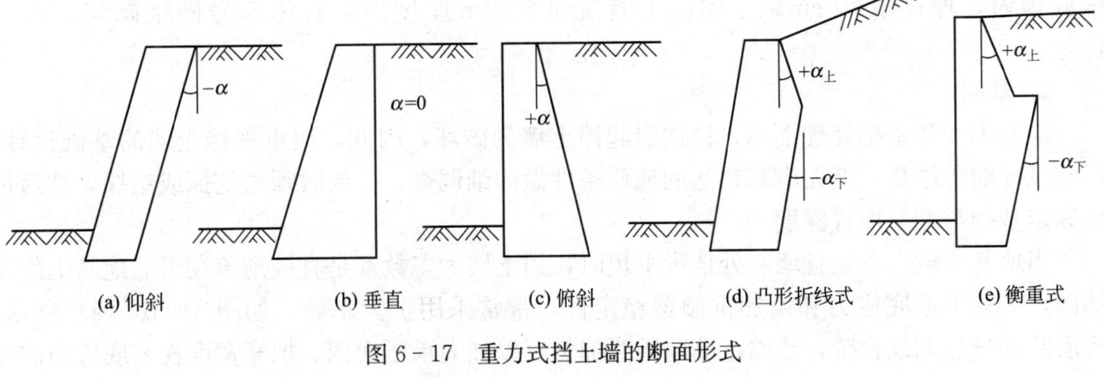

图 6-17　重力式挡土墙的断面形式

以仰斜、垂直和俯斜式三种不同的墙背所受的土压力分析，在墙高和墙后填料等条件相同时，仰斜墙背所受的土压力为最小，垂直墙背次之，俯斜墙背较大；因此仰斜式的墙身断面较经济。用于路堑墙时，墙背与开挖的临时边坡较贴合，开挖量与回填量均较小。但当墙趾处地面横坡较陡时，采用仰斜式墙背会增加墙高，断面增大。故仰斜墙背适用于路堑墙及墙趾处地面平坦的路肩墙或路堤墙。仰斜墙背的坡度越缓，所受的土压力越小，但施工越困难，故仰斜墙背的坡度不宜缓于1∶0.3。

俯斜墙背所受的土压力较大，相对而言，俯斜墙背的断面比仰斜式要大。但当地面横坡较陡时，俯斜式挡土墙可采用陡直的墙面，从而减小墙高。俯斜墙背的坡度缓些固然对施工有利，但所受的土压力亦随之增加，致使断面增大，因此墙背坡度不宜过缓，通常控制$\alpha<21°48'$（即1∶0.4）。

垂直墙背的特点介于仰斜和俯斜墙背之间。

凸形折线墙背系将仰斜式挡土墙的上部墙背改为俯斜，以减小上部断面尺寸，故其断面较为经济，多用于路堑墙，也可用于路肩墙。

衡重式墙背可视为在凸形折线式的上下墙之间设一衡重台，并采用陡直的墙面。上墙俯斜墙背的坡度通常为1∶0.25～1∶0.45，下墙仰斜墙背的坡度一般在1∶0.25左右，上下墙的墙高比一般为2∶3。适用于山区地形陡峻处的路肩墙和路堤墙，也可用于路堑墙。

(2) 墙面

墙面一般为平面，墙面坡度除应与墙背的坡度相协调外，还应考虑到墙趾处地面的横坡度（影响挡土墙的高度）。当地面横坡度较陡时，墙面可直立或外斜1∶0.05～1∶0.20，以减少墙高；当地面横坡平缓时，一般采用1∶0.20～1∶0.35较为经济。

(3) 墙顶

重力式挡土墙可采用浆砌或干砌圬工。墙顶最小宽度，浆砌时边不小于50 cm；干砌时应不小于60 cm。干砌挡土墙的高度一般不宜大于6 m。浆砌挡土墙墙顶应用5号砂浆抹平，或用较大石块砌筑，并勾缝。浆砌路肩墙墙顶宜采用粗料石或混凝土做成顶帽，厚度取40 cm。干砌挡土墙顶部50 cm厚度内，宜用5号砂浆砌筑，以求稳定。

2. 基础

地基不良和基础处理不当，往往引起挡土墙的破坏，因此，应重视挡土墙的基础设计。基础设计的程序是：首先应对地基的地质条件做详细调查，必要时须做挖探或钻探，然后再来确定基础类型与埋置深度。

当地基承载力不足且墙趾处地形平坦时，挡土墙大多数都是直接砌筑在天然地基上的浅基础，为减少基底应力和增加抗倾覆稳定性，常常采用扩大基础，如图6-18 (a) 所示，将墙趾部分加宽成台阶，或墙趾墙踵同时加宽，以加大承压面积。加宽宽度视基底应力需要减少的程度和加宽后的合力偏心距的大小而定，一般不小于20 cm。台阶高度按基础材料的刚性角的要求确定，对于砖、片石、块石、粗料石砌体，当用低于 5 号的砂浆砌筑时，刚性角应不大于 35°；对混凝土砌体，应不大于 40°。

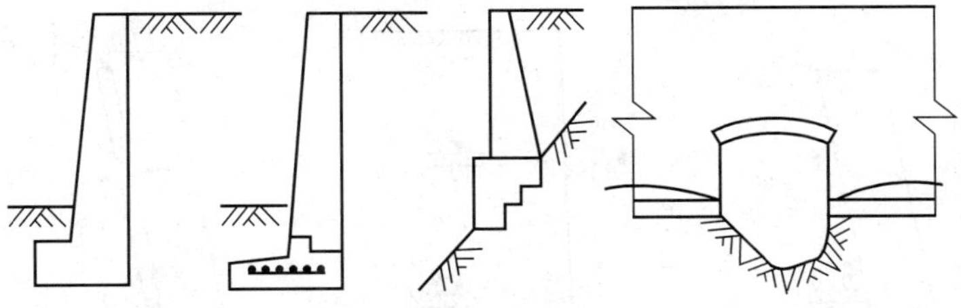

图 6－18　挡土墙基础形式

当地基压应力超过地基承载力过高时，需要的加宽值较大，为避免加宽部分的台阶过高，可采用钢筋混凝土底板基础，如图 6－18（b）所示。

当挡土墙修筑在陡坡上，而地基又为稳定、坚硬的岩石时，可采用台阶形基础，如图 6－18（c）所示。台阶的高宽比应不大于 2∶1，台阶宽度不宜小于 50 cm。最下一个台阶的宽度应满足偏心距的有关规定，并不宜小于 1.5～2.0 m。

如地基有短段缺口（如深沟等）或挖基困难（如局部地段地基软弱等），可采用拱形基础，如图 6－18（d）所示。

3. 排水设施

挡土墙的排水处理是否得当，直接影响到挡土墙的安全及使用效果。因此，挡土墙应设置排水设施，以疏干墙后坡料中的水分，防止地表水下渗造成墙后积水，从而使墙身免受额外的静水压力；消除黏性土填料因含水量增加产生的膨胀压力；减少季节性冰冻地区填料的冻胀压力。

挡土墙的排水设施通常由地面排水和墙身排水两部分组成。

地面排水可设置地面排水沟，引排地面水；夯实回填土顶面和地面松土，防止雨水和地面水下渗，必要时可加设铺砌；对路堑挡土墙墙趾前的边沟应予以铺砌加固，以防止边沟水渗入基础。

墙身排水主要是为了迅速排除墙后积水。浆砌挡土墙应根据渗水量在墙身的适当高度处布置泄水孔。如图 6－19 所示。泄水孔尺寸可视泄水量大小分别采用 5 cm×10 cm、10 cm×10 cm、15 cm ×20 cm 的方孔，或直径 5～10 cm 的圆孔。泄水孔间距一般为 2～3 m，上下交错设置。最下排泄水孔的底部应高出墙趾前地面 0.3 m；当为路堑墙时，出水口应高出边沟水位 0.3 m：若为浸水挡土墙，则应高出常水位以上 0.3 m，以避免墙外水流倒灌。为防止水分渗入地基，在最下一排泄水孔的底部应设置 30 cm 厚的黏土隔水层。在泄水孔进口处应设置粗粒料反滤层，以避免堵塞孔道。当墙背填土透水性不良或有冻胀可能时，应在墙后最低一排泄水孔到墙顶 0.5 m 之间设置厚度不小于 0.3 m 的砂、卵石排水层或采用土工布。

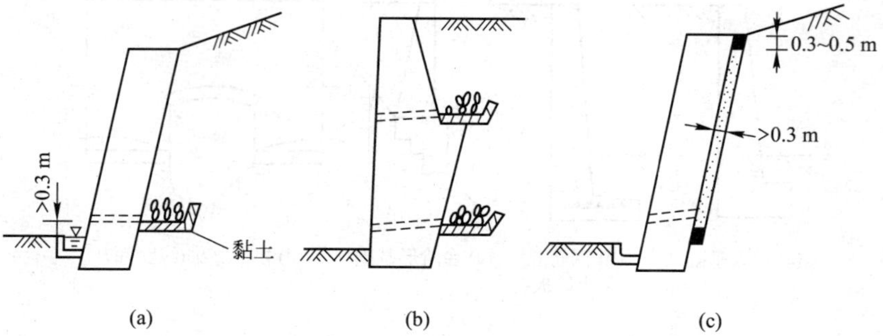

图 6-19 泄水孔及排水层

6.4.3 重力式挡土墙稳定性验算计算

当挡土墙的位置、墙高和断面形式确定后，挡土墙的断面尺寸可通过试算的方法确定，其程序是：①根据经验或标准图，初步拟定断面尺寸；②计算侧向土压力；③进行稳定性验算和基底应力与偏心距验算；④当验算结果满足要求时，初拟断面尺寸可作为设计尺寸，当验算结果不能满足要求时，采取适当的措施使其满足要求，或重新拟定断面尺寸，重新计算，直至满足要求为止。

1. 稳定性验算

(1) 挡土墙抗滑稳定验算

挡土墙抗滑稳定安全系数 K_s 应符合以下条件（见图 6-20）：

$$K_s=\frac{\mu(G_n+E_{an})}{E_{at}-G_t}\geqslant 1.3 \tag{6-32}$$

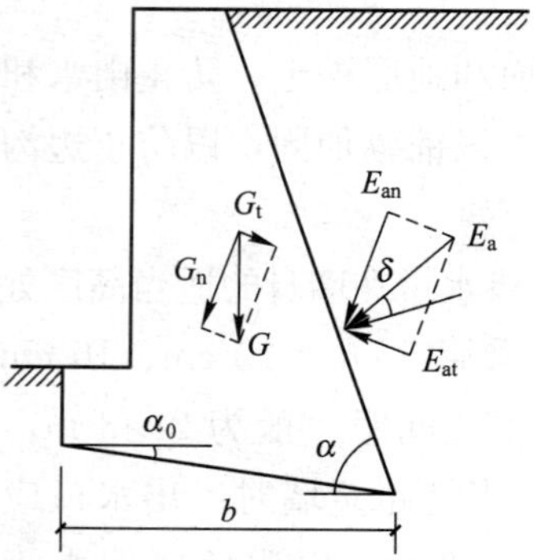

图 6-20 挡土墙抗滑稳定验算

其中，$G_n=G\cos\alpha_0$；$G_t=G\sin\alpha_0$；$E_{at}=E_a\sin(\alpha-\alpha_0-\delta)$；$E_{an}=E_a\cos(\alpha-\alpha_0-\delta)$。

式中：G——挡土墙每延米自重；

α_0——挡土墙基底的倾角；

α——挡土墙墙背的倾角；

δ——土对挡土墙墙基底的摩擦角，可按表 6-2 选用；

μ——土对挡土墙基底的摩擦系数，由试验确定，也可按表 6-3 选用。

表 6－2　土对挡土墙墙背的摩擦角 δ

挡土墙情况	摩擦角 δ	挡土墙情况	摩擦角 δ
墙背平滑，排水不良	$(0\sim0.33)\varphi_k$	墙背很粗糙，排水良好	$(0.50\sim0.67)\varphi_k$
墙背粗糙，排水良好	$(0.33\sim0.50)\varphi_k$	墙背与墙土间不可能滑动	$(0.67\sim1.00)\varphi_k$

注：φ_k 为墙背土的内摩擦角标准值。

表 6－3　土对挡土墙底的摩擦系数 μ

土的类型		摩擦系数 μ
黏性土	可塑	0.25～0.30
	硬塑	0.30～0.35
	坚硬	0.35～0.45
粉土		0.30～0.40
中砂，粗砂，砾砂		0.40～0.50
碎石土		0.40～0.60
软质岩		0.40～0.60
表面粗糙的硬质岩		0.65～0.75

注：1. 对易风化的软质和塑性指数 I_p 大于 22 的黏性土，基底摩擦系数应通过试验确定；
2. 对碎石土，可根据其密实程度、填充物状况、风化程度等确定。

(2) 抗倾覆稳定性验算

根据图 6－21 所示，挡土墙的抗倾覆稳定安全系数 K_t 应符合式（6－33）要求：

$$K_t=\frac{Gx_0+E_{az}x_f}{E_{ax}z_f}\geqslant 1.6 \tag{6-33}$$

其中，$E_{ax}=E_a\sin(\alpha-\delta)$；$E_{az}=E_a\cos(\alpha-\delta)$；$x_f=b-z\cot\alpha$；$z_f=z-b\tan\alpha_0$。

式中：z——土压力作用点离墙踵的高度；

x_0——挡土墙重心离墙趾的水平距离；

b——基底的水平投影宽度。

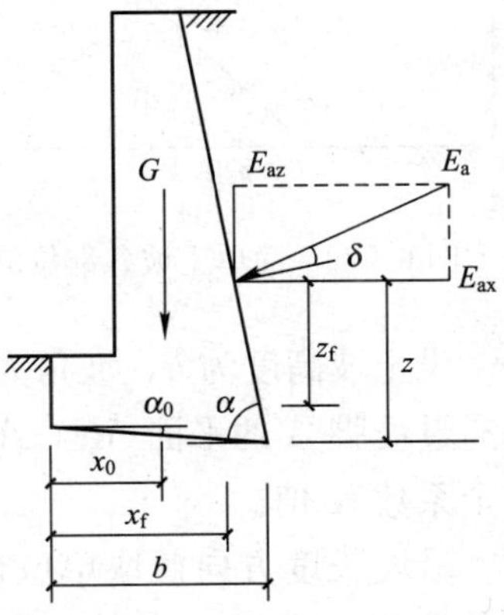

图 6－21　挡土墙抗倾覆稳定验算

2. 地基承载力验算

地基承载力验算，除应符合规范第 5.2 条的规定外，基底合力的偏心距不应大于 0.25 倍基础的宽度。

3. 墙身强度验算

按规范规定执行。

6.5 土坡稳定分析

6.5.1 无黏性土坡的稳定分析

影响土坡稳定的因素一般有以下几方面：①土坡作用力发生变化。例如在坡顶堆放材料或建造建筑物使坡顶受荷，或因打桩、车辆行驶、爆破、地震等引起震动而改变原来的平衡状态。②土体抗剪强度降低。例如受雨、雪等自然天气的影响，土体中含水量或 ZL 隙水压力增加，有效应力降低，导致土体抗剪强度降低，抗滑力减小。③水压力的作用。例如雨水或地面水流入土坡中的竖向裂缝，对土坡产生侧向压力，促使土坡滑动。因此黏性土发生裂缝常是土坡稳定性的不利因素，也是滑坡的预兆之一。

简单土坡系指土坡的坡度不变，顶面和底面水平，且土质均匀，无地下水（见图 6-22)。

无黏性土的颗粒之间没有黏聚力，只有摩擦力。只要位于无黏性土坡面上各个土颗粒能够保持稳定不下滑，则这个土坡就是稳定的。无黏性土土坡稳定的平衡条件可由图 6-23 所示的力系来说明。

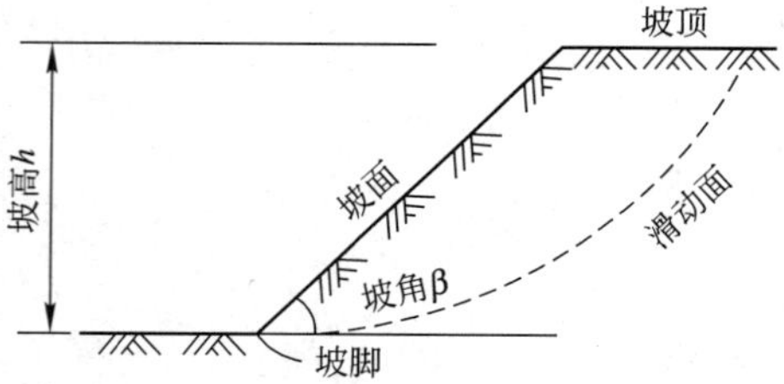

图 6-22 简单土坡各部位的名称

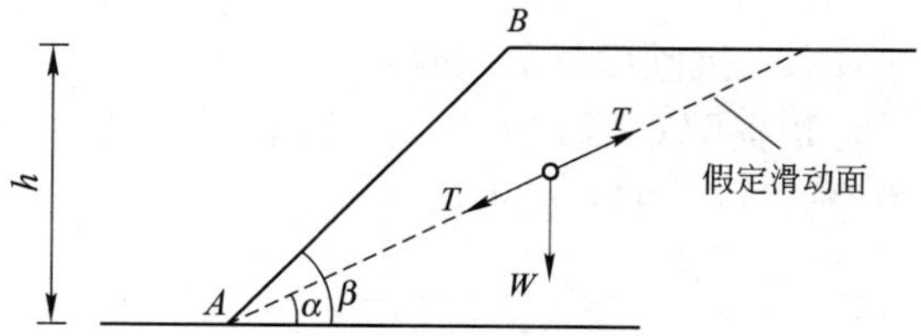

图 6-23 无黏性土的土坡稳定计算

设土坡高度为 h，坡角为 β，土的重度为 γ，土的抗剪强度 $\tau_f=\sigma\cdot\tan\varphi$。若假定滑动面是通过坡脚 A 的平面 AC，AC 的倾角为 α，则可计算滑动土体 ABC 沿 AC 面上滑动的稳定安全系数 K 值。

沿坡长度方向截取单位长度土坡，作为平面问题来分析。设滑动土体 ABC 的重力为题来分析。设滑动土体 ABC 的重力为 W，其在滑动面 AC 上的法向分力和抗滑力分别为：

$$N=W\cos\alpha \quad T_f=N\tan\varphi=W\cos\alpha\cdot\tan\varphi$$

W 在滑动面 AC 上的平均下滑力为：$T=W\cdot\sin\alpha$

土坡的滑动稳定安全系数为：

$$K=\frac{T_{\mathrm{f}}}{T}=\frac{W\cos\alpha\cdot\tan\varphi}{W\sin\alpha}=\frac{\tan\varphi}{\tan\alpha} \tag{6-34}$$

可见，当 $\alpha=\beta$ 时滑动稳定安全系数最小，即土坡面上的一层土是最易滑动的。由此，无黏性土的土坡滑动稳定安全系数为：

$$K=\frac{\tan\varphi}{\tan\beta} \tag{6-35}$$

由上式可见，当坡角 β 等于土的内摩擦角 φ 时，$K=1$，即土坡处于极限平衡状态。只要坡角 $\beta<\varphi$（$K>1$），土坡就稳定，而且与坡高无关。一般要求 $K=1.10\sim1.50$ 已能满足砂土土坡稳定的要求。砂土堆积成的土坡，在自然稳定状态下的极限坡角，称为自然休止角。砂土的自然休止角数值等于或接近其内摩擦角。

6.5.2　黏性土土坡的整体稳定分析

1. 黏性土土坡滑动面的形式

大量的观察调查证实：均质黏性土的土坡失稳破坏时，其滑动面常常是一曲面，通常近似于圆柱面，在横断面上呈现圆弧形（见图 6-24），因而在分析黏性土坡稳定性时，常假定土坡是沿着圆弧破裂面滑动，以简化土坡稳定验算的方法。

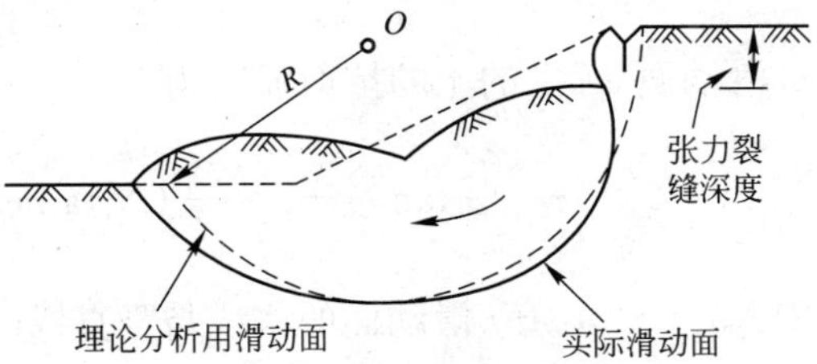

图 6-24　均质黏性土坡滑动面

对于均质简单土坡圆弧滑动体的稳定分析可采用整体稳定分析法，所谓简单土坡是指土坡上、下两个土面是水平的，坡面 BC 是一平面。下面主要介绍费伦纽斯（W. Fellenius，1927）的主要研究成果。

2. 费伦纽斯条分法

（1）基本原理

如图 6-25 所示土坡，取单位长度土坡按平面问题计算。设可能滑动面是一圆弧 ab，圆心为 O，半径 R。将滑动土体分成许多土条，土条宽度一般可取 $b=0.1R$，任一土条 i 上的作用力包括：

土条的重力 G_i，其大小、作用点位置及方向均已知。

滑动面 ef 上的法向反力 N_i 及切向反力 T_i，假定 N_i、T_i 作用在滑动面 ef 的中点，它们的大小均未知。

土条两侧的法向力 E_i、E_{i+1} 及竖向剪切力 F_i、F_{i+1}，其中 E_i 和 F_i 可由前一个土条的平衡条件求得，而 E_{i+1} 和 F_{i+1} 的作用点位置也未知。

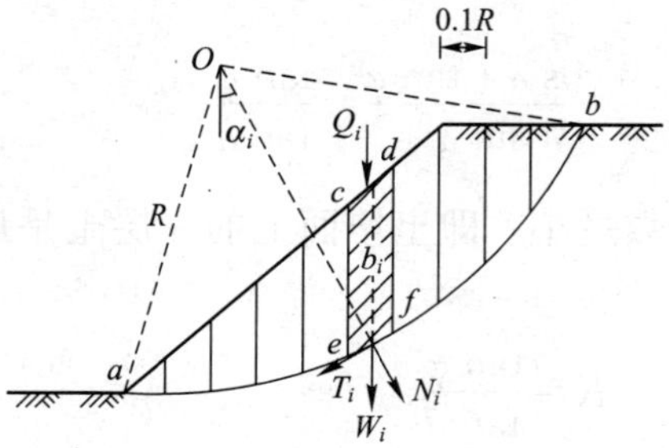

(a) 土坡剖面

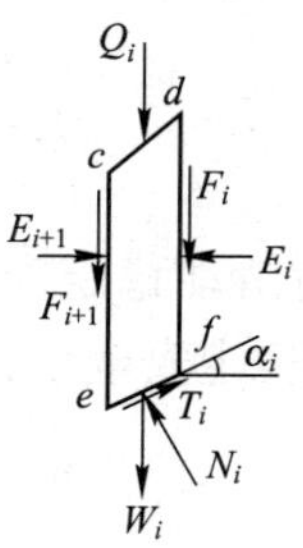

(b) 作用在i土条上的力

图 6－25　土坡稳定分析的条分法

由此看到，土条 i 的作用力中有五个未知数，但能建立三个平衡方程，故为超静定问题。为了求得 N_i、T_i值，必须对土条两侧作用力的大小和位置作适当假定。费伦纽斯的条分法是不考虑土条两侧的作用力，即假设 E_i和 F_i的合力等于 E_{i+1}和 F_{i+1}的合力，同时它们的作用线重合，因此土条两侧的作用力相互抵消。这时土条 i 仅有作用力 G_i、N_i及 T_i。根据平衡条件可得：

$$N_i=G_i\cos\alpha_i$$

$$T_i=G_i\sin\alpha_i \tag{6-36}$$

滑动面 ef 上的土的抗剪强度为：

$$\tau_{fi}=\sigma_i\tan\varphi_i+c_i=\frac{1}{l_i}(N_i\tan\varphi_i+c_il_i)=\frac{1}{l_i}(G_i\cos\alpha_i\tan\varphi_i+c_il_i)$$

式中：α_i——土条 i 滑动面的法线与竖直线的夹角，(°)；

l_i——土条 i 滑动面 ef 的弧长，m；

c_i——滑动面上土的黏聚力，kPa；

φ_i——滑动面上土的内摩擦角，(°)。

土条 i 上的作用力对圆心 O 产生的滑动力矩 M_s及稳定力矩 M_r分别为：

$$M_s=T_iR=G_iR\sin\alpha_i \tag{6-37}$$

$$M_r=\tau_{fi}l_iR=(G_i\cos\alpha_i\tan\varphi_i+c_il_i)R \tag{6-38}$$

整个土坡相应于滑动面 ab 时的稳定安全系数为：

$$K=\frac{M_r}{M_s}=\frac{\sum_{i=1}^{n}(G_i\cos\alpha_i\tan\varphi_i+c_il_i)}{\sum_{i=1}^{n}G_i\sin\alpha_i} \tag{6-39}$$

对于均质土坡，$c_i=c$，$\varphi_i=\varphi$，则得：

$$K=\frac{\tan\varphi\sum_{i=1}^{n}(G_i\cos\alpha_i+c\hat{L})}{\sum_{i=1}^{n}G_i\sin\alpha_i} \tag{6-40}$$

式中：$\hat{L}$——滑动面 ab 弧长，m；

n——土条的条数。

（2）最危险滑动面圆心位置的确定

上面是对于某一个假定滑动面求得的稳定安全系数，因此需要试算许多个滑动面，相应于最小安全系数的滑动面即为最危险滑动面。求得最危险滑动面圆心位置的方法，可利用前述费伦纽斯或泰勒的方法，但当坡形复杂时，应扩大试算范围，不受上述规律的约束。

6.6 地基承载力

地基单位面积上承受荷载的能力称为地基承载力。通常可将地基承载力区分为两种，一种称为极限承载力，即地基即将丧失稳定性时的承载力；另一种称为容许承载力，即地基稳定有足够的安全度并且变形在建筑物容许范围内时的承载力。

6.6.1 地基的破坏形式

地基的应力状态，因承受基础传来的外荷载而发生变化。当一点的剪应力等于地基土的抗剪强度时，该点就达到极限平衡，发生剪切破坏。随着外荷载增大，地基中剪切破坏的区域逐渐扩大。当破坏区扩展到极大范围，并且出现贯穿到地表面的滑动面时，整个地基即失稳破坏。

地基土差异很大，施加荷载的条件又不尽相同，因而地基破坏的形式亦不同。工程经验和试验都表明，可能有整体剪切破坏、局部剪切破坏和冲剪破坏等几种形式（见图 6-26）。

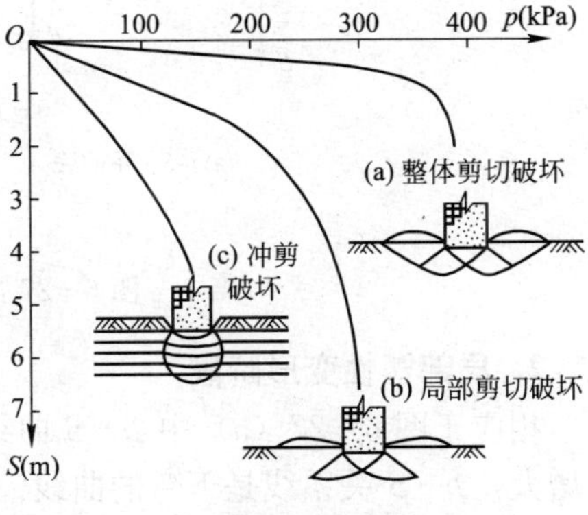

图 6-26　载荷试验地基的破坏形式

地基整体剪切破坏时［见图 6-26（a）］，出现与地面贯通的滑动面，地基土沿此滑动面向两侧挤出。基础下沉，基础两侧地面显著隆起。对应于这种破坏形式，荷载与下沉量关系线即 p-S 关系线的开始段接近于直线；当荷载强度增加至接近极限值时，沉降量急剧增加，并有明显的破坏点。冲剪破坏时［见图 6-26（c）］地基土发生较大的压缩变形，但没有明显的滑动面，基础两侧亦无隆起现象。相应的 $p-S$ 曲线，多具非线性关系，而且无明显破坏点。局部剪切破坏如图 6-26（b）所示，它是介于前两者之间的一种破坏形式。破坏面只在地基中的局部区域出现，其余为压缩变形区。基础两侧地面稍有隆起。$p-S$ 关系线的开始段为直线，随着荷载增大，沉降量亦明显增加。

地基发生何种形式的破坏，既取决于地基土的类型和性质，又与基础的特性和埋深以及受荷条件等有关。如密实的砂土地基，多出现整体剪切破坏；但基础埋深很大时，也会因较大的压缩变形，发生冲剪破坏。对于软黏土地基，当加荷速率较小，容许地基土发生固结变形时，往往出现冲剪破坏；但当加荷速率很大时，由于地基土来不及固结压缩，就可能已经发生整体剪切破坏；加荷速率处于以上两种情况之间时，则可能发生局部剪切破坏。

6.6.2 地基变形的三个阶段和荷载特征值

发生整体剪切破坏的地基，从开始承受荷载到破坏，经历了一个变形发展的过程。这个过程可以明显地区分为三个阶段。

1. 直线变形阶段

相应于图 6-27（a）中 $p-S$ 曲线上的 Oa 段，接近于直线关系。此阶段地基中各点的剪应力，小于地基土的抗剪强度，地基处于稳定状态。地基仅有小量的压缩变形［见图 6-27（b）］，主要是土颗粒互相挤紧、土体压缩的结果。所以此变形阶段又称压密阶段。

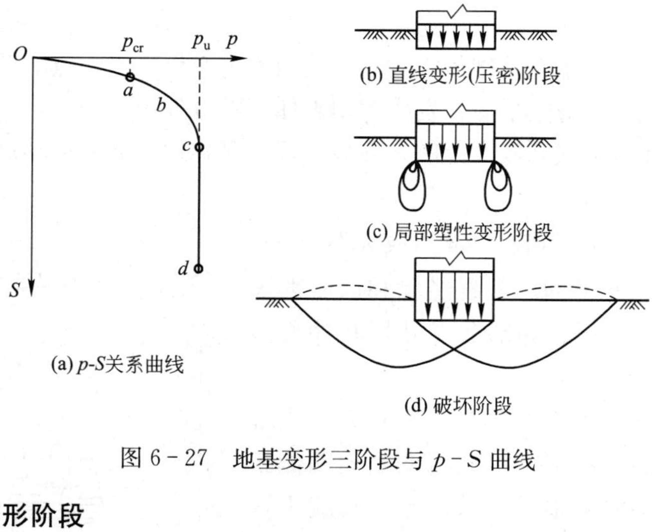

图 6-27 地基变形三阶段与 $p-S$ 曲线

2. 局部塑性变形阶段

相应于图 6-27（a）中 $p-S$ 曲线上的 abc 段。在此阶段中，变形的速率随荷载的增加而增大，$p-S$ 关系线是下弯的曲线。其原因是在地基的局部区域内，发生了剪切破坏［见图 6-27（c）］。这样的区域称塑性变形区。随着荷载的增加，地基中塑性变形区的范围逐渐向整体剪切破坏扩展。所以这一阶段是地基由稳定状态向不稳定状态发展的过渡性阶段。

3. 破坏阶段

相应于图 6－27（a）中 $p-S$ 曲线上的 cd 段。当荷载增加到某一极限值时，地基变形突然增大。这说明地基中的塑性变形区，已经发展到形成与地面贯通的连续滑动面。地基土向基础的一侧或两侧挤出，地面隆起，地基整体失稳，基础也随之突然下陷［见图 6－27（d）］。

从以上地基破坏过程的分析中可以看出，在地基变形过程中，作用在它上面的荷载有两个特征值：一个是地基中开始出现塑性变形区的荷载，称临塑荷载 p_{cr}；另一个是使地基剪切破坏，失去整体稳定的荷载，称极限荷载 p_u。显然，以极限荷载作为地基的承载力是不安全的，而将临塑荷载作为地基的承载力，又过于保守。地基的容许承载力，应该是小于极限荷载，而稍大于临塑荷载。

地基是很大的土体，当它受临塑荷载作用时，仅在基础底面的两边点刚刚达到极限平衡。即使地基中已出现一定范围的塑性变形区，只要其余大部分土体还是稳定的，地基还具有较大的安全度。工程经验表明，地基中塑性变形区的深度达 1/4～1/3 的基础宽度时，地基仍是安全的。此时所对应的荷载称为临界荷载（$p_{1/3}$、$p_{1/4}$），可作为地基的容许承载力。所以求解临界荷载是确定地基容许承载力的一种途径。

极限荷载是地基刚要发生整体剪切破坏时所承受的荷载，可由理论推求或由现场试验确定。求得极限荷载后，除以使地基具有足够稳定的安全系数，即为地基的容许承载力。可见求极限荷载是确定地基容许承载力的又一途径。

6.6.3　按塑性变形区发展范围确定地基容许承载力

本节所要介绍的方法，其思路是先找出外荷载与地基中塑性变形区（或称极限平衡区）发展范围（用深度表示）之间的关系，然后按照经验，通过控制塑性区的允许发展范围，来达到确定地基承载力之目的。

1. 临塑荷载公式

目前常用的公式是在条形基础受均布荷载和均质地基条件下得到的。

按第 3 章介绍的，当条形铅直均布荷载作用在半无限土体表面上时，地基中任一点 M 处附加应力的公式为

$$\left.\begin{aligned}\sigma_z&=\frac{p}{\pi}[\sin\beta_2\cos\beta_2-\sin\beta_1\cos\beta_1+(\beta_2-\beta_1)]\\ \sigma_x&=\frac{p}{\pi}[-\sin(\beta_2-\beta_1)\cos(\beta_2+\beta_1)+(\beta_2-\beta_1)]\\ \tau_{zx}&=\tau_{xz}=\frac{p}{\pi}(\sin^2\beta_2-\sin^2\beta_1)\end{aligned}\right\}\qquad(6-41)$$

主应力与各应力分量尚有如下关系：

$$\left.\begin{matrix}\sigma_1\\ \sigma_3\end{matrix}\right\}=\frac{1}{2}\left[(\sigma_z+\sigma_x)\pm\sqrt{(\sigma_z-\sigma_x)^2+4\tau_{zx}^2}\right]$$

将σ_z、σ_x和τ_{zx}代入上式，得

$$\left.\begin{matrix}\sigma_1\\ \sigma_3\end{matrix}\right\}=\frac{p}{\pi}\left[(\beta_2-\beta_1)\pm\sin(\beta_2-\beta_1)\right]$$

若令 $(\beta_2-\beta_1)=\beta_0$，$\beta_0$称视角，则上式变为

$$\left.\begin{matrix}\sigma_1\\ \sigma_3\end{matrix}\right\}=\frac{p}{\pi}(\beta_0\pm\sin\beta_0) \tag{6-42}$$

可以证明：σ_1方向线平分视角β_0，σ_3的方向与σ_1垂直。

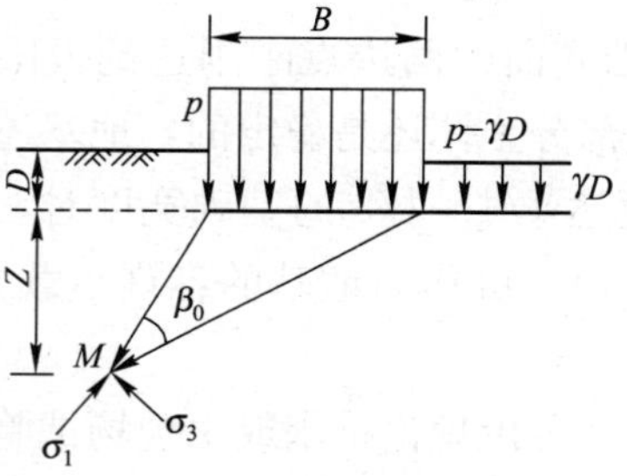

图 6-28　条形均布荷载作用下地基中的主应力

一般基础都有一定埋深D，如图 6-28 所示。此时地基中任一点M处的应力，除有基底附加应力（$p-\gamma D$）引起的附加应力外，还有土的自重应力γ（$D+z$）。假设土的自重应力服从静水压力分布（静止土压力系数$k_0=1$），即$\sigma_{sz}=\sigma_{sx}=\gamma$（$D+z$）。地基中任一点$M$处的大小主应力为

$$\left.\begin{matrix}\sigma_1\\ \sigma_3\end{matrix}\right\}=\frac{p-\gamma D}{\pi}(\beta_0\pm\sin\beta_0)+\gamma(D+z) \tag{6-43}$$

由第 5 章得知，当M点达到极限平衡状态时，上式应满足下式

$$\sin\varphi=\frac{\sigma_1-\sigma_3}{\sigma_1+\sigma_3+2c\cdot\cot\varphi}$$

将式（6-43）代入上式，整理得

$$z=\frac{p-\gamma D}{\pi\gamma}\left(\frac{\sin\beta_0}{\sin\varphi}-\beta_0\right)-\frac{c}{\gamma\cdot\tan\varphi}-D \tag{6-44}$$

这就是塑性区的边界线方程式，它给出了塑性区边界线上任一点坐标z与视角β_0的关系。如果已知基础的埋深D，荷载p以及土的γ、c、φ值，则根据上式可绘出塑性区的边界线，如图 6-29 所示。

通过计算与作图可知，随着p的增大，塑性区首先在基础两侧边缘出现，然后逐渐按图 6-29 中各线 1，2，3，4，…次序扩大。塑性区扩大的同时，其最大深度z_{max}（某塑性区边界线最低点至基础底面的垂直距离）也随之增加，因此z_{max}可以用来作为反映塑性区范围大小的一个尺度。

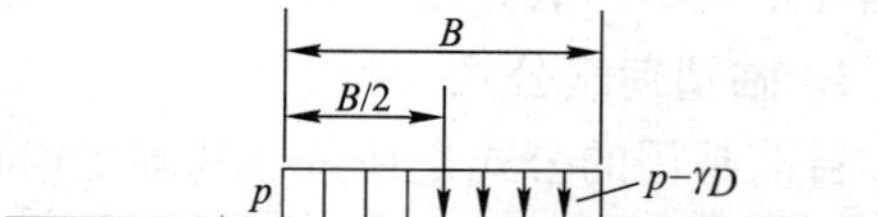

图 6-29　塑性变形区的计算结果

塑性区的最大深度 z_{max} 可由 $\frac{dz}{d\beta_0}=0$ 的条件求得，即

$$\frac{dz}{d\beta_0}=\frac{p-\gamma D}{\pi\gamma}\left(\frac{\cos\beta_0}{\sin\varphi}-1\right)=0$$

则有

$$\cos\beta_0=\sin\varphi$$

即

$$\beta_0=\frac{\pi}{2}-\varphi \tag{6-45}$$

将上式代入式（6-44）得

$$z_{max}=\frac{p-\gamma D}{\pi\gamma}\left[\cot\varphi-\left(\frac{\pi}{2}-\varphi\right)\right]-\frac{c}{\gamma\tan\varphi}-D \tag{6-46}$$

对应这一最大深度 z_{max}，地基上作用的荷载强度为

$$p=\frac{\pi(\gamma D+c\cdot\cot\varphi+\gamma z_{max})}{\cot\varphi-\frac{\pi}{2}+\varphi}+\gamma D \tag{6-47}$$

2. 临塑荷载与临界荷载

如塑性变形区的最大深度 $z_{max}=0$，则地基处于刚要出现塑性变形区的状态。此时作用在地基上的荷载，称为临塑荷载 p_{cr}，即

$$p_{cr}=\frac{\pi(\gamma D+c\cdot\cot\varphi)}{\cot\varphi-\frac{\pi}{2}+\varphi}+\gamma D \tag{6-48}$$

对于软土，可取临塑荷载 p_{cr} 作为地基容许承载力，这时常取 $\varphi=0$。对于一般的土，经验表明，取临塑荷载作为地基的容许承载力，过于保守。根据工程经验，当塑性变形区最大深度 z_{max} 等于 1/3 或 1/4 的基础宽度 B 时，地基仍是安全的，为此常取此塑性变形区深度对应的荷载（亦称为临界荷载），作为地基的容许承载力，将 $z_{max}=B/3$ 或 $z_{max}=B/4$ 代入式（6-47）中，可得：

$$p_{1/3}=\frac{\pi\left(\gamma D+\frac{1}{3}\gamma B+c\cdot\cot\varphi\right)}{\cot\varphi-\frac{\pi}{2}+\varphi}+\gamma D \tag{6-49}$$

$$p_{1/4}=\frac{\pi\left(\gamma D+\frac{1}{4}\gamma B+c\cdot\cot\varphi\right)}{\cot\varphi-\frac{\pi}{2}+\varphi}+\gamma D \tag{6-50}$$

式（6-48）、（6-49）、（6-50）可写成如下的统一形式：

$$p=\frac{1}{2}\gamma BN_\gamma+\gamma DN_q+cN_c \tag{6-51}$$

式中 N_γ、N_q、N_c 称为承载力系数，可按下列公式推求：

$$N_q=1+\frac{\pi}{\cot\varphi-\frac{\pi}{2}+\varphi} \tag{6-52}$$

$$N_c=\frac{\pi\cot\varphi}{\cot\varphi-\frac{\pi}{2}+\varphi} \tag{6-53}$$

$$N_{\gamma(\frac{1}{4})}=\frac{1}{2}\cdot\frac{\pi}{\cot\varphi-\frac{\pi}{2}+\varphi}\quad\left(\text{当 } z_{max}=\frac{1}{4}B\text{ 时}\right) \tag{6-54}$$

$$N_{\gamma(\frac{1}{3})}=\frac{2}{3}\cdot\frac{\pi}{\cot\varphi-\frac{\pi}{2}+\varphi}\quad\left(\text{当 } z_{max}=\frac{1}{3}B\text{ 时}\right) \tag{6-55}$$

可以看出，承载力系数 N_γ、N_q、N_c，只与土的内摩擦角有关。

上述推导中假定：地基土为完全弹性体，但求临界荷载时，地基中已出现一定范围的塑性变形区；而且假定 $K_0=1.0$。这些都是与实际情况不符的。因此求得的临界荷载只作初估地基容许承载力用。

【例题 6－5】 地基上有一条形基础，宽 $B=12$ m，埋深 $D=2$ m，地基土的容重 $\gamma=10\ \text{kN/m}^3$，摩擦角 $\varphi=14°$，黏结力 $c=20$ kPa。试求 p_{cr} 与 $p_{1/3}$。

解：

$$p_{cr}=\frac{\pi\left(\frac{c}{\tan\varphi}+\gamma D\right)}{\cot\varphi-\frac{\pi}{2}+\varphi}+\gamma D=\frac{\pi\left(\frac{20}{\tan 14°}+10\times 2\right)}{\cot 14°-\frac{\pi}{2}+14°}+10\times 2$$

$$=\frac{3.14\times(80+20)}{2.68}+20=137.2(\text{kPa})$$

$$p_{1/3}=p_{cr}+\frac{\pi\gamma\cdot 1/3B}{\cot\varphi-\frac{\pi}{2}+\varphi}=137.2+\frac{3.14\times 10\times 1/3\times 12}{\cot 14°-\frac{\pi}{2}+14°}$$

$$=137.2+46.9=184.1(\text{kPa})$$

3. 地基极限承载力

在地基承载力理论中，对于极限承载力，尤其对整体剪切破坏地基的极限承载力的计算研究得较多。这是因为，该理论概念明确，同时，将可能整体剪切破坏的地基作为刚塑性材料的假设，比较符合实际。除此而外，还由于整体剪切破坏模式有完整连续的滑动面，$p-S$ 曲线有明显的拐点，因而使理论公式易于接受室内模型实验、现场载荷试验和工程实际的检验，并在实践的基础上不断发展之故。

基于上述，目前极限承载力公式主要适合于整体剪切破坏的地基。对于局部剪切破坏及冲剪破坏的情况，尚无可靠计算方法，实用上采用的办法是，按整体破坏公式计算后，再作出某种折减。

极限承载力求解有两类：

(1) 根据土体极限平衡方程，由已知边界条件求解，由于数学上的困难，只有少数情况可得到解析解，如普朗特尔公式，而多数情况需用数值方法；

(2) 根据模型试验，研究地基滑动面形状，作必要地简化后，再根据简化滑动面上的静力平衡条件求解。

由于简化假设不同，就有各种不同的极限承载力公式。但不论哪种公式，都可写成如下基本形式 $p_u = \frac{1}{2}\gamma B N_\gamma + q N_q + c N_c$。

公式中各项的意义后边将详细介绍。最广泛应用的是太沙基公式，下面主要介绍这种方法。

4. 太沙基公式

(1) 基本假定

① 地基和基础之间的摩擦力很大（地基底面完全粗糙），当地基破坏时，基础底面下的地基土楔体 BCA［见图 6-30 (a)］处于弹性平衡状态，称弹性核。边界面 BC 或 CA 与基础底面的夹角等于地基土的内摩擦角 φ。

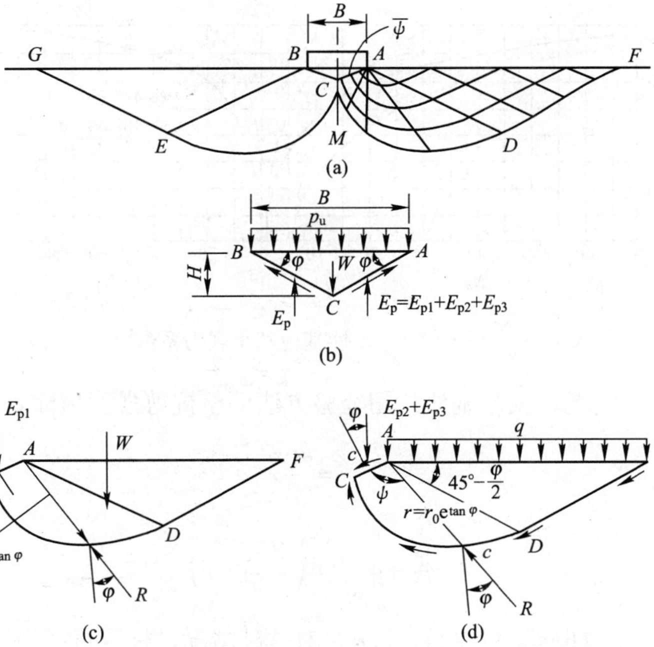

图 6-30　太沙基理论计算图

② 地基破坏时沿 CEG 曲线滑动。其中 CE 是对数螺线，在 C 点与竖直线相切；EG 是

直线，与水平面的夹角等于 $45°-\dfrac{\varphi}{2}$，即 BEG 区为被动应力状态区。

③ 基础底面以上地基土以均布荷载 $q=\gamma D$ 代替，即不考虑其强度。

(2) 极限荷载公式推导

由以上假定可将地基滑动土体分成五个区，除弹性核（BCA 区）外，尚有两个对称的被动应力状态区（BEG 区）和过渡区（BCE 区）。

地基的极限荷载：

$$p_u=\frac{1}{2}\gamma BN_\gamma+cN_c+qN_q \tag{6-56}$$

式中：

$$N_q=\frac{1}{2}\left[\frac{e^{\left(\frac{3}{4}\pi-\frac{\varphi}{2}\right)\tan\varphi}}{\cos\left(45°+\dfrac{\varphi}{2}\right)}\right]^2 \tag{6-57}$$

$$N_c=\cot\varphi(N_q-1) \tag{6-58}$$

$$N_\gamma=1.8(N_q-1)\tan\varphi \tag{6-59}$$

地基承载力系数 N_r、N_c、N_q 的值只决定于土的内摩擦角 φ。太沙基将其绘制成曲线如图 6-31，可供直接查用。

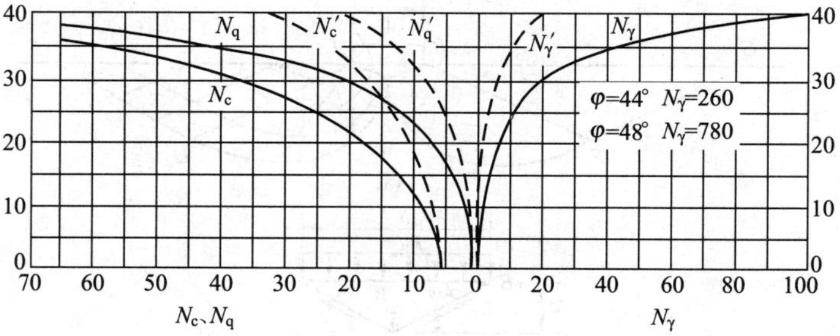

图 6-31 太沙基地基承载力系数

对局部剪切破坏情况，太沙基建议用经验方法调整抗剪强度指标 c 和 φ，即用

$$c'=\frac{2}{3}c$$

$$\varphi'=\arctan\left(\frac{2}{3}\tan\varphi\right)$$

代替式（6-56）、（6-58）中的 c 和 φ。对这种情况，极限承载力采用

$$p_u=\frac{1}{2}\gamma BN_\gamma'+qN_q'+\frac{2}{3}cN_c' \tag{6-60}$$

式中 N_c'、N_q'、N_γ'是相应于局部剪切破坏情况的承载力系数，可由图 6-31 中的虚线查得。

【例题 6-6】 条形基础宽度为 1.5 m，基础埋深为 3 m，地基土的物理力学特性指标为 $\gamma=17.6\ kN/m^3$，$c=8\ kN/m^2$，$\varphi=24°$，按太沙基极限承载力公式求地基的极限承载力。

解：

$$p_u=\frac{\gamma B}{2}N'_\gamma+c'N'_c+qN'_q$$

$$c'=\frac{2}{3}c=\frac{2}{3}\times 8=5.3(kN/cm^2)$$

按 $\varphi'=24°$查图 6-31 虚线得

$$N'_\gamma=1.5,\quad N'_q=5.2,\quad N'_c=14$$

代入上式

$$\begin{aligned}p_u&=\frac{17.6}{2}\times 1.5\times 1.5+5.3\times 14+17.6\times 3\times 5.2\\&=19.8+74.2+316.8=367(kN/m^2)\end{aligned}$$

也可以先求出 φ'，$\tan\varphi'=\frac{2}{3}\tan\varphi$，$\varphi'=16.53°$，用 φ'查图 6-31 实线也得到相同的承载力系数。

思考题

6-1　土压力有哪几种？影响土压力的各种因素中最主要的因素是什么？

6-2　静止土压力、主动土压力和被动土压力产生的条件是什么？与哪些因素有关？其中影响最大的因素是什么？

6-3　朗肯土压力理论的假定是什么？忽略墙背与土体之间的摩擦力对土压力的计算结果有什么影响？

6-4　库仑土压力理论的假定是什么？假定破裂面为平面，与实际情况有什么区别？对土压力的计算结果有什么影响？

6-5　什么是简单土坡？

6-6　土坡稳定安全系数的意义是什么？

习题

6-1　某挡土墙高 5 m，墙背垂直光滑，墙后填土面水平，填土的黏聚力 $c=11$ kPa，内摩擦角 $\varphi=22°$，重度 $\gamma=18\ kN/m^3$，试作出墙背主动土压力（强度）分布图形和主动土压力的合力。

$\left(\text{答案：}E_a=41.63\ kN/m;\ \frac{h-z_0}{3}=1.06\ m\right)$

6-2　对上题的挡土墙，如取附图所示的毛石砌体截面，砌体重度为 22 kN/m，挡土墙下方为坚硬黏性土，摩擦系数 $\mu=0.45$。试对该挡土墙进行抗滑动和抗倾覆验算。

（答案：$K_t=3.62$；$K_s=1.38$）

6-3　挡土墙高 4.5 m，墙背竖直、光滑，墙后土体表面水平，土体重度 $\gamma=18.5\ kN/m^3$，

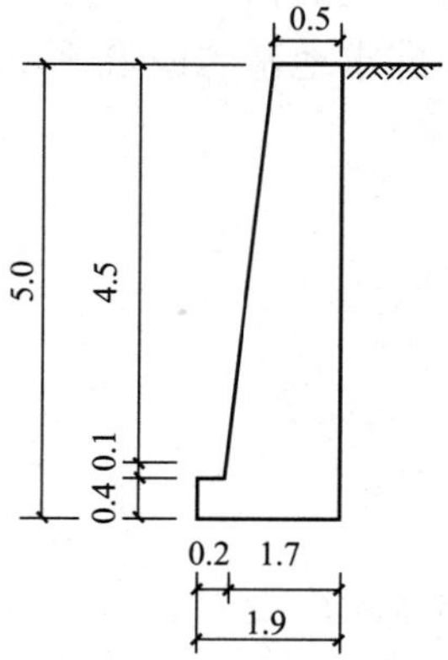

图 6-32 习题 6-2 图

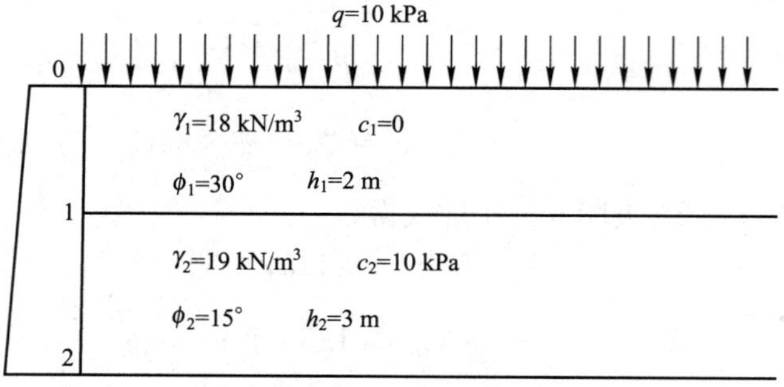

图 6-33 习题 6-6 图

c=10 kPa，φ=25°，求主动土压力沿墙高的分布及总主动土压力的大小和作用点的位置。

（答案：大小：29.5kN/m 位置：0.933m）

6-4 挡土墙高 5 m，墙背竖直、光滑，墙后土体表面水平，土层分两层，第一层 h_1=2 m，γ_1=18 kN/m³，φ_1=30°，第二层 h_2=3 m，γ_2=19.5 kN/m³，φ_2=15°，求主动土压力并绘出土压力分布图。

（答案：E_a=127.3 kN/m，位置：1.50 m）

6-5 挡土墙高 6 m，土体的物理力学性质指标为：c=0，φ=30°，γ=19 kN/m³，墙背竖直、光滑，墙后土体表面水平并有均布荷载 q=20 kPa，求挡土墙的主动土压力及作用点位置，并绘出土压力分布图。

（答案：E_a=154.02 kN/m，位置：2.26 m）

6-6 某挡土墙高 5 m，墙背直立、光滑、墙后填土面水平，共分两层，各土层的物理力学性质指标如图 6-33 所示，填土面上有均布荷载 q=10 kPa，试求主动土压力的分布图。

（答案：E_a=150.3 kN/m，位置：1.62 m）

6-7 挡土墙高 5 m，墙背倾斜角（俯斜）ε=20°，填土倾角 β=20°，填土重度 γ=19 kN/m³，c=0，φ=25°，δ=15°。用库仑理论计算：

(1) 主动土压力的大小、作用点位置和方向；

(2) 主动土压力沿墙高的分布。

（答案：E_a=384.81 kN/m，位置：1.67 m，方向：与墙背法线方向成 15°）

6-8 已知均布荷载条形基础宽为 2 m，埋深为 1.5 m，地基为粉质黏土，其 φ=16°，c=36 kPa，γ=19 kN/m³，试求：(1) 地基的 p_{cr} 和 $p_{1/4}$。(2) 当 p=300 kPa 时，地基内塑性变形区的最大深度。

（答案：(1) p_{cr}=290.1 kPa，$p_{1/4}$=306.2 kPa (2) 最大深度 z_{max}=1.89 m）

第 7 章

天然地基上浅基础设计

任何建筑物都建造在一定的地层上，建筑物的全部荷载都由它下面的地层来承担。受建筑物影响的那一部分地层称为地基，建筑物与地基接触的部分称为基础。基础工程包括建筑物的地基与基础的设计与施工。

地基与基础在各种荷载作用下将产生附加应力和变形。为了保证建筑物的正常使用与安全，地基与基础必须具有足够的强度和稳定性，变形也应在允许范围之内。根据地层变化情况、上部结构的要求、荷载特点和施工技术水平，可采用不同类型的地基和基础。

从建筑物的安全和正常使用方面来说，基础设计是整个建筑物设计的重要组成部分。必须根据建筑物的用途和安全等级、建筑布置和上部结构类型，充分考虑建筑场地条件和地基土、岩性状，结合施工方法以及工期、造价等各方面因素，合理地确定基础方案，因地制宜、精心设计，以保证建筑物的安全和正常使用。

工程实践表明：建筑物地基与基础的设计和施工质量的优劣，对整个建筑物的质量和正常使用起着根本的作用。基础工程是隐蔽工程，如有缺陷，较难发现，也较难弥补和修复，而这些缺陷往往直接影响整个建筑物的使用甚至安全。基础工程的进度，经常控制整个建筑物的施工进度。基础工程的造价，通常在整个建筑物造价中占相当大的比例，尤其是在复杂的地质条件下或深水中修建基础更是如此。因此，对基础工程必须做到精心设计、精心施工。

基础按照埋置深度分为浅基础和深基础两类。一般在天然地基上修筑浅基础施工简单，且较经济；而人工地基及深基础往往造价较高，施工也比较复杂。因此在保证建筑物的安全和正常使用的前提下，应首先选用天然地基上浅基础方案。

本章主要介绍天然地基上浅基础的设计。

7.1 浅基础的类型

7.1.1 按材料分类

基础按其所采用的材料不同可分为刚性基础和柔性基础两大类。由砖、毛石、灰土、混凝土等材料修建的基础，其抗压强度较大，却不能承受拉力或弯矩，这类基础被称为刚性基础。而由钢筋混凝土修建的基础，因基础内部配置足够的钢筋来承受拉力或弯矩，因而被称为柔性基础。下面分别加以简单介绍。

1. 砖基础

砖砌体具有一定的抗压强度，但抗拉强度和抗剪强度较低。砖基础的强度及抗冻性较差，对砂浆与砖的强度等级，根据地区的潮湿程度和寒冷程度有不同的要求。砖基础所用的砖，强度等级不得低于 MU7.5，砂浆不低于 M2.5。地下水位以下或地基土潮湿时应采用水泥砂浆砌筑。砖基础底面以下一般设置垫层。

砖基础具有取材容易、价格便宜、施工简便的特点。因此，在干燥和温暖的地区，被广泛应用于 6 层及 6 层以下的民用建筑和墙承重厂房，如图 7-1 所示。

2. 三合土基础

在我国南方地区，常用三合土做基础，它是用石灰、砂、碎砖或碎石，按体积比为 1∶2∶4～1∶3∶6 配成，经加入适量水拌和后，均匀铺入基槽，每层虚铺 200 mm，夯至 150 mm，铺至设计标高后再在其上砌砖大放脚（见图 7-2）。三合土基础常用于地下水位较低的四层及四层以下的民用建筑工程中。

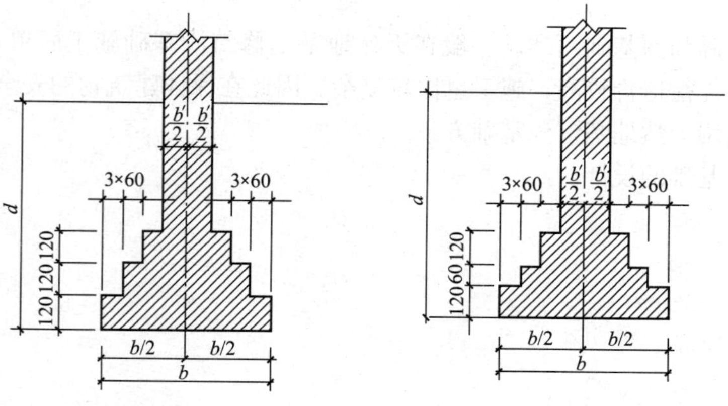

(a) 两皮一收　　(b) 二一间隔收

图 7-1　砖基础

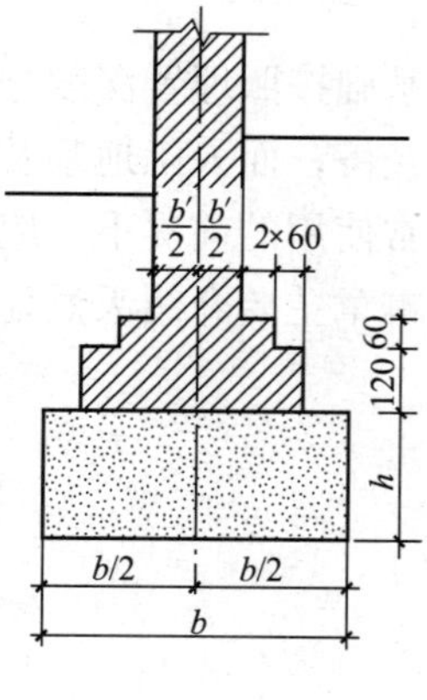

图 7-2　三合土基础

3. 毛石基础

毛石是指未经加工凿平的石材。毛石基础是选用未经风化的硬质岩石砌筑而成。由于毛石之间的空隙较大，如果砂浆黏结的性能较差，则不能用于层数较多的建筑物，且不宜用于地下水位以下。为了保证锁结作用，每一阶梯宜用 3 排或 3 排以上的毛石（见图 7-3）。阶梯形毛石基础的每一阶伸出宽度不宜大于 200 mm。由于毛石尺寸较大，毛石基础的宽度和台阶高度不得小于 400 mm。

4. 灰土基础

我国在 1 000 多年前就采用过灰土基础，有的至今还保存完整。灰土是用石灰和土料配制而成的。石灰以块状生石灰为宜，经熟化（加水化开）1～2 d 后，过 5～10 mm 筛即可使用。土料应以有机质含量低的酚土和黏性土为宜，使用前也应过 2～10 mm 的筛。常用的石灰和土料的体积比为 3∶7 或 2∶8（分别称为“三七灰土”和“二八灰土”），加适量水拌匀，然后铺入基槽内。每层虚铺 200～250 mm，夯至 150 mm，称为“一步灰土”，一般可铺 2～3 步，即厚度为 300 mm 或 450 mm。

灰土基础宜在比较干燥的土层中使用，合格灰土的承载力可达 250～300 kPa。灰土的缺点是早期强度较低，抗冻性较差，尤其是在水中硬化很慢。因此，灰土作基础材料时，通常只适用于地下水位以上。

5. 混凝土基础

混凝土的强度、耐久性、抗冻性都优于砖。当荷载较大或位于地下水位以下时，常采用混凝土基础。但混凝土基础水泥用量较大，造价较砖、毛石基础高。如基础体积较大，为了节约混凝土用量，可掺入基础体积 20%～30% 的毛石做成毛石混凝土基础（见图 7-4）。掺入的毛石尺寸不得大于 300 mm，使用前须冲洗干净。混凝土标号常用 C10。

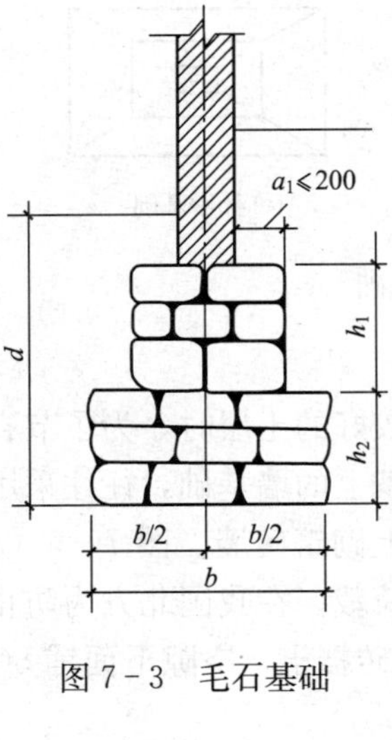

图 7-3　毛石基础

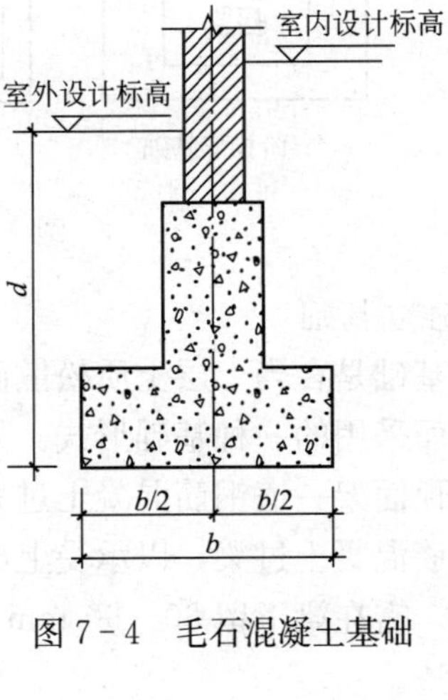

图 7-4　毛石混凝土基础

6. 钢筋混凝土基础

钢筋混凝土是基础的良好材料，其强度、耐久性和抗冻性都较理想。由于它承受弯短和剪力的性能较好，故在相同的条件下可减少基础的高度。当建筑物的荷载较大或土质较软弱时，常采用这类基础。

7.1.2 按结构形式分类

1. 独立基础

独立基础又称单独基础。通常框架结构柱基、高炉、烟囱、水塔基础均为独立基础。

独立基础按支承的上部结构形式可分为：柱下独立基础和墙下独立基础。

(1) 柱下独立基础

柱下独立基础是柱基础的主要类型。它所用材料依柱的材料和荷载大小而定，常采用砖、毛石、混凝土和钢筋混凝土等。

现浇柱下常采用钢筋混凝土独立基础。基础截面可做成阶梯形［见图 7-5（a)］或锥形［见图 7-5（b)］；预制柱下一般采用杯形基础［见图 7-5（c)］。砌体柱下可采用刚性基础，材料一般为砖、素混凝土等。

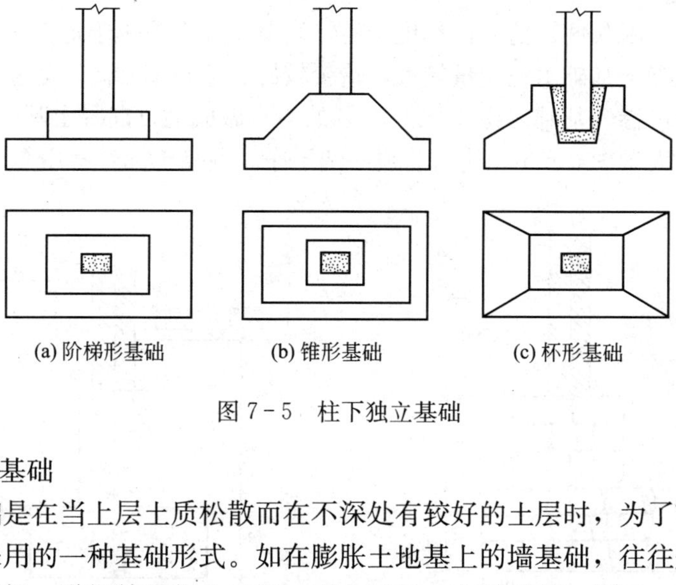

(a) 阶梯形基础　(b) 锥形基础　(c) 杯形基础

图 7-5　柱下独立基础

(2) 墙下独立基础

墙下独立基础是在当上层土质松散而在不深处有较好的土层时，为了节省基础材料和减少开挖土方量而采用的一种基础形式。如在膨胀土地基上的墙基础，往往采用独立基础，并在单独基础的顶面架一道钢筋混凝土过梁，再在过梁上砌筑砖墙。图 7-6（a）是在单独基础之间放置钢筋混凝土过梁，以承受上部结构传来的荷裁。在我国北方为防止梁下土受冻膨胀而使梁破坏，需在梁下留 60～90 mm 空隙，两侧用砖挡土，空隙下面铺 500～600 mm 厚的松砂或干煤渣。

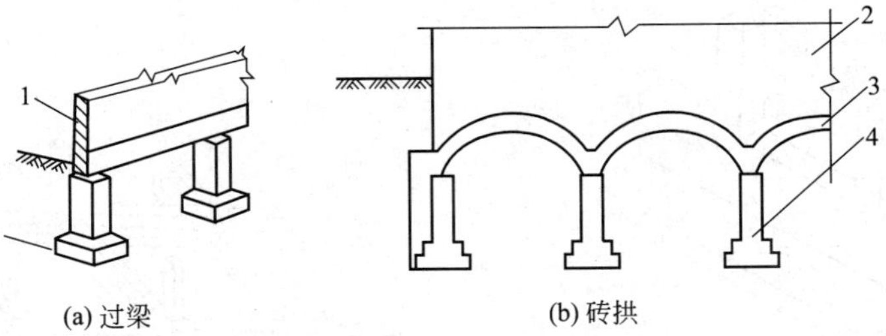

图7-6 墙下独立基础

1—墙体；2—墙体；3—拱形墙梁；4—基础

当上部结构荷载较小时，也可用砖拱承受上部结构传来的荷裁［见图7-6（b）］。因砖拱有横向推力，墙两端的单独基础要适当加大，柱基周围填土要密实，以抵抗横向推力；有时将端部一跨基础改为条形基础，以增加其稳定性。

2. 条形基础

当基础的长度大于或等于基础宽度的10倍时，称为条形基础。条形基础设计时，可取长度方向1延米按平面问题进行计算。通常砖混结构的墙基、挡土墙基础都是条形基础。

按上部结构形式，条形基础可分为墙下条形基础和柱下条形基础。

（1）墙下条形基础

条形基础是承重墙基础的主要形式。常用砖、毛石和灰土建造。当上部结构荷重较大而土质较差时，也可采用混凝土或钢筋混凝土建造。墙下钢筋混凝土条形基础一般做成无肋式［见图7-7（a）］；如地基在水平方向上压缩性不均匀，为了增加基础的整体性，减小不均匀沉降，也可做成有肋式的条形基础［见图7-7（b）］。

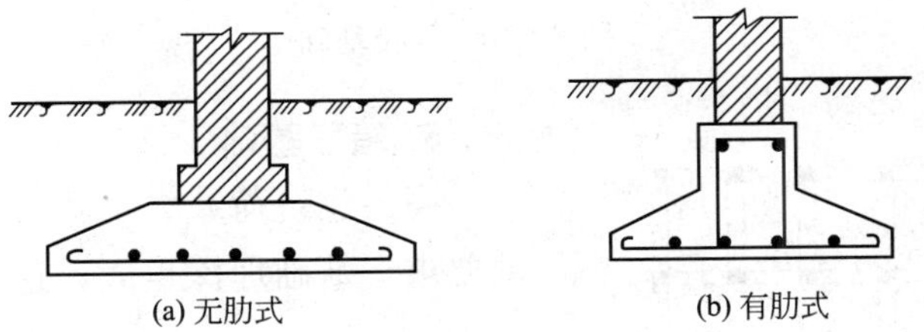

图7-7 墙下钢筋混凝土条形基础

（2）柱下条形基础

遇到上部结构荷载较大，而地基承载力较低时，排柱的单独基础互相靠近，为施工方便，可采用柱下钢筋混凝土条形基础（见图7-8）。

3. 柱下十字交叉形基础

荷载较大的高层建筑，如遇地基土质较弱，采用条形基础不能满足地基承载力要求时，可在柱网下纵横方向设置钢筋混凝土条形基础，形成如图7-9所示的十字交叉形基础。

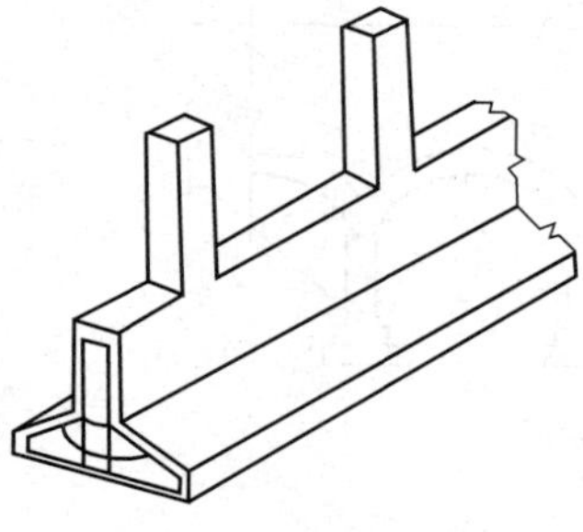

图 7-8　柱下钢筋混凝土条形基础

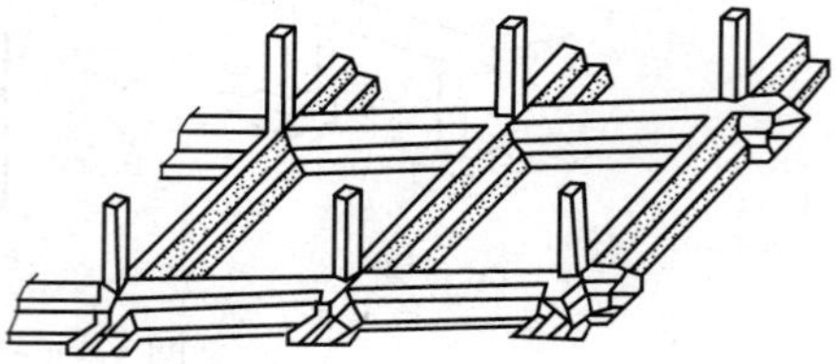

图 7-9　柱下十字交叉形基础

4. 片筏基础

如地基软弱而荷载较大或地下防渗需要时，采用十字交叉形基础仍不能满足要求或相邻基槽距离很小时，可采用钢筋混凝土做成整块的片筏基础。片筏基础又称筏板基础，俗称满堂基础。南京、江苏一带的多层民居多采用这种基础。按构造不同，它可分为平板式和梁板式两类（见图 7-10）。

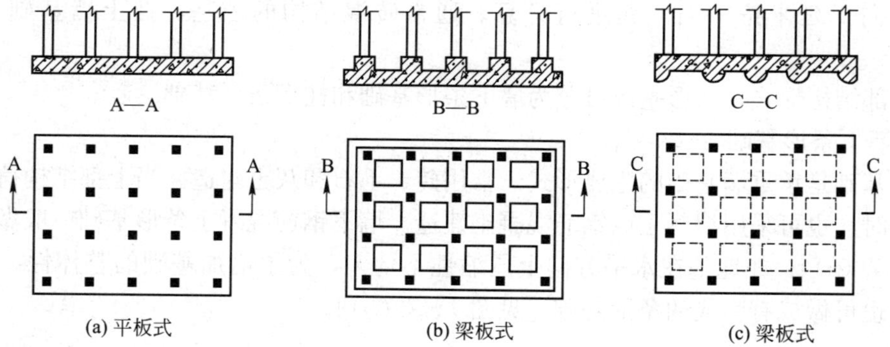

图 7-10　片筏基础

5. 箱形基础

高层建筑荷载大，高度大，按照地基稳定性的要求，基础埋深也大，这种情况下可采用箱形基础。

箱形基础是由钢筋混凝土底板、顶板和纵横交叉的隔墙构成的箱形整体，整体刚度非常好（见图 7-11）。其基础中空部分构成的地下室，可被充分利用作为地下停车场、地下商场、储藏室、设备层等。与实体基础相比可减小基底压力。

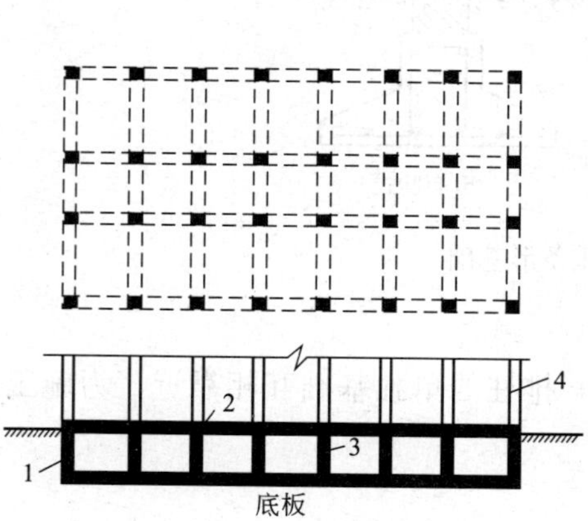

图 7-11　箱形基础

1—外墙；2—顶板；3—内墙；4—上部结构

箱形基础、柱下条形基础、柱下独立基础、十字交叉形基础、片筏基础等都需用钢筋混凝土。尤其是箱形基础，使用的钢筋及混凝土量更大。故采用这类基础时，应与其他类型的地基基础（如桩基或人工地基等）作经济、技术比较后确定。

除上述的几种基础形式外，在实际工程中还有一些浅基础形式，如壳体基础、圆环基础等。

7.2 基础埋置深度

基础之所以要选择一定的埋置深度，主要为了防止基础长期暴露在外，受到日晒雨淋及人来车往的破坏。基础埋置深度是指基础底面至地面（一般指设计地面）的距离。为了保护基础不受人类和生物活动的影响，基础宜埋置在地表以下，最小埋深为0.5 m。

选择基础埋置深度也就是选择合适的地基持力层。基础埋置深度的大小对于建筑物的安全和正常使用、基础施工技术措施、施工工期和工程造价影响很大。因此合理确定基础埋置深度是一个十分重要的问题。设计时必须综合考虑建筑物自身条件（如使用条件、结构型式、荷载的大小和性质等）以及所处的环境（如水文地质条件、气候条件、相邻建筑的影响等），寻找一个技术上可靠、经济上合理的埋置深度。以下分述选择基础埋深时应考虑的几个因素。

7.2.1 上部结构情况

在保证建筑物基础安全稳定、耐久使用的前提下，为了节省投资，方便施工，应尽量浅埋。

埋置深度，采用天然地基时可不小于建筑高度的1/12。

对高层建筑物尤其应该注意到基础的埋置深度必须满足地基变形和稳定的要求，要减少建筑的整体倾斜，防止倾覆及滑移。按抗震稳定性要求，基础埋深不小于建筑物地面以上高度的1/15～1/10。

具有地下室或半地下室的建筑物，其基础埋深必须结合建筑物地下部分的设计标高来选定，一般不低于3 m。

7.2.2 基础上荷载大小及性质

荷载大小及性质不同，对持力层的要求也不同。一般来说，上部结构荷载大，则要求基础埋置于较好的持力土层上。同一深度的土层，对荷载小的基础可能是很好的持力层，而对荷载大的基础就可能不宜作为持力层。对于承受水平荷载的基础，必须有足够的埋置深度来获得土的侧向抗力，以保证基础的稳定性；对于某些承受上拔力的基础

(如输电塔基础),也要求有较大的埋深以提供足够的抗拔阻力;对于承受动荷载的基础,则不宜选择饱和疏松的粉细砂作为持力层。以免这些土层由于震动液化而丧失承载力,造成基础失稳。

7.2.3 工程地质和水文地质条件

不同的建筑场地,土质固然不同,就是同一地点,因深度不同土质也会有变化。因此,场地的工程地质和水文地质状况往往就可以决定基础的埋置深度。一般当上层土的承载力能满足要求时,就应选择上层土作为持力层。若其下有软弱土层时,则应验算软弱下卧层的承载力是否满足要求。对于在基础延伸方向土性不均匀的地基,有时可以根据持力层的变化,将基础分成若干段。各段采用不同的埋置深度,以减小基础的不均匀沉降。

对于有地下水的场地,一般宜将基础置于地下水位以上,以免施工排水的麻烦。如按设计必须在将基础埋置在地下水位以下时,则应在施工时采取降水或排水措施及基坑维护措施,同时应考虑地下水对基础是否有侵蚀性。

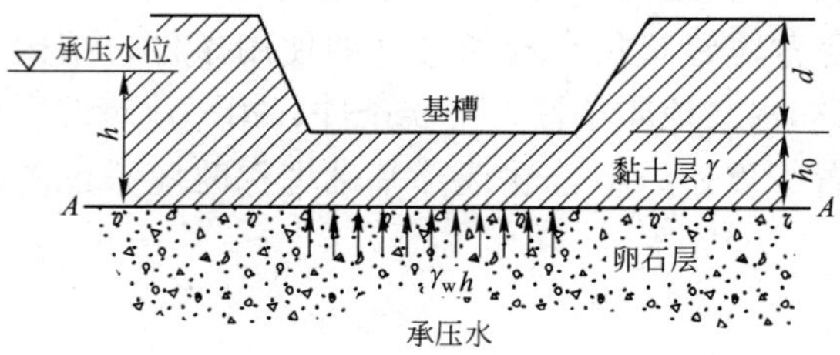

图 7-12 持力层中存在承压水的情况

当持力层为隔水层而其下方存在承压水层时(见图 7-12),为了避免承压水冲破槽底而破坏地基,应注意开挖基槽时保留槽底安全厚度 h_0。安全厚度可按下式估算:

$$h_0 > \frac{\gamma_w}{\gamma} h \tag{7-1}$$

式中:γ——隔水层土的重度,kN/m³;

γ_w——水的重度,取 10,kN/m³;

h——承压水的上升高度(从隔水层地面算起),m;

h_0——隔水层剩余厚度(槽底安全厚度),m。

7.2.4 季节性冻土的影响

冻土分季节性冻土和多年冻土。季节性冻土指在一年内冬季冻结,春季融化的地基。我国大部分地区都属于季节性冻土。

在季节性冻土地区,因冻土的冻胀性与融陷性是相互关联的,所以决定基础的埋置深度时应考虑地基土的冻胀性。

地基基础规范根据土的类别、含水量大小和地下水位高低将地基土分为不冻胀、弱冻胀、冻胀和强冻胀 4 类。

对于不冻胀土的基础埋深，可不考虑冻深的影响；对于弱冻胀和强冻胀土的基础，最小埋深可按下式确定

$$d_{min}=Z_0\psi_t-d_{fr} \tag{7-2}$$

式中：Z_0——标准冻深，m；

ψ_t——采暖对冻深的影响系数；

d_{fr}——基底下允许残留冻土层的厚度，m。

7.2.5　相邻基础的影响

如设计的新建筑附近有旧建筑时，为了保证原有建筑物的安全和正常使用，一般应设计新建筑基础的埋深小于或等于旧建筑的基础埋深（见图 7－13）。若不可避免时，应取新旧基础之间的距离$l=(1\sim2)h$，h 指新旧基础的基底标高差。

如果以上要求均不能满足时，应在施工过程中考虑有效的工程措施，如分段施工、设置临时支撑、打板桩及采用地下连续墙等措施，以确保原有建筑物的安全使用。

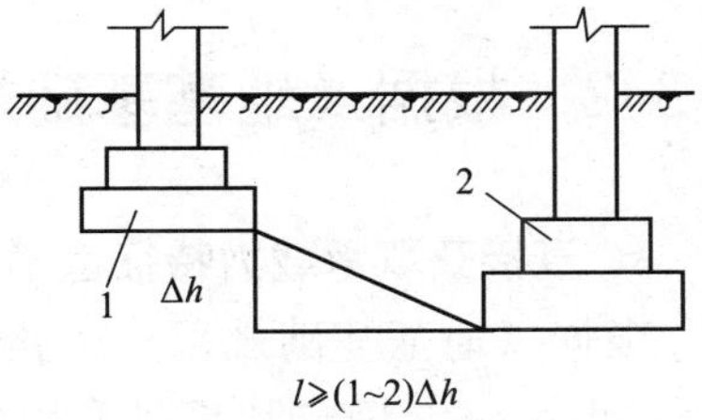

图 7－13　相邻基础的埋深

1—原有基础；2—新基础

7.3　地基承载力的确定

地基承载力是指地基在保证其稳定性前提下，满足建筑物各类变形要求时的承载能力。

地基承载力的确定在地基基础设计中是一个非常重要而又十分复杂的问题。它不仅与土的物理、力学性质有关，而且还与基础型式、底宽、埋深、建筑类型、结构特点和施工速度等因素有关。

7.3.1　地基承载力基本值 f_0、特征值 f_{ak}和修正后的承载力特征值 f_a

地基承载力有几种不同的确定方法，可按通过室内土工试验获得的土的物理力学指标，现场原位试验如标准贯入、轻便触探等方法或野外鉴别结果来确定地基的承载力。根据这些确定方法的特点可获得承载力的不同结果，这里要首先介绍承载力的几

个概念。

地基承载力特征值 f_{ak} 指通过现场原位试验的方法，获得基础宽度 $b=3.0$ m，基础埋深 $d=0.5$ m 时地基的承载力值。

地基承载力基本值 f_0 是指通过对土样的室内土工试验方法获得的力学性质指标，查地基基础规范的表格获得的地基承载力。因为室内土工试验本身存在一定的误差，所以要对用土工试验指标获得的土的承载力进行修正，以获得承载力的基本值，即 f_0。具体修正方法参看 7.3.2 节。

地基承载力修正后的特征值 f_a 是设计中要使用的地基承载力值，由特征值 f_{ak} 获得修正后的特征值 f_a 的方法见 7.3.2。

下面分别介绍地基承载力的几种确定方法。

7.3.2 根据《地基基础规范》表格确定

1. 直接获取承载力特征值 f_{ak}

根据《地基基础规范》表格，对于岩石和碎石土，可根据野外鉴别结果，分别按表 7-1 和表 7-2 确定其承载力特征值。

表 7-1 岩石承载力特征值 f_{ak} kPa

岩石类别 \ 风化程度	强风化	中等风化	微风化
硬质岩石	500～1 000	1 500～2 500	≥400
软质岩石	200～500	700～1 200	1 500～2 000

注：1. 对于微风化的硬质岩石，其承载力如取用大于 4 000 kPa 时，应由试验确定；

2. 对于强风化的岩石，当与残积土难于区分时按土考虑。

表 7-2 碎石土承载力特征值 f_{ak} kPa

土的名称 \ 密实度	稍　密	中　密	密　实
卵石	300～500	500～800	800～1 000
碎石	250～400	400～700	700～900
圆砾	200～300	300～500	500～700
角砾	200～250	250～400	400～600

注：1. 表中取值适用于骨架颗粒空隙全部由中砂、粗砂或硬塑、坚硬状态的黏性土或稍湿的粉土所充填；

2. 当粗颗粒为中等风化或强风化时，可按其风化程度适当降低承载力，当颗粒间呈半胶结状时，可适当提高承载力。

2. 查表获取承载力基本值 f_0，并修正为承载力特征值 f_{ak}

（1）查表获取承载力基本值 f_0

粉土、黏性土、沿海地区淤泥和淤泥质土、红黏土、素填土的承载力基本值由表 7－3 至表 7－7 查得。

表 7－3 粉土承载力基本值 f_0 kPa

第二指标含水量 / 第一指标孔隙比	10	15	20	25	30	35	40
0.5	410	390	(365)				
0.6	310	200	280	(270)			
0.7	250	240	225	215	(205)		
0.8	200	190	180	170	(165)		
0.9	160	150	145	140	130	(125)	
1.0	130	125	120	115	110	105	(100)

注：1. 有括号者仅供内插使用；

2. 折算系数为 0；

3. 在湖、塘、沟、谷与河漫滩地段新近沉积的粉土其工程性质一般较差，应根据当地实践经验取值。

表 7－4 黏性土承载力基本值 f_0 kPa

第二指标液性指数 / 第一指标孔隙比	0	0.25	0.50	0.75	1.00	1.20
0.5		430	390	(360)		
0.6	475	360	325	295	(265)	
0.7	400	295	265	240	210	170
0.8	325	240	220	200	170	135
0.9	275	210	190	170	135	105
1.0	230	180	160	135	115	
1.1	200	160	135	115	105	

注：1. 有括号者仅供内插使用；

2. 折算系数为 0.1；

3. 在湖、塘、沟、谷与河漫滩地段新近沉积的黏性土其工程性能一般较差。Q_3 及其以前沉积的老黏性土，其工程性能通常较好。这些土均应根据当地实践经验取值；

4. 第四纪晚更新世系距近较近的地质年代，约 100 万。

表 7－5 沿海地区淤泥和淤泥质土承载力基本值 f_0 kPa

天然含水量	36	40	45	50	55	65	75
	100	90	80	70	60	50	40

注：对于内陷淤泥和淤泥质土，可参考使用。

表 7-6 红黏土承载力基本值 f_0 kPa

土的名称 \ 第一指标含水量		0.5	0.6	0.7	0.8	0.9	1.0
红黏土	≤1.7	380	270	210	180	150	140
	≥2.3	280	200	160	130	110	100
次生红黏土		250	190	150	130	110	100

注：1. 本表仅适用于定义范围内的红黏土；
2. 折算系数为0.4。

表 7-7 素填土承载力基本值 f_0 kPa

压缩模量 E_{s1-2}（Mpa）	7	5	4	3	2
f_0（kPa）	160	135	115	85	65

（2）确定地基承载力特征值 f_{ak}

将由上述表中查得的承载力基本值乘以回归修正系数，即得到其承载力特征值，即

$$f_{ak}=\psi_f f_0 \tag{7-3}$$

回归修正系数 $\psi_f<1$，其实质是根据所统计的指标的数据个数（即样本数）和离散程度，将承载力基本值用数理统计的方法进行折减，作为承载力特征值。

回归修正系数按下式计算

$$\psi_f=1-\left(\frac{2.884}{\sqrt{n}}+\frac{7.918}{n^2}\right)\delta \tag{7-4}$$

式中：n——样本数，一般要求 $n\geqslant6$；

δ——变异系数。

变异系数 δ 按下列规定计算：

当仅用一个土性指标查表确定 f_k 时

$$\delta=\frac{\sigma}{\mu} \tag{7-5}$$

$$\mu=\sum_{i=1}^{n}\mu_i \tag{7-6}$$

$$\sigma=\sqrt{\left(\sum_{i=1}^{n}\mu_i^2-n\mu^2\right)/(n-1)} \tag{7-7}$$

式中：μ——样本的平均值；

μ_i——样本第 i 次试验值；

σ——样本的标准差。

当用两个指标查表确定地基承载力基本值时，应采用由该两个指标的变异系数折算并叠加后得出综合变异系数

$$\delta=\delta_1+\xi\delta_2 \tag{7-8}$$

式中：δ_1——第一指标变异系数；

δ_2——第二指标变异系数；

ξ——第二指标的折算系数。

按上述计算所得的回归修正系数一般不应小于 0.75，否则应分析变异系数偏大的原因。

【例题 7-1】 某建筑物地基土试样，根据试验结果，其塑性指数为 $I_P=16$，液性指数为 $I_L=0.4$，孔隙比为 $e=0.8$，试确定其承载力基本值 f_0。

解：(1) 根据题意：$10<I_P=16<17$，属于黏性土。故应查表 7-4 确定承载力基本值 f_0。

(2) 查表 7-4，内插得

承载力基本值 $f_0=220+\dfrac{0.5-0.4}{0.5-0.25}\times(240-220)=228(\text{kPa})$

则该地基的承载力基本值 $f_0=228$ kPa。

3. 确定地基承载力修正后的特征值 f_a

地基承载力除了与土的性质有关外，还与基础底面尺寸及埋深等因素有关。当基础底面宽度大于 3 m 或埋置深度大于 0.5 m 时，除岩石地基外，其地基承载力修正后的特征值应由地基承载力特征值按下式进行宽度和埋深修正得到

$$f_a=f_{ak}+\eta_b\gamma(b-3)+\eta_d\gamma_0(d-0.5) \tag{7-9}$$

式中：f_a——承载力修正后的特征值，kPa；

f_{ak}——承载力特征值，kPa；

η_b、η_d——分别为基础宽度和深度的地基承载力修正系数，查表 7-8；

γ——基底以下土的重度，地下水位以下取浮重度，kN/m³；

b——基础底面宽度 (m)；当基宽小于 3 m，取 3 m，大于 6 m 取 6 m；

γ_0——基础底面以上土的加权平均重度，地下水位以下部分取浮重度，kN/m³；

d——基础埋置深度，m。一般自室外地面标高算起。在填方整平地区，可自填土地面标高算起，但填土在上部结构施工后完成时，应从天然地面标高算起。在其他情况下，应从室内地面标高算起。

表 7-8　承载力修正系数

土的类别		η_b	η_d
淤泥和淤泥质土	$f_{ak}<50$ kPa	0	1.0
	$f_{ak}\geqslant50$ kPa	0	1.1
人工填土		0	1.0
$e\geqslant0.85$ 或 $I_L\geqslant0.85$ 的黏性土		0	1.0
$e\geqslant0.85$ 或 $S_R\geqslant0.5$ 的粉土		0	1.1

续表

土的类别		η_b	η_d
红黏土	含水比 $\alpha_w>0.8$	0	1.2
	含水比 $\alpha_w\leqslant 0.8$	0.15	1.4
$e<0.85$ 或 $I_L<0.85$ 的黏性土		0.3	1.6
$e<0.85$ 或 $S_R\leqslant 0.5$ 的粉土		0.5	2.2
粉砂、细砂（不包括很湿与饱和时的稍密状态）		2.0	3.0
中砂、粗砂、砾砂和碎石土		3.0	4.4

当按公式（7-9）计算所得的地基承载力修正后的特征值 $f_a<1.1f_{ak}$时，取 $f_a=1.1f_{ak}$。

【例题 7-2】 某建筑物基础埋深为 $d=1.5$ m，基础宽 $b=3.2$ m，地下水距地表 1.2 m。地基土为碎石，其承载力特征值为 $f_{ak}=600$ kPa。地下水位以上重度为 $\gamma=19.5$ kN/m³，地下水位以下的饱和重度为 $\gamma_{sat}=20.5$ kN/m³。试确定地基土的承载力修正后的特征值 f_a。

解：(1) 根据题意，基础埋深范围内土的加权平均重度为：

$$\gamma_0=\frac{1.2\times 19.5+(1.5-1.2)\times(20.5-10)}{1.5}=17.7(\text{kN/m}^3)$$

(2) 承载力深度、宽度修改系数为：

查表 7-8，

碎石土：$\eta_b=3.0$，$\eta_d=4.4$

(3) 则地基土的承载力修正后的特征值为：

$$\begin{aligned}f_a&=f_{ak}+\eta_b\gamma\ (b-3)+\eta_d\gamma_0(d-0.5)\\&=600+3.0\times 10.5\times(3.2-3)+4.4\times 17.7\times(1.5-0.5)\\&=684.18(\text{kPa})\end{aligned}$$

故，该地基承载力修正后的特征值为 684.18 kPa。

7.3.3 按静载荷试验方法确定地基承载力

静载荷试验方法第 3 章已经介绍过。根据载荷试验可得到压力与沉降关系曲线，即 $p-S$ 曲线。以下讨论如何利用 $p-S$ 曲线确定地基承载力的方法。

当载荷试验 $p-S$ 曲线上有明显的起始直线和比例界限时，如图 7-14 (a)，取该比例界限所对应的荷载 p_a 作为地基承载力基本值 f_0。

当极限荷载 p_u 能确定，且该值小于比例界限荷载 p_a 值的 1.5 倍时，取极限荷载 p_u 的一半作为地基承载力基本值 f_0。

不能按上述两点确定时，据图 7-14 (b) 可按限制沉降量取值，即在 $p-S$ 曲线中，以一定的试验容许沉降值所对应的荷载作为地基的承载力基本值。

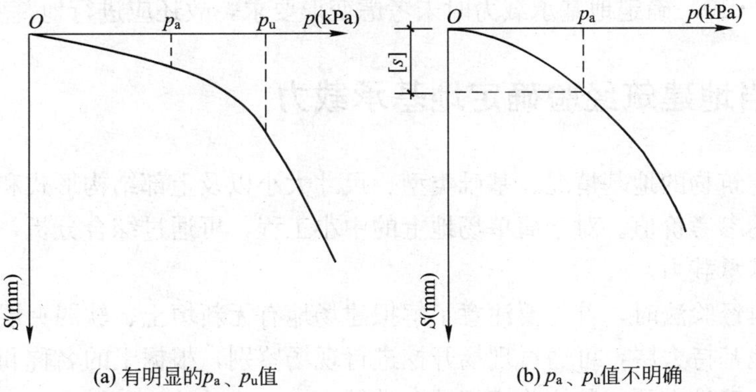

图 7-14　静载荷试验的 $p-S$ 曲线

同一土层参加统计的试验点不应少于三点，基本值的极差（最大值与最小值之间的差值）不应超过平均值的 30%。当符合以上规定时取其平均值作为地基承载力的特征值 f_{ak}。由特征值推求修正后的特征值仍按式（7-9）进行。

当荷载偏心距 e 小于或等于 0.033 倍基础底面宽度，即 $e \leqslant 0.033b$。根据由试验和统计得到的土的抗剪强度指标标准值，可按下式计算地基承载力修正后的特征值为：

$$f_a = M_b \gamma b + M_d \gamma_0 d + M_c c_k \tag{7-10}$$

式中：　f_a——由土的抗剪强度指标确定的地基承载力特征值，kPa；

M_b、M_d、M_c——承载力系数，按土的内摩擦角标准值查表 7-9 确定；

b——基础宽度，m。大于 6 m 时按 6 m 考虑，对于砂土小于 3 m 时按 3 m 考虑；

c_k——基底下一倍基宽深度内土的黏聚力标准值，kPa。

表 7-9　承载力系数

φ_k（°）	M_b	M_d	M_c	φ_k（°）	M_b	M_d	M_c
0	0.00	1.0	3.14	22	0.61	3.44	6.04
2	0.03	1.12	3.32	24	0.80	3.87	6.45
4	0.06	1.25	3.51	26	1.10	4.37	6.90
6	0.10	1.39	3.71	28	1.40	4.93	7.40
8	0.14	1.55	3.93	30	1.90	5.59	7.95
10	0.18	1.73	4.17	32	2.60	6.35	8.55
12	0.23	1.94	4.42	34	3.40	7.21	9.22
14	0.29	2.17	4.69	36	4.20	8.25	9.97
16	0.36	2.43	5.00	38	5.00	9.44	10.80
18	0.43	2.72	5.31	40	5.80	10.84	11.73
20	0.51	3.06	5.66				

按公式（7－10）确定地基承载力时未考虑变形要求，故还应进行地基变形验算。

7.3.4 按当地建筑经验确定地基承载力

调查原有建筑物的地基情况、基础类型、尺寸大小以及上部结构形式和采用的承载力数值，具有一定的参考价值。对于简单场地上的中小工程，可通过综合分析，参考邻近场地的经验确定其地基承载力。

在应用建筑经验法时，首先要注意了解拟建场地有无新填土、软弱夹层、地下沟洞等不利情况。对于地基持力层，可通过现场开挖进行现场鉴别，根据土的名称和所处状态估计地基承载力。这些工作也可与基坑验槽相结合进行。

7.4 基础底面尺寸

7.4.1 中心荷载作用下的基础

如图 7－15，在中心荷载作用下，作用在基底上的压应力为：

$$p_k=\frac{F_k+G_k}{A} \tag{7-11}$$

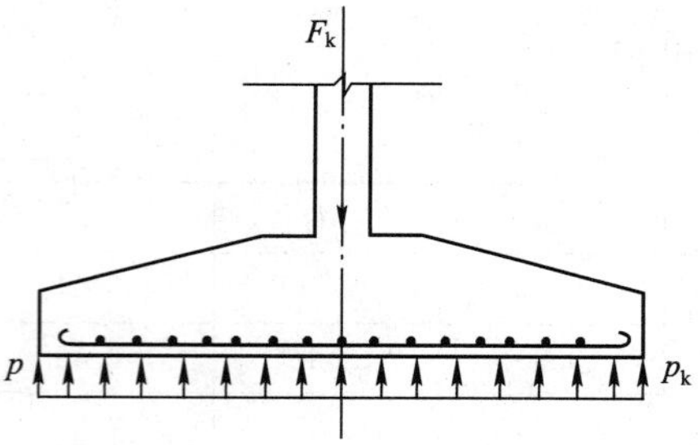

图 7－15 单独基础中心荷载作用

式中：p_k——基底压应力标准值，kPa；

F_k——上部结构传至基础顶面的荷载标准值，kPa；

G_k——基础及其上回填土的自重，kN；$G_k=Ad\gamma_G$，γ_G 为基础及其上回填土的平均容重，水上取 20 kN/m^3，水下取10 kN/m^3；

A——基础底面积，m^2。

地基按承载力设计时，要求作用在基础底面上的压力小于或等于地基承载力修正后的特征值，即

$$p_k\leqslant f_a \tag{7-12}$$

将式（7－11）代入上式，解得

$$A\geqslant\frac{F_k}{f_a-\gamma_G d} \tag{7-13}$$

对于矩形基础

$$A \geqslant \frac{F_k}{f_a - \gamma_G d} \tag{7-14}$$

按上式计算出 A 后，按 $b/l=1:1\sim1:1.2$ 选定 b 或 l，再计算出另一边长。

对于条形基础，沿基础长度方向，取 1 m 作为计算单元，故基底宽度为

$$b \geqslant \frac{F_k}{f_a - \gamma_G d} \tag{7-15}$$

式中：b——条形基础宽度，m；

F——沿长度方向 1 m 范围内上部结构上下传的荷载设计值，kN/m。

【例题 7-3】 某工厂职工 6 层住宅楼，设计砖混结构条形基础底面尺寸 b。基础埋深 $d=1.10$ m，上部中心荷载传至基础顶面 $F_k=180$ kN/m。地基表层为杂填土，其重度为 $\gamma_1=18.6$ kN/m^3，厚度 $h_1=1.10$ m；第二层为粉质黏土，$\gamma_2=18.0$ kN/m^3，$e=0.85$，$I_L=0.75$。墙厚 380 mm，设 $\psi_f=1.0$，确定基础的宽度。

解：(1) 确定地基承载力设计值 f

首先，据题意确定地基承载力基本值 f_0，查表 7-4，并进行内插，得

$$f_0=\frac{200+170}{2}=185(\text{kPa})$$

因回归修正系数 $\psi_f=1.0$，则地基承载力特征值 f_{ak} 为

$$f_{ak}=\psi_f \cdot f_0=1.0\times185=185(\text{kPa})$$

根据题意，查表 7-8，得地基承载力宽度、深度修正系数为 $\eta_b=0$，$\eta_d=1.0$

而 $\gamma_0=\gamma_1=18.6$ kN/m^3

则

$$\begin{aligned} f_a &= f_{ak}+\eta_b\gamma(b-3)+\eta_d\gamma_0(d-0.5) \\ &= 185+0+1.0\times18.6\times(1.1-0.5) \\ &= 196.16(\text{kPa}) \end{aligned}$$

$$1.1f_{ak}=1.1\times185=203.5(\text{kPa})$$

因 $$f_a=196.16\ \text{kPa}<1.1f_{ak}=203.5\ \text{kPa}$$

按规范要求，应取 $$f_a=203.5\ \text{kPa}$$

(2) 设计条形基础底面尺寸 b

按照条形基础底面尺寸 b 的计算公式有

$$\begin{aligned} b &\geqslant \frac{F_k}{f_a-\gamma_G d} \\ &= \frac{180}{203.5-20\times1.1}=0.99(\text{m}) \end{aligned}$$

为施工方便，工程上可取 $b=1.0$ m。

7.4.2　偏心荷载作用下的基础

如图 7-16 所示，在荷载 F、G 和单向弯矩 M 的共同作用下，基础底面受力不均匀，为

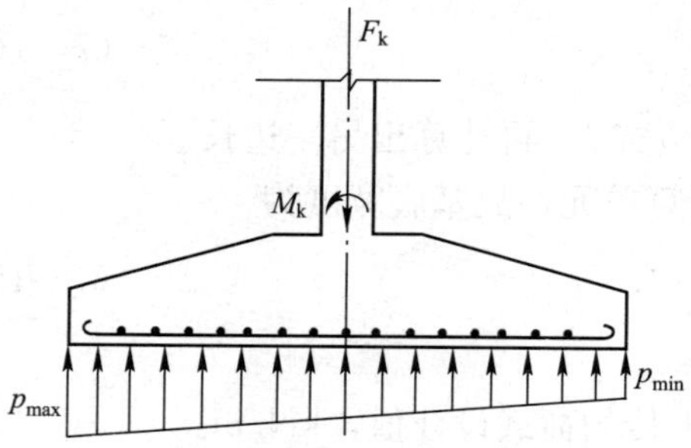

图 7-16 单独基础偏心荷载作用

不利条件。需要加大基础底面面积，通常采用试算法确定基础尺寸。步骤如下：

1. 先按中心荷载作用下的公式（7-13），初算基础底面积 A_0。

2. 考虑偏心不利影响，加大基础底面积 10%～40%。偏心小时可用 10%，偏心大时可用 40%。则偏心荷载作用下的基础底面积为：

$$A=(1.1\sim1.4)A_0 \tag{7-16}$$

3. 计算基础底边缘最大与最小压应力：

$$p_{\min}^{\max}=\frac{F_k+G_k}{A}\pm\frac{M_k}{W_k}=\frac{F_k+G_k}{A}\left(1\pm\frac{6e_k}{l}\right) \tag{7-17}$$

式中：p_{max}——基础底面边缘的最大压应力标准值，kPa；

p_{min}——基础底面边缘的最小压应力标准值，kPa；

M_k——作用于基础底面的弯矩标准值，kN·m；

W_k——基础底面的抵抗矩，矩形基础：$W=lb^2/6$，m^3；

e_k——上部结构荷载相对基础底面中心的偏心距，$e_k=\dfrac{M_k}{F_k+G_k}$。

4. 基底压应力验算：

$$\frac{1}{2}(p_{max}+p_{min})\leqslant f_a \tag{7-18}$$

$$p_{max}\leqslant 1.2f_a \tag{7-19}$$

若公式均满足要求，说明按公式确定的基底面积 A 合适，否则，应加大 A 值，重新计算 p_{max} 与 p_{min}，直至满足公式为止。

7.4.3 验算地基软弱下卧层强度

基础底面尺寸按上述方法初步确定后，如地基变形计算深度范围内有软弱下卧层时（见图 7-17），还应验算软弱下卧层的地基承载力，要求作用在下卧层顶面处的总应力不超过下卧层的承载力设计值。即

$$\sigma_{cz}+\sigma_z\leqslant f_{az} \tag{7-20}$$

式中：σ_{cz}——软弱下卧层顶面处土的自重应力标准值，kPa；

σ_z——软弱下卧层顶面处的附加应力设计值，kPa；

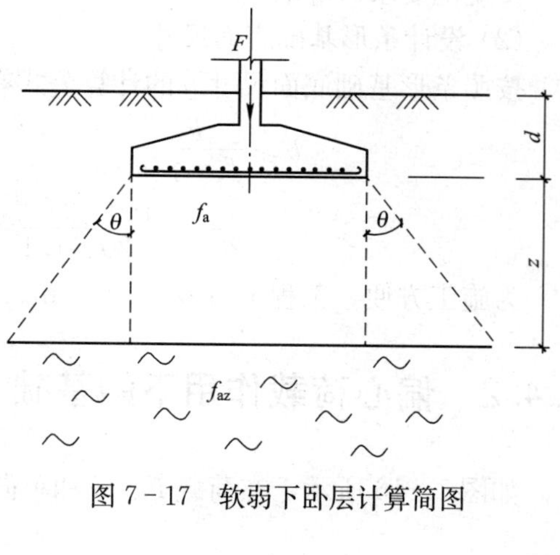

图 7-17 软弱下卧层计算简图

f_{az}——软弱下卧层顶面处经深度修正后地基土的承载力特征值，kPa。

其中，f_{az}应按下式进行计算：

$$f_{az}=f'_{ak}+\eta_d\gamma'_0(D-0.5) \tag{7-21}$$

式中：f'_{ak}——软弱下卧层顶面地基土的承载力特征值，kPa；

η_d——软弱下卧层的地基承载力修正系数，查表 7-8；

γ'_0——软弱下卧层顶面以上土层的加权平均重度，kN/m^3；

D——软弱下卧层埋深，m。

当上层土的压缩模量 E_{s1} 与软弱下卧层土的压缩模量 E_{s2} 比值 $E_{s1}/E_{s2}\geqslant 3$ 时，对于条形基础和矩形基础，公式（7-20）中的 σ_z 可按扩散角原理简化计算：

矩形基础

$$\sigma_z=\frac{p_0bl}{(b+2z\tan\theta)(l+2z\tan\theta)} \tag{7-22}$$

式中：p_0——基底附加应力，kPa；

b、l——矩形基础的宽度、长度，m；

z——基础底面至软弱下卧层顶面处的距离，m；

θ——地基压力扩散角，°，查表 7-10 确定。

条形基础

$$\sigma_z=\frac{p_0b}{b+2z\tan\theta} \tag{7-23}$$

式中：b——条形基础的宽度，m。

如果下卧层承载力验算不满足式（7-20）要求，基础的沉降可能较大，或地基土可能产生剪切破坏。这时应考虑增大基础底面积，或减小埋深。如果这样处理仍未能符合要求，则应考虑另拟地基基础方案。

表 7-10　地基压力扩散角 θ

$a=E_{s1}/E_{s2}$	$z=0.25b$	$z\geqslant 0.50b$
3	6°	23°
5	10°	25°
10	20°	30°

注：1. E_{s1}为上层土压缩模量；E_{s2}为下层土压缩模量；

2. 当 $z<0.25b$ 时，一般取 $\theta=0°$，必要时由试验确定。

7.4.4　地基变形验算

对于一般建筑物，按地基承载力计算已满足地基变形要求，不必作沉降计算。但对于一级建筑物及一些重要的二级建筑物，应进行变形计算。其具体验算方法见第 4 章有关内容。

7.5　刚性基础设计

刚性基础是指用抗压性能较好而抗拉、抗剪性能很差的材料建造的基础。用砖、石、素混凝土、灰土和三合土等材料砌筑的基础均属此类。为保证刚性基础不因受拉或受剪而破坏，要求基础的宽度和高度之比不超过相应材料要求的容许值。

刚性基础台阶的宽高比应满足

$$\frac{b'}{h} \leqslant \left[\frac{b'}{h}\right] \tag{7-24}$$

式中：$\left[\frac{b'}{h}\right]$——刚性基础台阶宽高比的容许值，查表 7 - 11；

b'——刚性基础台阶外伸宽度，m；

h——刚性基础高度，m。

对于砖基础，各部分的尺寸应符合砖的模数。砖基础一般做成台阶式，俗称“大放脚”。其砌筑方式有两种：一种是“两皮一收”砌法，即每层为两皮砖，高度为 120 mm，挑出 1/4 砖长，即 60 mm，如图 7 - 18（a）；另一种是“二一间隔收砌法”，即“放脚”形状为每层台阶面宽均为 60 mm，底层一般砌筑高度为 120 mm，往上一层砌筑高度为一皮砖即 60 mm。以上各层高度依此类推，如图 7 - 18（b）。为了保证砖基础的砌筑质量，砖基础底面以下一般要设置垫层。垫层材料可选用灰土、三合土或素混凝土，垫层厚度一般为 100 mm。

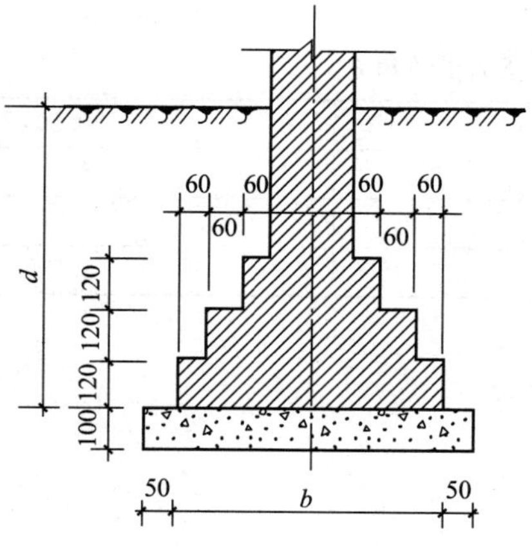

(a) 两皮一收砌法

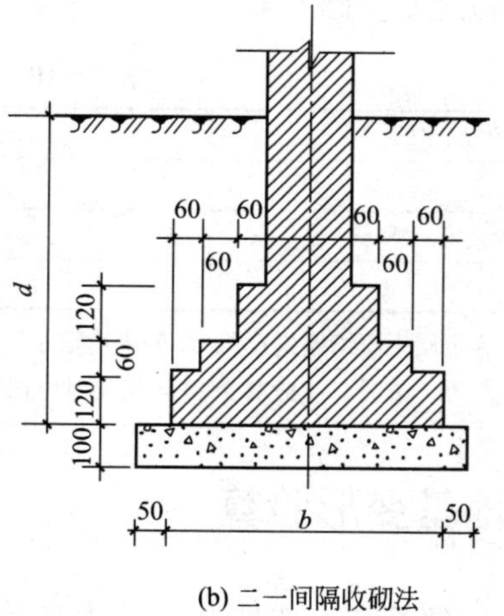

(b) 二一间隔收砌法

图 7 - 18　砖基础砌筑

表 7-11　刚性基础的质量要求和基础台阶宽高比 b'/h 的容许值

基础材料	质量要求		$[b'/h]$		
			$p\leqslant 100$	$100<p\leqslant 200$	$200<p\leqslant 300$
混凝土基础	C10 混凝土		1∶1.00	1∶1.00	1∶1.00
	C7.5 混凝土		1∶1.25	1∶1.50	1∶1.50
毛石混凝土基础	C7.5～C10 混凝土		1∶1.00	1∶1.25	1∶1.50
砖基础	砖不低于 MU7.5	M5 砂浆	1∶1.50	1∶1.50	1∶1.50
		M2.5 砂浆	1∶1.50	1∶1.50	
毛石基础	M2.5～5 砂浆		1∶1.25	1∶1.50	
	M1 砂浆		1∶1.50		
灰土基础	体积比为 3∶7 或 2∶8 的灰土		1∶1.25	1∶1.50	
三合土基础	体积比为 1∶2∶4～1∶3∶6（石灰∶砂∶骨料），每层约铺 220 mm，夯至 150 mm		1∶1.50	1∶2.00	

【例题 7-4】　某民用建筑为四层砖混结构，底层承重墙厚 240 mm，墙传至±0.000 地面处的荷载标准值 $F_k=175$ kN/m，地质情况如图 7-19 所示，试作刚性基础设计。

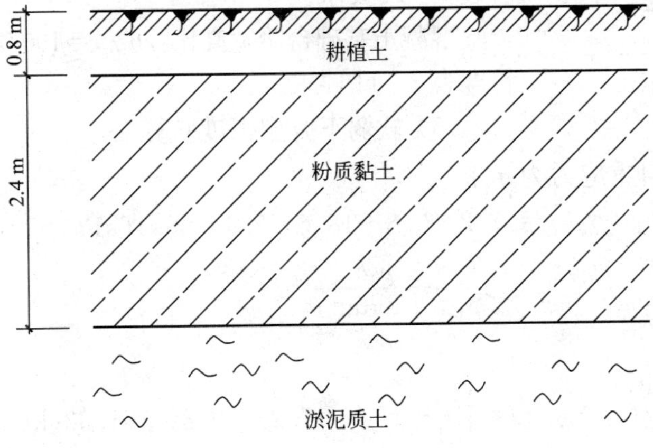

图 7-19　例题 7-4 图

解：(1) 根据地基情况，基础埋深选择 $d=0.8$ m。采用条形基础。

(2) 持力层承载力修正后的特征值 f_a

首先，因基础埋深 d 与第一层土层厚 $h_1=0.8$ m 相等，因此 $\gamma_0=\gamma_1=17.2$ kN/m³。

其次，查表 7-8，得地基土承载力深度修正系数 $\eta_d=1.6$（注：因基础宽度尚未设计出来，无法进行承载力宽度修正，所以这里先只对承载力进行深度修正）。

则，经深度修正的承载力特征值 f'_a 为

$$f'_a = f_{ak2} + \eta_d \gamma_0 (d-0.5) = 165 + 1.6 \times 17.2 \times (0.8-0.5)$$
$$= 173.256(\text{kPa})$$
$$1.1 f'_a = 1.1 \times 165 = 181.5(\text{kPa})$$

根据规范，应取 $f'_a = 181.5$ kPa

（3）条形基础宽度

$$b \geqslant \frac{F_k}{f'_a - \gamma_G d} = \frac{175}{181.5 - 20 \times 0.8} = 1.06(\text{m})$$

取 $b=1.1$ m。

因 $b=1.1$ m<3 m，所以承载力设计值不必进行宽度修正。

（4）基础材料和构造

按照规范，基础下部采用 200 mm 厚的 C10 混凝土，其上用 MU10 红砖，用 M5 水泥砂浆砌筑。采用二一间隔收砌法，基础高 560 mm，保护层厚度为 240 mm。如图 7-20 所示。

验算：砖基础台阶宽高比：$b'/h = 180/300 = 1:1.67$，符合表 7-11 要求。

混凝土基础台阶宽高比：$b'/h = 190/200 = 1:1.053$，符合表 7-11 要求。

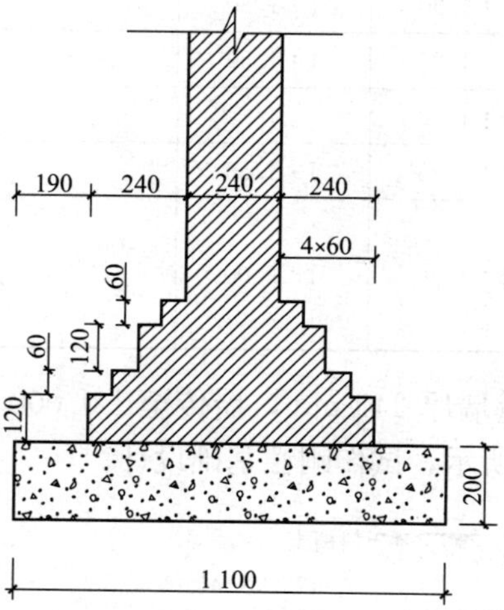

图 7-20 基础构造示意图

（5）软弱下卧层强度验算

软弱下卧层底面处的自重应力为 σ_{cz}：

$$\sigma_{cz} = \gamma_1 h_1 + \gamma_2 h_2 = 17.2 \times 0.8 + 18.6 \times 2.4 = 58.4(\text{kPa})$$

$$\sigma_z = \frac{p_0 b}{b + 2z\tan\theta}$$

基底附加应力 p_0 为

$$p_0 = \frac{F+G}{b} - \gamma_0 d = \frac{F}{b} + (\gamma_G - \gamma_0)d = \frac{175}{1.1} + (20-17.2) \times 0.8 = 161.33(\text{kPa})$$

据 $\frac{E_{s1}}{E_{s2}} = 3.0$，查表 7-10，得压力扩散角 $\theta = 23°$

则
$$\sigma_z = \frac{161.33 \times 1.1}{1.1 + 2 \times 2.4 \times \tan 23°} = 56.56(\text{kPa})$$

$$\sigma_{cz} + \sigma_z = 58.4 + 56.56 = 115(\text{kPa})$$

接下来，计算软弱下卧层顶面处的承载力设计值 f_z：

查表 7-8，得承载力深度修正系数 $\eta_d = 1.1$。

软弱下卧层顶面至地表土的加权平均重度为

$$\gamma'_0=\frac{\gamma_1 h_1+\gamma_2 h_2}{h_1+h_2}=\frac{17.2\times0.8+18.6\times2.4}{0.8+2.4}=18.25(\text{kN/m}^3)$$

下卧层埋深 $D=0.8+2.4=3.2(\text{m})$

则，软弱下卧层顶面处的承载力设计值 f_{az} 为

$$f_{az}=f'_{ak3}+\eta_d\gamma'_0(D-0.5)=70+1.1\times18.25\times(3.2-0.5)=124.20(\text{kPa})$$

比较有 $$\sigma_{cz}+\sigma_z<f_{az}$$

则软弱下卧层安全。

7.6　扩展基础设计

扩展基础的底面向外扩展，基础外伸的宽度大于基础高度，基础材料承受拉应力，因此，扩展基础必须采用钢筋混凝土材料。常见的扩展基础指柱下钢筋混凝土独立基础和墙下钢筋混凝土条形基础。

7.6.1　扩展基础的构造要求

1. 基础边缘高度

锥形基础的边缘高度不宜小于 200 mm，如图 7－21（a）；阶梯形基础的每阶高度宜为 300～500 mm，如图 7－21（b）。

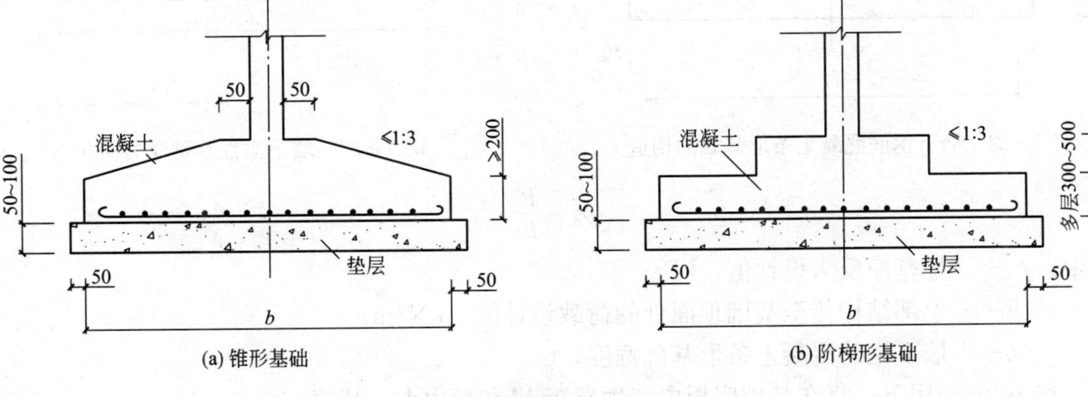

图 7－21　扩展基础构造的一般要求

2. 基底垫层

通常在底板下浇筑一层素混凝土垫层，垫层的厚度一般为 50～100 mm，混凝土的强度

等级一般为 C10，垫层两边各伸出底板 50 mm。

3. 底板受力钢筋

直径不宜小于 8 mm；间距不大于 200 mm。底板钢筋的保护层厚度：设置垫层时不宜小于 35 mm；无垫层时不宜小于 70 mm。

肋式梁，肋的纵向钢筋和箍筋等一般按经验确定。

4. 混凝土

混凝土强度等级应不小于 C15。

7.6.2 扩展基础的计算

1. 墙下钢筋混凝土条形基础的底板厚度和配筋

(1) 中心荷载作用

墙下钢筋混凝土条形基础构造示意如图 7-22 所示。在均布线荷载 F(kN/m) 作用下的受力分析可简化为如图 7-23 所示。它的受力情况如同一受力作用下的倒置悬壁板。若沿墙长度方向取 l=1 m 分析，则基底地基净反力为

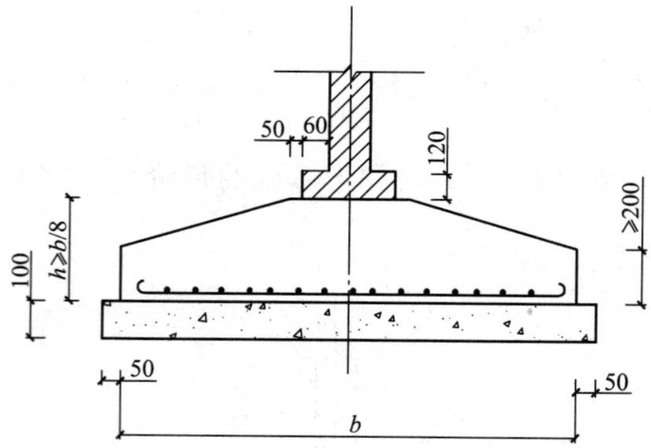

图 7-22 墙下钢筋混凝土条形基础的构造

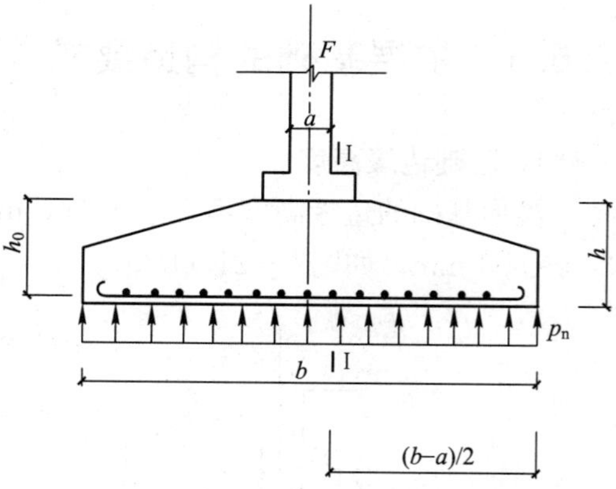

图 7-23 墙下柔性基础受力简化

$$p_n=\frac{F}{b} \tag{7-25}$$

式中：p_n——地基净反力设计值，kPa；

F——上部结构传至基础顶面处的荷载设计值，kN/m；

b——墙下钢筋混凝土条形基础宽度，m。

在 p_n 的作用下，将在基础底板内产生弯矩 M 和剪力 V，其值在图 7-23 中Ⅰ—Ⅰ截面处（悬臂板“支座”）最大

$$V=\frac{1}{2}p_n(b-a) \tag{7-26}$$

$$M=\frac{1}{8}p_{n}(b-a)^{2} \tag{7-27}$$

式中：V——基础底板支座的剪力设计值，kN/m；

M——基础底板支座的弯矩设计值，kN·m/m；

a——砖墙厚，m；

b——墙下钢筋混凝土条形基础宽度，m。

为了防止因 V、M 作用而使基础底板发生强度破坏，基础底板应有足够的厚度和按计算进行配筋。

(a) 基础底板厚度

基础内不配箍筋和弯筋，故基础底板厚度应满足下式要求

$$V\leqslant 0.7\beta_{h}f_{t}h_{0} \tag{7-28}$$

或

$$h_{0}\geqslant\frac{V}{0.7\beta_{h}f_{t}} \tag{7-29}$$

式中：f_t——混凝土轴心抗拉强度设计值，kPa；

h_0——基础底板有效高度，m。

当设置垫层时

$$h_{0}=h-40-\frac{1}{2}\phi \tag{7-30}$$

当无垫层时

$$h_{0}=h-70-\frac{1}{2}\phi \tag{7-31}$$

式中：ϕ——主筋直径，mm。

(b) 基础底板配筋

按下式计算

$$A_{s}=\frac{M}{0.9h_{0}f_{y}} \tag{7-32}$$

式中：A_s——条形基础每米长基础底板受力钢筋截面积，mm^2/m；

f_y——钢筋抗拉强度设计值，N/mm^2。

(2) 偏心荷载作用

首先计算基底净反力的偏心距 e_{m0}：

$$e_{m0}=\frac{M}{F} \tag{7-33}$$

然后计算基础边缘处的最大和最小净反力

$$\begin{matrix}p_{n\max}\\p_{n\min}\end{matrix}=\frac{F}{b}\left(1\pm\frac{6e_{m0}}{b}\right) \tag{7-34}$$

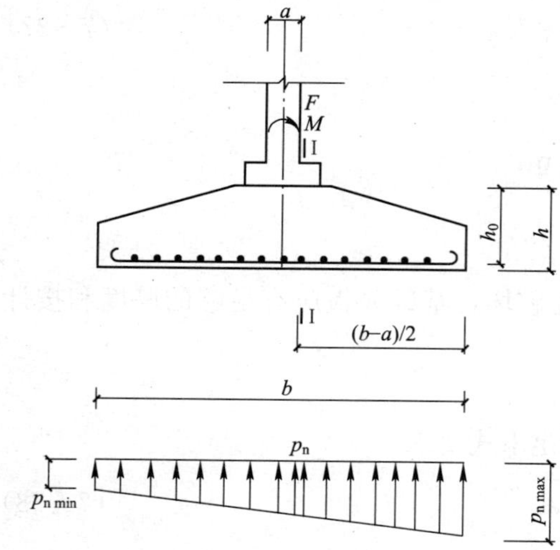

图 7-24 墙下条形基础受偏心荷载作用

则悬臂支座处截面Ⅰ—Ⅰ（见图 7-24）处的地基净反力为

$$p_{nI}=p_{n\min}+\frac{b-a}{2b}(p_{n\max}-p_{n\min}) \qquad (7-35)$$

基础高度和配筋计算仍旧按公式（7-29）和公式（7-32）进行计算，但在计算剪力 V 和弯矩 M 时应将公式（7-26）和公式（7-27）中的 p_n 改为 $\frac{p_{n\max}+p_{nI}}{2}$。

2. 柱下钢筋混凝土单独基础底板厚度及配筋计算

1）中心荷载作用

（1）基础底板厚度

在柱中心荷载 F 作用下，如果基础高度（或阶梯高度）不足，则将沿着柱周边（或阶梯高度变化处）产生冲切破坏，形成45°斜裂面的锥体，如图 7-25（a）。因此，由冲切破坏锥体以外的地基净反力所产生的冲切力应小于冲切面处混凝土的抗冲切能力。对于矩形基础，往往柱短边一侧冲切破坏较柱长边一侧危险，这时只需要根据短边一侧冲切破坏条件来确定底板厚度，即要求

$$V\leqslant 0.7f_t a_m h_0 \qquad (7-36)$$

式中：V——地基净反力在冲切面（A_l）上产生的剪力设计值，$V=p_nA_l$，kN；

p_n——地基净反力设计值，$p_n=\frac{F}{lb}$，kPa；

l、b——单独基础底面长与宽，m；

A_l——冲切力的作用面积，图 7-25 中的斜影线部分，m^2；

f_t——混凝土抗拉强度设计值，kPa；

a_m——冲切破坏锥体斜截面的上边长 a_t 与下边长 a_b 的平均值，$a_m=\frac{a_t+a_b}{2}$。

A_l 的计算：

当 $b\geqslant b_c+2h_0$ 时，如图 7-25（b），

$$A_l=\left(\frac{l}{2}-\frac{a_c}{2}-h_0\right)b-\left(\frac{b}{2}-\frac{b_c}{2}-h_0\right)^2$$

$$a_b=b_c+2h_0,\ a_t=b_c,\ a_m=b_c+h_0$$

将 A_l、a_m 代入公式（7-36），即为柱下单独基础抗冲切验算公式

$$p_n\left[\left(\frac{l}{2}-\frac{a_c}{2}-h_0\right)b-\left(\frac{b}{2}-\frac{b_c}{2}-h_0\right)^2\right]\leqslant 0.7f_t(b_c+h_0)h_0 \qquad (7-37)$$

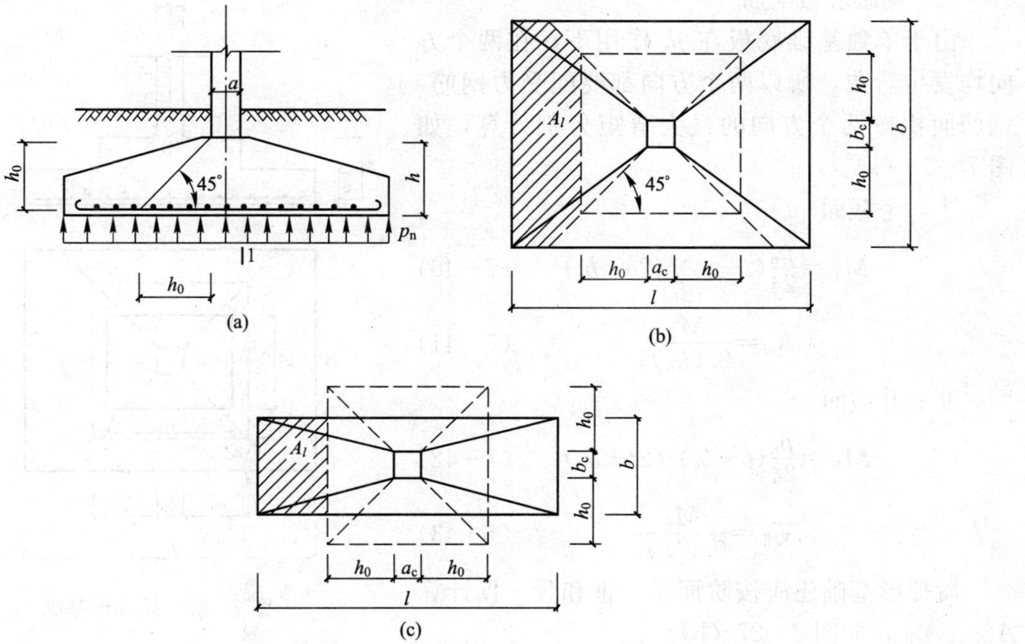

图 7-25　中心受压柱基础底板厚度的确定

或

$$h_0 \geqslant \frac{1}{2}\sqrt{b_c^2+\frac{2b(l-a_c)-(b-b_c)^2}{1+0.6\left(\frac{f_t}{p_n}\right)}}-\frac{b_c}{2} \tag{7-38}$$

式中：a_c、b_c——柱长边、短边长度，m；

h_0——基础的有效高度，m。

其余符号同前。

当 $b<b_c+2h_0$ 时，如图 7-25（c）

$$A_l=\left(\frac{l}{2}-\frac{a_c}{2}-h_0\right)b$$

$$a_b=b，a_t=b_c，a_m=b_c+b$$

则公式（7-37）变成

$$p_n\left[\left(\frac{l}{2}-\frac{a_c}{2}-h_0\right)b\right]\leqslant 0.7f_t(b_c+b)h_0 \tag{7-39}$$

当基础剖面为阶梯形时，如图 7-26，除可能在柱子周边开始沿 45°斜面拉裂形成冲切锥体外，还可能从变阶处开始沿 45°斜面拉裂。因此，还应验算变阶处的有效高度 h_{01}。验算方法与上述基本相同，仅需将上述公式中的 b_c、a_c、h_0 换成变阶处的尺寸 b_1、a_1、h_{01} 即可，见图 7-26（a）。

(2) 基础底板配筋

由于单独基础底板在 p_n 作用下，在两个方向均发生弯曲，所以两个方向都要配受力钢筋，钢筋面积按两个方向的最大弯矩分别计算，如图 7-27 (a)。

Ⅰ—Ⅰ截面

$$M_{\text{I}}=\frac{p_n}{24}(l-a_c)^2(2b+b_c) \qquad (7-40)$$

$$A_{s\text{I}}=\frac{M_{\text{I}}}{0.9h_0f_y} \qquad (7-41)$$

Ⅱ—Ⅱ截面

$$M_{\text{II}}=\frac{p_n}{24}(b-b_c)^2(2l+a_c) \qquad (7-42)$$

$$A_{s\text{II}}=\frac{M_{\text{II}}}{0.9h_0f_y} \qquad (7-43)$$

阶梯形基础还应按阶面Ⅲ—Ⅲ和Ⅳ—Ⅳ计算 $A_{s\text{III}}$、$A_{s\text{IV}}$，如图 7-27 (b)。

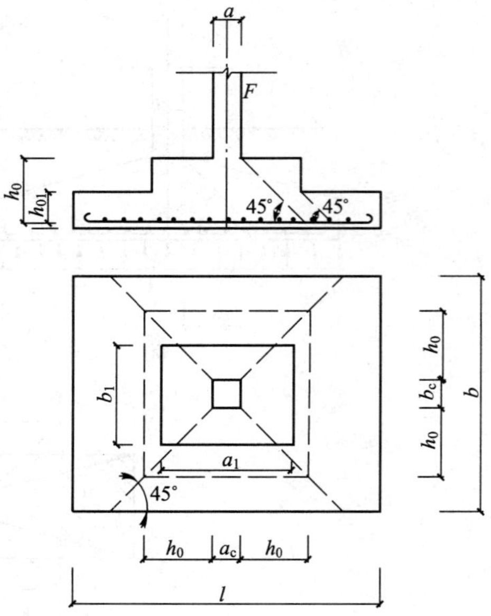

图 7-26 阶梯形基础

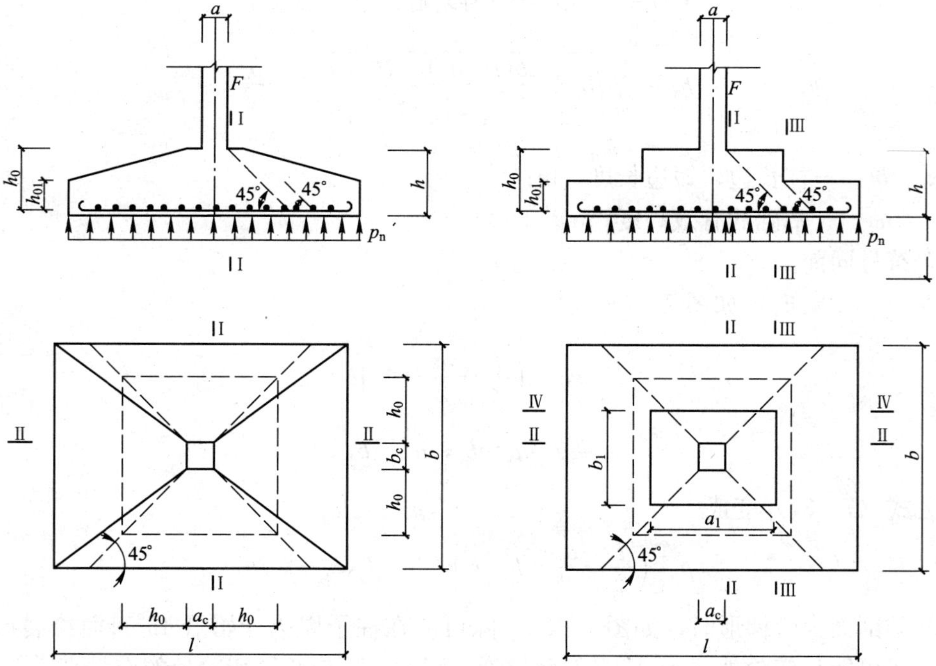

(a) 锥形基础 (b) 阶梯形基础

图 7-27 中心荷载柱基础底板配筋计算

Ⅲ—Ⅲ截面

$$M_{\text{Ⅲ}}=\frac{p_n}{24}(l-a_1)^2(2b+b_1) \tag{7-44}$$

$$A_{s\text{Ⅲ}}=\frac{M_{\text{Ⅲ}}}{0.9h_{01}f_y} \tag{7-45}$$

Ⅳ—Ⅳ截面

$$M_{\text{Ⅳ}}=\frac{p_n}{24}(b-b_1)^2(2l+a_1) \tag{7-46}$$

$$A_{s\text{Ⅳ}}=\frac{M_{\text{Ⅳ}}}{0.9h_{01}f_y} \tag{7-47}$$

2）偏心荷载作用

(1) 构造要求

① 一般要求如下。

轴心受压基础的底面一般采用正方形。偏心受压基础的底面应采用矩形，长边与弯矩作用方向一致，长、短边长的比例在 1.5～2.0 之间，不应超过 3.0。

锥形基础的边缘高度不宜小于 300 mm；阶形基础的每阶高度宜为 300～500 mm。

混凝土强度等级不应低于 C15，常用 C15 或 C20。基础下面通常要做素混凝土垫层（常用 C10 混凝土），厚度一般采用 100 mm，垫层面积比基础底面积大，通常每端伸出基础边 100 mm。

底板受力钢筋一般采用 HRB335 或 HPB235 级钢筋，其最小直径不宜小于 8 mm，间距宜 100～200 mm。当有垫层时，受力钢筋的保护层厚度不宜小于 40 mm，无垫层时不宜小于 70 mm。

基础底板的边长大于 3 m 时，沿此方向的钢筋长度可减短 10%，但应交错布置。

② 预制基础的杯口形式和柱的插入深度要求如下。

当预制柱的截面为矩形及工字形时，柱基础采用单杯口形式。

预制柱插入基础杯口应有足够的深度，使柱可靠地嵌固在基础中，插入深度 h_1 应满足表 7-12 的要求。

表 7-12　柱的插入深度 h_1　　mm

<table>
<tr><th colspan="4">矩形或工字形柱</th><th rowspan="2">单肢管柱</th><th rowspan="2">双肢管柱</th></tr>
<tr><th>$h<500$</th><th>$500\leqslant h<800$</th><th>$800\leqslant h<1000$</th><th>$1000<h$</th></tr>
<tr><td rowspan="2">$h\sim1.2h$</td><td rowspan="2">h</td><td>$0.9h$</td><td>$0.8h$</td><td>$1.5d$</td><td>$(1/3\sim2/3)h_a$</td></tr>
<tr><td>$\geqslant800$</td><td>$\geqslant1\,000$</td><td>$\geqslant500$</td><td>$(1.5\sim1.8)h_b$</td></tr>
</table>

注：1. h 为柱截面长边尺寸；d 为管柱的外直径；h_a 为双肢管柱整个截面长边尺寸；h_b 为双肢管柱整个截面短边尺寸；

2. 柱轴心受压或小偏心受压时，h_1 可适当减小，偏心距大于 $2h$（或 $2d$）时，h_1 应适当加大。

基础的杯底厚度 a_1 和杯壁厚度 t 可按表 7-13 选用。

表 7-13 基础的杯底厚度和杯壁厚度

柱截面长边尺寸 h/mm	杯底厚度 a_1/mm	杯壁厚度 t/mm
$h<500$	≥150	150～200
$500\leqslant h<800$	≥200	≥200
$800\leqslant h<1\,000$	≥200	≥300
$1\,000\leqslant h<1\,500$	≥250	≥350
$1\,500\leqslant h<2\,000$	≥300	≥400

（2）确定基础底面尺寸

先按轴心受压估算：$A_0\geqslant\dfrac{F_k}{f_a-\gamma_G d}$

将其增大 10%～40%，初步选定底面尺寸为 $A=bl$。

（3）地基承载力的验算

要求：$p_{max}\leqslant 1.2f_a$

$p_{min}\geqslant 0$

$p\leqslant f_a$

其中：$\begin{matrix}p_{max}\\p_{min}\end{matrix}=\dfrac{F_k+G_k}{bl}\left(1\pm\dfrac{6e}{l}\right)$，$e=\dfrac{M_k}{F_k+G_k}$，而 $G_k=\gamma_G Ad$

$$p=\frac{1}{2}(p_{max}+p_{min})$$

（4）基础抗冲切承载力验算

基础边缘处的最大和最小净反力：

$$\begin{matrix}p_{n\,max}\\p_{n\,min}\end{matrix}=\frac{F}{bl}\left(1\pm\frac{6e_{m0}}{l}\right)\tag{7-48}$$

其中，基底净反力的偏心距：

$$e_{m0}=\frac{M}{F}\tag{7-49}$$

若 $F_l\leqslant 0.7f_t a_m h_0$ 满足，说明该基础台阶边缘或角锥边缘高度满足抗冲切承载力要求，其中冲切力：$F_l=p_{n\,max}A_l$，如图 7-28 所示。

（5）基础底板配筋（见图 7-29）

按比例可求得相应于柱边缘、变阶处及冲切破坏锥体外边缘处的地基净反力值。

柱边缘：$$p_{n\mathrm{I}}=p_{n\,min}+\frac{l+a_c}{2l}\times(p_{n\,max}-p_{n\,min})$$

变阶处：$$p_{n\mathrm{III}}=p_{n\,min}+\frac{l+a_1}{2l}\times(p_{n\,max}-p_{n\,min})$$

冲切破坏锥体外边缘处：$$p_{nj}=p_{n\,min}+\frac{l+a_1+2h_0}{2l}\times(p_{n\,max}-p_{n\,min})$$

沿基础长边方向，对柱边截面Ⅰ—Ⅰ处的弯矩 M_{I} 按下式计算

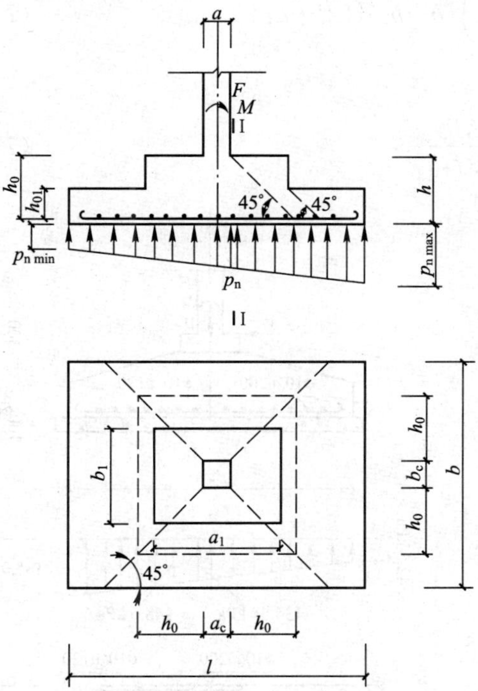

图 7－28 偏心受压柱基础底板厚度计算

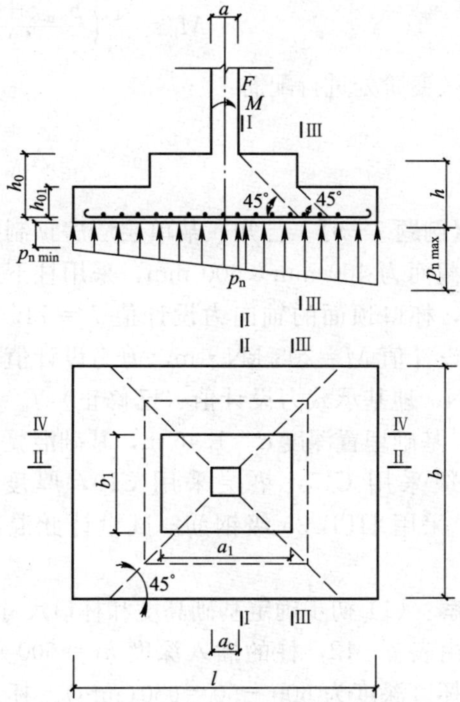

图 7－29 基础底板配筋计算

$$M_{\mathrm{I}}=\frac{1}{24}\left(\frac{p_{\mathrm{n\,max}}+p_{\mathrm{nI}}}{2}\right)(l-a_{\mathrm{c}})^2(2b+b_{\mathrm{c}}) \tag{7-50}$$

配筋面积：

$$A_{\mathrm{sI}}=\frac{M_{\mathrm{I}}}{0.9f_{\mathrm{y}}h_0} \tag{7-51}$$

变阶处截面Ⅲ—Ⅲ处的弯矩：

$$M_{\mathrm{III}}=\frac{1}{24}\left(\frac{p_{\mathrm{n\,max}}+p_{\mathrm{nIII}}}{2}\right)(l-a_1)^2(2b+b_1) \tag{7-52}$$

按变阶处进行配筋：

$$A_{\mathrm{sIII}}=\frac{M_{\mathrm{III}}}{0.9f_{\mathrm{y}}h_{01}} \tag{7-53}$$

沿基础短边方向计算与上相仿，但应按轴心受压考虑。

柱边缘处弯矩：

$$M_{\mathrm{II}}=\frac{1}{24}\left(\frac{p_{\mathrm{n\,max}}+p_{\mathrm{n\,min}}}{2}\right)(b-b_{\mathrm{c}})^2(2l+a_{\mathrm{c}}) \tag{7-54}$$

配筋：

$$A_{\mathrm{sII}}=\frac{M_{\mathrm{II}}}{0.9f_{\mathrm{y}}h_0} \tag{7-55}$$

变阶处截面Ⅳ—Ⅳ处的弯矩：

$$M_{\mathrm{IV}}=\frac{1}{24}\left(\frac{p_{\mathrm{n\,max}}+p_{\mathrm{n\,min}}}{2}\right)(b-b_1)^2(2l+a_1) \tag{7-56}$$

按变阶处进行配筋：

$$A_{\mathrm{sIV}}=\frac{M_{\mathrm{IV}}}{0.9f_yh_{01}} \tag{7-57}$$

【例题 7-5】 已知：某单层厂房预制排架柱的截面为 400 mm×600 mm，采用柱下扩展基础，杯口顶面的轴向力设计值 $F=715$ kN，弯矩设计值 $M=208$ kN·m，剪力设计值 $V=26$ kN，地基承载力设计值（已修正）$f_a=195$ kPa，基础埋置深度 $d=1.45$ m，基础混凝土强度等级采用 C15，垫层采用 C10，厚度 100 mm；采用 HPB235 级钢筋。试设计此混凝土基础。

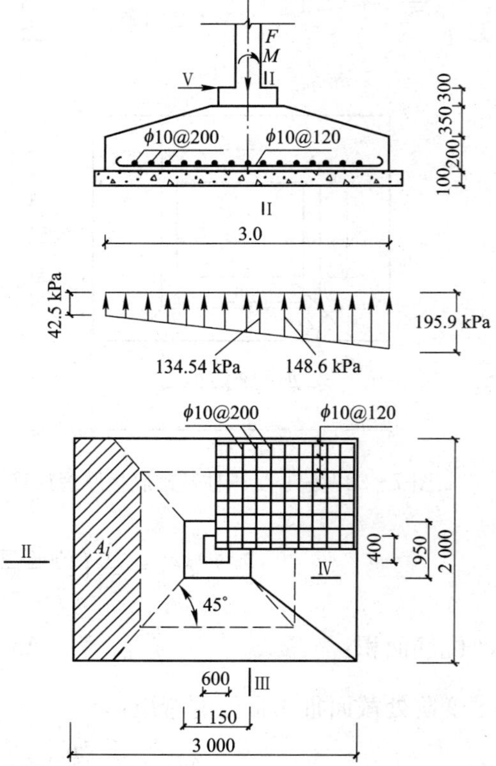

图 7-30 例题 7-5 图

解：(1) 初步确定基础高度和杯口尺寸

由表 7-12，柱的插入深度 $h_1=600$ mm，所以杯口深度为 600+50=650(mm)。杯口顶部尺寸，宽为 400+2×75=550(mm)，长为 600+2×75=750(mm)；杯口底部尺寸，宽为 400+2×50=500(mm)，长为 600+2×50=700(mm)。

根据表 7-13，取杯壁厚度 $t=200$ mm，杯底厚度 $a_l=200$ mm，杯壁高度 $h_2=300$ mm，$a_2=200$ mm。

根据以上尺寸，初步确定基础总高度为 600+50+200=850(mm)。如图 7-30 所示。

(2) 确定基础底面尺寸

先按轴心受压估算，这时基础埋置深度按室内标高和天然地坪高平均值考虑，即 $d=(1.45+1.15)/2=1.30$(m)。

$$A\geqslant\frac{F_k}{f_a-\gamma_G d}=\frac{715/1.35}{195-20\times1.3}=3.13(\mathrm{m}^2)$$

将其增大 10%～40%，初步选定底面尺寸为：$l=3.0$ m，$b=2.0$ m。

$$G_k=\gamma_G Ad=20\times3\times2\times1.30=156(\mathrm{kN})$$

基底反力的偏心距 e_k：

$$e_k=\frac{M_k}{F_k+G_k}=\frac{208+26\times0.85}{715+156}=0.264(\mathrm{m})$$

基础边缘处的最大和最小反力

$$\left.\begin{matrix}p_{\max}\\p_{\min}\end{matrix}\right\}=\frac{F_k+G_k}{bl}\left(1\pm\frac{6e_k}{l}\right)=\frac{\frac{715}{1.35}+156}{2\times3}\times\left(1\pm\frac{6\times0.264}{3}\right)=\begin{cases}174.6(\text{kPa})\\53.9(\text{kPa})\end{cases}$$

(3) 地基承载力的验算

$$p_{\max}=174.6\text{ kPa}\leqslant1.2f_a=1.2\times195=234(\text{kPa})$$

$$p_{\min}=53.9\text{ kPa}\geqslant0$$

$$p=\frac{1}{2}(p_{\max}+p_{\min})=\frac{1}{2}\times(174.6+53.9)=114.3(\text{kPa})\leqslant f_a$$

故基础底面积满足地基承载力的要求。

(4) 基础抗冲切承载力验算

基底净反力的偏心距 e_{m0}：

$$e_{m0}=\frac{M}{F}=\frac{208+26\times0.85}{715}=0.322(\text{m})$$

基础边缘处的最大和最小净反力

$$\left.\begin{matrix}p_{n\max}\\p_{n\min}\end{matrix}\right\}=\frac{F}{bl}\left(1\pm\frac{6e_{m0}}{l}\right)=\frac{715}{2\times3}\times\left(1\pm\frac{6\times0.322}{3}\right)=\begin{cases}195.9(\text{kPa})\\42.5(\text{kPa})\end{cases}$$

因杯壁厚 $t=200$ mm，小于杯壁高度 300 mm，说明上阶底落在破坏锥体以内，故仅需对台阶以下进行冲切验算。按有垫层且纵筋直径暂按 20 mm 考虑，冲切锥体的有效高度取：

$$h_{01}=550-40-20/2=500(\text{mm})$$

按比例可求得相应于柱边缘、变阶处及冲切破坏锥体外边缘处的地基净反力值（见图 7-30）分别为：

柱边缘：

$$\begin{aligned}p_{nI}&=p_{n\min}+\frac{l+a_c}{2l}\times(p_{n\max}-p_{n\min})\\&=42.5+\frac{3+0.6}{2\times3}\times(195.9-42.5)\\&=134.54(\text{kPa})\end{aligned}$$

变阶处：

$$p_{nIII}=p_{n\min}+\frac{l+a_1}{2l}\times(p_{n\max}-p_{n\min})=42.5+\frac{3+1.15}{2\times3}\times(195.9-42.5)=148.6(\text{kPa})$$

冲切破坏锥体外边缘处：

$$p_{nj}=p_{n\min}+\frac{l+a_1+2h_{01}}{2l}\times(p_{n\max}-p_{n\min})=42.5+\frac{3+1.15+2\times0.5}{2\times3}\times(195.9-42.5)$$

$$=174.2(\text{kPa})$$

因：$b_1+2h_{01}=950+2\times500=1\,950(\text{mm})\leqslant b=2\,000$ mm，故冲切破坏锥体最不利一侧斜截面上边长 a_t 和下边长 a_b 分别为：

$$a_t=b_1=950\text{ mm},\quad a_b=a_t+2h_{01}=950+2\times500=1\,950(\text{mm})$$

则
$$a_m=\frac{a_t+a_b}{2}=\frac{950+1\,950}{2}=1\,450(\mathrm{mm})$$

$$A_l=\left(\frac{l}{2}-\frac{a_1}{2}-h_{01}\right)b-\left(\frac{b}{2}-\frac{b_1}{2}-h_{01}\right)^2=\left(\frac{3}{2}-\frac{1.15}{2}-0.5\right)\times2-\left(\frac{2}{2}-\frac{0.95}{2}-0.5\right)^2=0.85(\mathrm{m}^2)$$

冲切力：$F_l=p_{n\max}A_l=195.9\times0.85=166.4(\mathrm{kN})$

抗冲切力：$0.7f_ta_mh_{01}=0.7\times1.1\times1\,450\times500=558.25(\mathrm{kN})$

$F_l\leqslant0.7f_ta_mh_{01}$满足，说明该基础台阶边缘高度满足抗冲切承载力要求。

(5) 基础底板配筋

沿基础长边方向，对柱边截面Ⅰ—Ⅰ处的弯矩为：

$$M_{\mathrm{I}}=\frac{1}{24}\left(\frac{p_{n\max}+p_{n\mathrm{I}}}{2}\right)(l-a_c)^2(2b+b_c)$$

$$=\frac{1}{24}\times\left(\frac{195.9+134.54}{2}\right)\times(3-0.6)^2\times(2\times2+0.4)=174.5(\mathrm{kN\cdot m})$$

配筋面积 $A_{s\mathrm{I}}=\frac{M_{\mathrm{I}}}{0.9f_yh_{0\mathrm{I}}}=\frac{174.5\times10^6}{0.9\times210\times800}=1\,154(\mathrm{mm}^2)$

其中 $h_0=850-40-20\div2=800(\mathrm{mm})$。

变阶处截面Ⅲ—Ⅲ处的弯矩：

$$M_{\mathrm{III}}=\frac{1}{24}\left(\frac{p_{n\max}+p_{n\mathrm{III}}}{2}\right)(l-a_1)^2(2b+b_1)$$

$$=\frac{1}{24}\times\left(\frac{195.9+148.6}{2}\right)\times(3-1.15)^2\times(2\times2+0.95)=121.6(\mathrm{kN\cdot m})$$

按变阶处进行配筋：

$$A_{s\mathrm{III}}=\frac{M_{\mathrm{III}}}{0.9f_yh_{01}}=\frac{121.6\times10^6}{0.9\times210\times500}=1\,286.8(\mathrm{mm}^2)$$

故基础长边方向应按 $A_{s\mathrm{III}}=1\,286.8\ \mathrm{mm}^2$ 进行配筋，则每米选筋面积应不小于 $A_{s\mathrm{III}}/b=1\,286.8\ \mathrm{mm}^2/2.0\ \mathrm{m}=643.4\ \mathrm{mm}^2/\mathrm{m}$，可选用 $\phi10@120$，实配 654 mm^2/m。

沿基础短边方向计算与上相仿，但应按轴心受压考虑。

柱边缘处弯矩：

$$M_{\mathrm{II}}=\frac{1}{24}\left(\frac{p_{n\max}+p_{n\min}}{2}\right)(b-b_c)^2(2l+a_c)$$

$$=\frac{1}{24}\times\left(\frac{195.9+42.5}{2}\right)\times(2-0.4)^2\times(2\times3+0.6)=83.9(\mathrm{kN\cdot m})$$

配筋：
$$A_{s\mathrm{II}}=\frac{M_{\mathrm{II}}}{0.9f_yh_0}=\frac{83.9\times10^6}{0.9\times210\times800}=555(\mathrm{mm}^2)$$

变阶处截面Ⅳ—Ⅳ处的弯矩：

$$M_{Ⅳ}=\frac{1}{24}\left(\frac{p_{n\max}+p_{n\min}}{2}\right)(b-b_1)^2(2l+a_1)$$

$$=\frac{1}{24}\times\left(\frac{195.9+42.5}{2}\right)\times(2-0.95)^2\times(2\times3+1.15)=39.2(\mathrm{kN\cdot m})$$

按变阶处进行配筋：

$$A_{sⅣ}=\frac{M_{Ⅳ}}{0.9f_yh_{01}}=\frac{39.2\times10^6}{0.9\times210\times500}=414.8(\mathrm{mm}^2)$$

因计算配筋面积太小，考虑构造配筋，选用ϕ10@200，实配392 mm^2/m。

(6) 基础施工图

基础施工图绘制如图7-30所示。

7.7　减轻不均匀沉降的措施

在软弱地基上建造建筑物，一方面要采用合适的地基处理方案，同时也不能忽视在建筑、结构设计和施工中采取相应的措施，以减轻不均匀沉降对建筑物的危害。在地基条件较差时，如果在建筑、结构设计及施工中处理得当，可减少地基处理的费用，有时甚至不必处理。

7.7.1　建筑措施

(1) 建筑平面力求简单，高差不宜过大

建筑平面简单、高度一致的建筑物，基底应力较均匀，圈梁容易拉通，整体刚度好，即使沉降较大，建筑物也不易产生裂缝和损坏。

(2) 建筑物体型（平面及剖面）复杂

但削弱建筑物的整体刚度，而且使房屋构件中应力状态复杂化，是造成不均匀沉降的因素之一。例如，平面为“L”、“T”、“H”、“山”、“I”等形状的建筑物，在纵横单元相交处基础密集，则地基应力叠加，构件受力复杂，使该处地基沉降量增加。建筑物容易因不均匀沉降而产生裂损。

(3) 控制建筑物的长高比及合理布置纵横墙

砖石承重的建筑物，当其长度与高度之比较小时，建筑物的刚度好，在一定沉降范围内，能有效防止建筑物开裂。相反，长高比大的建筑物其整体刚度小，纵墙很容易因挠曲变形过大而开裂。根据建筑实践经验，当基础计算沉降量大于120 mm时，建筑物的长高比不宜大于2.5。对于平面简单，内外墙贯通，长高比可适当放宽，但一般不宜大于3.0。

合理布置纵横墙是增强建筑物刚度的重要措施之一，建造在软弱地基上的建筑物，内外墙应避免中断、转折，横墙间距应减小，以增强建筑物的整体刚度。

（4）设置沉降缝

用沉降缝将建筑物从屋面到基础分割成若干个独立的沉降单元，则使得建筑物的平面变得简单、长高比减小，从而可有效地减轻地基的不均匀沉降。沉降缝通常设置在如下部位：

① 平面形状复杂的建筑物转折处；

② 建筑物高差或荷重差别很大处；

③ 长高比过大的建筑物的适当部位；

④ 地基土压缩性有显著变化处；

⑤ 建筑物结构或基础类型不同处；

⑥ 分期建筑的交接处。

沉降缝应留有足够的宽度，缝内一般不填充材料，以保证沉降缝上端不致因相邻单元互倾而顶住。沉降缝的宽度与建筑物的层数有关，可按表 7－14 采用。

表 7－14 建筑物沉降缝的宽度 m

建筑物层数	沉降缝宽度	建筑物层数	沉降缝宽度
2～3	50～80	5 层以上	≥120
4～5	80～120		

（5）控制相邻建筑物的间距

相邻建筑物太近，则由于地基应力扩散作用，会彼此影响，引起相邻建筑物产生附加沉降。所以，建造在软弱地基上的建筑物，应隔开一定距离。如分开后的两个单元之间需要连接时，应设置能自由沉降的连接体或用简支、悬臂结构连通。相邻建筑物基础间净距参见表 7－15。

表 7－15 相邻建筑物基础间净距 m

影响建筑物的预估平均沉降量 S/mm \ 被影响建筑物的长高比	$2.0\leqslant\frac{L}{H_f}<3.0$	$3.0\leqslant\frac{L}{H_f}<5.0$
70～150	2～3	5～6
160～250	3～6	6～9
260～400	6～9	9～12
>400	9～12	≥12

注：1. 表中 L 为建筑物长度或沉降缝分隔的单元长度（m），H_f 为自基础底面算起的建筑物高度（m）；

2. 当被影响建筑物的长高比为 $1.5<L/H_f<2.0$ 时，其间隔净距可适当缩小。

（6）调整建筑物的某些标高

确定建筑物各部分的标高，应考虑沉降引起的变化。根据具体情况，可采取如下相应措施：

① 室内地坪，应根据预估的沉降量予以提高。

② 建筑物各部分（或设备之间）有联系时，可将沉降大者的标高适当提高。

③ 建筑物与设备之间应留有足够的净空；当建筑物有管道通过时，管道上方应预留足够尺寸的孔洞，或采用柔性的管道接头。

7.7.2　结构措施

在软弱地基上，减小建筑物的基底压力及调整基底的附加应力是减小基础不均匀沉降的根本措施；加强结构的刚度和强度是调整不均匀沉降的重要措施；将上部结构做成静定体系是适应地基不均匀沉陷的有效措施。

1. 减小建筑物的基底压力

传到地基上的荷载包括上部结构和基础、基础上方土的永久荷载及可变荷载（如楼面、屋面活荷载、风荷载、雪荷载等）。其中上部结构和基础、基础上方土的永久荷裁占总荷载的比重较大，据调查民用建筑占60％～75％，工业建筑占40％～50％，所以应设法减轻结构的重量，其减重的主要方法有如下几种。

（1）减轻建筑物的自重

对于砖石承重结构的房屋，墙体的重量只占结构总重量的一半以上。故宜选用轻质的墙体材料，如陶粒混凝土、空心砌块、多孔砖等。

（2）采用轻型结构

如采用预应力混凝土结构、轻钢结构以及轻型屋面（如自防水预制轻型屋面板、石棉水泥瓦）等。

（3）采用覆土少而自重轻的基础

例如，采用浅埋钢筋混凝土基础、空心基础、空腹沉井基础、薄壳基础等。

2. 调整基底压力或附加压力

① 设置地下室或半地下室，以减小基底附加压力。

② 改变基底尺寸，调整基础沉降。对于上部结构荷载大的基础，可采用较大的基底面积，以减少基底附加压力，使沉降量减小。

3. 增强建筑物的刚度和强度

如前所述，控制建筑物的长高比和适当加密横增可增加建筑物的刚度和整体性。此外，还可在砌体中设置圈梁提高砌体的整体性或增强基础的刚度，这样即使建筑物发生较大的沉降，也不致产生过大的挠曲变形。

在砌体内的适当部位设置圈梁，以提高砌体的抗剪、抗拉强度，防止建筑物出现裂缝。圈梁一般沿外墙设置在楼板下或窗顶上，设在窗顶上的圈梁可兼作过梁用。当建筑物太长时，在主要的内墙上也要适当设置圈梁，并与外墙的圈梁连成一个整体。

4. 上部结构采用静定体系

当发生不均匀沉降时，在静定结构体系中，构件不致引起很大的附加应力。故在软弱地基上的公共建筑物、单层工业厂房、仓库等，可考虑采用静定结构体系，以减轻不均匀沉降产生的不利后果。

7.7.3 施工措施

在基坑开挖时，不要扰动基底土的原来结构。通常在坑底保留约 200 mm 厚的土层，待垫层施工时再铲除。如发现坑底土已被扰动，应将已扰动的土挖去，并用砂、碎石回填夯实至要求标高。

当建筑物存在高、低或轻重不同部分时，应先建造高、重部分，后施工低、轻部分。如果在高低层之间使用连接体时，应最后修建连接体，以部分消除高低层之间沉降差异的影响。

思考题

7-1 天然浅基础有哪些结构类型？它们的适用条件如何？

7-2 刚性基础和柔性基础有何区别？

7-3 选择基础埋深应考虑哪些因素？

7-4 确定地基的承载力有哪些方法？

7-5 基础底面积如何计算？中心荷载与偏心荷载作用下，基底面积计算有何不同？

7-6 软弱下卧层强度验算有哪些内容？

7-7 减轻不均匀沉降的危害应采取哪些措施？

习题

7-1 某 6 层住宅设计条形基础，基础底宽 $b=1.80$ m，埋深 $d=1.50$ m。地基表层为素填土，天然重度 $\gamma=17.5$ kN/m^3，层厚 $h_1=1.50$ m；第二层为黏土，$\gamma=18.5$ kN/m^3，w 为 33.0%，$w_L=51.6\%$，$w_P=26.8\%$，$e=0.80$。设 $\psi_f=0.95$。确定地基承载力基本值、特征值和修正后的特征值。

（答案：$f_0=240$ kPa；$f_{ak}=228$ kPa；$f_a=256$ kPa）

7-2 一重型设备重 $F_k=900$ kN，设计独立基础，埋深拟取 $d=1.0$ m。地基土的物理性指标 $\gamma=18.6$ kN/m^3，$f_a=220$ kPa，试确定该独立基础尺寸。

（答案：$b=2.2$ m）

7-3 某 5 层住宅楼，设计砖混结构，砖墙承重。底层墙厚 360 mm。墙传至±0.00 地面处的荷载标准值 $F_k=200$ kN/m，地质情况如图 7-31 所示。试作刚性基础设计。

（答案：埋深 d 选 1.0 m，则 $b=1.3$ m，二一间隔收砌法，混凝土垫层厚取 200 mm，台阶数 $n=5$）

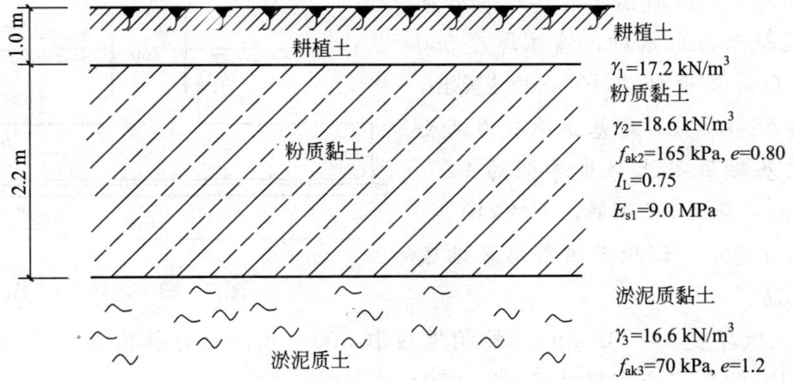

图7-31　习题7-3图

7-4　墙下条形灰土基础受中心荷载 F_k=230 kN/m，基础埋深 d =1.5 m，地基承载力特征值 f_{ak}=160 kPa，墙体宽度380 mm，灰土基础厚度 H_0= 450 mm，试确定灰土基础底面宽度 b 及墙体大放脚台阶数。

（答案：b=1.5 m，台阶数 n=5）

7-5　某单层厂房排架柱下独立杯形基础，柱截面尺寸 a_c=900 mm，b_c=400 mm，变阶处尺寸 a_1=3 070 mm，b_1=1 150 mm。荷载及剖面形式如图7-32所示，F=1 129.1 kN，M=445.39 kN·m，V=11.1 kN。试设计该混凝土独立基础。

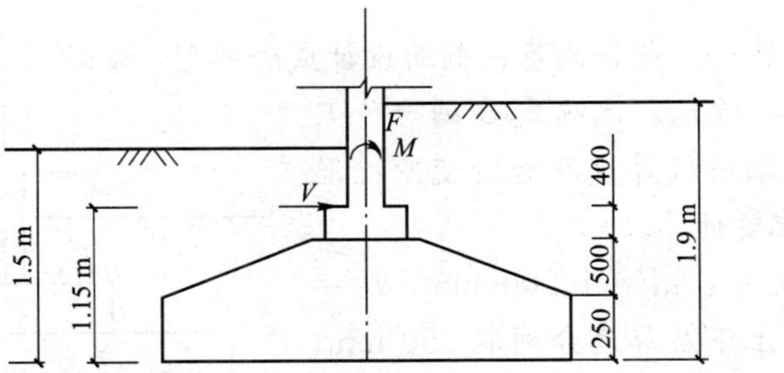

图7-32　习题7-5图

（答案：$b\times l$=2.5 m×4.0 m，基础短边配筋 A_s=1 686 mm^2，选取 ϕ12@160。短边 A_s=764 mm^2，按构造配筋，选取 ϕ10@200）

7-6　设计某教学楼外墙钢筋混凝土基础，上部结构传至基础顶面的荷载标准值 F_k=240 kN/m，修正后的地基承载力特征值 f_a=155 kPa；混凝土强度等级为C20，钢筋为Ⅰ级，基底标高-1.75 m，基底垫层厚100 mm。设计该钢筋混凝土墙下条形基础（墙厚360 mm）。

（答案：基础宽度：b=2.0 m；基础底板厚度应≥172 mm，按构造取300 mm；基础底板配筋 A_s=1 152 mm^2，纵向每米长度内可选8ϕ14钢筋：A_s= 153.9×8=1 232 mm^{2}均布即可）

7－7　如图 7－33 所示，某建筑的承重墙采用钢筋混凝土条形基础，墙体厚度 360 mm，基础顶面荷载设计值 $F=300$ kN/m，基础底面宽度 $b=1.5$ m，地基土承载力满足荷载要求。设基础混凝土强度等级为 C20，$f_t=1.1$ N/mm²，采用Ⅰ级钢筋，$f_y=210$ N/mm²，基底铺设垫层，试确定该条形基础底板的厚度及配筋。

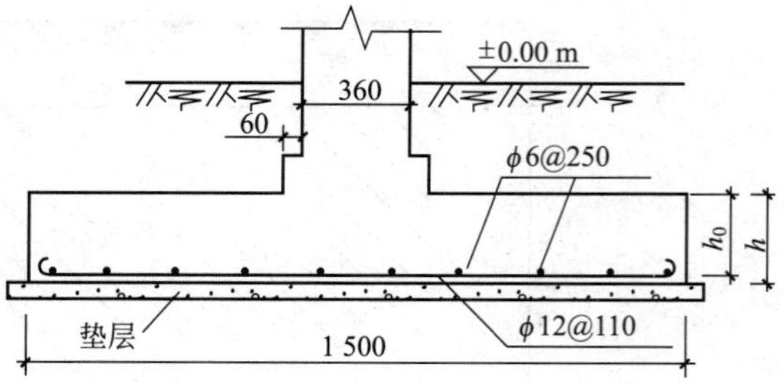

图 7－33　习题 7－7 图

（答案：底板厚度 $h \geqslant 148$ mm，按构造应取 300 mm；受力筋截面总面积：$A_s=1\ 109$ mm²，选用 φ12@110，分布筋选用 φ6@250）

7－8　一上部结构荷载设计值 $F=700$ kN 的柱基，柱截面 350 mm×350 mm，相当于室内地面的基础埋深 1.8 m，$f_a=180$ kPa，基础拟采用Ⅰ级钢筋，混凝土强度等级为 C25，基底铺设垫层 100 mm，试设计该基础。

（答案：基础底面积 $A=4.86$ m²；基础底边长 $l=b=\sqrt{A}=2.2$ m；基础底板厚度 $h=350$ mm；基础底板配筋 $A_s=1\ 699$ mm²）

7－9　已知某框架结构柱下钢筋混凝土独立基础，柱截面 300 mm×400 mm，作用在柱底的荷载标准值：中心垂直荷载 700 kN，力矩 80 kN·m，水平荷载 13 kN。基础埋深 $d=1.15$ m，地基承载力特征值 $f_a=240$ kPa。根据持力层承载力确定基础底面尺寸。（答案：$b=2.4$ m，$l=3.6$ m）

7－10　条件同 7－9。若将此基础剖面设计成阶梯形，基础高度取 600 mm，按两层台阶考虑，如图 7－34 所示。试确定基础台阶尺寸，并进行（1）基础底板厚度及台阶变阶处验算；（2）基础底板配筋计算。

（答案：台阶尺寸：$a_1=1\ 200$ mm，$b_1=800$ mm；（1）台阶上下层厚度分别取 250 mm，350 mm；（2）基础长边方向配筋面积 $A_s=1\ 641$ mm²，实配 φ14@150；基础短边方向配筋面积 $A_s=871.5$ mm²，实配 φ10@200）

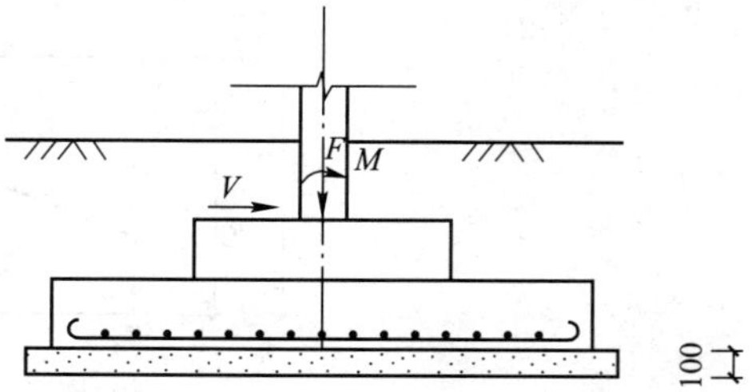

图 7－34　习题 7－10 图

第8章 桩基础与其他深基础简介

8.1 概　　述

在建筑工程中，一般的低层和多层工业与民用建筑应尽量采用天然地基上的浅基础，因为浅基础技术简单，造价低，工期短。

当地基浅层土质软弱，或遇到高层建筑，或遇到重型设备时，浅基础将无法满足地基强度或变形的要求，此时可考虑选择深层较为坚实的土层作为地基持力层，用深基础来支承上部荷载。

深基础主要有：桩基础、沉井和地下连续墙等型式。其中，桩基础以其历史悠久、经济有效、施工经验成熟等特点，被广泛使用于工业与民用建筑、桥梁、港口等工程中。

桩基础的主要适用范围有：

① 地基的上层土质太差而下层土质较好；或地基软硬不均或荷载不均，不能满足上部结构对不均匀变形的要求。

② 地基软弱，采用地基加固措施不合适，或地基土性特殊，如存在可液化土层、自重湿陷性黄土、膨胀土及季节性冻土等。

③ 除承受较大垂直荷载外，尚有较大偏心荷载、水平荷载、动力或周期性荷载作用。

④ 上部结构对基础的不均匀沉降相当敏感；或建筑物受到大面积地面超载的影响。

⑤ 地下水位很高，采用其他基础形式施工困难；或位于水中的构筑物基础，如桥梁、码头、钻采平台。

⑥ 需要长期保存、具有重要历史意义的建筑物。

本章主要介绍桩基础的特点及设计，对沉井和地下连续墙等深基础类型做一简要介绍。

8.2 桩基础的类型

混凝土桩常用桩径 300～500 mm，长度不超过 25 m。

按施工方法不同又分为预制桩及灌注桩两类。

预制桩是在工厂或工地事先将桩制作好，就位后，采用打（或振、压、旋）入或射水等方法将桩送入土中。

适用于中小型工程承压桩及深基坑护坡桩。作为施工期间临时性护坡的工程桩，待基础完工，基坑回填至地面后报废。

8.2.1 按承载性状分类

1. 端承型桩

这种桩穿过软弱土层，到达坚实土层，如图 8－1 所示。根据桩在极限荷载作用下桩端阻力及桩侧阻力承担的比例，又可将其分为端承桩和摩擦端承桩两类。

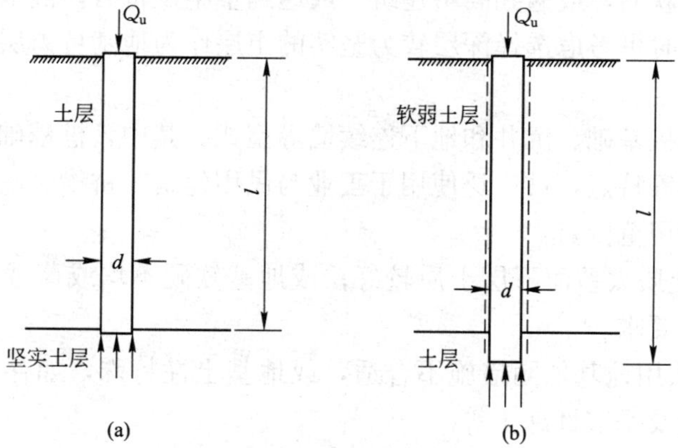

图 8－1 端承桩与摩擦型桩

2. 摩擦型桩

桩未达到坚硬土层，桩顶荷载有桩侧摩阻力和桩端阻力共同承担。根据桩侧阻力分担的比例，又可分为摩擦桩和端承摩擦桩两类。

8.2.2 按桩身材料分类

1. 木桩

木桩的长度一般为 4～10 m，直径为 180～260 mm。承重木桩常用松木、柏木、杉木和橡木等坚韧耐久的木材。

木桩容易制作，储运方便，打桩设备简单，造价低。我国古代的一些古建筑中就广泛使用了木桩基础。但木桩承载力低，使用寿命仅几年至几十年时间，打入地下水位下的木桩，极易被腐蚀破坏。

2. 混凝土桩

预制桩的混凝土强度等级不宜低于 C30。采用静压法施工时，不宜低于 C20，预应力混凝土桩不宜低于 C40。

灌注桩是在施工现场桩位开孔至所需深度，然后向孔内灌注混凝土，经捣实后成型。

灌注桩的混凝土强度等级不宜低于 C15，常用 C15、C20 和 C25，其中水下取高值，不宜低于 C20。

混凝土桩不配置受力筋，必要时可配置构造筋。

3. 钢筋混凝土桩

适用于大中型建筑工程的承载桩。不仅能承压，而且可以承受抗拔荷载和水平荷载。因此，这类桩使用非常广泛。

按施工方法同样有预制桩和灌注桩两类。

预制桩截面边长一般为 250～400 mm。灌注桩横截面可较大，直径可达到 1 000 mm。受运输设备限制，工厂预制桩长为 5～12 m，如需长桩，可以接桩。

预制桩混凝土强度等级不宜低于 C30，预应力混凝土桩不宜低于 C40，采用静压法施工时，不宜低于 C20。

钢筋混凝土桩的受力主筋应按计算确定，一般选 4～8 根钢筋，直径 Φ=12～25 mm。配筋率常取 1%～3%。最小配筋率：预制桩 0.80%；灌注桩 0.65%～0.20%，小桩径取高值，大桩径取低值。箍筋采用 Φ6～Φ8 mm，间距为@200 mm，桩顶 3～5 d 范围内适当加密。

4. 钢桩

适用于超重型设备基础、江河深水基础及高层建筑深基槽护坡工程。

常用钢桩为钢管桩及型钢（工字钢、H 型钢）。钢管桩常用截面外径为 400～1 000 mm，壁厚为 9 mm、12 mm、14 mm、16 mm、18 mm，工字钢桩常用截面尺寸为 200 mm×200 mm、250 mm×250 mm、300 mm×300 mm、350 mm×350 mm、400 mm×400 mm，钢桩长度可根据需要进行对焊连接。

钢桩承载力高，材料强度均匀可靠，用作护坡桩可多次重复使用。但其费用高、易锈蚀，如采用外表涂防腐层，可减轻或免除腐蚀。

8.2.3　按成桩方法分类

成桩挤土效应对桩的承载力、成桩质量控制与环境等有很大的影响。因此，根据成桩方法和成桩过程的挤土效应将桩分为下列 3 类：

1. 非挤土桩

成桩过程对桩周围的土无挤压作用的桩，称非挤土桩。成桩方法有干作业法、泥浆护壁法和套管护壁法。

2. 部分挤土桩

成桩过程对桩周围的土产生部分挤压作用的桩，称部分挤土桩。包括部分挤土灌注桩、预钻孔打入式预制桩及打入式敞口桩。

3. 挤土桩

成桩过程中，桩孔中的土未取出，全部挤压到桩的周围，这类桩称为挤土桩。包括沉管灌注桩、挤土预制桩（打入或静压）。

8.2.4 按桩径大小分类

① 小桩：$d \leqslant 250$ mm，多用于基础加固桩。

② 中等直径桩：250 mm$\leqslant d <$800 mm，在工业与民用建筑中广泛使用，成桩方法和工艺繁杂。

③ 大直径桩：$d \geqslant 800$ mm。常用于高重型建（构）筑物基础。

8.3 单桩竖向极限承载力标准值 Q_{uk}

桩的承载力是设计基础的关键。我国确定桩的承载力的方法主要有两种：(1) 根据《建筑地基基础设计规范》(简称地基基础规范) 方法；(2) 根据《建筑桩基技术规范》(简称桩基规范)。本章重点介绍桩基规范确定单桩承载力的方法。

单桩竖向极限承载力标准值是指单桩在竖向荷载作用下，到达破坏状态前或出现不适合继续承载变形时所对应的最大荷载。它取决于地基土对桩的支承力及桩身的材料强度，一般由土对桩的支承力控制。

按极限设计原理，桩的承载力分为标准值和设计值。

按土的支承力确定单桩竖向极限承载力标准值的方法有多种，包括静载试验法、静力触探法、经验参数法和动力测试法等。本节介绍确定单桩竖向极限承载力标准值的这四种方法。下节介绍基桩竖向极限承载力设计值的确定方法。

8.3.1 静载试验法

在建筑工程现场实际工程地质和实际工作条件下，采用与工程规格尺寸完全相同的试桩，进行竖向静压载荷试验，直至加载破坏，由此确定单桩竖向极限承载力，作为桩基设计的依据。这是确定单桩竖向承载力的最可靠的方法。

静载荷试验装置见图 8－2 示。

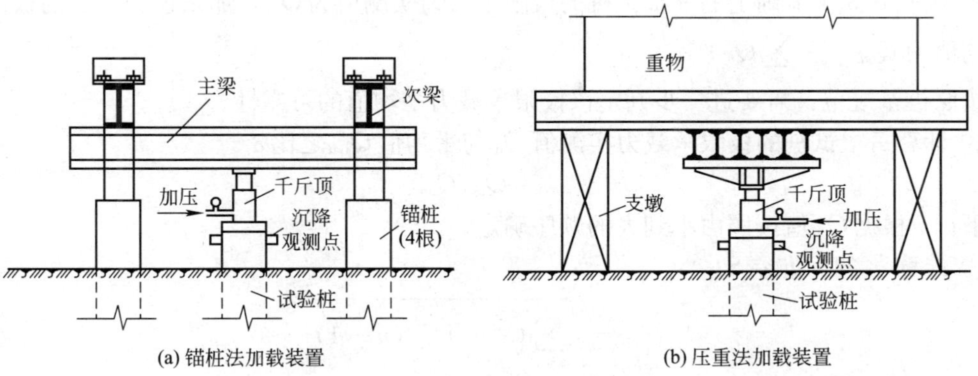

图 8－2　静载荷试验装置

试验时，荷载由小到大分级增加。每加一级荷载，隔 5 分钟、10 分钟、15 分钟各测读一次沉降量，累计 1 小时后每隔 30 分钟测读一次，直到桩的沉降量在每小时内小于 0.1 mm 时，可认为沉降已趋稳定，可加下一级荷载。

在试验过程中，当出现下列情况之一时，可终止加荷：

① 某级荷载下，桩的沉降量为前一级荷载下沉降量的 5 倍；

② 某级荷载下，桩的沉降量大于前一级荷载下沉降量的 2 倍，且经过 24 小时尚未达到稳定。

1. 单桩竖向极限承载力 Q_u

桩达到破坏状态时的荷载称为极限荷载。根据沉降随荷载变化的关系判定单桩竖向极限承载力的方法，常采用以下几种：

① Q－s 曲线有明显的陡降段，取陡降段起点相应的荷载值作为极限荷载 Q_u。如图 8－3 所示。

② 对于桩径或桩宽在 550 mm 以下的预制桩，在某级荷载 P_i 作用下，其沉降增量与相应荷载增量的比值≥0.1 mm/kN 时，取前一级荷载 P_i-1 作为极限荷载 Q_u。

③ Q－s 曲线为缓变型，无陡降段时，如图 8－3 中曲线，则根据桩顶沉降量确定极限承载力 Q_u：一般桩可取 s＝40～60 mm 对应的荷载；大直径桩可取 s＝0.03～0.06D（D 为桩端直径）对应的荷载值；细长桩（l/d＞80）可取

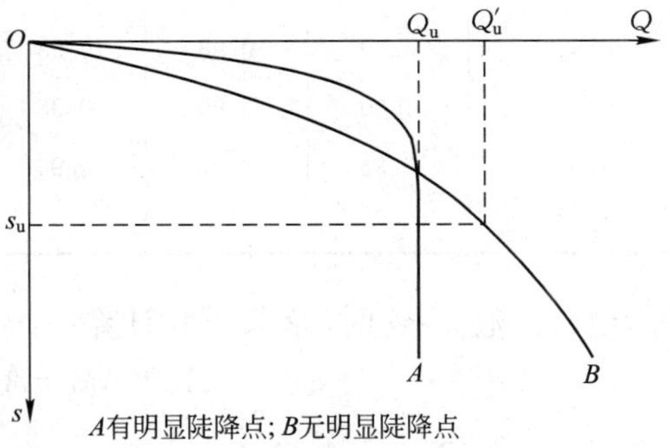

图 8－3　Q－s 曲线

$s=60\sim80$ mm 对应的荷载；根据沉降随时间变化特征确定极限承载力，即取 $s-\lg t$ 曲线尾部出现明显向下弯曲的前一级荷载值。

2. 单桩竖向极限承载力标准值 Q_{uk}

① 按照 8.3.1 节确定的 n 根试桩的极限承载力实测值为 Q_{ui}，那么这些试桩的极限承载力平均值为 $Q_{um}=(\sum Q_{ui})/n$。

按照桩基规范，需要进一步判定该极限承载力平均值的可靠性。

② 计算每根试桩的极限承载力实测值 Q_{ui} 与平均值 Q_{um} 之比 α_i

$$\alpha_i=Q_{ui}/Q_{um} \tag{8-1}$$

下标 i 根据 Q_{ui} 值按照由小到大的顺序确定。

③ 计算 α_i 的标准差 S_n

$$S_n=\sqrt{\sum_{i=1}^{n}(\alpha_i-1)^2/(n-1)} \tag{8-2}$$

当 α_i 的标准差：$S_n\leqslant0.15$ 时，取 $Q_{uk}=Q_{um}$

$S_n>0.15$ 时，取 $Q_{uk}=\lambda Q_{um}$

式中：Q_{uk}——单桩竖向极限承载力标准值，kN；

Q_{um}——单桩竖向极限承载力实测平均值，kN；

λ——单桩竖向极限承载力标准值折减系数，按表 8-1、表 8-2 和公式（8-3）确定。

表 8-1 Q_{uk} 的折减系数（桩数 $n=2$）

$\alpha_2-\alpha_1$	0.21	0.24	0.27	0.30	0.33	0.36	0.39	0.42	0.45	0.48	0.51
λ	1.00	0.99	0.97	0.96	0.94	0.93	0.91	0.90	0.88	0.87	0.85

表 8-2 Q_{uk} 的折减系数 λ（桩数 $n=3$）

α_3 \ $\alpha_2-\alpha_1$	0.30	0.33	0.36	0.39	0.42	0.45	0.48	0.51
0.84							0.93	0.92
0.92	0.99	0.98	0.98	0.97	0.96	0.95	0.94	0.93
1.00	1.00	0.99	0.98	0.97	0.96	0.95	0.93	0.92
1.08	0.98	0.97	0.95	0.94	0.93	0.91	0.90	0.88
1.16							0.86	0.84

当试桩数 $n\geqslant4$ 时，λ 按下式计算：

$$A_0+A_1\lambda+A_2\lambda^2+A_3\lambda^3+A_4\lambda^4=0 \tag{8-3}$$

式中：$A_0=\sum_{i=1}^{n-m}\alpha_i^2+\frac{1}{m}\left(\sum_{i=1}^{n-m}\alpha_i\right)^2$；

$A_1 = -\frac{2n}{m}\sum_{i=1}^{n-m}\alpha_i$；

$A_2 = 0.127 - 1.127n + \frac{n^2}{m}$；

$A_3 = 0.147 \times (n-1)$；

$A_4 = -0.042 \times (n-1)$；

取 $m=1$，2，……满足式（8－3）中的 λ 值即为所求。

8.3.2 静力触探法

静力触探是将圆锥形的金属探头，以静力方式按一定的速率均匀压入土中。根据探头构造不同，有单桥探头及双桥探头两种。双桥探头可同时测定探头侧壁土的阻力 f_s 及端部阻力 q_c。对于黏性土、粉土和砂土，如无当地经验时，可按下式计算混凝土预制桩的单桩竖向极限承载力标准值 Q_{uk}：

$$Q_{uk} = u\sum l_i \cdot \beta_i f_{si} + \alpha \cdot q_c \cdot A_p \tag{8-4}$$

式中：u——桩周长，m；

f_{si}——第 i 层土的探头平均侧阻力，kPa；

l_i——桩穿越第 i 层土的厚度，m；

q_c——桩端平面上、下探头阻力，kPa；

α——桩端阻力修正系数，对黏性土、粉土取 2/3，饱和砂土取 1/2；

β_i——第 i 层桩侧阻力综合修正系数，按下式计算：

黏性土、粉土：$\beta_i = 10.04(f_{si})^{-0.55}$

砂土：$\beta_i = 5.05(f_{si})^{-0.45}$

A_p——桩端横截面积，m^2。

8.3.3 经验参数法

根据承载桩的工作原理，单桩承载力包括：桩端土对桩的支承作用即端阻力和桩侧土对桩的摩擦阻力即侧摩阻力两部分。即单桩竖向极限承载力标准值 Q_{uk} 为

$$Q_{uk} = Q_{sk} + Q_{pk} = u\sum q_{sik} l_i + q_{pk} A_p \tag{8-5}$$

式中：Q_{sk}——桩端土对桩的端阻力，kN；

Q_{uk}——桩侧土对桩的侧摩阻力，kN；

u——桩身周长，m；

q_{sik}——桩侧第 i 层土的极限侧阻力标准值，kPa，可查表 8－3 确定；

q_{pk}——桩端土的极限端阻力标准值，kPa，可查表 8－4 确定；

l_i——桩穿透的第 i 层土层厚度，m；

A_p——桩身截面面积，m^2。

当桩直径 $d \geqslant 800$ mm 时，单桩竖向极限承载力标准值 Q_{uk} 采用下式：

$$Q_{uk} = Q_{sk} + Q_{pk} = u \sum \psi_{si} q_{sik} l_i + \psi_p q_p A_p \tag{8-6}$$

式中：ψ_{si}、ψ_p——大直径桩侧阻、端阻尺寸效应系数，按表 8－3 取值。

其余参数同公式（8－4）。

表 8－3　桩的极限侧阻力标准值 q_{sik}　　kPa

土的名称	土的状态	混凝土预制桩	水下钻（冲）孔桩	沉管灌注桩	干作业钻孔桩
填　土		20～28	18～26	15～22	18～26
淤　泥		11～17	10～16	9～13	10～16
淤泥质土		20～28	18～26	15～22	18～26
黏性土	$I_L>1$	21～36	20～34	16～28	20～34
	$0.75<I_L\leqslant 1$	36～50	34～48	28～40	34～48
	$0.50<I_L\leqslant 0.75$	50～66	48～64	40～52	48～62
	$0.25<I_L\leqslant 0.50$	66～82	64～78	52～63	62～76
	$0<I_L\leqslant 0.25$	82～91	78～88	63～72	76～86
	$I_L\leqslant 0$	91～101	88～98	72～80	86～96
红黏土	$0.7<a_w\leqslant 1$	13～32	12～30	10～25	12～30
	$0.5<a_w\leqslant 0.7$	32～74	30～70	25～68	30～70
粉　土	$e>0.9$	22～44	22～40	16～32	20～40
	$0.75<e\leqslant 0.9$	42～64	40～60	32～50	40～60
	$e\leqslant 0.75$	64～85	60～80	50～67	60～80
粉细砂	稍密	22～42	22～40	16～32	
	中密	42～63	40～60	32～50	
	密实	63～85	60～80	50～67	
中　砂	中密	54～74	50～72	42～58	
	密实	74～95	72～90	58～75	
粗　砂	中密	74～95	74～95	58～75	
	密实	95～116	95～116	75～92	
砾　砂	中密、密实	116～138	116～135	92～110	

表 8-4　桩的极限端阻力标准值 q_{pk}

kPa

土的名称	桩型 / 土的状态	预制桩入土深度/m				水下钻（冲）孔桩入土深度/m			
		$h\leqslant9$	$9<h\leqslant16$	$16<h\leqslant30$	$h>30$	5	10	15	$h>30$
黏性土	$0.75<I_L\leqslant1$	210～840	630～1 300	1 100～1 700	1 300～1 900	100～150	150～250	250～300	300～450
	$0.50<I_L\leqslant0.75$	840～1 700	1 500～2 100	1 900～2 500	2 300～3 200	200～300	350～450	450～550	550～750
	$0.25<I_L\leqslant0.50$	1 500～2 300	2 300～3 000	2 700～3 600	3 600～4 400	400～500	700～800	800～900	900～1 000
	$0<I_L\leqslant0.25$	2 500～3 800	3 800～5 100	5 100～5 900	5 900～6 800	750～850	1 000～1 200	1 200～400	1 400～1 600
粉土	$0.75<e\leqslant0.9$	840～1 700	1 300～2 100	1 900～2 700	2 500～3 400	250～350	300～500	450～650	650～850
	$e\leqslant0.75$	1 500～2 300	2 100～3 000	2 700～3 600	3 600～4 400	550～800	650～900	750～1 000	850～1 000
粉砂	稍密	800～1 600	1 500～2 100	1 900～2 500	2 100～3 000	200～400	350～500	450～600	600～700
	中密、密实	1 400～2 200	2 100～3 000	3 000～3 800	3 800～4 600	400～500	700～800	800～900	900～1 100
细砂	中密、密实	2 500～3 800	3 600～4 800	4 400～5 700	5 300～6 500	550～650	900～1 000	1 000～1 200	1 200～1 500
中砂		3 600～5 100	5 100～6 300	6 300～7 200	7 000～8 000	850～950	1 300～1 400	1 600～1 700	1 700～1 900
粗砂		5 700～7 400	7 400～8 400	8 400～9 500	9 500～10 300	1 400～1 500	2 000～2 200	2 300～2 400	2 300～2 500
砾砂	中密、密实	6 300～10 500				1 500～2 500			
角砾、圆砾		7 400～11 600				1 800～2 800			
碎石、卵石		8 400～12 700				2 500～3 000			
黏性土	$0.75<I_L\leqslant1$	400～600	600～750	7 500～1 000	1 000～1 400	200～400	4 000～700	700～950	300～450
	$0.50<I_L\leqslant0.75$	670～1 100	1 200～1 500	1 500～1 800	1 800～2 000	420～630	740～950	950～1 200	550～750
	$0.25<I_L\leqslant0.50$	1 300～2 200	2 300～2 700	2 700～3 000	3 000～3 500	850～1 100	1 500～1 700	1 700～1 900	900～1 000
	$0<I_L\leqslant0.25$	2 500～2 900	3 500～3 900	4 000～4 500	4 200～5 000	1 600～1 800	2 200～2 400	2 600～2 800	1 400～1 600
粉土	$0.75<e\leqslant0.9$	1 200～1 600	1 600～1 800	1 800～2 100	2 100～2 600	6 000～1 000	1 000～1 400	1 400～1 600	650～850
	$e\leqslant0.75$	1 800～2 200	2 200～2 500	2 500～3 000	3 000～3 500	1 200～1 700	1 400～1 900	1 600～2 100	850～1 000
粉砂	稍密	800～1 300	1 300～1 800	1 800～2 000	2 000～2 400	500～900	1 000～1 400	1 500～1 700	600～700
	中密、密实	1 300～1 700	1 800～2 400	2 400～2 800	2 800～3 600	850～1 000	1 500～1 700	1 700～1 900	900～1 100
细砂	中密、密实	1 800～2 200	3 000～3 400	3 500～3 900	4 000～4 900	1 200～1 400	1 900～2 100	2 200～2 400	1 200～1 500
中砂		2 800～3 200	4 400～5 000	5 200～5 500	5 500～7 000	1 800～2 000	2 800～3 000	3 300～3 500	1 700～1 900
粗砂		4 500～5 000	6 700～7 200	7 700～8 200	8 400～9 000	2 900～3 200	4 200～4 600	4 900～5 200	2 300～2 500
砾砂	中密、密实	5 000～8 400				3 200～5 300			
角砾、圆砾		5 900～9 200							
碎石、卵石		6 700～10 000							

注：1. 砂土和碎石类土中桩的极限端阻力取值，要综合考虑土的密实度，桩端入持力层的深度比 h_b/d，土越密实，取值越高（h_b 为桩端入持力层的深度）；

2. 表中沉管灌注桩系指带预制桩尖沉管灌注桩。

8.3.4 动力测试法

桩的动力测试法简称动测法，它是应用物体振动和振动波的传播理论对桩进行承载力的确定以及检验工程桩身完整性的方法。

动测技术在国内外已得到广泛的应用。在我国，桩的动测方法的研究已有三十多年的历史。它与传统的静载荷试验相比，无论在测试设备、效率及费用等方面，均有明显的优越性。同时，其最大的技术经济效益还在于：可以及时地给设计者提供合理的桩承载力数值；及时处理桩基工程事故，缩短工期；及时检查出工程桩的隐患，便于采取补救措施，防止重大安全质量事故。

随着我国桩基工程的发展，桩的动测技术已得到了蓬勃发展，越来越广泛地应用于实际工程中。经过长期的研究与实践，已编制完成了《基桩低应变动力检测规程》(JGJ 93—95)，并已正式颁布执行。

8.4 单桩竖向承载力设计值 *R*

根据《建筑桩基技术规范》(JGJ 94—94)，单桩（又称基桩）竖向承载力设计值 R 采用下面的规定：

1. 桩数 *n* 不超过 3 根的桩基

① 采用经验参数法确定了桩基竖向极限承载力标准值之后，单桩竖向承载力设计值 R 的计算公式为：

$$R=Q_{sk}/\gamma_s+Q_{pk}/\gamma_p \tag{8-7}$$

式中：R——单桩承载力设计值，kN；

γ_s、γ_p——桩侧阻抗力分项系数、桩端阻抗力分项系数，查表 8-5。

表 8-5 桩基竖向承载力抗力分项系数

桩型与工艺	$\gamma_s=\gamma_p=\gamma_{sp}$		γ_c
	静载荷试验法	经验参数法	
预制桩、钢管桩	1.60	1.65	1.70
大直径灌注桩（清底干净）	1.60	1.65	1.65
泥浆护壁钻（冲）孔灌注桩	1.62	1.67	1.65
干业钻孔灌注桩（$d<0.8$ m）	1.65	1.70	1.65
沉管灌注桩	1.70	1.75	1.70

注：1. 根据静力触探方法确定预制桩、钢管桩承载力时，取 $\gamma_s=\gamma_p=\gamma_{sp}=1.60$；

2. 抗拔桩的侧阻抗力分项系数 γ_s 可取表列数值。

其余符号意义同公式（8－4）。

② 采用静载荷试验法确定了桩基竖向极限承载力标准值 Q_{uk} 之后，单桩竖向承载力设计值 R 的计算公式为：

$$R=Q_{uk}/\gamma_{sp} \tag{8-8}$$

式中：γ_{sp}——桩侧阻端阻综合抗力分项系数，查表 8－5。

2. 桩数 n 超过 3 根的桩基

对于桩数超过 3 根的非端承桩桩基，宜考虑桩群、土、承台的相互作用效应。

(1) 采用经验参数法确定了桩基竖向极限承载力标准值 Q_{uk} 之后，单桩竖向承载力设计值 R 的计算公式为：

$$R=\eta_S Q_{sk}/\gamma_s+\eta_p Q_{pk}/\gamma_p+\eta_c Q_{ck}/\gamma_c \tag{8-9}$$

式中：η_s、η_p、η_c——桩侧阻群桩效应系数、桩端阻群桩效应系数、承台底土阻力群桩效应系数。η_s、η_p 查表 8－6，η_c 按公式（8－12）计算；

γ_c——承台底土阻力分项系数，查表 8－5；

Q_{ck}——相应于任意复合基桩的承台底地基土总极限阻力标准值，kN。按公式（8－10）计算。

其余符号意义同公式（8－7）。

$$Q_{ck}=q_{ck}A_c/n \tag{8-10}$$

式中：q_{ck}——承台底 1/2 承台宽度的深度范围内（≤5 m）地基土的极限阻力标准值，kPa；

A_c——承台底地基土净面积，m^2；

n——桩数。

(2) 采用静载荷试验法确定了桩基竖向极限承载力标准值 Q_{uk} 之后，单桩竖向承载力设计值 R 的计算公式为：

$$R=\eta_{sp}Q_{uk}/\gamma_{sp}+\eta_c Q_{ck}/\gamma_c \tag{8-11}$$

式中：η_{sp}——桩侧阻端阻综合效应系数，查表 8－6。

其余符号同前。

当承台底面以下存在可液化土、湿陷性黄土、高灵敏度软土、欠固结土、新填土，或可能出现震陷、降水、沉桩过程产生高孔隙水和土体隆起时，不考虑承台效应，即取 $\eta_c=0$，η_s、η_p、η_{sp} 取表 8－6 中 $B_c/l\leqslant 0.20$ 一栏中的对应值。

承台底土阻力发挥值与桩距、桩长、承台宽度、桩的排列、承台内外区面积比等有关。承台底阻力群桩效应系数 η_c 可按下式计算：

$$\eta_c=\eta_c^i\frac{A_c^i}{A_c}+\eta_c^e\frac{A_c^e}{A_c} \tag{8-12}$$

式中：η_c^i、η_c^e——承台内外区阻力群桩效应系数，查表 8－7 取值。当承台下存在高压缩性软弱土层时，均按 $B_c/l\leqslant 0.20$ 取值。

A_c^i、A_c^e——承台内区（外围桩边所包围区）、外区的净面积，$A_c=A_c^i+A_c^e$，如图 8－4 所示。

表 8-6　桩侧阻 η_s、端阻 η_p 及侧阻端阻综合群桩效应系数 η_{sp}

效应系数	土名称	黏性土				粉土、砂土			
	B_c/l \ S_a/d	3	4	5	6	3	4	5	6
η_s	≤0.20	0.80	0.90	0.96	1.00	1.20	1.10	1.05	1.00
	0.40	0.80	0.90	0.96	1.00	1.20	1.10	1.05	1.00
	0.60	0.79	0.90	0.96	1.00	1.09	1.10	1.05	1.00
	0.80	0.73	0.85	0.94	1.00	0.93	0.97	1.03	1.00
	≥1.0	0.67	0.73	0.86	0.93	0.78	0.82	0.89	0.95
η_p	≤0.20	1.64	1.35	1.18	1.06	1.26	1.18	1.11	1.06
	0.40	1.63	1.40	1.23	1.11	1.32	1.25	1.20	1.15
	0.60	1.72	1.44	1.27	1.16	1.37	1.31	1.26	1.22
	0.80	1.75	1.48	1.31	1.20	1.41	1.36	1.32	1.28
	≥1.0	1.79	1.52	1.35	1.24	1.44	1.40	1.06	1.33
η_{sp}	≤0.20	0.93	0.97	0.99	1.01	1.21	1.11	1.07	1.01
	0.40	0.93	0.97	1.00	1.02	1.22	1.12	1.08	1.02
	0.60	0.93	0.98	1.01	1.02	1.13	1.13	1.07	1.03
	0.80	0.89	0.95	0.99	1.03	1.01	1.03	0.86	1.04
	≥1.0	0.84	0.89	0.94	0.97	0.88	0.91		1.00

注：1. B_c、l 分别为承台宽度和桩的入土深度，S_a 为桩的中心距。

2. 当 $S_a/d>6$ 时，取 $\eta_s=\eta_p=\eta_{sp}=1.0$；两向桩中心距 S_a 不等时，S_a/d 取均值。

3. 当桩侧为成层土时，η_s 可按主要土层或分别按各土层类别取值。

4. 对于孔隙比 $e>0.8$ 的非饱和黏性土和松散粉土、砂类土中的挤土群桩，表列系数可提高 5%，对于密实的粉土、砂类土中的挤土群桩，表列系数宜降低 5%。

5. 当不规则布桩时，S_a/d 可按下式进行近似计算：

圆桩 $S_a/d=\sqrt{A_e}/\sqrt{n}d$；方桩 $S_a/d=0.886\sqrt{A_e}/\sqrt{n}b$

A_e——承台总面积；d——桩径；n——桩数；b——方桩截面边长。

表 8-7　承台内、外区土阻力群桩效应系数

B_c/l \ S_a/d	η_c^i				η_c^e			
	3	4	5	6	3	4	5	6
≤0.20	0.11	0.14	0.18	0.21				
0.40	0.15	0.20	0.25	0.30				
0.60	0.19	0.25	0.31	0.37	0.63	0.75	0.88	1.00
0.80	0.21	0.29	0.36	0.43				
≥1.0	0.24	0.32	0.40	0.48				

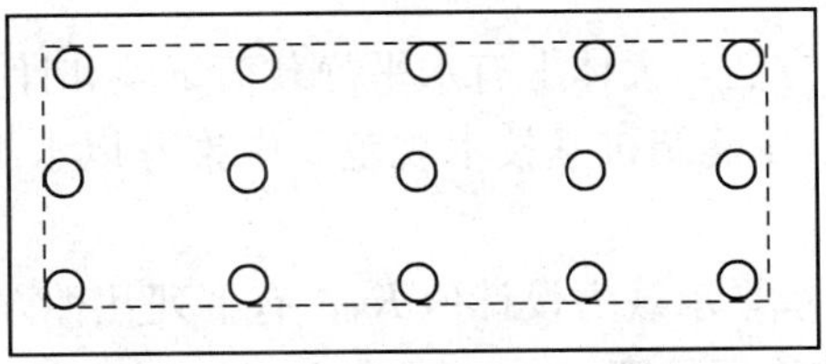

图 8－4 承台底分区图

【例题 8－1】 某场区从天然地面起往下土层分布是：粉质黏土，厚度 $l_1=3\text{m}$，含水量 $w_1=30.7\%$，塑限 $w_P=18\%$，液限 $w_L=35\%$；粉土，厚度 $l_2=6\ \text{m}$，孔隙比 $e=0.9$；中密的中砂。试确定各土层的预制桩桩周土摩阻力标准值和预制桩桩端土（中密的中砂）承载力标准值（按桩入土深度 10 m 考虑）。

解：

$$w_L-w_P=35\%-18\%=0.17$$

$$I_L=\frac{w-w_P}{w_L-w_P}=\frac{0.307-0.18}{0.17}=0.75;\ q_{sik}=50\ \text{kPa};$$

粉土：查表 $q_{sik}=42\ \text{kPa}$

中砂查表取中间值：$q_{sik}=64\ \text{kPa}$

中砂端阻为：$q_{pk}=5\ 271.53\ \text{kPa}$（按桩入土深度 10 m 进行内插求得）

【例题 8－2】 土层情况同例题 8－1 题，现采用截面边长为 350×350 的预制桩，承台底面在天然地面以下 1.0 m，桩端进入中密中砂的深度为 1.0 m，若不考虑群桩效应试确定单桩承载力标准值。

解： $Q_{uk}=u_p\sum q_{sik}l_i+q_{pk}$

$$=4\times0.35\times(50\times2+6\times42+1\times64)+0.35^2\times5\ 271.43=1\ 228.15\ \text{kN}$$

$$R=\frac{Q_{uk}}{\gamma_{sp}}=\frac{1\ 228.15}{1.65(\text{查书上表格得})}=744.33\ \text{kN}$$

8.5 单桩水平承载力

与单桩竖向承载力相比，单桩的水平承载力的确定要复杂得多，影响水平承载力的因素很多，包括桩的截面刚度、材料强度、桩侧土质条件、桩的入土深度、桩顶约束条件等。对于抗弯性能差的桩，其水平承载力由桩身强度控制，如低配筋率的灌注桩通常是桩身首先出现裂缝，然后断裂破坏；对于抗弯性能好的桩，如钢筋混凝土预制桩和钢桩，桩身虽未断裂，但当桩侧土体明显隆起，或桩顶水平位移大大超过上部结构的允许值时，也应认为桩已达到水平承载力的极限状态。

单桩水平承载力的确定方法，大体上有水平静载荷试验和计算分析两类，其中以水平静载荷试验最能反映实际情况，《建筑桩基技术规范》中推荐以水平静载荷试验作为确定水平承载力的基本方法。

按水平静载荷试验确定水平承载力设计值 R_h，有下列几种方法：

1. 根据单桩水平容许位移值确定

按单桩水平荷载——水平位移值的关系曲线，取 10 mm 水平位移（对于水平位移敏感的建筑物取 6 mm）所对应的水平荷载作为单桩水平承载力设计值。

2. 根据水平临界荷载确定

我国《工业与民用建筑灌注桩基础设计与施工规程》(JGJ 4—80) 规定，当桩身配筋率小于 0.65%，采用单桩水平临界荷载乘以荷载性质系数 a_t，作为单桩水平承载力。另外，JGJ 4—80 所指配筋率小于 0.65% 的灌注桩，限于 d=300～600 mm 桩，对于 d>600 mm 的桩，其配筋率临界值应根据桩径增大而适当降低。

3. 根据水平极限荷载确定

我国《工业与民用建筑灌注桩基础设计与施工规程》(JGJ 4—80) 规定，当桩身配筋率大于 0.65% 时，采用单桩水平极限荷载乘以荷载性质系数作为单桩水平承载力，一般说来，对抗弯性能好的桩如钢筋混凝土预制桩、钢桩、配筋率较高的灌注桩，其水平承载力设计值可取水平极限承载力除以抗力分项系数 $\gamma_H=1.6$ 确定。

8.6 桩侧负摩阻力

在固结稳定的土层中，桩受荷产生向下的位移，因此桩周土产生向上的摩阻力，称为（正）摩阻力。与此相反，当桩周土层的沉降超过桩的沉降时，则桩周土产生向下的摩阻力，称为负摩阻力。

以下几种情况下进行桩基设计时，都应考虑桩侧负摩阻力对桩身竖向承载力的影响：桩穿越较厚松散填土、自重湿陷性黄土、欠固结土层进入相对较硬土层时；桩周存在软弱土层，邻近桩侧地面承受局部较大的长期荷载，或地面大面积堆载（包括填土）时；由于降低地下水位，使桩周土中有效应力增大，并产生显著压缩沉降时。

桩截面沉降量与桩周土层沉降量相等的点，桩与桩周土相对位移为零，称为中性点。中性点是负摩阻力与正摩阻力交界点，该点处无任何摩阻力。中性点的位置：当桩周为产生固结的土层时，大多在桩长（靠下方）的 70%～75% 处。中性点处，桩所受到的下拉荷载最大。

根据《建筑桩基技术规范》(JGJ 94—94)，单桩负摩阻力标准值可按下列公式计算：

$$q_{si}^{n}=\zeta_{n}\sigma_{i}' \tag{8-13}$$

当降低底下水位时：

$$\sigma_{i}'=\gamma_{i}'\cdot z_{i} \tag{8-14}$$

当地面有满布荷载时：

$$\sigma_{i}'=p+\gamma_{i}'\cdot z_{i} \tag{8-15}$$

式中：q_{si}^{n}——第 i 层土桩侧负摩阻力标准值，kPa；

ζ_{n}——桩周土负摩阻力系数，可按表 8-8 取值；

σ_{i}'——桩周第 i 层土平均竖向有效应力，kPa；

γ_{i}'——第 i 层土层底面以上桩周土按厚度计算的加权平均有效重度，kN/m^{3}；

z_{i}——自地面起算的第 i 层土中点深度，m；

p——地面均布荷载，kN/m。

表 8-8　负摩阻力系数 ζ_{n}

土　类	ζ_{n}	土　类	ζ_{n}
饱和软土	0.15～0.25	砂土	0.35～0.50
黏性土、粉土	0.25～0.40	自重湿陷性黄土	0.20～0.35

注：1. 在同一类土中，对于打入桩或沉管灌注桩，取表中较大值；对于钻（冲）挖孔灌注桩，取表中较小值。

2. 填土按其组成取表中同类土的较大值。

3. 当计算值大于正摩阻力时，取正摩阻力值。

对于砂类土，也可按下式估算负摩阻力标准值：

$$q_{si}^{n}=\frac{N_{i}}{5}+3 \tag{8-16}$$

式中：N_{i}——桩周第 i 层土经钻杆长度修正的平均标准贯入试验击数。

群桩中任一基桩的下拉荷载标准值可按下式计算：

$$Q_{g}^{n}=\eta_{n}\cdot u\sum_{i=1}^{n}q_{si}^{n}l_{i} \tag{8-17}$$

$$\eta_{n}=s_{ax}\cdot s_{ay}\Big/\left[\pi d\left(\frac{q_{s}^{n}}{\gamma_{m}'}+\frac{d}{4}\right)\right] \tag{8-18}$$

式中：n——中性点以上的土层数；

l_{i}——中性点以上各土层的厚度，m；

η_{n}——负摩阻力桩群效应系数；

s_{ax}、s_{ay}——纵横向桩的中心距，m；

q_{s}^{n}——中性点以上桩的平均负摩阻力标准值，kPa；

γ_{m}'——中性点以上桩周土的平均有效重度，kN/m^{3}。

注：对于单独基础或按式（8-18）计算群桩基础的 $\eta_{n}>1$ 时，取 $\eta_{n}=1$。

8.7 桩基础设计

桩基础设计应力求安全、合理和经济。要求所设计的桩和承台具有足够的强度和刚度，地基则也要考虑强度安全及变形方面的要求。

桩基础设计包括以下内容。

8.7.1 选择桩的类型及规格

1. 确定桩的类型

根据地基土层的性质及层厚，结合上部结构的荷载情况，确定桩的持力层土层及桩的承载性状，即端承型桩或摩擦型桩。一般选择层厚较大的坚实土层或岩层作为桩端持力层。其次，根据当地施工经验及经济技术方面比较，选择经济合理的桩基础类型，即灌注桩或预制桩，并采用相应的经验成熟的施工方式。

2. 确定桩的规格

桩的规格包括桩长及桩的横截面面积两方面内容。

(1) 桩长确定

桩长即桩身长度，指桩顶至桩端的距离。桩长由所选择的桩端持力层的深度及上部承台的预定埋深（桩顶嵌入承台深不小于 0.1 m）控制。桩端全断面进入持力层的深度，对于黏性土、粉土，不宜小于 $2d$（桩径）；砂土不宜小于 $1.5d$；碎石土不宜小于 $1d$。

(2) 桩的横截面面积

桩的横截面面积根据桩顶荷载大小、当地施工经验及施工机具情况确定。如钢筋混凝土预制桩：中小型工程常用 250 mm×250 mm 或 300 mm×300 mm，大型工程常采用 350 mm×350 mm 或 400 mm×400 mm。若小工程采用大截面桩，则可能造成浪费；而大工程若采用小截面桩，因单桩承载力低，需要的桩数较多，这样不仅桩的排列困难，承台尺寸大，而且施工时打桩费工，不可取。

8.7.2 确定单桩竖向承载力设计值 R

当桩的类型及规格确定之后，接下来应确定单桩竖向承载力的设计值 R。

确定单桩竖向承载力的设计值 R 的方法在 8.4 节已经作过介绍。根据 8.4 节的内容，单桩竖向承载力设计值应区分桩数 $n \leqslant 3$ 和桩数 $n > 3$ 两种情况考虑。而桩基础设计过程本身即是一试算过程，所以初步设计时，一般都先按桩数 $n \leqslant 3$ 情况下初定单桩承载力设计值 R，最后根据试算设计情况进行修正。

8.7.3　确定桩数及桩的平面布置

1. 确定桩数 n

(1) 桩基础中心受压情况下

$$n \geqslant \frac{F+G}{R} \tag{8-19}$$

式中：n——桩数；

F——作用在桩基上的竖向荷载设计值，kN；

G——承台及其上覆土自重，kN；

R——基桩竖向承载力设计值，kN。

(2) 桩基础偏心受压情况下

$$n \geqslant \mu \frac{F+G}{R} \tag{8-20}$$

式中：μ——桩基偏心受压系数，通常取 1.1～1.2。

2. 桩的平面布置

桩数确定之后，可根据上部结构的特点和性质，进行桩的平面布置。

桩的平面布置包括桩的中心距确定及桩的平面布置形式两方面内容。

(1) 桩的中心距

通常桩的中心距宜取 (3～4)d（桩径）。若中心距过小，桩施工时相互挤土影响桩的质量；反之，桩的中心距过大，则桩承台尺寸太大，不经济。

桩的最小中心距应符合表 8-9 的规定，对于大面积群桩，尤其是挤土桩，应按表列数值适当加大。

表 8-9　桩的最小中心距

土类与成桩工艺		排列不少于 3 排且桩数 $n \geqslant 9$ 根的摩擦型桩基础	其他情况
非挤土和部分挤土灌注桩		3.0d	2.5d
挤土灌注桩	穿越非饱和土	3.5d	3.0d
	穿越饱和土	4.0d	3.5d
挤土预制桩		3.5d	3.0d
打入式敞口管桩和 H 形钢桩		3.5d	3.0d

注：d——圆桩直径或方桩边长。

对于扩底灌注桩，除应符合表 8－9 的要求外，尚应满足表 8－10 的规定。

(2) 桩的平面布置形式

桩在平面布置时，尽量使群桩承载力合力点与长期荷载重心重合。当外荷载中弯矩占较大比重时，应尽可能增大桩群截面抵抗矩，即加大承台的长边。

桩的平面布置有行列式、梅花形［见图 8－5 (a)］等方式。条形基础下的桩，可采用单排或双排布置［见图 8－5 (b)］。

表 8－10　灌注桩扩底端最小中心距

成桩方法	最小中心距
钻、挖孔灌注桩	1.5D 或 D＋1 m（当 D＞2 m 时）
沉管夯扩灌注桩	2.0D

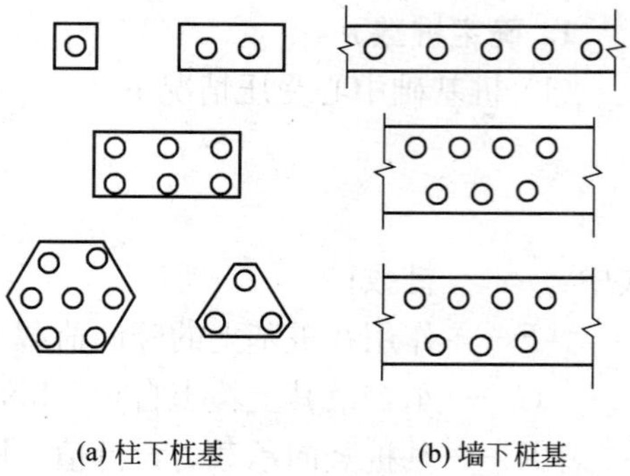

图 8－5　桩的平面布置形式

8.7.4　桩基础的承台设计

桩承台起着把多根桩联结成整体，共同承受上部结构的荷载的作用。承台一般为现浇混钢筋混凝土结构，相当于一个浅基础。

1. 桩承台的尺寸

(1) 承台的平面尺寸

根据桩的平面布置，承台每边由桩的外围外伸不小于 $d/2$，且承台宽不宜小于 500 mm。

(2) 承台的厚度

承台的厚度要保证桩顶嵌入承台，并防止桩的集中荷载造成承台的冲切破坏。承台的最小厚度不宜小于 300 mm。对于大中型工程，承台厚度应进行抗冲切计算确定。

2. 桩承台的内力

桩承台的内力可按简化计算方法确定，并按〈混凝土结构设计规范〉进行局部受压、受冲切、受剪及受弯的强度计算。

3. 桩承台的材料及施工

承台常采用钢筋混凝土材料，进行现场浇筑。

承台的混凝土强度等级不低于 C15；承台配筋按计算确定，矩形承台不宜少于 ϕ8@200，并应双向配置受力筋，钢筋的保护层厚度不宜小于 50 mm。

8.7.5　桩基础中各桩承载力验算

1. 桩基中各桩实际承载力计算

(1) 中心荷载情况

$$N=(F+G)/n \tag{8-21}$$

式中：N——中心荷载作用下任一单桩的竖向承载力，kN；

F——作用于桩基承台顶面处的竖向力设计值，kN；

G——桩基承台及其上回填土的自重，kN；

N——桩数。

(2) 偏心荷载情况

每根桩受力：

$$N_i=\frac{F+G}{n}\pm\frac{M_x y_i}{\sum y_i^2}\pm\frac{M_y x_i}{\sum x_i^2} \tag{8-22}$$

最大边缘桩受力：

$$N_{max}=\frac{F+G}{n}+\frac{M_x y_{max}}{\sum y_i^2}+\frac{M_y x_{max}}{\sum x_i^2} \tag{8-23}$$

水平力

$$H_i=\frac{H}{n} \tag{8-24}$$

式中：N_i——偏心竖向力作用下任一单桩的竖向承载力，kN；

N_{max}——离桩群横截面重心最远处（X_{max}，Y_{max}）的单桩竖向承载力，kN；

M_x、M_y——作用于承台底面通过桩群形心的 x、y 轴的弯矩设计值，kN·m；

X_i、Y_i——第 i 个单桩至 Y、X 轴的距离，m；

H——作用于桩基承台底面的水平力设计值，kN；

H_i——作用于任一单桩上的水平承载力，kN。

2. 单桩受力验算

(1) 中心荷载情况

$$\gamma_0 N\leqslant R \tag{8-25}$$

式中：γ_0——建筑桩基的重要性系数。对于桩基安全等级为一、二、三级，分别取 $\gamma_0=1.1$、1.0、0.9；对于柱下单桩的一级建筑桩基取 $\gamma_0=1.2$；

R——中心荷载作用下单桩的竖向承载力设计值，kN；

N——中心荷载作用下任一单桩的竖向承载力，kN。

(2) 偏心荷载情况

$$\gamma_0 N_{max}\leqslant 1.2R \tag{8-26}$$

承受水平荷载时，单桩尚应满足：

$$\gamma_0 H_1 \leqslant R_h \tag{8-27}$$

式中：R_h——单桩的水平承载力设计值，kN。对于承受水平荷载较大的一级桩基，单桩的载力设计值应通过单桩静力水平荷载试验确定。

3. 桩基承台设计

承台的作用是将桩联结成一个整体，并把建筑物的荷载传到桩上，因而承台应有足够的强度和刚度。承台设计包括确定承台的材料、形状、高度、底面标高、平面尺寸，以及抗冲切、抗剪切及抗弯承载力计算，并应符合构造要求。

1）承台的外形尺及构造要求

承台的平面尺寸一般由上部结构、桩数及布桩形式决定。通常，墙下桩基做成条形承台即梁式承台；柱下桩基宜做成板式承台（矩形或三角形），其剖面形状可做成锥形、台阶形或平板形。

承台埋深应不小于 600 mm，在季节性冻土、膨胀土地区，承台宜埋设在冰冻线、大气影响线以下，但当冰冻线、大气影响线深度不小于 1 m 且承台高度较小时，则应视土的冻胀性、膨胀性等级，分别采取换填无黏性土垫层、预留空隙等隔胀措施。

承台的最小厚度不应小于 300 mm，最小宽度不应小于 500 mm，承台边缘至边桩中心距离不宜小于桩的直径或边长，且边缘挑出部分不应小于 150 mm，对于条形承台梁边缘挑出部分不应小于 75 mm。

承台混凝土强度等级不应低于 C20，纵向钢筋的混凝土保护层厚度不应小于 70 mm，当有混凝土垫层时，不应小于 40 mm。

为了保证群桩与承台之间联结的整体性，桩顶应嵌入承台一定长度，对大直径桩不宜小于 100 mm；对中等直径桩不宜小于 50 mm。混凝土桩的桩顶主筋应伸入承台内，其锚固长度不宜小于 30 倍主筋直径，对于抗拔桩基不应小于 40 倍主筋直径。

两桩桩基的承台，宜在其短向设置连系梁。连系梁顶面宜与承台顶位于同一标高，连系梁宽度不宜小于 200 mm，其高度可取承台中心距的 1/15～1/10；连系梁配筋应根据计算确定，不宜小于 $4\phi12$。

2）承台内力计算

（1）柱下多桩矩形承台弯矩计算

计算截面应取在柱边和承台高度变化处（杯口外侧或台阶边缘）（见图 8-6），按下式计算：

$$M_x = \sum N_i y_i \tag{8-28}$$

$$M_y = \sum N_i x_i \tag{8-29}$$

式中：M_x、M_y——垂直 x、y 轴方向计算截面处的弯矩设计值（基本组合值）；

x_i、y_i——垂直 y 轴和 x 轴方向自桩轴线到相应计算截面的距离；

N_i——扣除承台和承台上土自重设计值后第 i 桩竖向净反力设计值（基本组合值）；当不考虑承台效应时，则为 i 桩竖向总反力设计值。

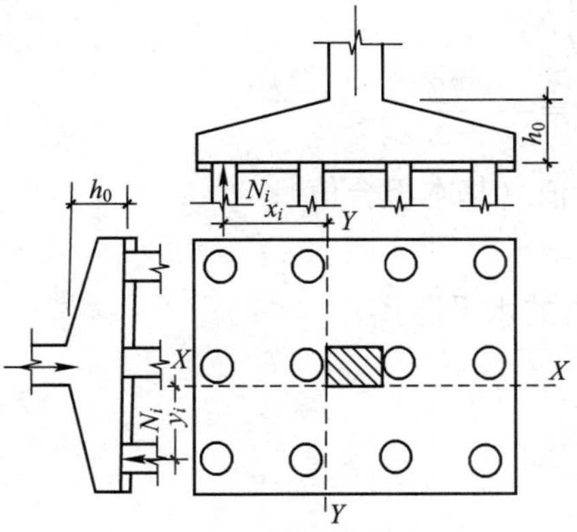

图 8－6　柱下多桩矩形承台弯矩计算

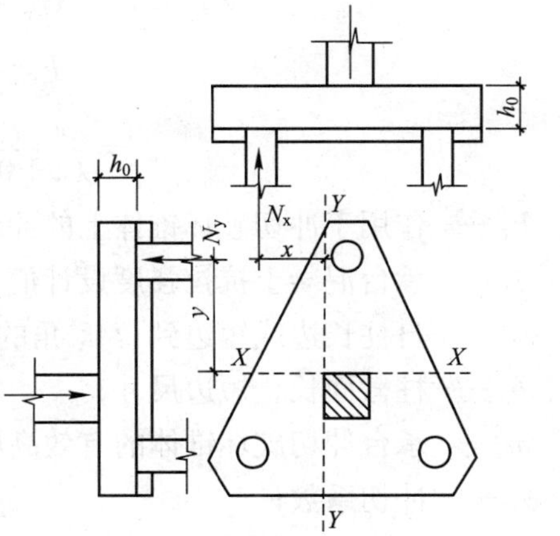

图 8－7　柱下三桩三角形承台弯矩计算

(2) 柱下三桩三角形承台弯矩计算

计算截面应取在柱边（见图 8－7），并按下式计算：

$$M_x = \sum N_x x \tag{8-30}$$

$$M_y = \sum N_y y \tag{8-31}$$

当计算截面不与主筋方向正交时，须对主筋方向角进行换算。

求得截面弯矩后，可按下式计算钢筋面积。平行 x 方向的钢筋总面积 $A_s = M_{I\text{-}I}/(0.9f_y h_0)$ 平行 y 方向的钢筋总面积 $A_s = M_{II\text{-}II}/(0.9f_y h_0)$。

(3) 承台厚度及强度计算

承台厚度可按冲切及剪切条件确定。一般可先经验估计承台厚度，然后再校核冲切和剪切强度，并进行调整。承台强度计算包括受冲切、受剪切、局部承压及受弯计算。

① 受冲切计算。

ⓐ 柱下矩形独立承台受柱向下冲切承载力验算

如承台有效高度不足，将产生冲切破坏。其破坏方式可分为：沿柱（墙）边的冲切和单一基桩对承台的冲切两类。

柱边冲切破坏锥体斜面与承台底面的夹角大于等于 45°，该斜面的上周边位于柱与承台交接处或承台变阶处，下周边位于相应的桩顶内边缘处（见图 8－8）。

承台抗冲切承载力与冲切锥角有关，可以冲跨比 λ 表示。

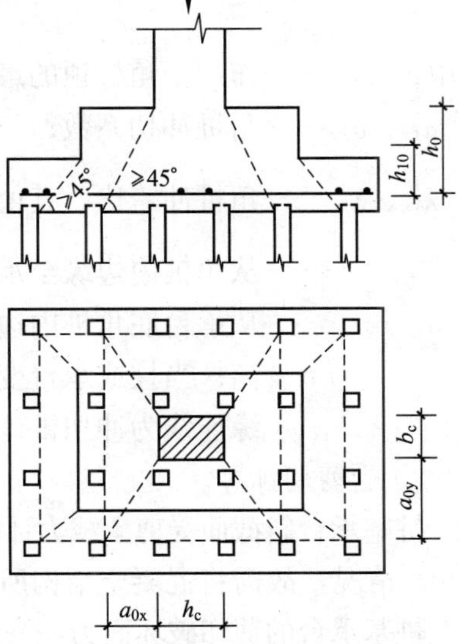

图 8－8　柱下独立桩基柱对承台的冲切

$$\gamma_0 F_l \leqslant 2[\alpha_{0x}(b_c + a_{0y}) + \alpha_{0y}(h_c + a_{0x})] f_t h_0 \tag{8-32}$$

$$F_l = F - \sum N_i \tag{8-33}$$

$$\alpha_{0x} = \frac{0.72}{\lambda_{0x} + 0.2},\quad \alpha_{0y} = \frac{0.72}{\lambda_{0y} + 0.2} \tag{8-34}$$

式中：F_l——作用于冲切破坏锥体上的冲切力设计值（基本组合值）；

f_t——承台混凝土抗拉强度设计值；

a_{0x}、a_{0y}——自柱长边或短边到≥45°角的最近桩边的水平距离；

h_c、b_c——柱截面长、短边尺寸；

h_0——承台冲切破坏锥体的有效高度；

α_{0x}、α_{0y}——冲切系数；

λ_{0x}、λ_{0y}——冲跨比，$\lambda_{0x} = \frac{a_{0x}}{h_0}$，$\lambda_{0y} = \frac{a_{0y}}{h_0}$；

$\sum N_i$——冲切破坏锥体范围内各基桩的净反力（不计承台和承台上土自重）设计值之和。

ⓑ 四桩（含四桩）以上承台受角桩向上冲切承载力验算。

承台受角桩向上冲切承载力应满足：

$$\gamma_0 N_{max} \leqslant [\alpha_{1x}(c_2 + a_{1y}/2) + \alpha_{1y}(c_1 + a_{1x}/2)] f_t h_0 \tag{8-35}$$

其中：

$$\alpha_{1x} = \frac{0.48}{\lambda_{1x} + 0.2}$$

$$\alpha_{1y} = \frac{0.48}{\lambda_{1y} + 0.2} \tag{8-36}$$

式中：N_{max}——作用于角桩顶的最大竖向压力设计值；

α_{1x}、α_{1y}——角桩冲切系数；

λ_{1x}、λ_{1y}——角桩冲跨比，其值应满足 1.0～0.2；$\lambda_{1x} = \frac{a_{1x}}{h_0}$，$\lambda_{1y} = \frac{a_{1y}}{h_0}$；

c_1、c_2——从角桩内边缘至承台外边缘的距离；

a_{1x}、a_{1y}——从承台底角桩内边缘引 45°冲切线与承台顶面相交点至角桩内边缘的水平距离；当柱或承台变阶处位于该 45°线以内时，则取由柱边或变阶处与桩内边缘连线为冲切锥体的锥线（见图 8-9）。

② 受剪切计算。

桩基承台斜截面受剪承载力计算同一般混凝土结构，但由于桩基承台多属小剪跨比（$\lambda <$ 1.40）情况，故需将混凝土结构所限制的剪跨比（1.40～3.0）延伸到 0.3 的范围。

桩基承台的剪切破坏面为：一通过柱（墙）边与桩边连线所形成的斜截面（见图 8-10）。当柱（墙）外有多排桩形成多个剪切斜截面时，对每一个斜截面都应进行受剪承载力计算。

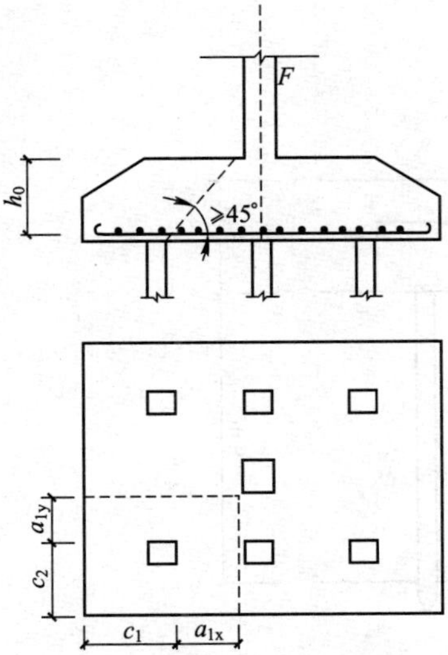

图 8-9　四桩以上承台角桩冲切验算

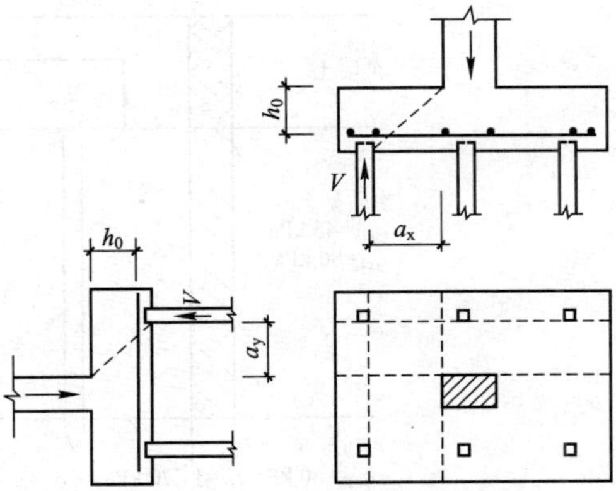

图 8-10　承台斜截面受剪承载力计算

等厚度承台斜截面受剪承载力可按下列公式计算：

$$\gamma_0 V \leqslant \beta f_c b_0 h_0 \tag{8-37}$$

当 $0.3 \leqslant \lambda < 1.4$ 时　　$\beta = 0.12/(\lambda + 0.3)$　　(8-38)

当 $1.4 \leqslant \lambda \leqslant 3.0$ 时　　$\beta = 0.2/(\lambda + 1.5)$　　(8-39)

式中：V——斜截面的最大剪力设计值；

f_c——混凝土轴心抗压强度设计值；

b_0——承台计算截面处的计算宽度；

h_0——承台计算截面处的有效高度；

λ——计算截面的剪跨比，$\lambda_x = a_x/h_0$，$\lambda_y = a_y/h_0$，其中 a_x、a_y（见图 8-10）为柱（墙）边或承台变阶处至 x、y 方向计算一排桩的桩边水平距离，当 $\lambda < 0.3$ 时取 $\lambda = 0.3$；当 $\lambda > 3$ 时取 $\lambda = 3$。

8.7.6　桩基沉降验算

通常桩基础的沉降相对较小，对建筑物的安全无影响，可不进行桩基沉降计算。如为重大工程，则有必要按第 4 章沉降计算方法，计算桩端平面的沉降量，要求该计算沉降量应小于地基变形的容许值。

【例题 8-3】 如图 8-11 所示，某工程钢筋混凝土柱的截面为 350 mm×400 mm，作用在柱基顶面上的荷载设计值 F=3 200 kN，M_y=200 kN·m。地基土表层为杂填土，厚 1.5 m；第二层为黏土，厚 9 m，q_{s2k}=45 kPa，q_{ck}=80 kPa，第三层为中砂，q_{s3k}=60 kPa，q_{pk}=

1 270 kPa。试设计该桩基础。

解：

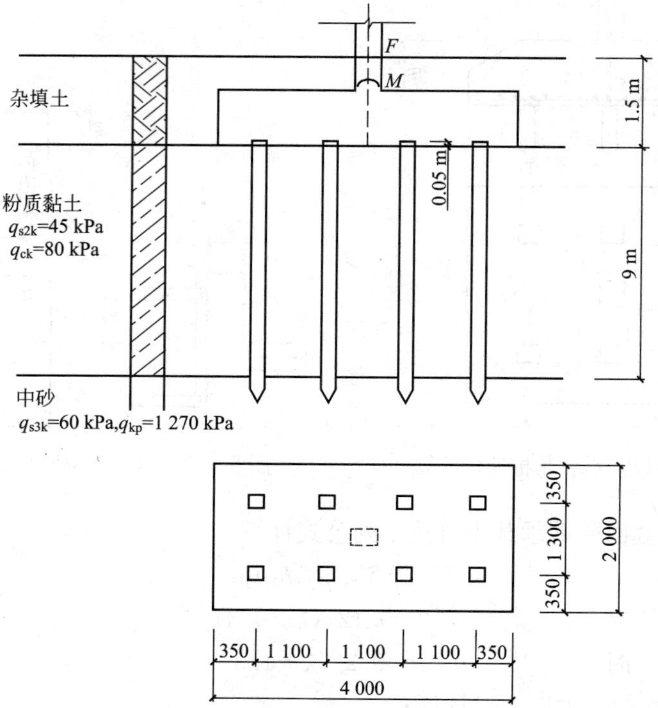

图 8－11　例题 8－3 图

1. 设计采用钢筋混凝土预制方桩，断面 350 mm×350 mm。以第三层粉质黏土作为持力层。承台预计埋深在 1.5 m。

2. 桩长计算

按照桩基规范，桩顶嵌入承台深至少 0.05 m，这里取 0.05 m。

按照桩基规范，持力层为黏性土时，预制桩桩端入持力层深度应不小于 $2d=2\times350$ mm，即 700 mm，这里取 950 mm。

这样，桩长为

$$l=9.0\ \text{m}+0.05\ \text{m}+0.95\ \text{m}=10\ \text{m}$$

材料：混凝土强度等级 C30；钢筋Ⅰ级，桩身暂按构造配筋选 $4\phi16$。承台混凝土等级为 C20。钢筋Ⅰ级，配筋由计算确定。

3. 单桩竖向承载力设计值 R 的确定

这里没有单桩静载荷试验的资料，所以我们采用经验参数法确定单桩竖向承载力设计值 R。

（1）单桩竖向极限承载力标准值 Q_{uk} 的确定

$$
\begin{aligned}
Q_{uk} &= q_{pk}A_p + u\sum q_{sik}\cdot l_i = Q_{pk} + Q_{sk} \\
&= 1\,270\times 0.35^2 + 4\times 0.35\times(45\times 9 + 60\times 0.9) \\
&= 155.575 + 642.6 = 798.2(\text{kN})
\end{aligned}
$$

(2) 单桩竖向承载力设计值 R 的确定

按桩数 $n>3$ 考虑，则

$$R=\eta_S Q_{sk}/\gamma_s+\eta_p Q_{pk}/\gamma_p+\eta_c Q_{ck}/\gamma_c$$

在初步设计中，可暂不考虑承台底土阻力和桩侧阻、桩端群桩效应的影响（相当于按 $n\leqslant 3$ 考虑）。即令 $Q_{ck}=0$、$\eta_s=1$、$\eta_p=1$，则 R 为：

$$R=Q_{pk}/\gamma_p+Q_{sk}/\gamma_s$$

查表 8-5，$\gamma_s=\gamma_p=1.65$

故 $$R=642.6/1.65+155.575/1.65=483.74(\text{kN})$$

4. 桩数及平面布置

(1) 桩数

按偏心荷载作用下桩数的计算公式为

$$n=\mu\frac{F+G}{R}$$

首先，因承台尚未设计，所以承台及其上回填土的自重 G 暂不能确定，且 G 与上部荷载 F 相比较小，故可先不考虑这部分荷载，按下式进行桩数计算。

这里，取 $\mu=1.1$，试算桩数

则 $$n=1.1\times\frac{3\,200}{483.74}=7.3$$

取 $n=8$ 根。

(2) 桩的平面布置

桩布置成 2×4 行列式排列，桩中心距 s 取 $(3\sim6)d=1.05\sim2.1$ m，这里取桩中心距 $s=1.1$ m（纵向），$s=1.3$ m（横向），如图 8-10 所示。

5. 承台平面尺寸确定

按照桩基规范，承台外边缘距桩外缘挑出距离不小于 $1/2d$，这里取承台外边缘距桩外缘挑出距离为 $1/2d$，如图 8-10 所示。

则初选承台平面尺寸为

长边 $l=0.35+1.1+1.1+1.1+0.35=4(\text{m})$，短边 $b=0.35+1.3+0.35=2(\text{m})$

承台埋深 1.5 m，承台高 0.8 m，桩顶嵌入承台 50 mm，钢筋保护层取 35 mm，则承台有效高度为：

$$h_0=0.8-0.050-0.035=0.715(\text{m})=715(\text{mm})$$

6. 承台及其上回填土自重 G

$$G=1.2\times2\times4\times1.5\times20=288(\text{kN})$$

7. 单桩受力计算

平均受力

$$N=\frac{F+G}{n}=\frac{3\ 200+288}{8}=436(\text{kN})$$

边缘桩受力

$$N_{\min}^{\max}=\frac{F+G}{n}\pm\frac{M_y x_{\max}}{\sum x_i^2}$$

$$=436\pm\frac{300\times1.65}{(4\times1.65^2+4\times0.55^2)}$$

$$=\begin{matrix}476.91\\495.1\end{matrix}(\text{kN})$$

8. 单桩受力验算

因计算桩数 $n=8>3$，则单桩竖向承载力设计值 R 需做进一步修正。

即

式中：$Q_{ck}=q_{ck}A_c/n$

而 $A_c=2\times4-8\times0.35^2=7.02(\text{m}^2)$，已知 $q_{ck}=80$ kPa

则，$Q_{ck}=80\times7.02\div8=70.2(\text{kN})$

查表 8－5，$\gamma_s=\gamma_p=1.65$，$\gamma_c=1.70$

而 η_s、η_p 的取值要首先计算出 S_a/d、B_c/l 的值。

按表 8－6 注 1，$\frac{S_a}{d}=\frac{(1.1+1.3)\div2}{0.35}=3.43$

而
$$B_c/l=2\div11.5=0.174$$

查表 8－6，$\eta_s=0.83$、$\eta_p=1.35+\frac{4-3.43}{4-3}\times(1.64-1.35)=1.52$（内插）

$$\eta_{sp}=0.93+\frac{0.43}{1}\times0.04=0.947\text{（内插）}$$

而
$$\eta_c=\eta_c^i\frac{A_c^i}{A_c}+\eta_c^e\frac{A_c^e}{A_c}$$

其中，$A_c^i=(3.3+0.35)\times(1.3+0.35)-8\times0.35^2=5.042\ 5(\text{m}^2)$

$$A_c^e=A_c-A_c^i=7.02-5.042\ 5=1.977\ 5(\text{m}^2)$$

$$\eta_c^i=0.11+\frac{0.43}{1}\times0.03=0.123$$

$$\eta_c^e=0.63+\frac{0.43}{1}\times0.12=0.682$$

则
$$\eta_c=0.123\times\frac{5.042\ 5}{7.02}+0.682\times\frac{1.977\ 5}{7.02}=0.28$$

则 $$R=0.83\times\frac{642.6}{1.65}+1.52\times\frac{155.575}{1.65}+0.28\times\frac{70.2}{1.7}=478.13(\text{kN})$$

取 $$\gamma_0=1.0$$

则 $\gamma_0 N=1.0\times436\ \text{kN}<R=478.13\ \text{kN}$，桩平均受压安全

$\gamma_0 N_{max}=476.91\ \text{kN}<1.2R=1.2\times478.13\ \text{kN}=573.76\ \text{kN}$，最大边缘桩受压安全

因此，取桩数 $n=8$ 合适。

9. 承台验算

(1) 承台受冲切承载力验算

① 柱边冲切，按式（8-30)～式（8-32）可求得冲跨比 λ 与冲切系数 α：

$a_{0x}=175$ mm，得 $\lambda_{0x}=\frac{a_{0x}}{h_0}=\frac{175}{715}=0.245$

$a_{0y}=300$ mm，得 $\lambda_{0y}=\frac{a_{0y}}{h_0}=\frac{300}{715}=0.42$

则 $\alpha_{0x}=\frac{0.72}{\lambda_{0x}+0.2}=\frac{0.72}{0.245+0.2}=1.618$，$\alpha_{0y}=\frac{0.72}{\lambda_{0y}+0.2}=\frac{0.72}{0.42+0.2}=1.16$

则抗冲切力：

$$2[\alpha_{0x}(b_c+a_{0y})+\alpha_{0y}(h_c+a_{0x})]f_t h_0$$
$$=2\times[1.618\times(0.35+0.3)+1.16\times(0.4+0.715)]\times1\,100\times0.715=3\,688.84(\text{kN})$$

冲切力：

$$\gamma_0 F_l=1.0\times\left(F-\sum N_i\right)=3\,200-4\times\frac{F}{n}=3\,200-4\times\frac{3\,200}{8}=1\,600(\text{kN})$$

则 $\gamma_0 F_l\leqslant2[\alpha_{0x}(b_c+a_{0y})+\alpha_{0y}(h_c+a_{0x})]f_t h_0$，即承台柱边抗冲切能力满足要求。

② 角桩向上冲切：

从角桩内边缘至承台外边缘距离

$c_1=c_2=500$ mm，$a_{1x}=800\ \text{mm}>h_0$，取 $a_{1x}=a_{1y}=h_0$，则 $\lambda_{1x}=\frac{a_{1x}}{h_0}=1.0$，$\lambda_{1y}=\frac{a_{1y}}{h_0}=1.0$

$$\alpha_{1x}=\frac{0.48}{\lambda_{1x}+0.2}=0.4,\quad \alpha_{1y}=\frac{0.48}{\lambda_{1y}+0.2}=0.4$$

抗冲切力：

$$[\alpha_{1x}(c_2+a_{1y}/2)+\alpha_{1y}(c_1+a_{1x}/2)]f_t h_0$$
$$=[0.4\times(0.5+0.8/2)+0.4\times(0.5+0.8/2)]\times1\,100\times0.715=566.3(\text{kN})$$

冲切力：$\gamma_0 N_{max}=1.0\times470.91=470.91(\text{kN})$

$\gamma_0 N_{max}\leqslant[\alpha_{1x}(c_2+a_{1y}/2)+\alpha_{1y}(c_1+a_{1x}/2)]f_t h_0$，则角桩冲切承载力满足要求。

(2) 承台受剪切承载力计算

$a_x=a_{0x}=175$ mm，$a_y=a_{0y}=300$ mm，则 $\lambda_x=\frac{a_x}{h_0}=\frac{175}{715}=0.245$，取 $\lambda_x=0.3$

而 $\lambda_y=\frac{a_y}{h_0}=\frac{300}{715}=0.42$

剪切系数 $\beta_x=\frac{0.12}{\lambda_x+0.3}=\frac{0.12}{0.3+0.3}=0.2$，$\beta_y=\frac{0.12}{\lambda_y+0.3}=\frac{0.12}{0.42+0.3}=0.167$

Ⅰ—Ⅰ斜截面抗剪切承载力验算：

抗剪切力：$\beta_x f_c b_0 h_0=0.2\times 9\ 600\times 2.0\times 0.715=2\ 745.6(\text{kN})$

剪力

$$V=2(N_{max}+N_i)=2\left[N_{max}+\left(\frac{F+G}{n}\pm\frac{M_y x_i}{\sum x_i^2}\right)\right]$$

$$=2\times\left[470.91+\left(430\pm\frac{300\times 0.55}{(4\times 1.65^2+4\times 0.55^2)}\right)\right]$$

$$=2\times(470.91+443.2)=1\ 828.22(\text{kN})$$

剪切力：$\gamma_0 V=1.0\times 1\ 822.22=1\ 828.22(\text{kN})$

$\gamma_0 V\leqslant\beta_x f_c b_0 h_0$，则Ⅰ—Ⅰ截面抗剪切能力满足要求。

Ⅱ—Ⅱ斜截面抗剪切承载力验算：

抗剪切力：$\beta_y f_c b_0 h_0=0.167\times 9\ 600\times 2.0\times 0.715=4\ 585.15(\text{kN})$

剪力

$$V=2(N_{max}+N_i)=2\left[N_{max}+\left(\frac{F+G}{n}+\frac{M_y x_i}{\sum x_i^2}\right)\right]$$

$$=2\times\left[470.91+\left(430+\frac{300\times 0.55}{(4\times 1.65^2+4\times 0.55^2)}\right)\right]$$

$$=2\times[470.91+443.64]=1\ 829.1(\text{kN})$$

剪切力：$\gamma_0 V=1.0\times 1\ 829.1=1\ 829.1(\text{kN})$

$\gamma_0 V\leqslant\beta_x f_c b_0 h_0$，则Ⅱ—Ⅱ截面抗剪切能力满足要求。

(3) 承台受弯承载力验算：

柱边Ⅱ—Ⅱ截面：

$$\sum N_i=4\times\frac{F}{n}=4\times\frac{3\ 200}{8}=1\ 600(\text{kN})$$

$$M_x=\sum N_i y_i=1\ 600\times 0.475=760(\text{kN}\cdot\text{m})$$

$A_s=\frac{M_x}{0.9f_y h_0}=\frac{760\times 10^6}{0.9\times 300\times 715}=3\ 936.8(\text{mm}^2)$，则沿 x 轴方向每米长度应布筋 $3\ 936.8\div 4.0=984.2(\text{mm}^2/\text{m})$ 选 Φ14@160，沿平行 y 轴方向均匀布置。

柱边Ⅰ—Ⅰ截面：

$$M_y = \sum N_i x_i = 2 \times \left[\left(\frac{F}{n} + \frac{M_y x_{\max}}{\sum x_i^2}\right) x_{\max} + \left(\frac{F}{n} + \frac{M_y x_i}{\sum x_i^2}\right) x_i\right]$$

$$= 2 \times \left\{\left[\frac{3\,200}{8} + \frac{300 \times 1.65}{(4 \times 1.65^2 + 4 \times 0.55^2)}\right] \times 1.65 + \left[\frac{3\,200}{8} + \frac{300 \times 0.55}{(4 \times 1.65^2 + 4 \times 0.55^2)}\right] \times 0.55\right\}$$

$$= 1\,910.0(\mathrm{kN \cdot m})$$

$A_s = \dfrac{M_y}{0.9 f_y h_0} = \dfrac{1\,910 \times 10^6}{0.9 \times 300 \times 715} = 9\,893.8(\mathrm{mm}^2)$，则沿 y 轴方向每米长度应布筋 $9\,893.8 \div 2.0 = 4\,946.9(\mathrm{mm}^2/\mathrm{m})$　选配Φ25@100，沿平行 x 轴方向均匀布置。

8.8　其他深基础简介

8.8.1　沉井基础

在深基础施工中，为了减少放坡开挖的大量土方量，并保证陡坡开挖边坡的稳定性，人们创造了沉井基础。它是一种竖向的筒形结构物，通常采用砖、素混凝土及钢筋混凝土材料制作。施工时，在地面先制作好井筒形结构，然后在筒内挖土，使沉井失去支承下沉，随下沉而逐节接长井筒。井筒下沉到设计标高后，浇筑混凝土封底。整个井筒在施工时可作支撑围护，施工完毕后便是永久性的深基础。沉井除作为基础外，还可作为地下结构使用。沉井适合于在黏性土及较粗的砂土中施工，但土中有障碍物时会给沉井下沉带来困难。

沉井的断面形式常见的有单孔、单排孔和多排孔等，沉井的竖向剖面形式有柱形、锥形和阶梯形。

沉井的结构包括刃脚、井筒、内隔墙、底梁、封底与顶盖等部分，如图 8－12 所示。

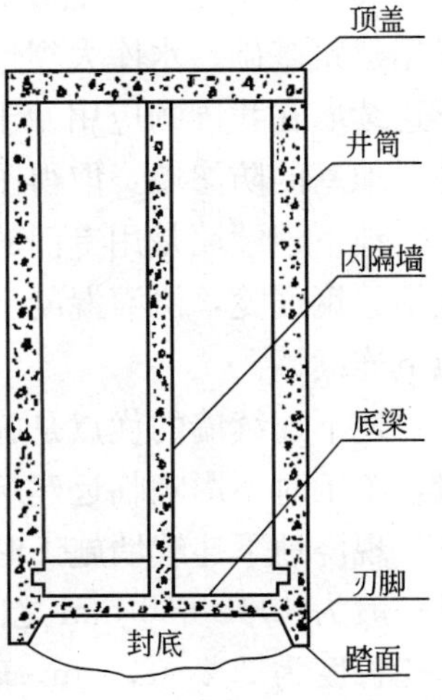

图 8－12　沉井结构

(1) 刃脚与踏面

刃脚在井筒下端，形如刀刃。下沉时刃脚切入土中。其最底部为一水平面，称为踏面。踏面宽度通常不小于 150 mm。土质坚硬时，刃脚踏面用钢板或角钢加以保护。刃脚内侧的倾斜面的水平倾角通常为 40°～60°。

(2) 井筒

井筒为沉井的主体。在沉井下沉过程中，井筒是挡土的围壁，所以它应有足够的强度承受周围土的土压力及水压力。同时又需要有足够的重量来克服外壁与土之间的摩阻力和刃脚土的阻力，使其在自重作用下节节下沉。为便于施工，井筒内径不宜小于 0.9 m。

(3) 内隔墙和底梁

大型沉井为了增加其整体刚度，在沉井内部设置内隔墙以减小受弯时的净跨度，同时增加沉井的刚度。同时，内隔墙把整个沉井分成若干个井孔，可分别挖土施工，便于控制沉降及纠倾处理。有时，在内隔墙下部设底梁。

(4) 封底

沉井下沉到设计标高后，用混凝土封底。刃脚上方井筒内壁常设置有凹槽，便于封底与井筒牢固联结。

(5) 顶盖

沉井作地下构筑物时，顶部需浇钢筋混凝土顶盖。

沉井施工时，需先将场地平整夯实，在基坑上铺设一定厚度的砂层，在刃脚位置再铺设垫木，然后在垫木上制作刃脚和第一节沉井。当沉井混凝土强度达到 70%时，才可拆除垫木，挖土下沉。

下沉方法分为排水下沉及不排水下沉。前者适用于土层稳定不会因抽水而产生大量流砂的情况。当土层性质不稳定，在井内抽水易产生较大量的流砂，此时不能排水，可在水下用机械挖斗进行挖土，或高压水枪破土，用吸泥机将泥浆排出。

当一节井筒下沉至地面以上只剩 1 m 左右时，应停止下沉，接长井筒。当沉井下沉达到设计标高时，挖平筒底土层进行封底。

8.8.2 地下连续墙

1950 年，意大利首次建成了地下连续墙。目前，地下连续墙已被许多国家用于工业与民用建筑基础、水库大坝地基防渗、城市地下铁路、码头、地下油罐等各类永久性工程。地下连续墙在我国的应用始于 1956 年，当时我国于北京密云水库主坝中，应用地下连续墙作为了地基的防渗墙，取得了成功。

地下连续墙是用专门的挖槽机械，在地面下沿着深基或低下建筑物周边分段挖槽，并就地吊放钢筋笼，浇灌混凝土，形成一个单元的墙段，然后又连续开挖浇筑混凝土，从而形成地下连续墙。

地下连续墙的优点是施工期间不需降水，不需挡土护坡，不需立模板与支撑，节约土方量，施工时不影响临近建筑物的安全，同时把施工护坡与永久性承载工程融为一体。

现浇地下连续墙施工时，一般先修导墙，以导向和防止机械碰坏槽壁。地下连续墙的厚度一般为 400～600 mm 之间。长度按设计不受限制。施工时，若采用多头钻机开槽，每段槽孔长度为 2.2～2.5 m。若采用抓斗或冲击钻机成槽时，每段长度可更大。为了防止坍孔，钻进时应向槽内压送循环泥浆。当挖槽深度达到设计深度时，沿挖槽前进方向埋接头管，再安放钢筋笼，用导管浇灌混凝土后再拔出接头管，按以上顺序循环施工，直至完成整个连续墙。如图 8－13 所示。

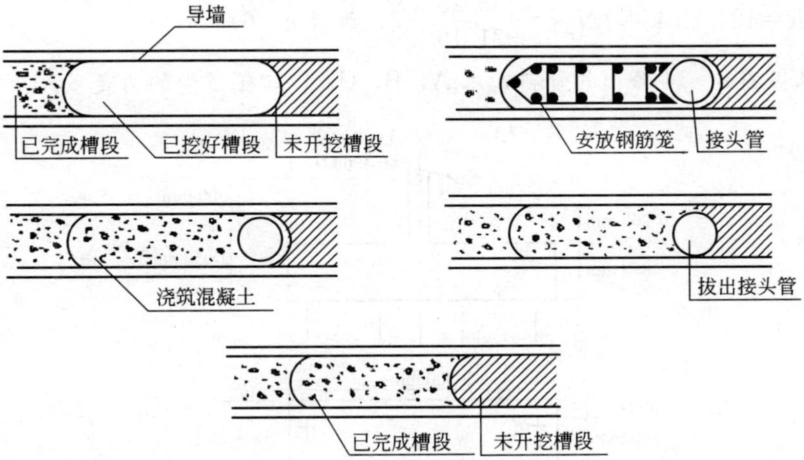

图 8－13　地下连续墙分段施工图

思考题

8－1　在什么情况下宜采用桩基础方案？

8－2　试从桩基础承载性状、桩身材料和桩径方面对桩进行分类。

8－3　单桩竖向承载力有哪几种确定方法？单桩竖向极限承载力标准值与单桩竖向承载力设计值有何不同？

8－4　何为桩侧阻群桩效应系数、桩端阻群桩效应系数、桩侧阻端阻综合群桩效应系数？什么情况下应考虑这些效应？什么情况下应考虑群桩、土、承台的相互效应系数？

8－5　桩基础设计包括哪些内容？

8－6　试述沉井、地下连续墙施工的基本原理。

习题

8－1　设计一柱下钢筋混凝土预制方桩基础，地基土质情况如下：表层为杂填土，厚 2.0 m，$\gamma_1=16.0\ kN/m^3$；第二层为粉质黏土，厚 9.2 m，$\gamma_2=18.9\ kN/m^3$，第三层为粗砂，$\gamma_3=19.0\ kN/m^3$。承台底面埋深 $d=2.0$ m，承台顶面距离地面 0.5 m。已知作用到基础顶面处的荷载为：竖向荷载设计值 $F=2\ 500$ kN；弯矩设计值 $M=430$ kN·m。

拟采用桩基断面为 350 mm×350 mm，桩长为 10 m，桩顶嵌入承台底面 0.10 m。取 3 根这种规格的预制方桩进行试桩试验，其单桩极限承载力实测值分别为 810 kN、800 kN、790 kN。试根据试桩试验结果计算单桩竖向极限承载力标准值 Q_{uk}。

（答案：$Q_{uk}=800$ kN）

8－2　条件如习题8－1，进行桩基础设计及验算（按不考虑群桩效应及承台效应计算）。

（答案：R＝484.85 kN，$N_{\substack{max\\min}}=\frac{558.15\ \text{kN}}{371.19\ \text{kN}}$，桩数$n$＝6）

8－3　根据图8－14给出的资料，求A，B，C，D四根桩受的力是多大？

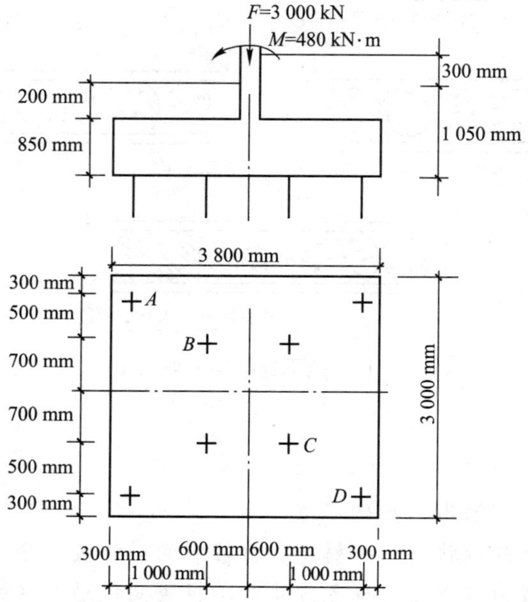

图8－14　习题8－3图

（答案：$N_{\text{D}}^{\text{A}}=^{481.79}_{350.29}$ kN；$N_{\text{B}}^{\text{C}}=^{440.7}_{391.38}$ kN）

8－4　某建筑物的桩基础采用直径600 mm、长15 m的泥浆护壁钻孔桩，承台底面以下各土层厚度、摩阻力及端阻力如下：①粉质黏土，厚度3.0 m，极限摩阻力q_{sk}＝50 kPa；②黏土，厚度10.0 m，极限摩阻力q_{sk}＝75 kPa；③粉质黏土夹细砂，厚度大于6 m，极限摩阻力q_{sk}＝80 kPa，极限端阻力q_{pk}＝700 kPa，求单桩极限承载力Q_{uk}及基桩承载力设计值R，若由3桩组成桩基础，求3桩基础承载力设计值P_3。（桩侧及桩端阻抗力分项系数$\gamma_s=\gamma_p$＝1.65）

（答案：基桩承载力设计值为R＝1 330.2 kN；桩基础承载力设计值P_3为：P_3＝3R＝3 990.7 kN）

第 9 章

工程地质勘察

9.1　工程地质勘察任务及分类

工程地质勘察一般在工程地质测绘的基础上进行。它可以直接深入地下岩层取得所需的工程地质条件资料，是探明深部地质情况的可靠方法。房屋建筑和构筑物的岩土工程勘察，应在搜集建筑物上部荷载、功能特点、结构类型、基础形式、埋置深度和变形限制等方面资料的基础上进行。工程地质勘探的主要方式有工程地质钻探、坑探和物探，其主要工作任务应符合下列规定：

① 查明场地和地基的稳定性、地层结构、持力层和下卧层的工程特性、土的应力历史和地下水条件以及不良地质作用等；

② 提供满足设计施工所需的岩土参数，确定地基承载力，预测地基变形性状；

③ 提出地基基础、基坑支护、工程降水和地基处理设计与施工方案的建议；

④ 提出对建筑物有影响的不良地质作用的防治方案建议；

⑤ 对于抗震设防烈度等于或大于 6 度的场地，进行场地与地基的地震效应评价。

建筑物的岩土工程勘察宜分阶段进行，可行性研究勘察应符合选择场址方案的要求；初步勘察应符合初步设计的要求；详细勘察应符合施工图设计的要求；场地条件复杂或有特殊要求的工程，宜进行施工勘察。场地较小且无特殊要求的工程可合并勘察阶段。当建筑物平面布置已经确定，且场地或其附近已有岩土工程资料时，可根据实际情况，直接进行详细勘察。

可行性研究勘察，应对拟建场地的稳定性和适宜性做出评价，并应符合下列要求：搜集区域地质、地形地貌、地震、矿产、当地的工程地质、岩土工程和建筑经验等资料；在充分搜集和分析已有资料的基础上，通过踏勘了解场地的地层、构造、岩性、不良地质作用和地下水等工程地质条件；当拟建场地工程地质条件复杂，已有资料不能满足要求时，应根据具体情况进行工程地质测绘和必要的勘探工作；当有两个或两个以上拟选场地时应进行比选分析。

初步勘察应对场地内拟建建筑地段的稳定性做出评价，并进行下列主要工作：搜集拟建工程的有关文件、工程地质和岩土工程资料以及工程场地范围的地形图；初步查明地质构造、地层结构、岩土工程特性、地下水埋藏条件；查明场地不良地质作用的成因、分布、规模、发展趋势，并对场地的稳定性做出评价。对抗震设防烈度等于或大于6度的场地，应对场地和地基的地震效应做出初步评价；季节性冻土地区，应调查场地土的标准冻结深度；初步判定水和土对建筑材料的腐蚀性；高层建筑初步勘察时，应对可能采取的地基基础类型、基坑开挖与支护、工程降水方案进行初步分析评价。

初步勘察的勘探工作应符合下列要求：勘探线应垂直地貌单元、地质构造和地层界线布置；每个地貌单元均应布置勘探点，在地貌单元交接部位和地层变化较大的地段，勘探点应予加密；在地形平坦地区，可按网格布置勘探点；对岩质地基，勘探线和勘探点的布置，勘探孔的深度，应根据地质构造、岩体特性风化情况等按地方标准或当地经验确定对土质地基应符合表9-1的规定。初步勘察勘探线、勘探点间距可按表9-2确定，局部异常地段应予加密。

表9-1　初步勘察勘探线、勘探点间距　　m

地基复杂程度等级	勘探线间距	勘探点间距
一级（复杂）	50～100	30～50
二级（中等复杂）	75～150	40～100
三级（简单）	150～300	75～200

注：1. 表中间距不适用于地球物理勘探；
2. 控制性勘探点宜占勘探点总数的1/5～1/3，且每个地貌单元均应有控制性勘探点。

表9-2　初步勘察勘探孔深度　　m

工程重要性等级	一般性勘探孔	控制性勘探孔
一级（重要工程）	＞15	＞30
二级（一般工程）	10～15	15～30
三级（次要工程）	6～10	10～20

注：1. 勘探孔包括钻孔、探井和原位测试孔等；
2. 特殊用途的钻孔除外。

详细勘察应按单体建筑物或建筑群提出详细的岩土工程资料和设计、施工所需的岩土参数；对建筑地基做出岩土工程评价，并对地基类型、基础形式、地基处理、基坑支护、工程降水和不良地质作用的防治等提出建议。主要应进行下列工作：搜集附有坐标和地形的建筑总平面图，场区的地面整平标高，建筑物的性质、规模、荷载、结构特点、基础形式、埋置深度、地基允许变形等资料；查明不良地质作用的类型、成因、分布范围、发展趋势和危害程度，提出整治方案的建议；查明建筑范围内岩土层的类型、深度、分布、工程特性、分析和评价地基的稳定性、均匀性和承载力；对需进行沉降计算的建筑物，提供地基变形计算参数，预测建筑物的变形特征；查明埋藏的河道、沟浜、墓穴、防空洞、孤石等对工程不利的埋藏物；查明地下水的埋藏条件，提供地下水位及其变化幅度；在季节性冻土地区，提供场地土的标准冻结深度；判定水和土对建筑材料的腐蚀性。

详细勘察勘探点布置和勘探孔深度，应根据建筑物特性和岩土工程条件确定。对岩质地基，应根据地质构造、岩体特性、风化情况等，结合建筑物对地基的要求，按地方标准或当地经验确定；详细勘察勘探点的间距可按表9-3确定。

表9-3 详细勘察勘探点的间距 m

地基复杂程度等级	勘探点间距
一级（复杂）	10～15
二级（中等复杂）	15～30
三级（简单）	30～50

详细勘察的勘探点布置，应符合下列规定：

① 勘探点宜按建筑物周边线和角点布置，对无特殊要求的其他建筑物可按建筑物或建筑群的范围布置；

② 同一建筑范围内的主要受力层或有影响的下卧层起伏较大时，应加密勘探点，查明其变化；

③ 重大设备基础应单独布置勘探点，重大的动力机器基础和高耸构筑物，勘探点不宜少于3个；

④ 勘探手段宜采用钻探与触探相配合，在复杂地质条件、湿陷性土、膨胀岩土、风化岩和残积土地区，宜布置适量探井。

9.2 工程地质勘察的方法

工程地质勘探的主要方式有工程地质钻探、坑探和物探。

1. 工程地质坑、槽探

坑、槽探是在建筑场地挖探井或探槽以取得直观资料和原状土样，这是一种不使用专用机具的常用勘探方法。当场地地质条件比较复杂时，利用坑探可以直接观测地层的结构和变化，但坑探可达的深度较浅。坑探的种类有探槽、探坑和探井。

在工程地质勘察中，常用的坑、槽探主要有坑、槽、井、洞等几种类型，如表9-4所示。

表9-4 工程地质勘探中坑、槽、洞的类型

类型	特　点	用　途
试坑	数十厘米的小坑，形状不定	局部剥除地表覆土，揭露基岩
浅井	从地表向下垂直，断面呈圆形或方形，深5～15 m	确定覆盖层及风化层的岩性及厚度，取原状样，载荷试验，渗水试验

续表

类型	特　点	用　途
探槽	在地表垂直岩层或构造线挖掘成深度不大的(小于3～5 m)长条形槽子	追索构造线、断层、探查残积坡积层，风化岩石的厚度和岩性
竖井	形状与浅井同，但深度可超过20 m以上，一般在平缓山坡、漫滩、阶地等岩层较平缓的地方，有时需要支护	了解覆盖层厚度及性质，构造线、岩石破碎情况、岩溶、滑坡等，岩层倾角较缓时效果较好
平洞	在地面有出口的水平通道，深度较大，适用较陡的基岩岩坡	调查斜坡地质构造，对查明地层岩性、软弱夹层、破碎带、风化岩层时，效果较好，还可取样或作原位试验

探槽是在挖掘成长条形且两壁常为倾斜上宽下窄的槽子，其断面有梯形或阶梯形两种。较深的探槽两壁要进行必要的支护以策安全。探槽一般在覆盖土层小于3.0 m时使用。它适用于了解地质构造线、断裂破碎带宽度、地层分界线、岩脉宽度及其延伸方向和采取原状土试样等。

凡挖掘深度不大且形状不一的坑，或成矩形的较短的探槽状的坑为探坑。探坑的深度一般为1.0～2.0 m，与土层的目的相同。

探井一般深度都大于3.0 m，其断面形状为方形、矩形和圆形。圆形探井在水平方向能承受较大的侧压力，比其他形状的探井安全。

坑探中采取原状土样可按照以下步骤进行：首先在井底或井壁的指定深度处挖一土柱，土柱的直径必须大于土筒的直径，将土柱顶面削平，套上两端开口的金属筒并削去筒外多余的土，一面削土一面将筒压入，直到筒完全套入土柱体后切断土体柱。然后削去两端多余的土体，盖上筒盖，用熔蜡密封后贴上标签并注明土柱的上下方向、编号等即完成取样工作。

2. 钻探

(1) 工程地质钻探的概念

工程地质钻探是获取地表下准确的地质资料的重要方法，而且通过钻探的钻孔采取原状岩土样和做现场力学试验也是工程地质钻探的任务之一。

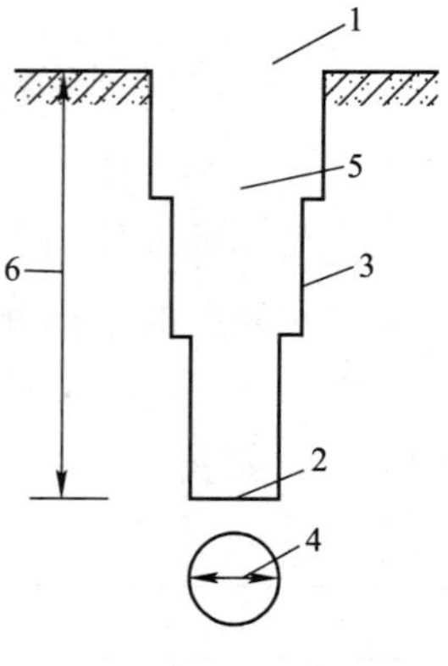

图9-1　钻孔要素

1—孔口；2—孔底；3—孔壁；4—孔径；5—换径；6—孔深

钻探是指在地表下用钻头钻入地层的勘探方法。在地层内钻成直径较小并具有相当深度的圆筒形孔眼的孔称为钻孔。通常将直径大于等于800 mm以上的钻孔称为大直径钻井。钻孔的要素如图9-1所示。钻孔上部口径较大，下部口径较小，呈阶梯状。钻孔的上部为孔口，底部为孔底；四周侧壁为孔壁。钻孔断面的直径为孔径；由大孔径改为小孔径称换径。从孔口到孔底的距离为孔深。

钻孔的直径、深度、方向等，应根据工程要求、地质条件和钻探方法综合确定，取决于钻孔用途和钻探点的地质条件。钻孔的直径一般为 75～150 mm，在大型建筑物的工程地质钻探时孔径常大于 150 mm，有时可达 500 mm。如为鉴别和划分土层，终孔直径不宜小于 33 mm；为了采取原状土样，取样段的孔径不宜小于 108 mm；为了采取岩石试样，取样段的孔径对于软岩不宜小于 108 mm，对于硬质岩不宜小于 89 mm；作孔内试验时，试验段的孔径应按试验要求确定。钻孔的深度视工程要求和地质条件而定，由数米至上百米，一般的工业与民用建筑地质钻探深度在数十米以内。钻孔的深度一般为垂直的，也有倾斜的钻孔，称为斜孔。在地下工程中有打成水平的，甚至竖直向上的钻孔。

(2) 钻探过程和钻进方法

根据自然条件的复杂性以及工程要求选择钻探设备和钻进方法。钻机一般分为回转式和冲击式两种。回转式钻机是利用钻机的回转器带动钻具旋转，磨消孔底地层而钻进，通常使用管状钻具，能取柱状岩芯样品。冲击式钻机则利用卷扬机借钢丝绳带动有一定重量的钻具上下反复冲击，使钻头击碎孔底地层而形成钻孔后用抽筒提取岩石碎块或扰动土样。针对不同的岩石及地层条件，可选取不同的钻进方式、钻机与钻具（见表 9－5）。

表 9－5　工程地质钻探工作概况

<table>
<tr><th colspan="3">钻探方法</th><th>主要钻具</th><th>使用条件</th><th>优　点</th><th>缺　点</th></tr>
<tr><td rowspan="2">冲击钻探</td><td colspan="2">人力</td><td>洛阳铲、钢丝绳钻探、锤击钻探</td><td>碎石土、砂土、黏性土、软质岩石</td><td>设备简单经济，能准确了解含水层</td><td>劳动强度大，难以取得完整岩芯，孔深较浅</td></tr>
<tr><td colspan="2">机械</td><td>CZ－20C 型
CZ－22C 型
CZ－30C 型</td><td>除上述岩土外，还可用于坚硬岩层</td><td>可钻进其他方法难以钻进的漂石及大卵石土</td><td>不能取完整岩芯，无法钻斜孔</td></tr>
<tr><td rowspan="3">回转钻探</td><td colspan="2">人力</td><td>螺旋钻、勺钻</td><td>均匀砂、粉土及黏土</td><td>设备简单，能采取试样</td><td>劳动强度大，孔深较浅</td></tr>
<tr><td rowspan="2">机械</td><td>硬合金钢粒钻头</td><td>XJ－100 型
UX300－2A 型
SGZI－Ⅲ型
XY2－3 型
YDC－100 型</td><td>除漂石、大卵石以上的各种硬度的岩石和土</td><td>岩石采取率高，能取岩样，可钻斜孔，可做孔内各种试验</td><td>硬合金只适用Ⅷ级硬度以下岩石，钢粒钻进孔壁不宜均匀平整，机具较重</td></tr>
<tr><td>金刚石钻头</td><td>XY－IA 型等</td><td>钻进Ⅷ级硬度以上的最坚硬岩层最有效</td><td>钻孔质量好，岩芯采取率高，机具较轻</td><td>在软弱和破碎岩层应慎重使用，一般不适用于漂石、卵石层</td></tr>
<tr><td colspan="3">冲击—回转钻探</td><td>SH30－2 型</td><td>碎石土、砂土、粉土、黏性土</td><td>钻进效率较高、适用于各种土体</td><td>孔深较浅，设备较复杂</td></tr>
<tr><td colspan="3">冲击—回转—振动钻探，复合钻探</td><td>G1－G3 系列型
GYC150 型
GJD－2 型
JK－1 型</td><td>上述土层以及不太坚硬的基岩</td><td>半液压传动、回转、冲击、振动钻具等功能齐全，可静压取土</td><td>大部分钻具孔深较浅，坚硬岩层不适用</td></tr>
</table>

图 9-2　50 型钻机

钻探过程中有三个基本程序：

破碎岩土：在工程地质钻探中广泛采用人力和机械方法，使小部分岩土脱离整体而成为粉末、岩土块或岩土芯的现象，叫做破碎岩土。岩土的破碎是借助于冲击力、剪切力、研磨和压力来实现的。

采取岩土：用冲洗液（或压缩空气）将破碎的碎屑冲到孔外，或者用钻具（抽筒、勺形钻头、螺旋钻头、取土器、岩芯管等）靠人力或机械将孔底的碎屑或样芯取出于地面。

保全孔壁：为了顺利地进行钻探工作，必须保护好孔壁，不使其坍塌。一般使用套管和泥浆来护壁。

工程地质钻探可根据岩土破碎的方式，将钻进的方法分为以下四种：

● 冲击钻进

冲击钻进法采用底部圆环状钻头。钻进时将钻具提升到一定高度，利用钻具自重，迅猛放落，钻具在下落时产生冲击动能，冲击孔底岩土层，使岩土层达到破碎之目的而加深钻孔，如图 9-2 示。

● 回转钻进

回转钻进法采用底部嵌焊有硬质合金的圆环状钻头进行钻进。钻进中施加钻压，使钻头在回转中切入岩土层，达到加深钻孔的目的。在土质地层中钻进，有时为有效地完整地揭露标准地层，还可以采用勺形钻头进行钻进。

● 冲击—回转钻进

冲击—回转钻进综合了前两种钻进方法在地层钻进中的优点，以达到提高钻进效率的目的。其工作原理是：在钻进过程中，钻头克取岩石时，施加一定的动力，对岩石产生冲击作用，使岩石的破碎速度加快，破坏粒度比回转剪切粒度增大。同时由于冲击力的作用使硬质合金刻入岩石深度增加，在回转中将岩石剪切掉。这样就大大提高了钻进的效率。

● 冲击—回转—振动钻进

冲击—回转—振动钻进综合了前三种钻进方法在地层钻进中的优点，以达到提高钻进效率的目的。采用机械动力所产生的振动力，通过连接杆和钻具传到圆筒形钻头周围土中。由于振动器高速振动的结果，圆筒钻头依靠钻具和振动器的重量使得土层更容易被切削钻进，切钻进速度较快。

（3）钻孔地质柱状图

钻孔地质柱状图是表示该钻孔所穿过的地层而综合成图表表示（见表 9-6）。图中表示有地质年代、土层埋藏深度、土层厚度、土层底部的绝对标高、岩土的描述、柱状图、地面绝对标高、地下水水位和测量日期、岩土怎样选取位置等。柱状图的比例尺一般为 1∶100～1∶500。

表9-6 钻孔柱状图表

孔号：K.1　　　　　　　　　　　　　　　　　　　　　　　　　　　　孔口高程

<table>
<tr><th rowspan="2">地质年龄</th><th colspan="2">埋藏深度</th><th rowspan="2">土层厚度</th><th rowspan="2">土层低部的绝对标高</th><th rowspan="2">岩石描述</th><th rowspan="2">柱状图比例尺
1∶100</th><th colspan="2">水位和测量日期</th><th rowspan="2">土样位置/m</th></tr>
<tr><th>从</th><th>到</th><th>出现</th><th>稳定</th></tr>
<tr><td rowspan="3"></td><td></td><td></td><td></td><td></td><td></td><td></td><td rowspan="3"></td><td rowspan="3"></td><td rowspan="3"></td></tr>
<tr><td></td><td></td><td></td><td></td><td></td><td></td></tr>
<tr><td></td><td></td><td></td><td></td><td></td><td></td></tr>
</table>

(4) 土试样的采取

① 原状土样的概念。

工程地质钻探的主要任务之一是在岩土层中采取岩芯或原状土试样。在采取试样过程中应该保持试样的天然结构，如果试样的天然结构已受到破坏，则此试样已受到扰动，这种试样称为“扰动样”，在工程地质勘察中是不容许的。除非有明确说明另有所用，否则次扰动试样作废。由于土工试验所得出的土性指标要保证可靠，因此工程地质勘察中所取得的试样必须是保留天然结构的原状试样。原状试样有岩芯试样和土试样。岩芯试样由于其坚硬性，其天然结构难于破坏，而土试样则不同，它很不容易被扰动。因此，采取原状土试样是工程地质勘察中的一项重要技术。但是在实际工程地质勘察的钻探过程中，要取得完全不扰动试样是不可能的。造成土试样扰动有三个原因：一是外界条件引起的土试样的扰动，如钻进工艺、钻具选用、钻压、钻速、取土方法选择等。若在选用上不够合理时，都能造成其土质的天然结构被破坏。二是采样过程造成的土体中应力条件发生了改变，引起图样内的质点间的相对位置位移和组织结构的变化，甚至出现质点间的原有黏聚力的破坏。三是采取土样时，需用取土器采取。但不论采用何种取土器，它都有一定的壁厚、长度和面积。当切入土层时，会使土样产生一定的压缩变形。壁越厚所排开土体越多，其变形量越大，这就造成土样更大的扰动。从上述可见，所谓原状土试样实际上都不可避免地遭到了不同程度的扰动。为此，在采取土试样过程中，应力求减小对试样的扰动，要尽力排除各种可能增大扰动量的因素。

按照取样方法和试验目的，岩土工程勘察规范对土试样的扰动程度分成如下的质量等级：

一级——不扰动，可进行试验项目有：土类定义、含水量、密度、强度系数、变形参数、固结压密系数。

二级——轻微扰动，可进行的试验项目有：土类定义、含水量、密度。

三级——显著扰动，可进行的试验项目有：土类定义、含水量。

四级——完全扰动，可进行的试验项目有：土类定义。

在钻孔取样时，采用薄壁取土器所采得的土样定为一～二级；对于采用中厚壁或厚壁取土器所采得的土样定为二～三级；对于采用标准贯入器、螺纹钻头或岩芯钻头所采得的黏性土、粉土、砂土和软岩的试样皆定义为三～四级。

从上可见，为取得一级质量的土试样，普遍采用薄壁取土器来采取，以满足土工试验全部的物理力学参数的正确获得。

② 减少土试样扰动的注意事项。

为保证土样少受扰动，采取土试样的前后及过程中应注意如下事项：

合理的钻进方法是保证取得不扰动土样的第一前提。也就是说，钻进方法的选用首先应着眼于确保孔底拟取土样不被扰动。这一点几乎对任何种土样都适用，而对结构敏感或不稳定的土层尤为重要。从国内外的经验看，主要有以下几点要求：

① 在结构性敏感土层和较疏松砂土层中需采用回转钻进，而不得采用冲击钻进。

② 以泥浆护孔，可以减少扰动。并注意在孔中保持足够的静水压力，防止因孔内水位过低而导致孔底软黏性土或砂层产生松动或涌起。

③ 取土钻孔的孔径要适当，取土器与孔壁之间要有一定的距离，避免下放取土器时切削孔壁，挤进过多的废土。尤其在软土钻孔中，时有缩径现象，则更需加大取土器与孔壁的间隙。钻孔应保持孔壁垂直，以避免取土器切刮孔壁。

④ 取土前的一次钻进不宜过深，以免下部拟取土样部位的土层受扰动。并且在正式取土前，把已受一定程度扰动的孔底土柱清理掉，避废土过多，取土器顶部挤压土样。

⑤ 取土深度和进土深度等尺寸，在取土前都应丈量准确。

取土过程中，如提升取土器、拆卸取土器等每个操作工序，均应细致稳妥，以免造成扰动。取出的土应及时用蜡密封，并注明上下，贴上标签，作好记录；另外（即除了钻探过程的问题外），在土样封存、运输和开工做试验时，都应注意避免扰动。严防振动、日晒、雨淋和冻结。

思考题

9-1　工程地质勘察的任务是什么？

9-2　工程地质勘察可分为哪些阶段？简述各个阶段的任务要求？

9-3　什么是钻探？钻探有哪几种？

9-4　什么是坑探？坑探有哪几种？

9-5　什么是原状土样？什么是扰动土样？什么原因造成土样扰动？取出的土样应采取什么措施防止土样扰动？

第 10 章 基坑工程

10.1 概　述

建筑基坑是指为进行建筑物（包括构筑物）基础与地下室的施工所开挖的地面以下空间。为保证基坑施工，主体地下结构的安全和周围环境不受损害，需对基坑进行包括土体、降水和开挖在内的一系列勘察、设计、施工和检测等工作。这项综合性的工程就称为基坑工程。

基坑工程具有以下特点：

① 一般情况下都是临时结构，安全储备相对较小，风险性较大。

② 具有很强的区域性和个案性，其由场地的工程水文地质条件和岩土的工程性质以及周边环境条件的差异性所决定，因此，基坑工程的设计和施工，必须因地制宜，切忌生搬硬套。

③ 是一项综合性很强的系统工程，它不仅涉及结构、岩土、工程地质及环境等多门学科，而且勘察、设计、施工、检测等工作环环相扣，紧密相连。

④ 具有较强的时空效应，支护结构所受荷载（如土压力）及其产生的应力和变形在时间上和空间上具有较强的变异性，在软黏土和复杂体型基坑工程中尤为突出。

⑤ 对周边环境会产生较大影响。基坑开挖、降水势必引起周边场地土的应力和地下水位发生改变，使土体产生变形，对相邻建（构）筑物和地下管线等产生影响，严重者将危及它们的安全和正常使用。大量土方运输也将对交通和环境卫生产生影响。

基坑工程的目的是构建安全可靠的支护体系。对支护体系的要求体现在如下 3 个方面。

① 保证基坑四周边坡土体的稳定性，同时满足地下室施工有足够空间的要求，这是土方开挖和地下室施工的必要条件。

② 保证基坑四周相邻建（构）筑物和地下管线等设施在基坑支护和地下室施工期间不受损害。即坑壁土体的变形，包括地面和地下土体的垂直和水平位移要控制在允许范围内。

③ 通过截水、降水、排水等措施，保证基坑工程施工作业面在地下水位以上。

10.2 基坑支护结构的类型及适用条件

1. 放坡开挖及简易支护

放坡开挖是指选择合理的坡比进行开挖。适用于地基土质较好，开挖深度不大以及施工现场有足够放坡场所的工程。放坡开挖施工简便、费用低，但挖土及回填土方量大。有时为了增加边坡稳定性和减少土方量，常采用简易支护（见图 10－1）。

2. 悬臂式支护结构

广义上讲，一切设有支撑和锚杆的支护结构均可归属悬臂式支护结构，但这里仅指没有内撑和锚拉的板桩墙、排桩墙和地下连续墙支护结构（见图 10－2）。悬臂式支护结构依靠其入土深度和抗弯能力来维持坑壁稳定和结构的安全。由于悬臂式支护结构的水平位移是深度的五次方，所以它对开挖深度很敏感，容易产生较大的变形，只适用于土质较好、开挖深度较浅的基坑工程。

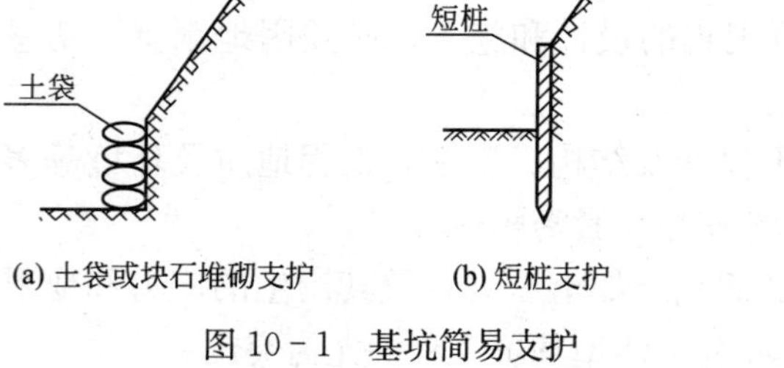

(a) 土袋或块石堆砌支护　　(b) 短桩支护

图 10－1　基坑简易支护

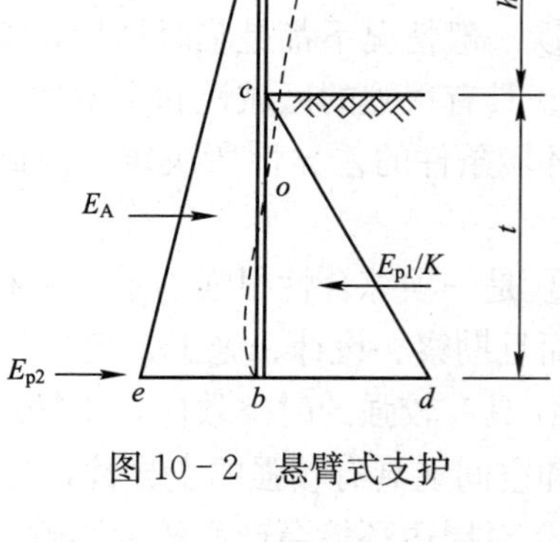

图 10－2　悬臂式支护

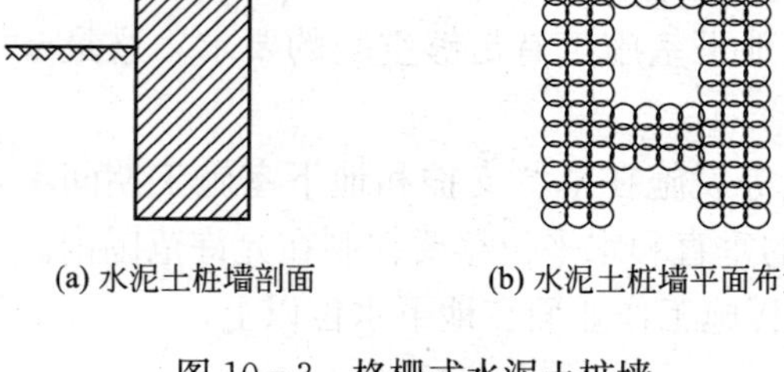

(a) 水泥土桩墙剖面　　(b) 水泥土桩墙平面布置

图 10－3　格栅式水泥土桩墙

3. 水泥土桩墙支护结构

利用水泥作为固化剂，通过特制的深层搅拌机械在地基深部将水泥和土体强制拌和，便可形成具有一定强度和遇水稳定的水泥土桩。水泥土桩与桩或排与排之间可相互咬合紧密排列，也可按网格式排列（见图 10－3）。水泥土桩墙适合软土地区的基坑支护。

4. 内撑式支护结构

内撑式支护结构由支护桩或墙和内支撑组

成。支护桩常采用钢筋混凝土桩或钢板桩，支护墙通常采用地下连续墙。内支撑常采用木方、钢筋混凝土或钢管（或型钢）做成。内支撑支护结构适合各种地基土层，但设置的内支撑会占用一定的施工空间。

5. 拉锚式支护结构

拉锚式支护结构由支护桩或墙和锚杆组成。支护桩和墙同样采用钢筋混凝土桩和地下连续墙。锚杆通常有地面拉锚［见图 10－4（a）］和土层锚杆［见图 10－4（b）］两种。地面拉锚需要有足够的场地设置锚桩或其他锚固装置。土层锚杆因需要土层提供较大的锚固力，不宜用于软黏土地层中。

6. 土钉墙支护结构

土钉墙支护结构是由被加固的原位土体、布置较密的土钉和喷射于坡面上的混凝土面板组成（见图 10－5）。土钉一般是通过钻孔、插筋、注浆来设置的，但也可通过直接打入较粗的钢筋或型钢形成。土钉墙支护结构适合地下水位以上的黏性土、砂土和碎石土等地层，不适合于淤泥或淤泥质土层，支护深度不超过 18 m。

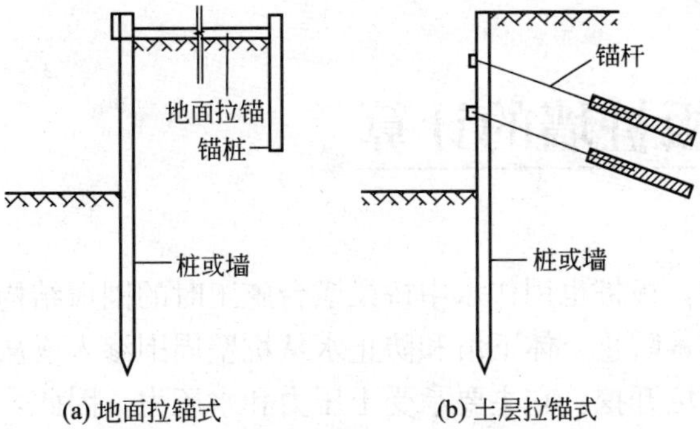

图 10－4　拉锚式支护结构示意图

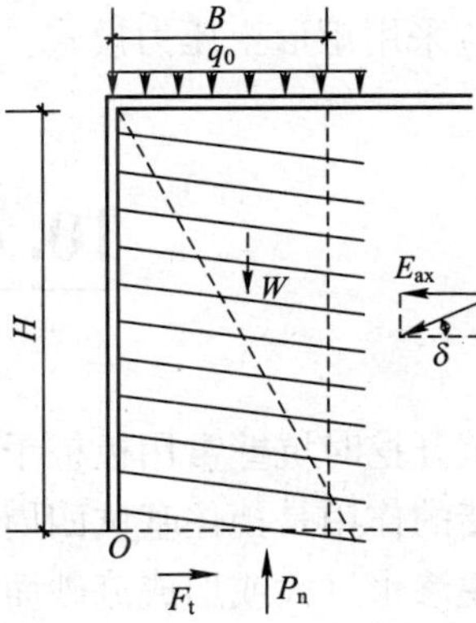

图 10－5　土钉墙简图

10.3　作用于支护结构上的荷载及土压力计算

作用于支护结构上的荷载通常有：土压力、水压力、影响区范围内建（构）筑物荷载、施工荷载、地震荷载以及其他附加荷载。其中最重要的荷载是土压力和水压力。其计算方法有“水土分算”法和“水土合算”法两种。对于砂性土和粉土，可按水土分算法，即分别计算土、水压力，然后叠加；对黏性土可根据现场情况和工程经验，按水土分算或水土合算法进行，水土合算法则是采用土的饱和重度计算总的水土压力。

作用于支护结构的土压力，工程中通常按朗金土压力理论计算。作用在支护结构上的土压力按以下规定计算：

① 主动土压力称为水平荷载标准值，被动土压力称为水平抗力标准值。具体包括土压力、水压力、超载等产生的附加侧压力。

② 当计算出的基坑开挖面以上的水平荷载标准值小于零时，由于支护结构与土之间不可能产生拉应力，故应取为零。

③ 侧压力系数采用简单的朗肯土压力系数。

④ 对于不同地层采用不同的原则，即无黏性土水土分算，黏性土水土合算。

⑤ 关于 c、φ 值，应取三轴固结快剪试验结果（若有可靠经验时，可采用直剪试验结果）。

⑥ 对于特殊土（如膨胀土等）的土压力必要时可以通过土质参数（如 c、φ 值等）或对正常计算出的土压力进行调整。

我国工程界常采用三角形分布土压力模式和经验的矩形土压力模式。当墙体位移比较大时，一般采用三角形土压力模式；否则采用矩形土压力模式。在用“m”法进行设计计算时，一般应采用矩形土压力模式。

10.4 板桩墙的计算

在基坑开挖时坑壁常用板桩予以支撑，板桩也用作水中桥梁墩台施工时的围堰结构。

板桩墙的作用是挡住基坑四周的土体，防止土体下滑和防止水从坑壁周围渗入或从坑底上涌，避免渗水过大或形成流砂而影响基坑开挖。它主要承受土压力和水压力，因此，板桩墙本身也是挡土墙，但又非一般刚性挡墙，它在承受水平压力时是弹性变形较大的柔性结构，它的受力条件与板桩墙的支撑方式、支撑的构造、板桩和支撑的施工方法以及板桩入土深度密切相关，需要进行专门的设计计算。

10.4.1 侧向压力计算

作用于板桩墙的外力主要来自坑壁土压力和水压力，或坑顶其他荷载（如挖、运土机械等）所引起的侧向压力。

板桩墙土压力计算比较复杂，由于它大多是临时结构物，因此常采用比较粗略的近似计算，即不考虑板桩墙的实际变形，仍沿用古典土压力理论计算作用于板桩墙上的土压力。一般用朗金理论来计算不同深度 z 处每延米宽度内的主、被动土压力强度 p_a、p_p（kPa）：

$$p_a=\gamma z\tan^2\left(45°-\frac{\varphi}{2}\right)=\gamma zK_a \qquad (10-1)$$

$$p_p=\gamma z\tan^2\left(45°+\frac{\varphi}{2}\right)=\gamma zK_p \qquad (10-2)$$

10.4.2 悬臂式板桩墙的计算

图10-6所示的悬臂式板桩墙，因板桩不设支撑，故墙身位移较大，通常可用于挡土高度不大的临时性支撑结构。

悬臂式板桩墙的破坏一般是板桩绕桩底端 b 点以上的某点 o 转动。这样在转动点 o 以上的墙身前侧以及 o 点以下的墙身后侧，将产生被动抵抗力，在相应的另一侧产生主动土压力。由于精确地确定土压力的分布规律困难，一般近似地假定土压力的分布图形如图10-6所示：墙身前侧是被动土压力（bcd），其合力为 E_{P1}，并考虑有一定的安全系数 K（一般取 $K=2$）。

在墙身后方为主动土压力（abe），合力为 E_A。另外在桩下端还作用有被动土压力 E_{P2}，由于 E_{P2} 的作用位置不易确定，计算时假定作用在桩端 b 点。考虑到 E_{P2} 的实际作用位置应在桩端以上一段距离，因此，在最后求得板桩的入土深度 t 后，再适当增加10%～20%。

悬臂式桩、墙的设计计算常采用极限平衡法和布鲁姆（H. Blum）简化计算法。

1. 极限平衡法

对于悬臂式支护结构，可采用三角形分布土压力模式，计算简图如图10-7所示。当单位宽度桩墙两侧所受的净土压力相平衡时，桩墙则处于稳定状态，相应的桩墙入土深度即为其保证稳定所需的最小入土深度，可根据静力平衡条件求出。具体计算步骤如下：

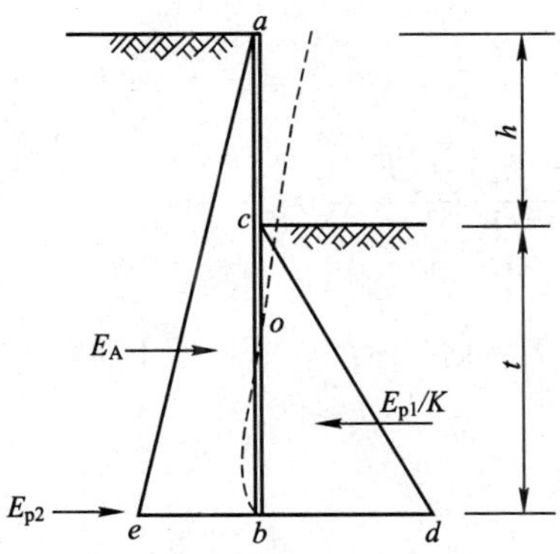

图10-6 悬臂式板桩墙的计算

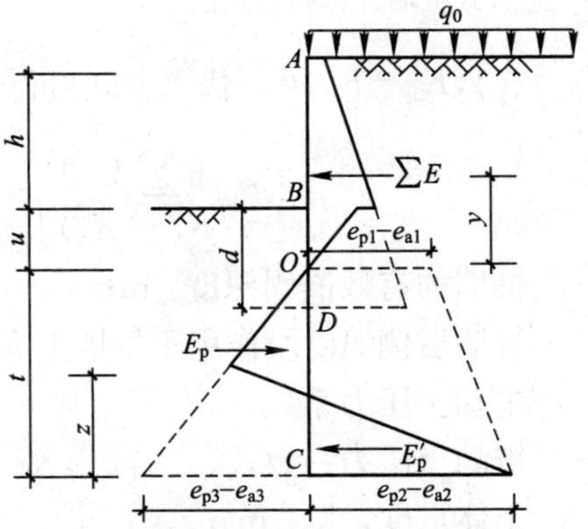

图10-7 悬臂式桩墙计算静力平衡法

① 计算桩墙底端后侧主动土压力 e_{a3} 及前侧被动土压力 e_{p3}，然后叠加求出第一个土压力为零的点 O 距基坑底面的距离 u。

② 计算 O 点以上土压力合力 $\sum E$，求出 $\sum E$ 作用点至 O 点的距离 y。

③ 计算桩、墙底端前侧主动土压力 e_{a2} 和后侧被动土压力 e_{p2}。

④ 计算 O 点处桩墙前侧主动土压力 e_{a1} 及后侧被动土压力 e_{p1}。

⑤ 根据作用在支护结构上的全部水平作用力平衡条件（$\sum X=0$）和绕墙底端力矩平衡条件（$\sum M=0$）可得：

$$\sum E+[(e_{p3}-e_{a3})+(e_{p2}-e_{a2})]\frac{z}{2}-(e_{p3}-e_{a3})\frac{t}{2}=0 \quad (10-3)$$

$$\sum(t+y)E+[(e_{p3}-e_{a3})+(e_{p2}-e_{a2})]\frac{z}{2}\cdot\frac{z}{3}-(e_{p3}-e_{a3})\frac{t}{2}\cdot\frac{t}{3}=0 \quad (10-4)$$

上两式中，只有 z 和 t 两个未知数，将 e_{a2}、e_{p2}、e_{a3}、e_{p3} 计算公式代入并消去 z，可得一个关于 t 的方程式，求解该方程，即可求出 O 点以下桩墙的入土深度（即有效嵌固深度）t。

为安全起见，实际嵌入基坑底面以下的入土深度为

$$t_c=u+(1.1\sim1.2)t \quad (10-5)$$

⑥ 计算桩墙最大弯矩 M_{max}。根据最大弯矩点剪力为零，求出最大弯矩点 D 离基坑底的距离 d，再根据 D 点以上所有力对 D 点取矩，可求得最大弯矩 M_{max}。

2. 布鲁姆简化计算法

布鲁姆法的计算简图如图 10-8 所示。桩墙底部后侧出现的被动土压力以一个集中力 E'_p 代替。由桩墙底部 C 点的力矩平衡条件 $\sum M=0$，有

$$(h+u+t-h_a)\sum E-\frac{t}{3}E_p=0 \quad (10-6)$$

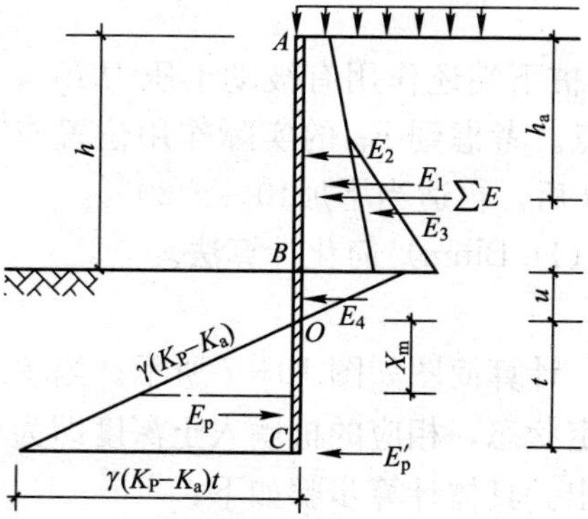

图 10-8 悬臂式桩墙计算布鲁姆法

因 $E_p=\frac{1}{2}\gamma(K_p-K_a)t^2$，代入上式可得

$$t^3-\frac{6\sum E}{\gamma(K_p-K_a)}t-\frac{6(h+u-h_a)\sum E}{\gamma(K_p-K_a)}=0 \quad (10-7)$$

式中：t——桩墙的有效嵌固深度，m；

E——桩墙后侧 AO 段作用于桩墙上净土、水压力，kN/m；

K_a——主动土压力系数；

K_p——被动土压力系数；

γ——土体重度，kN/m^3；

h——基坑开挖深度，m；

h_a——$\sum E$ 作用点距地面距离，m；

u——土压力零点 O 距基坑底面的距离，m。

由式（10-7），经试算可求出桩墙的有效嵌固深度 t。为了保证桩墙的稳定，基坑底面以下的最小插入深度 t_c 应为：

$$t_c = u + (1.1 \sim 1.4)\, t \tag{10-8}$$

最大弯矩应在剪力为零（即 $\sum Q = 0$）处，于是有：

$$\sum E - \frac{1}{2}\gamma(K_p - K_a)x_m^2 = 0 \tag{10-9}$$

由此可求得最大弯矩点距土压力为零点 O 的距离 x_m 为

$$x_m = \sqrt{\frac{2\sum E}{\gamma(K_p - K_a)}} \tag{10-10}$$

而此处的最大弯矩为：

$$M_{max} = (h + u + x_m - h_a)\sum E - \frac{\gamma(K_p - K_a)x_m^3}{6} \tag{10-11}$$

【例题 10-1】 某基坑开挖深度 $h=5.0$ m。土层重度为 20 kN/m³，内摩擦角 $\varphi=25°$，黏聚力为 $c=10$ kPa，地面超载 $q_0=15$ kPa。现拟采用悬臂式排桩支护，试确定桩的最小长度和最大弯矩。

解：沿支护墙长度方向取 1 延米进行计算，则有：

主动土压力系数　$K_a = \tan^2\left(45° - \frac{\varphi}{2}\right) = \tan^2\left(45° - \frac{25°}{2}\right) = 0.406$

被动土压力系数　$K_p = \tan^2\left(45° + \frac{\varphi}{2}\right) = \tan^2\left(45° + \frac{25°}{2}\right) = 2.464$

基坑开挖底面处土压力强度

$$e_a = (q_0 + \gamma h)K_a - 2c\sqrt{K_a} = (15 + 20\times 5)\times 0.406 - 2\times 10\times\sqrt{0.406} = 33.95(\text{kPa})$$

土压力零点距开挖面的距离

$$u = \frac{(q_0 + \gamma h)K_a - 2c(\sqrt{K_a} + \sqrt{K_p})}{\gamma(K_p - K_a)} = \frac{(15 + 20\times 5)\times 0.406 - 2\times 10\times(\sqrt{0.406} + \sqrt{2.464})}{20\times(2.464 - 0.406)}$$

$$= \frac{2.55}{41.16} = 0.062(\text{m})$$

开挖面以上桩后侧地面超载引起的侧压力 E_{a1} 为

$$E_{a1} = q_0 K_a h = 15\times 0.406\times 5 = 30.45(\text{kN})$$

其作用点距地面的距离 h_{a1} 为

$$h_{a1} = \frac{1}{2}h = 2.5 \text{ m}$$

开挖面以上桩后侧主动土压力 E_{a2} 为

$$E_{a2} = \frac{1}{2}\gamma h^2 K_a - 2ch\sqrt{K_a} + \frac{2c^2}{\gamma} = \frac{1}{2}\times 20\times 5^2\times 0.406 - 2\times 10\times 5\times\sqrt{0.406} + \frac{2\times 10^2}{20} = 47.78(\text{kN})$$

其作用点距地面的距离 h_{a2} 为

$$h_{a2}=\frac{2}{3}\left(h-\frac{2c}{\gamma\sqrt{K_a}}\right)=\frac{2}{3}\times\left(5-\frac{2\times10}{20\times\sqrt{0.406}}\right)=2.29(\mathrm{m})$$

桩后侧开挖面至土压力零点净土压力为 E_{a3} 为

$$E_{a3}=\frac{1}{2}e_a u^2=\frac{1}{2}\times33.95\times0.062^2=0.065(\mathrm{kN})$$

其作用点距地面的距离 h_{a3} 为

$$h_{a3}=h+\frac{1}{3}u=5+\frac{1}{3}\times0.062=5.02(\mathrm{m})$$

作用于桩后的土压力合力 $\sum E$ 为

$$\sum E=E_{a1}+E_{a2}+E_{a3}=30.45+47.78+0.065=78.3(\mathrm{kN})$$

$\sum E$ 的作用点距地面的距离

$$h_a=\frac{E_{a1}h_{a1}+E_{a2}h_{a2}+E_{a3}h_{a3}}{\sum E}=\frac{30.45\times2.5+47.78\times2.29+0.065\times5.02}{78.3}=2.37(\mathrm{m})$$

将上述计算得到的 K_a、K_p、u、$\sum E$、h_a 值代入式（10－7）得

$$t^3-\frac{6\times78.3}{20\times(2.464-0.406)}t-\frac{6\times(5+0.062-2.37)\times78.3}{20\times(2.464-0.406)}=0$$

即
$$t^3-11.41t-30.73=0$$

由此可解得 $t=4.31(\mathrm{m})$

取增大系数 $K_t'=1.3$，则桩的最小长度为

$$l_{\min}=h+u+1.3\times t=5+0.062+1.3\times4.31=10.665(\mathrm{m})$$

最大弯矩点距土压力零点的距离 x_m 为

$$x_m=\sqrt{\frac{2\sum E}{(K_p-K_a)\gamma}}=\sqrt{\frac{2\times78.3}{(2.464-0.406)\times20}}=1.95(\mathrm{m})$$

最大弯矩按公式（10－11）计算：

$$M_{\max}=78.3\times(5+0.062+1.95-2.37)-\frac{20\times(2.464-0.406)\times1.95^3}{6}=312.6(\mathrm{kN\cdot m})$$

10.4.3 单支撑（锚碇式）板桩墙的计算

当基坑开挖高度较大时，不能采用悬臂式板桩墙，此时可在板桩顶部附近设置支撑或锚碇拉杆，成为单支撑板桩墙，如图 10－9 所示。

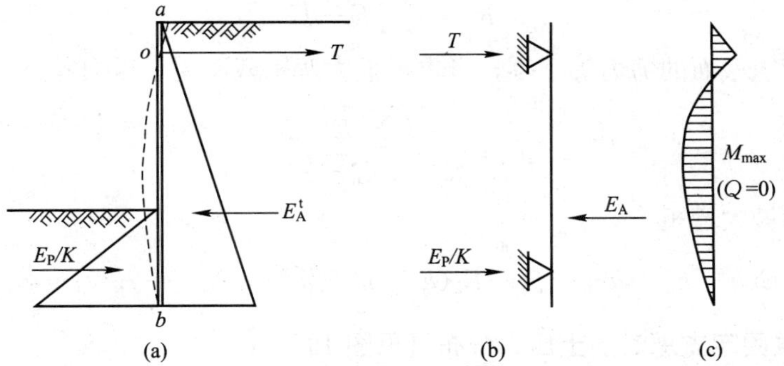

图10-9 单支撑板桩墙的计算

单支撑板桩墙的计算，可以把它作为有两个支承点的竖直梁。一个支点是板桩上端的支撑杆或锚碇拉杆；另一个是板桩下端埋入基坑底下的土。下端的支承情况又与板桩埋入土中的深度大小有关，一般分为两种支承情况；第一种是简支支承，如图10-9（a）所示。这类板桩埋入土中较浅，桩板下端允许产生自由转动；第二种是固定端支承，如图2-12（a）所示。若板桩下端埋入土中较深，可以认为板桩下端在土中嵌固。

1. 板桩下端简支支承时的土压力分布［见图10-9（a）］

板桩墙受力后挠曲变形，上下两个支承点均允许自由转动，墙后侧产生主动土压力E_A。由于板桩下端允许自由转动，故墙后下端不产生被动土压力。墙前侧由于板桩向前挤压故产生被动土压力E_P。由于板桩下端入土较浅，板桩墙的稳定安全度，可以用墙前被动土压力E_P除以安全系数K保证。此种情况下的板桩墙受力图式如同简支梁［见图10-9（b）］，按照板桩上所受土压力计算出的每延米板桩跨间的弯矩如图10-9（c）所示，并以M_{max}值设计板桩的厚度。

当支护桩、墙入土深度较浅时，桩、墙前侧的被动土压力全部发挥，墙的底端可能有少许向前位移的现象发生。桩、墙前后的被动和主动土压力对支锚点的力矩相等，墙体处于极限平衡状态。此时桩墙可看做在支锚点铰支而下端自由的结构（见图10-10）。

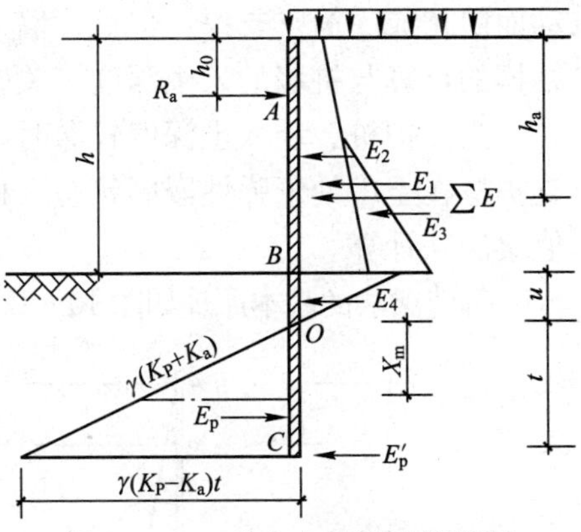

图10-10 单支点桩墙计算简图

取单位墙宽分析，对于排桩则以每根桩的控制宽度作为分析单元。

桩墙的有效嵌固深度t，根据对支点A的力矩平衡条件$\left(\sum M_A=0\right)$求得：

$$\sum E(h_a-h_0)-E_p\left(h-h_0+u+\frac{2}{3}t\right)=0 \tag{10-12}$$

由上式经试算可求出t。桩墙在基坑底以下的最小插入深度t_c仍可按式（10-8）确定。支点A处的水平力R_a根据水平力平衡条件求出：

$$R_a = \sum E - E_p \tag{10-13}$$

根据最大弯矩截面的剪力等于零，可求得最大弯矩截面距土压力零点的距离 x_m：

$$x_m = \sqrt{\frac{2(\sum E - R_a)}{\gamma(K_p - K_a)}} \tag{10-14}$$

由此可求出最大弯矩：

$$M_{max} = \sum E(h - h_a + u + x_m) - R_a(h - h_0 + u + x_m) - \frac{1}{6}\gamma(K_p - K_a)x_m^3 \tag{10-15}$$

2. 板桩下端固定支承时的土压力分布（见图 10－11）

板桩下端入土较深时，板桩下端在土中嵌固，板桩墙后侧除主动土压力 E_A外，在板桩下端嵌固点下还产生被动土压力 E_{P2}。假定 E_{P2}作用在桩底 b 点处。与悬臂式板桩墙计算相同，板桩的入土深度可按计算值适当增加 10%～20%。板桩墙的前侧作用被动土压力 E_{P1}。由于板桩入土较深，板桩墙的稳定性安全度由桩的入土深度保证，故被动土压力 E_{P1}不再考虑安全系数。由于板桩下端的嵌固点位置不知道，因此，不能用静力平衡条件直接求解板桩的入土深度 t。在图 10－11 中给出了板桩受力后的挠曲形状，在板桩下部有一挠曲反弯点 c，在 c 点以上板桩有最大正弯矩，c 点以下产生最大负弯矩，挠曲反弯点 c 相当于弯矩零点，弯矩分布图如图 10－11 所示。确定反弯点 c 的位置后，已知 c 点的弯矩等于零，则将板桩分成 ac 和 cb 两段，根据平衡条件可求得板桩的入土深度 t。

单层支锚桩、墙支护结构因在顶端附近设有一支撑或拉锚，可认为在支锚点处无水平移动而简化成一简支支撑，但桩、墙下端的支承情况则与其入土深度有关，因此，单支锚支护结构的计算与桩墙的入土深度有关。

当支护桩、墙入土深度较深时，桩、墙的底端向后倾斜，墙前墙后均出现被动土压力，支护桩在土中处于弹性嵌固状态，相当于上端简支而下端嵌固的超静定梁。工程上常采用等值梁法来计算。

等值梁法的基本原理如图 10－12 所示。一根一端固定另一端简支的梁［见图 10－12（a)］，

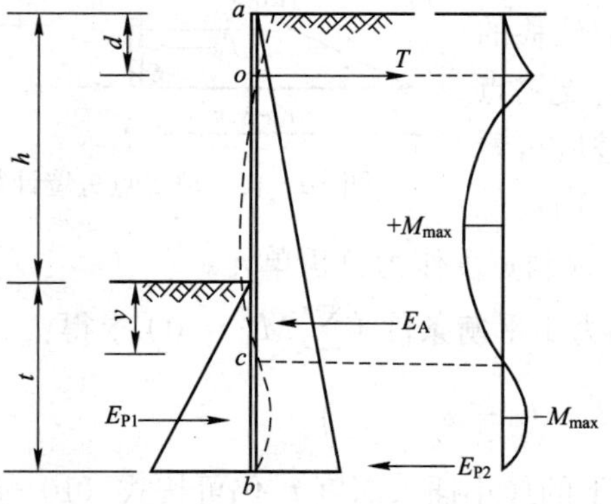

图 10－11　下端为固定支承时的单支撑板桩计算

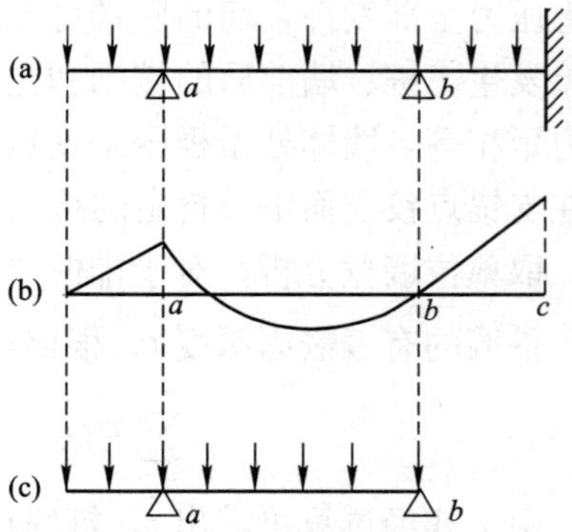

图 10－12　等值梁法基本原理

弯矩的反弯点在 b 点，该点弯矩为零［见图 10 - 12（b）］。如果在 b 点切开，并规定 b 点为左端梁的简支点，这样在 ab 段内的弯矩保持不变，由此，简支梁 ab 称为图 10 - 12（a）中 ac 梁 ab 段的等值梁。

等值梁法应用于单支点桩墙计算，其计算步骤如下：

① 确定正负弯矩反弯点的位置。实测结果表明净土压力为零点的位置与弯矩零点位置很接近，因此可假定反弯点就在净土压力为零点处，即为图 10 - 11 中点的 c 点。它距基坑底面的距离 y 根据作用于墙前后侧土压力为零的条件求出。

② 由等值梁 ac 根据平衡方程计算支点反力 R_a 和 c 点剪力 Q_c：

$$R_a=\frac{\sum E(h-h_a+u)}{(h-h_0+u)} \tag{10-16}$$

$$Q_c=\frac{\sum E(h_a-h_0)}{(h-h_0+u)} \tag{10-17}$$

③ 取桩墙下段 cb 为隔离体，取 $\sum M_b=0$，可求出有效嵌固深度 t

$$t=\sqrt{\frac{6Q_c}{\gamma(K_p-K_a)}} \tag{10-18}$$

而桩墙在基坑底以下的最小插入深度 t_c 仍按式（10 - 8）确定。

④ 由等值梁 ac 求算最大弯矩 M_{max}。由于作用于桩墙上的力均已求得，M_{max} 可以很方便地求出。

【例题 10 - 2】 某基坑工程开挖深度 $h=7.5$ m，采用单支点桩锚支护结构，支点离地面距离 $h_0=1.2$ m，支点水平间距为 $S_h=2.3$ m。地基土层参数加权平均值为：黏聚力 $c=0$，内摩擦角 $\varphi=23°$，重度 $\gamma=17.5\ \text{kN/m}^3$。地面超载 $q_0=22$ kPa。试用等值梁法计算桩墙的入土深度 t_c、水平支锚力 R_a 和最大弯矩 M_{max}。

解： 取每根桩的控制宽度 S_h 作为计算单元。

主动和被动土压力系数分别为 $K_a=0.44$，$K_p=2.28$

墙后地面处土压力强度 $e_{a1}=q_0K_a-2c\sqrt{K_a}=22\times0.44-0=9.68(\text{kPa})$

墙后基坑底面处土压力强度：

$$e_{a2}=(q_0+\gamma h)K_a-2c\sqrt{K_a}=(22+17.5\times7.5)\times0.44-0=67.43(\text{kPa})$$

净土压力零点离基坑底距离 $u=\dfrac{e_{a2}}{\gamma(K_p-K_a)}=\dfrac{67.43}{17.5\times(2.28-0.44)}=2.09(\text{m})$

墙后净土压力：$\sum E=\dfrac{1}{2}\times(9.68+67.43)\times7.5\times2+\dfrac{1}{2}\times67.43\times2.09\times2=719.25(\text{kN})$

$\sum E$ 作用点离地面的距离

$$h_a=\frac{\frac{1}{2}\times 9.68\times 7.5^2\times 2+\frac{1}{3}\times(67.43-9.68)\times 7.5^2\times 2+\frac{1}{2}\times 67.43\times 2.09\times\left(2+\frac{1}{3}\times 2\right)}{719.25}$$

$$=4.03(\mathrm{m})$$

支点水平锚固拉力 $R_a=\frac{\sum E(h+u-h_a)}{h+u-h_0}=\frac{719.25\times(7.5+2.09-4.03)}{7.5+2.09-1.2}=476.64(\mathrm{kN})$

土压力零点（即弯矩为零点）剪力 $Q_0=\frac{\sum E(h_a-h_0)}{h+u-h_0}=\frac{719.25\times(4.03-1.2)}{7.5+2.09-1.2}=242.61(\mathrm{kN})$

桩的有效嵌固深度：

$$t=\sqrt{\frac{6Q_0}{\gamma(K_p-K_a)S_h}}=\sqrt{\frac{6\times 242.61}{17.5\times(2.28-0.44)\times 2.3}}=4.43(\mathrm{m})$$

桩的最小长度：

$$l=h+u+1.4t=7.5+2.09+1.4\times 4.43=15.8(\mathrm{m})$$

求剪力为零点离地面距离 h_q，由 $R_a-\frac{1}{2}\gamma h_q^2K_aS_h-q_0K_aS_h=0$ 得：

$$h_q=\sqrt{\frac{2R_a-q_0K_aS_h}{\gamma K_aS_h}}=\sqrt{\frac{2\times 476.64-22\times 0.44\times 2.3}{17.5\times 0.44\times 2.3}}=7.25(\mathrm{m})$$

最大弯矩

$$M_{max}=476.64\times(7.25-1.2)-\frac{1}{6}\times 17.5\times 7.25^3\times 0.44\times 2.0-\frac{1}{2}\times 22\times 7.25^2\times 0.44\times 2$$

$$=1396.77(\mathrm{kN\cdot m})$$

10.4.4 多支撑板桩墙计算

当坑底在地面或水面以下很深时，为了减少板桩的弯矩可以设置多层支撑。支撑的层数及位置要根据土质、坑深、支撑结构杆件的材料强度，以及施工要求等因素拟定。板桩支撑的层数和支撑间距布置一般采用以下两种方法设置：

① 等弯矩布置：当板桩强度已定，即板桩作为常备设备使用时，可按支撑之间最大弯矩相等的原则设置。

② 等反力布置：当把支撑作为常备构件使用时，甚至要求各层支撑的断面都相等时，可把各层支撑的反力设计成相等。

支撑系按在轴向力作用下的压杆计算，若支撑长度很大时，应考虑支撑自重产生的弯矩影响。从施工角度出发，支撑间距不应小于 2.5 m。

多支撑板桩上的土压力分布形式与板桩墙位移情况有关，由于多支撑板桩墙的施工程序往往是先打好板桩，然后随挖土随支撑，因而板桩下端在土压力作用下容易向内倾斜，如图 10－13 中虚线所示。这种位移与挡土墙绕墙顶转动的情况相似，但墙后土体达不到主动极限平衡状态，土压力不能按库仑或朗金理论计算。根据试验结果证明这时土压力呈中间大、上下小的抛物线形状分布，其变化在静止土压力与主动土压力之间，如图 10－14 所示。

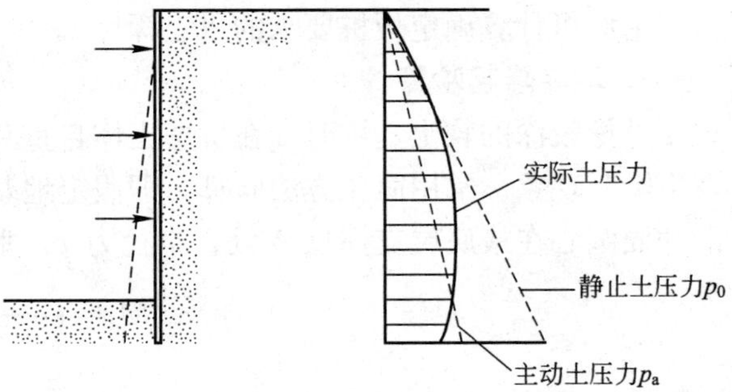

图 10－13　多支撑板桩墙的位移及土压力分布

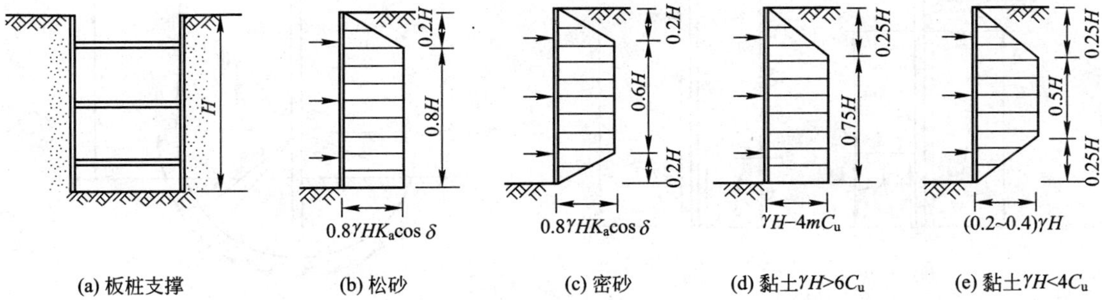

图 10－14　多支撑板桩墙上土压力的分布图形

太沙基和佩克根据实测及模型试验结果，提出作用在板桩墙上的土压力分布经验图形多支撑板桩墙计算时，也可假定板桩在支撑之间为简支支承，由此计算板桩弯矩及支撑作用力。

10.4.5　基坑稳定性验算

1. 坑底流砂验算

若坑底土为粉砂、细砂等时，在基坑内抽水可能引起流砂的危险。一般可采用简化计算方法进行验算。其原则是板桩有足够的入土深度以增大渗流长度，减少向上动水力。由于基坑内抽水后引起的水头差 h'（见图 10－15）造成的渗流，其最短渗流途径为 h_1+t，在流程 t 中水对土粒动水力应是垂直向上的，故可要求此动水力不超过土的有效重度 γ_b，则不产生流砂的安全条件为

$$K\cdot i\cdot \gamma_w \leqslant \gamma_b \tag{10-19}$$

式中：K——安全系数，取 2.0；

i——水力梯度，$i=\dfrac{h'}{h_1+t}$；

γ_w——水的重度。

由此可计算确定板桩要求的入土深度 t。

2. 坑底隆起验算

开挖较深的软土基坑时，在坑壁土体自重和坑顶荷载作用下，坑底软土可能受挤在坑底发生隆起现象。常用简化方法验算，即假定地基破坏时会发生如图 10－16 所示滑动面，其滑动面圆心在最底层支撑点 A 处，半径为 x，垂直面上的抗滑阻力不予考虑，则滑动力矩为

$$M_d=(q+rH)\frac{x^2}{2} \tag{10-20}$$

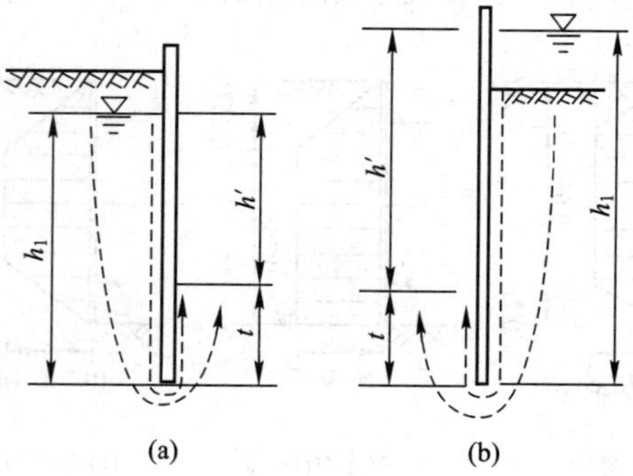

图 10－15 基坑抽水后水头差引起的渗流

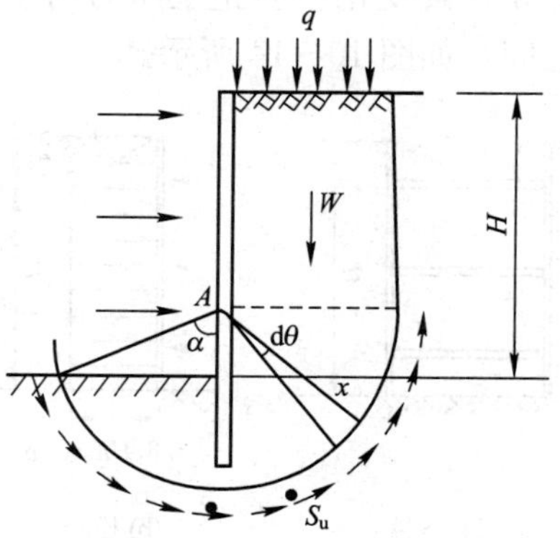

图 10－16 板桩支护的软土滑动

稳定力矩为

$$M_\gamma = x\int_0^{\frac{x}{2}+\alpha} S_u(x\mathrm{d}\theta),\quad \alpha<\frac{\pi}{2} \tag{10-21}$$

式中：S_u——滑动面上不排水抗剪强度，如土为饱和软黏土，则 $\varphi=0$，$S_u=C_u$。

M_γ 与 M_d 之比即为安全系数 K，如基坑处地层土质均匀，则安全系数为

$$K_s=\frac{(\pi+2\alpha)S_u}{\gamma H+q}\geqslant 1.2$$

式中 $\pi+2\alpha$ 以弧度表示。

10.4.6 封底混凝土厚度计算

有时钢板桩围堰需进行水下封底混凝土后在围堰内抽水修筑基础和墩身，在抽干水后封底混凝土底面因围堰内外水头差而受到向上的静水压力，若板桩围堰和封底混凝土之间的黏结作用不致被静水压力破坏，则封底混凝土及围堰有可能被水浮起，或者封底混凝土产生向上挠曲而折裂，因而封底混凝土应有足够的厚度，以确保围堰安全。

作用在封底层的浮力是由封底混凝土和围堰自重，以及板桩和土的摩阻力来平衡的。当

板桩打入基底以下深度不大时，平衡浮力主要靠封底混凝土自重，若封底混凝土最小厚度为 x，如图 10-17 所示，则：

$$\gamma_c \cdot x = \gamma_w(\mu h + x)$$

$$x = \frac{\mu \cdot \gamma_w h}{\gamma_c - \gamma_w} \tag{10-22}$$

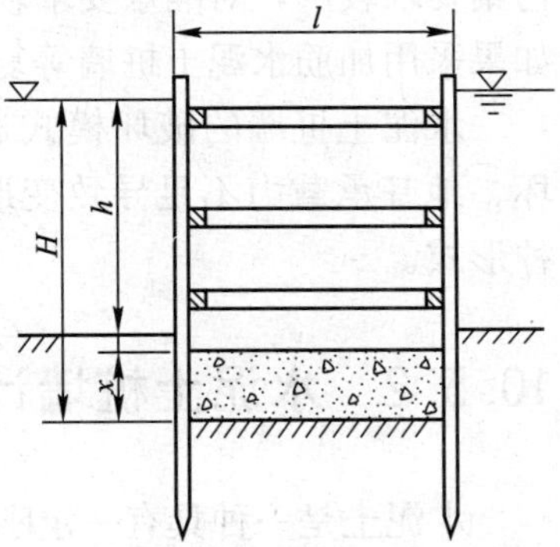

图 10-17 封底混凝土最小厚度

式中：μ——考虑未计算桩土间摩阻力和围堰自重的修正系数，小于 1，具体数值由经验确定；

γ_w——水的重度，取 10 kN/m³；

γ_c——混凝土重度，取 23 kN/m³；

h——封底混凝土顶面处水头高度，m。

如板桩打入基坑下较深，板桩与土之间摩阻力较大，加上封底层及围堰自重整个围堰不会被水浮起，此时封底层厚度应由其强度确定。现一般按容许应力法并简化计算，假定封底层为一简支单向板，其顶面在静水压力作用下产生弯曲拉应力：

$$\sigma = \frac{1}{8}\frac{pl^2}{W} = \frac{l^2}{8}\frac{\gamma_w(h+x) - \gamma_c x}{\frac{1}{6}x^2} \leqslant [\sigma]$$

经整理得

$$\frac{4}{3}\frac{[\sigma]}{l^2}x^2 + \gamma_c x - \gamma_w H = 0 \tag{10-23}$$

由此可解得封底混凝土层厚 x

式中：W——封底层每米宽断面的截面模量，m³；

l——围堰宽度，m；

$[\sigma]$——水下混凝土容许弯曲应力，考虑水下混凝土表层质量较差、养护时间短等因素，不宜取值过高，一般用 100～200 kPa。

封底混凝土灌注时厚度宜比计算值超过 0.25～0.50 m，以便在抽水后将顶层浮浆、软弱层凿除，以保证质量。

10.5 水泥土桩墙支护结构

10.5.1 概述

水泥土桩是通过深层搅拌机将水泥固化剂和原状土就地强制搅拌而成。由水泥土桩形成的支护墙具有造价低、无振动、无噪声、无污染、施工简便和工期短等优点，适合于对环境污染要求较严，对隔水要求较高且施工场地较宽敞的软土地层，支护深度一般不大于 7 m，如果采用加筋水泥土桩墙等复合式水泥土桩墙，则支护深度可达到 10 m。

水泥土桩墙的破坏模式通常有整体滑动破坏、墙体向外倾覆破坏、墙体水平滑移破坏、地基承载力不足导致变形过大而失稳、挡土墙墙身强度不够导致墙体断裂破坏等五种形式。

10.5.2 水泥土桩墙计算

水泥土是一种具有一定刚性的脆性材料，其抗压强度比抗拉强度大得多，因此水泥土桩墙的很多性能类似重力式挡土墙，设计时一般按重力式挡土墙考虑。但由于水泥土桩墙与一般重力式挡土墙相比，埋置深度相对较大，而桩体本身刚性不大，所以实际工程中变形也较大，其变形规律介于刚性挡土墙和柔性支挡结构之间。因此，为安全起见，可沿用重力式挡土墙的方法验算其抗倾覆、抗滑移稳定性，用圆弧滑动法验算整体稳定性。

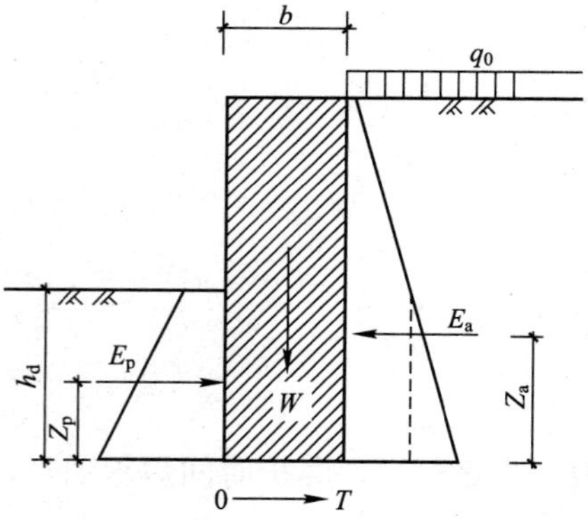

图 10-18 水泥土桩墙稳定性验算

1. 土压力计算

对于水泥土桩墙支护结构，作用在其上的土压力通常按朗金土压力理论计算，但也有按梯形土压力分布形式计算的（见图 10-18）。水压力的计算既可与土压力合算也可分开计算。

2. 抗倾覆稳定性验算

水泥土桩墙绕墙趾 O 的抗倾覆稳定安全系数（见图 10-18）：

$$K_q = \frac{\text{抗倾覆力矩}}{\text{倾覆力矩}} = \frac{\frac{b}{2}W + z_p E_p}{z_a E_a} \tag{10-24}$$

式中：W——墙体自重，kN；

E_a——墙后主动土压力，kN；

E_p——墙前被动土压力，kN；

z_a——主动土压力作用线离墙趾距离，m；

z_p——被动土压力作用线离墙趾距离，m；

b——水泥土桩墙厚度，m；

K_q——抗倾安全系数，根据基坑的坑壁安全等级、结构形式以及采用的计算理论和相应的土工参数进行确定，一般取 $K_q \geqslant 1.0 \sim 1.3$，等级高的取上限，等级低的取下限。

3. 抗滑移稳定性验算

水泥土桩墙沿墙底抗滑移安全系数由下式确定

$$K_h=\frac{墙体抗滑力}{墙体滑动力}=\frac{W\tan\varphi_0+c_0b+E_p}{E_a} \tag{10-25}$$

式中：c_0——墙底土层的黏聚力，kPa；

φ_0——墙底土层的内摩擦角，°；

K_h——墙底抗滑移安全系数，一般取 $K_h \geqslant 1.15 \sim 1.2$。墙底抗滑移安全系数也可根据水泥土桩墙结构基底的摩擦系数进行计算：

$$K_h=\frac{\mu W+E_p}{E_a} \tag{10-26}$$

式中：μ——墙体基底与土的摩擦系数，当无试验资料时，可按经验取值，一般对淤泥质土：$\mu=0.20\sim0.25$；黏性土：$\mu=0.25\sim0.40$；砂土：$\mu=0.25\sim0.50$。

4. 墙体应力计算

水泥土桩墙的墙体应力验算包括正应力与剪应力验算两个方面。

（1）墙体正应力验算：水泥土桩墙墙体应力按下式验算：

$$\sigma_{max}=\bar{\gamma}z+q_0+\frac{Mx_1}{I}\leqslant\frac{q_u}{K_j} \tag{10-27}$$

$$\sigma_{max}=\bar{\gamma}z-\frac{Mx_2}{I}\geqslant 0 \tag{10-28}$$

式中：σ_{max}、σ_{min}——分别表示计算截面上的最大及最小应力，kPa；

$\bar{\gamma}$——墙体平均重度，kN/m^3；

z——计算截面以上水泥土墙的高度，m；

q_0——支护结构顶面堆载，kPa；

M——墙体在计算截面处的弯矩，kN·m；

x_1、x_2——墙体在计算截面处的截面形心至最大、最小应力点的距离，m；

I——墙体在截面处水泥土截面的惯性矩，m^4；

q_u——水泥土无侧限抗压强度，kPa；

K_j——考虑水泥土强度不均匀的系数，取 2.0。当墙体插毛竹时，可取 $K_j=1.5$。一般取坑底截面处及墙体变截面处验算。如不满足要求，应加大支护结构的厚度。

（2）墙体剪应力验算：墙体剪应力验算按下式进行：

$$\tau=\frac{E'_a}{mb}\leqslant 0.1\frac{q_u}{K_j} \tag{10-29}$$

式中：τ——计算截面处的剪应力，kPa；

E'_a——计算截面以上主动土压力的合力，kN；

m——计算截面水泥土的置换率，为水泥土面积与总截面积之比值。

5. 基底地基承载力验算

水泥土墙是由加固土形成的重力式挡墙，加固后的墙重比原状土增加不大，一般仅增加

3%左右。因此基底承载力一般可满足要求，不必验算。若基底土质确实很差，比如为较厚的软弱土层时，则应对地基承载力进行验算，验算方法按有关规范进行，验算截面选取基底截面。

【例题 10-3】 某基坑开挖深度 $h=6.0$ m，采用水泥土搅拌桩墙进行支护，墙体宽度 $b=5.0$ m，墙体入土深度（基坑开挖面以下）$h_d=7.0$ m，墙体重度 $\gamma_0=20\ \text{kN/m}^3$，墙体与土体摩擦系数 $\mu=0.35$。基坑土层重度 $\gamma=18\ \text{kN/m}^3$，内摩擦角 $\varphi=25°$，黏聚力 $c=0$，地面超载为 $q_0=22$ kPa。试验算支护墙的抗倾覆、抗滑移稳定性。

解：沿墙体纵向取 1 延米进行计算。则主动和被动土压力系数为：

$$K_a=\tan^2\left(45°-\frac{\varphi}{2}\right)=0.406,\quad K_p=\tan^2\left(45°+\frac{\varphi}{2}\right)=2.464$$

地面超载引起的主动土压力为：

$$E_{a1}=q_0(h+h_d)K_a=22\times(6+7.0)\times0.406=116.12(\text{kN})$$

E_{a1} 的作用点距墙趾的距离为：$z_{a1}=\frac{1}{2}(h+h_d)=\frac{1}{2}\times(6+7.0)=6.5(\text{m})$

墙后的主动土压力为：

$$E_{a2}=\frac{1}{2}\gamma(h+h_d)^2K_a=\frac{1}{2}\times18\times(6+7.0)^2\times0.406=617.53(\text{kN/m})$$

E_a 的作用点距墙趾的距离为：$z_{a2}=\frac{1}{3}(h+h_d)=\frac{1}{3}\times(6+7.0)=4.33(\text{m})$

墙前的被动土压力为：$E_p=\frac{1}{2}\gamma h_d^2K_p=\frac{1}{2}\times18\times7.0^2\times2.464=1\ 086.62(\text{kN/m})$

E_p 的作用点离墙趾的距离为：$z_p=\frac{1}{3}h_d=\frac{1}{3}\times7.0=2.33(\text{m})$

墙体自重为：$W=b(h+h_d)\gamma_0=5.0\times(6+7.0)\times20=1\ 300(\text{kN/m})$

抗倾覆安全系数：

$$K_q=\frac{\frac{1}{2}bW+E_pz_p}{E_{a1}z_{a1}+E_{a2}z_{a2}}=\frac{\frac{1}{2}\times5\times1\ 300+1\ 086.62\times2.33}{116.12\times6.5+617.52\times4.33}=1.686>1.6$$

满足要求。

抗滑移安全系数：

$$K_h=\frac{E_p+\mu W}{E_{a1}+E_{a2}}=\frac{1\ 086.62+0.35\times1\ 300}{116.12+617.52}=2.10>1.3$$

满足要求。

10.5.3 水泥土桩墙变形计算

水泥土桩墙的变形包括墙体的刚体位移（平移和转动）和弹性挠曲。

1. 弹性挠曲计算

由于水泥土桩墙本身不是完全的刚体，在基坑开挖时，墙身的强度往往不高，只有在暴露于空气中之后，水泥土桩墙的强度才迅速形成，因此，由于墙身的弹性挠曲引起的墙体变形不可忽略，工程实用上一般忽略基坑开挖面以下墙身的挠曲，把墙身固定在坑底处，按悬臂梁计算墙身的弹性挠曲（见图10-19）：

$$\delta_e = \frac{11e_1 + 4e_2}{120EI} h^4 \tag{10-30}$$

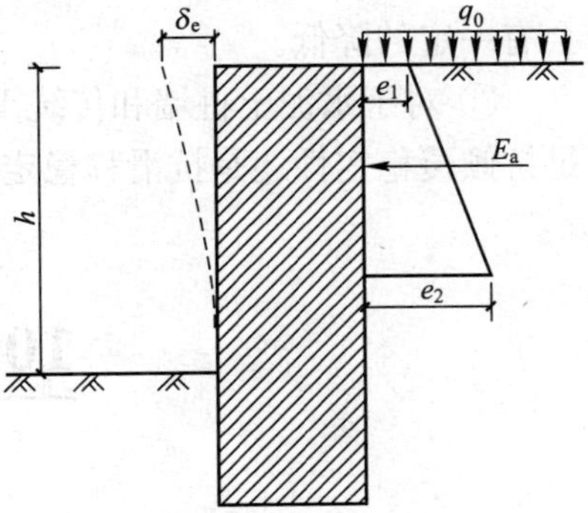

图10-19　墙体弹性挠曲计算

式中：δ_e——墙体的最大挠曲，mm；

E——墙体的弹性模量，MPa；

e_1、e_2——墙体在顶面和开挖面的土压力强度，N/m^2；

h——墙体的高度，m；

I——墙身截面惯性矩，m^4。

对于成层土体，由于土压力的分布比较复杂，可适当简化。同时水泥土桩墙的弹性模量可假定为定值，一般取 $E=(100\sim120)q_u$（q_u——水泥土的无侧限抗压强度）。

2. 刚体位移

水泥土桩墙的刚体位移包含刚性水平滑移和刚体转动两部分。刚体水平滑移的计算目前仍无完善的理论和方法。转动位移计算，是假定墙体为刚性（刚度无穷大），在墙后土压力、墙前土抗力和墙底地基土反力作用下，墙体绕某点 O 作刚性转动，然后根据静力平衡条件求出墙身的转动和墙顶的位移。其中墙后的土压力，在开挖面以上按朗金土压力公式计算，呈三角形分布，但在开挖面以下假定呈矩形分布。墙前土体的抗力则利用一个个独立作用的弹簧来模拟，可按“m”法计算。

10.5.4　水泥土桩墙构造要求及设计特性

在进行水泥土桩墙设计时，尚应满足如下构造要求：

① 水泥土桩墙采用格栅式布置时，水泥土桩的置换率对于淤泥不得小于0.8，对于淤泥质土不得小于0.7，对其他土质条件不得小于0.6。

② 水泥土桩与桩之间的搭接应视挡土及抗渗的不同要求而定。对同时具有挡土和抗渗作用要求者，桩与桩之间的搭接长度不小于200 mm。

③ 水泥土桩可设计成不同埋置深度，使墙底桩头参差不齐，以提高墙底与土体之间的摩擦力，从而提高抗滑移稳定性。

尽管水泥土桩墙支护结构的工作原理类似于传统的重力式挡土墙，但有关设计方面的特性，却有很大的不同。其主要表现在以下几个方面：

① 由于水泥土桩墙具有一定的嵌固深度，其稳定性主要受抗倾覆条件控制，而无嵌固

深度的传统重力式挡土墙的稳定性同时受抗滑移和抗倾覆条件控制。

② 仅靠增加嵌固深度来提高水泥土桩墙的抗倾覆安全系数难以达到满意的效果。因为在某些情况下，随着嵌固深度的增加，水泥土桩墙的抗倾覆安全系数不但不会提高，反而还会有一定的降低。

③ 对于水泥土桩墙和传统重力式挡土墙，在某一确定的嵌固深度条件下，无论是为满足抗倾覆稳定性还是抗滑移稳定性，增加墙宽都是最有效而经济的措施。

10.6 土钉支护结构

10.6.1 概述

土体的抗剪强度较低，抗拉强度几乎为零，但原位土体一般具有一定的结构整体性。如在土体中放置土钉，使之与土共同作用，形成复合土体，则可有效地提高土体的整体强度，弥补土体抗拉、抗剪强度的不足。这是因为置于土体中的土钉具有箍束骨架、分担荷载、传递和扩散应力、坡面变形约束等作用。实验研究表明：①土钉在使用阶段主要承受拉力，土钉的弯剪作用对支护结构承载能力的提高贡献甚小。②土钉的拉力沿其长度呈中间大两头小的形式分布；并且土钉靠近面层的端部拉力与钉中最大拉力的比值随着往下开挖而降低。③极限平衡分析法能较好地估计土钉支护破坏时的承载能力。

土钉支护设计应满足规定的强度、稳定性、变形和耐久性等要求。设计必须自始至终与施工及现场检测相结合，施工中出现的情况以及检测数据，应及时反馈修改设计，并指导下一步施工。土钉支护设计内容包括：土钉支护结构参数确定、土钉拉力设计以及土钉墙内、外部稳定性分析等内容。

10.6.2 土钉支护结构参数的确定

土钉墙支护结构参数包括土钉的长度、直径、间距、倾角以及支护面层厚度等。

1. 土钉墙的形式

根据基坑深度、地质条件和基坑周围环境，初步假定土钉墙的布置、方坡级数和各级坡的坡度。土钉面坡坡度不宜大于1∶0.1。

2. 土钉长度

沿支护高度土钉内力相差较大，一般为中部大，上部和底部小。因此，中部土钉起的作用大。但顶部土钉对限制支护结构水平位移非常重要，而底部土钉对抵抗基底滑动、倾覆或失稳有重要作用，另外当支护结构临近极限状态时，底部土钉的作用会明显加强。如此将上下土钉取成等长，或顶部土钉稍长，底部土钉稍短是合适的。

一般对非饱和土，土钉长度 L 与开挖深度 H 之比取 $L/H=0.5\sim1.2$；密实砂土及干硬性黏土取小值。为减小变形，顶部土钉长度宜适当增加。非饱和土底部土钉长度可适当减少，但不宜小于 $0.5H$。对于饱和软土，由于土体抗剪能力很低，设计时取 L/H 值大于1为宜。

3. 土钉间距

土钉间距的大小影响土体的整体作用效果，目前尚不能给出有足够理论依据的定量指标。土钉的水平间距和垂直间距一般宜为1.2～2.0 m。垂直间距依土层及计算确定，且与开挖深度相对应。上下插筋交错排列，遇局部软弱土层间距可小于1.0 m。

4. 土钉筋材尺寸

土钉中采用的筋材有钢筋、角钢、钢管等，其常用尺寸如下：

当采用钢筋时，一般为 ϕ18～32 mm，Ⅱ级以上螺纹钢筋。

当采用角钢时，一般为∟5×50×50 角钢。

当采用钢管时，一般为 ϕ50 钢管。

5. 土钉倾角

土钉与水平线的倾角称为土钉倾角，一般在5°～20°之间，其值取决于注浆钻孔工艺与土体分层特点等多种因素。研究表明，倾角越小，支护的变形越小，但注浆质量较难控制；倾角越大，支护的变形越大，但有利于土钉插入下层较好土层，注浆质量也易于保证。

6. 注浆材料

用水泥砂浆或素水泥浆。水泥采用不低于425＃的普通硅酸盐水泥，水灰比1∶0.40～1∶0.50。

7. 支护面层

临时性土钉支护的面层通常用50～150 mm厚的钢筋网喷射混凝土，混凝土强度等级不低于C20。钢筋网常用 ϕ6～8 mm，Ⅰ级钢筋焊成150～300 mm方格网片。

永久性土钉墙支护面层厚度为150～250 mm，可设两层钢筋网，分两层喷成。

8. 土钉墙设计步骤

① 假定土钉墙的形式；

② 土钉布置；

③ 土钉抗拉承载力验算；

④ 土钉整体稳定性验算；

⑤ 构造要求；

⑥ 施工与检测。

10.6.3 土钉抗力设计

假定土钉为受拉工作，不考虑其抗弯刚度。土钉设计内力可按图 10-20 所示的侧压力分布图式算出。

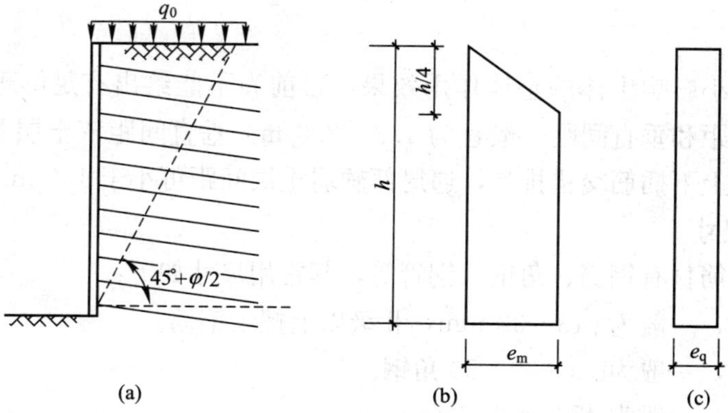

图 10-20 侧压力分布

1. 土钉所受的侧压力

$$e=e_m+e_q \tag{10-31}$$

式中：e——土钉长度中点所处深度位置上的侧压力，kPa；

e_q——地表均布荷载引起的侧压力，kPa；

e_m——土钉长度中点所处深度位置上土钉土体自重引起的侧压力，kPa；对砂土和粉土：$e_m=0.55K_a\gamma h$；对一般黏性土：$0.2\gamma h\leqslant e_m=(1-2c/\sqrt{K_a}\gamma h)K_a\gamma h\leqslant 0.55K_a\gamma h$；

c、φ——土的抗剪强度指标。

2. 土钉抗拔力计算

在土体自重和地表均布荷载作用下，土钉所受最大拉力或设计内力 N 可由下式求出：

$$N=\frac{1}{\cos\theta}eS_vS_h \tag{10-32}$$

式中：θ——土钉倾角，°；

S_v——土钉垂直间距，m；

S_h——土钉水平间距，m。

（1）土钉筋材抗拉强度验算。此时土钉在拉应力作用下不发生屈服破坏，故各层土钉在设计内力作用下应满足下列强度条件：

$$F_{s,d}N\leqslant 1.1\pi d^2 f_{yk}/4 \tag{10-33}$$

式中：$F_{s,d}$——土钉的局部稳定性安全系数，取 1.2～1.4，基坑深度较大时取较大值；

N——土钉设计拉力，kN，由式（10－32）确定；

d——土钉钢筋直径，m；

f_{yk}——钢筋抗拉强度标准值，kN/m^2。

（2）土钉抗拔出验算。为防止土钉从破裂面内侧稳定土体中拔出，此时各排土钉的长度 l 宜满足以下要求：

$$l \geqslant l_1 + F_{s,d} N / \pi d_0 \tau \qquad (10-34)$$

式中：l_1——破裂线内土钉长度（见图 10－21），m；

d_0——土钉孔径，m；

τ——土钉与土体之间的界面黏结强度，kPa；由试验确定，无实测资料时，可按表 10－1 取用。

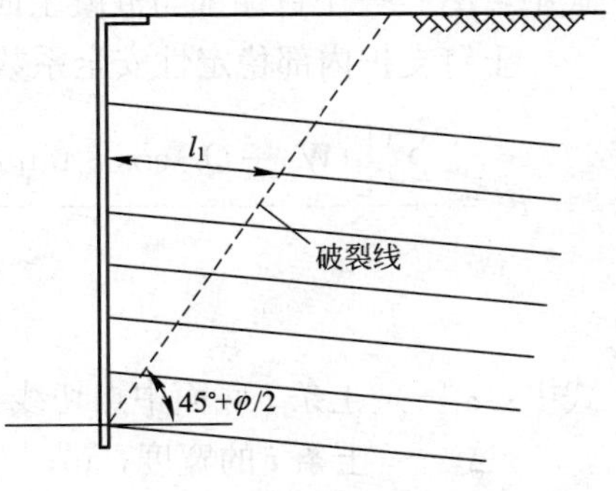

图 10－21　土钉长度的确定

表 10－1　界面黏结强度标准值

土层种类		τ/kPa	土层种类		τ/kPa
素填土		30～60	粉　土		50～100
黏性土	软塑	15～30	砂土	松散	70～90
	可塑	30～50		密实	90～120
	硬塑	50～70		中密	120～160
	坚硬	70～90		密实	160～200

注：表中数据作为低压注浆时的极限黏结强度标准值。

10.6.4　土钉墙支护稳定性分析

土钉墙的稳定分析包括内部稳定性分析及外部稳定性分析两项内容。

1. 土钉墙支护内部稳定性分析

土钉支护的内部稳定性分析采用圆弧破裂面条分法。如图 10－22 所示，在土条 i 上作用有土体自重 W_i，地表荷载 Q_i，土钉抗拉力 R_k。其中 R_k 取以下较小者：

（1）按土钉筋材强度，得

$$R_k = 1.1 \pi d^2 f_{yk} / 4 \qquad (10-35)$$

（2）按破坏面外土钉体抗拔出能力，知

$$R_k = \pi d_0 l_a \tau \qquad (10-36)$$

式中：l_a——破坏面外土钉锚固长度。

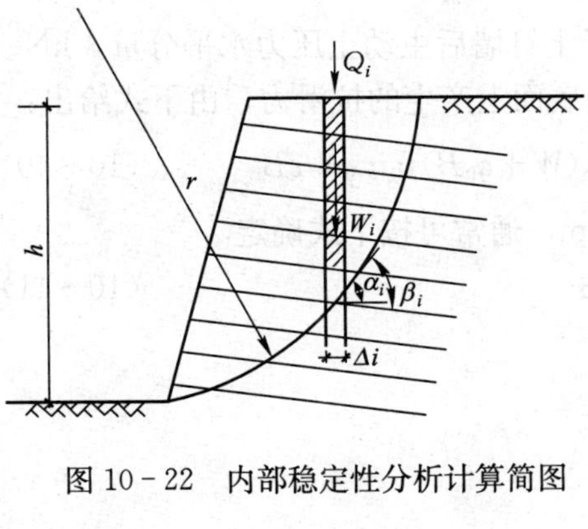

图 10－22　内部稳定性分析计算简图

(3) 按破坏面内土钉体抗拔出能力，有

$$R_k=\pi d_0(l-l_a)\tau+R_1 \tag{10-37}$$

式中：R_1——土钉端部与混凝土面层联结处的极限抗拔力。

土钉支护内部稳定性安全系数为：

$$F_s=\frac{\sum\left[(W_i+Q_i)\cos\alpha_i\tan\varphi_j+\left(\frac{R_k}{S_{hk}}\right)\sin\beta_k\tan\varphi_j+c_j(\Delta_i/\cos\alpha_i)+\left(\frac{R_k}{S_{hk}}\right)\cos\beta_k\right]}{\sum\left[(W_i+Q_i)\sin\alpha_i\right]} \tag{10-38}$$

式中：α_i——土条 i 底面中点切线与水平面之间的夹角，°；

Δ_i——土条 i 的宽度，m；

φ_j——土条 i 底面所处第 j 层土的内摩擦角，°；

c_j——土条 i 底面所处第 j 层土的黏聚力，kPa；

R_k——破坏面上第 k 排土钉的最大抗力，按式（10-35）～式（10-37）中小者取用；

β_k——第 k 排土钉轴线与该处破坏面切线之间的夹角，°；

S_{hk}——第 k 排土钉的水平间距，m；

F_s——内部稳定安全系数，$H\leqslant 6$ m 时，$F_s\geqslant 1.2$；$H=6\sim 12$ m，$F_s\geqslant 1.3$；$H\geqslant 12$ m，$F_s\geqslant 1.4$。

2. 土钉墙外部稳定性分析

土钉与原位土体组成复合土体，形成类似重力式挡墙的土钉墙，其外部整体稳定性分析包括抗滑动稳定、抗倾覆稳定及基坑隆起分析等三方面，计算分析简图如图 10-23 所示。

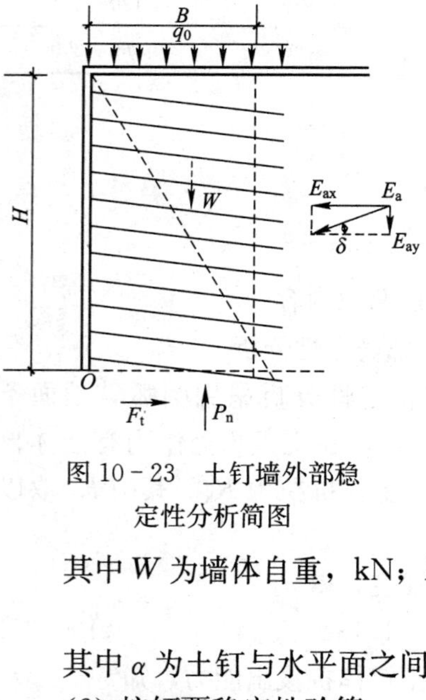

图 10-23 土钉墙外部稳定性分析简图

(1) 抗滑动稳定性验算

抗滑动安全系数 K_h 应满足

$$K_h=\frac{F_h}{E_{ax}}\geqslant 1.2 \tag{10-39}$$

式中：E_{ax}——作用于土钉墙后主动土压力水平分量，kN；

F_t——土钉墙底面上产生的抗滑力，由下式给出：

$$F_t=(W+q_0B)\tan\varphi+cB \tag{10-40}$$

其中 W 为墙体自重，kN；B 为土钉墙计算宽度，m，通常可按下式确定

$$B=(11/12)L\cos\alpha \tag{10-41}$$

其中 α 为土钉与水平面之间的夹角。

(2) 按倾覆稳定性验算

抗倾覆安全系数 K_q 应满足

$$K_q=\frac{M_R}{M_S}=\frac{\frac{1}{2}B(W+q_0B)+E_{ay}B}{E_{ax}z_{Ea}}\geqslant 1.3 \tag{10-42}$$

式中：E_{ay}——作用于土钉墙后主动土压力垂直分量，kN；

z_{Ea}——土钉墙后主动土压力作用点离墙底的垂直距离，m。

思考题

10－1 基坑工程的特点有哪些？基坑工程的目的是什么？基坑围护结构的主要形式有哪些？

10－2 排桩和地下连续墙支护结构计算中的静力平衡法和等值梁法有何区别？各有什么局限性？

10－3 水泥土桩墙支护结构的抗倾覆稳定和抗滑移稳定，哪个更容易满足？条件是什么？

10－4 土钉墙支护结构设计的步骤有哪些？

习题

10－1 某基坑开挖深度 $h=3.5$ m，土性指标见图，采用悬臂式钢板桩支护：

(1) 求板桩总长（板桩埋深取 $1.15t$），安全系数 $K=2$。

(2) 求板桩最大弯矩位置 t_0 及最大弯矩 M_{max}。

答案：板桩总长为 9.7 m；$t_0=3.13$ m，$M_{max}=162$ kN·m

10－2 某基坑开挖深度 $h=7.0$ m，坑内支撑 T 距坑顶 $d=1.0$ m，支护桩总长为 11.5 m，土性指标见图。

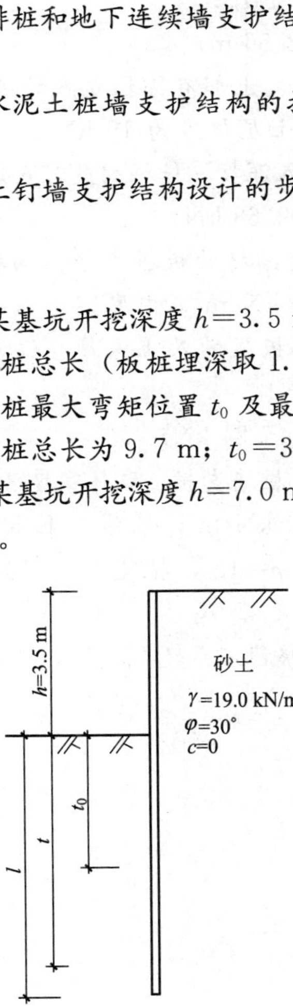

图 10－24 习题 10－1 图

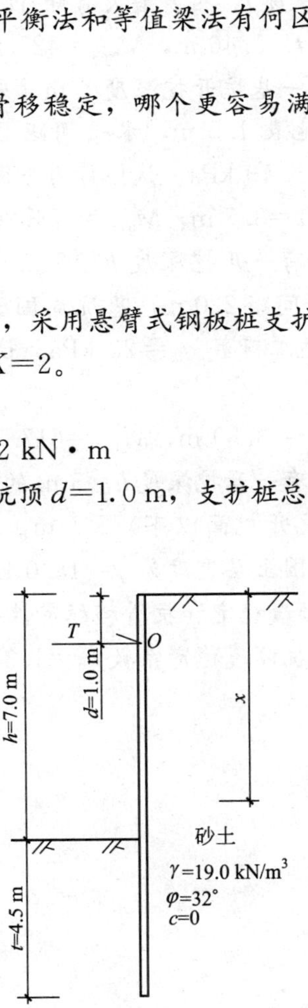

图 10－25 习题 10－2 图

(1) 支护桩底端按铰支考虑，求支护桩安全系数 K；

(2) 安全系数不变，求水平向每延米坑壁内所需内支撑力 $T_{1.0}$，当内撑水平间距 $a=$

1.4 m，求单根支撑轴力 $T_{1.4}$；

(3) 设最大弯矩位于坑底面以上，距坑顶为 x，求间距 $a=1.4$ m 范围内的 x 及 M_{max}值。

答案：安全系数 $K=2.19$；$T_{1.0}=99.78$ kN，$T_{1.4}=139.7$ kN；

$x=5.85$ m，$M_{max}=289.33$ kN·m；

1.4 m 区段内 $M_{max}=405.1$ kN·m

10-3 在某黏土地层中开挖深 5 m 的基坑，采用悬臂式灌注桩支护，$\gamma=18.5$ kN/m^3，黏聚力 $c=12$ kPa，内摩擦角 $\varphi=20°$。地面施工荷载 $q_0=20$ kPa，不计地下水影响，试计算支护桩入土深度 t、桩身最大弯矩 M_{max}及最大弯矩点位置 x_m。

(答案：$t=5.46$ m，$M_{max}=427.05$ kN·m，$x_m=2.56$ m)

10-4 一基坑开挖深度 8 m，采用下端自由支撑、上部有锚拉支点的板桩支护结构，锚拉支点距地表 1.5 m，水平间距 2.0 m。基坑周围土层厚度为 19 kN/m^3，内摩擦角为 28°，黏聚力为 10 kPa。试按静力平衡法计算板桩的插入深度、板桩的最大弯矩和锚拉力。

(答案：$t=3.7$ m，$M_{max}=224.26$ kN·m，$R_a=202.68$ kN)

10-5 有一开挖深度 $h=6$ m 的基坑，采用一道锚杆的板桩支护，锚杆支点距地表 1.5 m，水平间距 2.0 m，基坑周围土层重度 $\gamma=20.0$ kN/m^3，内摩擦角 $\varphi=24°$，黏聚力 $c=0$。地面施工荷载 $q_0=20$ kPa。试按等值梁法计算板桩的入土深度、锚杆拉力和最大弯矩。

(答案：$t=3.39$ m，$M_{max}=617.51$ kN·m，$R_a=345.24$ kN)

10-6 有一开挖深度 $h=5$ m 的基坑，采用水泥土桩墙支护，墙体宽度 3.2 m，墙体入土深度（基坑开挖面以下）5.5 m，墙体重度 $\gamma=20.0$ kN/m^3，墙体与土体摩擦系数 $\mu=0.3$。基坑周围土层重度为 $\gamma=18.0$ kN/m^3，内摩擦角 $\varphi=12°$，黏聚力 $c=10$ kPa。试计算水泥土墙抗倾覆稳定和抗滑移稳定性安全系数。

(答案：抗倾覆稳定系数 $k_q=1.31$，不安全；抗滑移稳定系数 $k_h=1.44$，安全。)

第11章 特殊土地基

11.1 概　述

我国地域辽阔，从沿海到内陆，从山区到平原，广泛分布着各种各样的土类。某些土类，由于生成时不同的地理环境、气候条件、地质成因、历史过程和次生变化等原因，使它们具有一些特殊的成分、结构和性质。当用作为建筑物的地基时，如果不注意这些特殊性就可能引起事故。通常把这些具有特殊工程地质的土类称为特殊土。各种天然形成的特殊土的地理分布存在着一定的规律，表现出一定的区域性，故又有区域性特殊土之称。

我国主要的区域性特殊土有湿陷性黄土、膨胀土、红黏土、软土以及盐渍土和多年冻土地基等。此外，我国山区广大，广泛分布在我国西南地区的山区地基与平原相比，其主要表现为地基的不均匀性和场地的不稳定性两方面，工程地质条件更为复杂，如岩溶、土洞及土岩组合地基等，对构筑物更具有直接和潜在的危险，为保证各类构筑物的安全和正常使用，应根据其工程特点和要求，因地制宜、综合治理。尤其是我国西部工程建设的高速发展，对该类地基的处治提出了更高的要求。

本章主要介绍上述特殊土地基的工程特征和评估指标，以及在这些地区从事工程建设时应采取的措施。

11.2 湿陷性黄土地基

11.2.1 黄土的特征和分布

黄土是一种产生于第四纪地质历史时期干旱条件下的沉积物，其外观颜色较杂乱，主要呈黄色或褐黄色，颗粒组成以粉粒（0.005～0.075 mm）为主，同时含有砂粒和黏粒。它的内部物质成分和外部形态特征与同时期其他沉积物不同。一般认为不具层理的风成黄土为原生黄土，原生黄土经流水冲刷、搬运和重新沉积形成的黄土称次生黄土，常具层理和砾石夹层。

具有天然含水量的黄土，如未受水浸湿，一般强度较高，压缩性较小，某些黄土在一定压力下受水浸湿，土结构迅速破坏，产生显著附加下沉，强度也迅速降低，其称为湿陷性黄土，主要属于晚更新世（Q_3）的马兰黄土以及全新世（Q_4）的次生黄土。该类黄土形成年代较晚，土质均匀或较为均匀，结构疏松，大孔发育，有较强烈的湿陷性。在一定压力下受水浸湿，土结构不破坏，并无显著附加下沉的黄土称为非湿陷性黄土，一般属于中更新世（Q_1）的午城黄土，其形成年代久远，土质密实，颗粒均匀，无大孔或略具大孔结构，一般不具有湿陷性或仅具轻微湿陷性。非湿陷性黄土地基的设计和施工与一般黏性土地基无甚差异，故下面仅讨论与工程建设关系密切的湿陷性黄土。

我国的湿陷性黄土，一般呈黄或褐黄色，粉土粒含量常占土重的60%以上，含有大量的碳酸盐、硫酸盐和氯化物等可溶盐类，天然孔隙比约为1.0，一般具有肉眼可见的大孔隙，竖直节理发育，能保持直立的天然边坡。湿陷性黄土又分为非自重湿陷性和自重湿陷性黄土两种。在土自重应力作用下受水浸湿后不发生湿陷者称为非湿陷性黄土；而在自重应力作用下受水浸湿后发生湿陷者称为自重湿陷性黄土。

黄土在世界各地分布甚广，其面积达1 300万 km^2，约占陆地总面积的9.3%，主要分布于中纬度干旱、半干旱地区。如法国的中部和北部，东欧的罗马尼亚、保加利亚、俄罗斯、乌克兰等，美国沿密西西比河流域及西部不少地区。我国黄土分布亦非常广泛，面积约64万 km^2，其中湿陷性黄土约占四分之三。以黄河中游地区最为发育，多分布于甘肃、陕西、山西地区，青海、宁夏、河南也有部分分布，其他如河北、山东、辽宁、黑龙江、内蒙古和新疆等省（区）也有零星分布。

我国《湿陷性黄土地区建筑规范（GB 50025—2004)》（简称《黄土规范》）在调查和搜集各地区湿陷性黄土的物理力学性质指标、水文地质条件、湿陷性资料等基础上，综合考虑各区域的气候、地貌、地层等因素，给出了我国湿陷性黄土工程地质分区略图以供参考。

11.2.2 影响黄土地基湿陷性的主要因素

1. 黄土的湿陷机理

黄土的湿陷现象是一个复杂的地质、物理、化学过程，其湿陷机理国内外学者有各种不同假说，如毛细管假说、溶盐假说、胶体不足假说、欠压密理论和结构学假说等。但至今尚未获得能够充分解释所有湿陷现象和本质的统一理论。以下仅简要介绍几种被公认为比较合理的假说。

① 黄土的欠压密理论认为，在干旱、少雨气候下，黄土沉积过程中水分不断蒸发，土粒间盐类析出，胶体凝固，形成固化黏聚力，在土湿度不大时，上覆土层不足以克服土中形

成的固化黏聚力，因而形成欠压密状态，一旦受水浸湿，固化黏聚力消失，则产生沉陷。

② 溶盐假说认为，黄土湿陷是由于黄土中存在大量的易溶盐。黄土中含水量较低时，易溶盐处于微晶状态，附于颗粒表面，起胶结作用。而受水浸湿后，易溶盐溶解，胶结作用丧失，从而产生湿陷。但溶盐假说并不能解释所有湿陷现象，如我国湿陷性黄土中易溶盐含量就较少。

③ 结构学说认为，黄土湿陷的根本原因是其特殊的粒状架空结构体系所造成的。该结构体系由集粒和碎屑组成的骨架颗粒相互联结形成（见图 11－1），含有大量架空孔隙。颗粒间的连接强度是在干旱、半干旱条件下形成，来源于上覆土重的压密，少量的水在粒间接触处形成毛管压力，粒间电分子引力，粒间摩擦及少量胶凝物质的固化黏聚等。该结构体系在水和外荷载作用下，必然导致连接强度降低、连接点破坏，致使整个结构体系失去稳定。

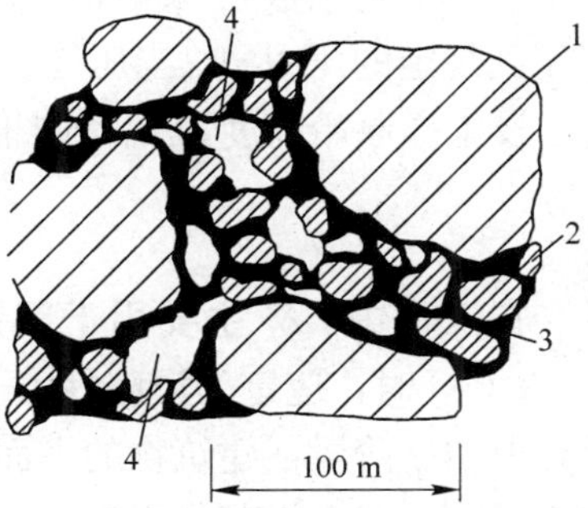

图 11－1　黄土结构示意图
1—砂粒；2—粗粉粒；3—胶结物；4—大孔隙

尽管解释黄土湿陷原因的观点各异，但归纳起来可分为外因和内因两个方面。黄土受水浸湿和荷载作用是湿陷发生的外因，黄土的结构特征及物质成分是产生湿陷性的内在原因。

2. 影响黄土湿陷性的因素

① 黄土的物质成分　黄土中胶结物的多寡和成分，以及颗粒的组成和分布，对于黄土的结构特点和湿陷性的强弱有着重要的影响。胶结物含量大，可把骨架颗粒包围起来，则结构致密。黏粒含量特别是胶结能力较强的小于 0.001 mm 颗粒的含量多，其均匀分布在骨架之间也起了胶结物的作用，均使湿陷性降低并使力学性质得到改善。反之，粒径大于 0.05 mm 的颗粒增多，胶结物多呈薄膜状分布，骨架颗粒多数彼此直接接触，其结构疏松，强度降低而湿陷性增强。我国黄土湿陷性存在着由西北向东南递减的趋势，就是与自西北向东南方向砂粒含量减少而黏粒含量增多是一致的。此外黄土中的盐类以及其存在状态对湿陷性也有着直接的影响，如以较难溶解的碳酸钙为主而具有胶结作用时，湿陷性减弱，但石膏及其他碳酸盐、硫酸盐和氯化物等易溶盐的含量越大时，湿陷性越强。

② 黄土的物理性质　黄土的湿陷性与其孔隙比和含水量等土的物理性质有关。天然孔隙比越大，或天然含水量越小，则湿陷性越强。饱和度 $S_r \geqslant 80\%$ 的黄土，称为饱和黄土，饱和黄土的湿陷性已退化。在天然含水量相同时，黄土的湿陷变形随湿度的增加而增大。

③ 外加压力　黄土的湿陷性还与外加压力有关。外加压力越大，湿陷量也显著增加，但当压力超过某一数值后，再增加压力，湿陷量反而减少。

11.2.3　湿陷性黄土地基的勘察与评价

正确评价黄土地基的湿陷性具有很重要的工程意义，其主要包括三方面内容：①查明一定压力下黄土浸水后是否具有湿陷性；②判别场地的湿陷类型，是自重湿陷性还是非自重湿陷性；③判定湿陷黄土地基的湿陷等级，即其强弱程度。

1. 湿陷系数

黄土的湿陷量与所承受的压力大小有关。湿陷性的有无、强弱可按某一给定压力下土体浸水后的湿陷系数 δ_s 来衡量，湿陷系数由室内压缩试验测定。在压缩仪中将原状试样逐级加压到规定的压力 p，当压缩稳定后测得试样高度 h_p，然后加水浸湿，测得下沉稳定后高度 h'_p。设土样原始高度为 h_0，则土的湿陷系数 δ_s 为

$$\delta_s=\frac{h_p-h'_p}{h_0} \tag{11-1}$$

在工程中，δ_s 主要用于判别黄土的湿陷性，当 $\delta_s<0.015$ 时，应定为非湿陷性黄土；$\delta_s\geqslant 0.015$ 时，应定为湿陷性黄土。试验时测定湿陷系数的压力 p 应采用黄土地基的实际压力，但初勘阶段，建筑物的平面位置、基础尺寸和埋深等尚未确定，即实际压力大小难以预估。因而《黄土规范》规定：自基础底面（初勘时，自地面下 1.5 m）算起，10 m 以上的土层应用 200 kPa，10 m 以下至非湿陷性土层顶面，应用其上覆土的饱和自重应力（当大于 300 kPa 时，仍应用 300 kPa）。如基底压力大于 300 kPa 时，宜用实际压力判别黄土的湿陷性。

2. 湿陷起始压力

如前所述，黄土的湿陷量是压力的函数。事实上存在一个压力界限值，若黄土所受压力低于该数值，即使浸了水也只产生压缩变形而无湿陷现象。该界限称为湿陷起始压力 p_{sh} (kPa)。它是一个很有实用价值的指标。例如，当设计荷载不大的非自重湿陷性黄土地基的基础和土垫层时，可适当选取基础底面尺寸及埋深或土垫层厚度，使基底或垫层底面总压应力$\leqslant p_{sh}$，则可避免湿陷发生。

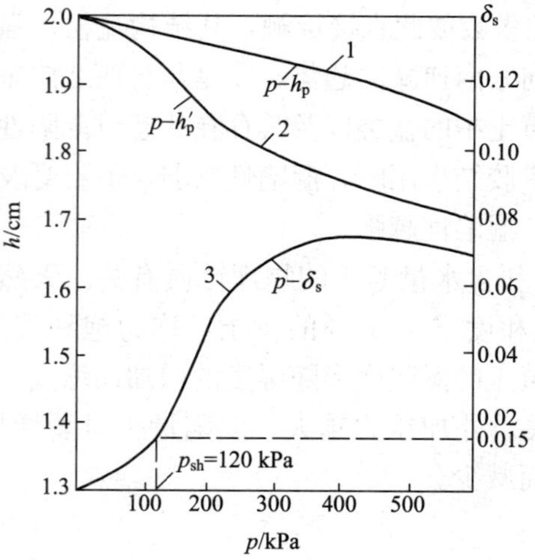

图 11-2　双线法压缩试验曲线

1—不浸水试样 $p-h_p$ 曲线；

2—浸水试样 $p-h'_p$曲线；3—$p-\delta_s$ 曲线

湿陷起始压力可根据室内压缩试验或野外载荷试验确定，其分析方法可采用双线法或单线法。

(1) 双线法

在同一取土点的同一深度处，以环刀切取 2 个试样。一个在天然湿度下分级加荷，另一个在天然湿度下加第一级荷重，下沉稳定后浸水，至湿陷稳定后再分级加荷。分别测定两个试样在各级压力下，下沉稳定后的试样高度 h_p 和浸水下沉稳定后的试样高度 h'_p，绘制不浸水试样的 $p-h_p$ 曲线和浸水试样的 $p-h'_p$曲线如图 11-2 所示。然后按式 (11-1) 计算各级荷载下的湿陷系数 δ_s，并绘制 $p-\delta_s$ 曲线。在 $p-\delta_s$ 曲线上取 $\delta_s=0.015$ 所对应的压力作为湿陷起始压力 p_{sh}。

（2）单线法

在同一取土点的同一深度处，至少以环刀切取 5 个试样。各试样均分别在天然湿度下分级加荷至不同的规定压力。下沉稳定后测定土样高度 h_p，再浸水至湿陷稳定为止，测试样高度 h'_p，绘制 $p-d_s$ 曲线。p_{sh}的确定方法与双线法相同。

上述方法是针对室内压缩试验而言，按野外载荷试验方法相同，此不赘述。我国各地湿陷起始压力相差较大，如兰州地区一般为 20～50 kPa，洛阳地区常在 120 kPa 以上。此外，大量试验结果表明，黄土的湿陷起始压力随土的密度、湿度、胶结物含量以及土的埋藏深度等的增加而增加。

3. 场地湿陷类型的划分

工程实践表明，自重湿陷性黄土无外荷作用时，浸水后也会迅速发生剧烈的湿陷，甚至一些很轻的建筑物也难免遭受其害。而对非自重湿陷性黄土地基则很少发生。对两种湿陷性黄土地基，所采取的设计和施工措施应有所区别。因此必须正确划分场地的湿陷类型。

建筑物场地的湿陷类型，应按实测自重湿陷量或计算自重湿陷量 Δ_{zs}判定。实测自重湿陷量应根据现场试坑浸水试验确定。其结果可靠，但费水费时，且有时受各种条件限制而不易做到。自重湿陷量可按下式计算，即

$$\Delta_{zs}=\beta_0\sum_{i=1}^{n}\delta_{zsi}h_i \tag{11-2}$$

式中：δ_{zsi}——第 i 层土在上覆土的饱和（$S_r>0.85$）自重应力作用下的湿陷系数，其测定和计算方法同 δ_s，即 $\delta_{si}=(h_z-h'_z)/h$，其中 h_z 是加压至土的饱和自重压力时，下沉稳定后的高度。h'_z是上述加压稳定后，在浸水作用下，下沉稳定后的高度；

h_i——第 i 层土的厚度，cm；

n——总计算土层内湿陷土层的数目。总计算厚度应从天然地面算起（当挖、填方厚度及面积较大时，自设计地面算起）至其下全部湿陷性黄土层的底面为止，但 $d_s<0.015$ 的土层不计；

b_0——因土质地区而异的修正系数。陇西地区可取 1.5，陇东陕北地区取 1.2，对关中地区取 0.7，其他地区可取 0.5。

当 $\Delta_{zs}\leqslant7$ cm 时，应定为非自重湿陷性黄土场地；大于 7 cm 时，应定为自重湿陷性黄土场地。

4. 黄土地基的湿陷等级

湿陷性黄土地基的湿陷等级，应根据基底下各土层累计的总湿陷量 Δ_S 和计算自重湿陷量的大小等因素按表 11－1 判定。总湿陷量可按下式计算，即

$$\Delta_S=\sum_{i=1}^{n}\beta\delta_{Si}h_i \tag{11-3}$$

式中：δ_{Si}——第 i 层土的湿陷系数；

h_i——第 i 层土的厚度，cm；

β——考虑地基土的侧向挤出和浸水概率等因素的修正系数。基底下 5 m（或压缩层）深度内可取 1.5；5 m 以下，对非自重湿陷性黄土场地可不计算；自重湿陷性黄土场地可按式（11－2）中 β_0 取用。

表 11－1 湿陷性黄土地基的湿陷等级

湿陷类型 计算自重湿陷量/cm 总湿陷量 Δs/cm	非自重湿陷性场地	自重湿陷性场地	
	$\Delta zs \leqslant 7$	$7 < \Delta zs \leqslant 35$	$\Delta zs > 35$
$\Delta s \leqslant 30$	Ⅰ（轻微）	Ⅱ（中等）	—
$30 < \Delta s \leqslant 60$	Ⅱ（中等）	Ⅱ或Ⅲ	Ⅲ（严重）
$\Delta s > 60$	—	Ⅲ（严重）	Ⅳ（很严重）

注：① 当总湿陷量 30 cm＜Δs＜50 cm，计算自重湿陷量 7 cm＜Δs＜30 cm 时，可判为Ⅱ级；

② 当总湿陷量 Δs≥50 cm，计算自重湿陷量 Δs≥30 cm 时，可判为Ⅲ级。

Δ_s 是湿陷性黄土地基在规定压力下充分浸水后可能发生的湿陷变形值。设计时应根据黄土地基的湿陷等级考虑相应的设计措施。相同情况下湿陷程度越高，设计措施要求也越高。

【例题 11－1】 某地区一建筑场地，工程地质勘察中探坑每隔 1 m 取土样，测得各土样 δ_{zs} 如表 11－2 所示，已知修正系数 $\beta_0=1.5$，试判别该场地的湿陷类型。

表 11－2 例题 11－1 数据表

取土深度（m）	2	3	4	5	6	7	8	9	10	11	12
δ_{zs}	0.01	0.014	0.02	0.03	0.05	0.01	0.02	0.015	0.04	0.002	0.002

解： 从表中看出，在深度 2 m、3 m、7 m、11 m 和 12 m 处，$\delta_{zs}<0.015$，按规定，在计算 Δ_{zs} 时不予累计，故计算自重湿陷量为：

$$\Delta_{zs}=\beta_0\sum_{i=1}^{n}\delta_{zsi}h_i=1.5\times(0.02+0.03+0.05+0.02+0.015+0.04)=26.25(\text{cm})$$

因该值大于 7 cm，故应判别为自重湿陷性场地。

11.2.4 湿陷性黄土地基的处理

目的：改善土的性质和结构，减小土的渗水性、压缩性，控制其湿陷性的发生，部分或全部消除它的湿陷性。在明确地基湿陷性黄土层的厚度、湿陷性类型、等级等后，应结合建筑物的工程性质、施工条件和材料来源等，采取必要的措施，对地基进行处理，满足建筑物在安全、使用方面的要求。

结构措施是指结构形式尽可能采用简支梁等对不均匀沉降不敏感的结构；加大基础刚度

使受力较均匀；对长度较大且体型复杂的建筑物，采用沉降缝将其分为若干独立单元。

按处理厚度可分为全部湿陷性黄土层处理和部分湿陷性黄土层处理，前者对于非自重湿陷性黄土地基，应自基底处理至非湿陷性土层顶面（或压缩层下限），或者以土层的湿陷起始压力来控制处理厚度；对于自重湿陷性黄土地基是指全部湿陷性黄土层的厚度。后者指处理基础底面以下适当深度的土层，因为该部分土层的湿陷量一般占总湿陷量的大部分。这样处理后，虽发生小部分湿陷也不致影响建筑物的安全和使用。处理厚度视建筑物类别，土的湿陷等级、厚度，基底压力大小而定，一般对非自重湿陷性黄土为 1～3 m，自重湿陷性黄土地基为 2～5 m。

常用的处理湿陷性黄土地基的方法如下。

1. 灰土或素土垫层

将基底以下湿陷性土层全部挖除或挖到预计深度，然后用灰土（三分石灰七分土）或素土（就地挖出的黏性土）分层夯实回填，垫层厚度及尺寸计算方法同砂砾垫层，压力扩散角 θ 对灰土用 30°，对素土用 22°。垫层厚度一般为 1.0～3.0 m。它施工简易，效果显著，是一种常用的地基浅层湿陷性处理或部分处理的方法。

2. 重锤夯实及强夯法

重锤夯实法能消除浅层的湿陷性，如用 15～40 kN 的重锤，落高 2.5～4.5 m，在最佳含水量情况下，可消除在 1.0～1.5 m 深度内土层的湿陷性。强夯法根据国内使用记录，锤重 100～200 kN，自由落下高度 10～20 m 锤击两遍，可消除 4～6 m 范围内土层的湿陷性。

两种方法均应事先在现场进行夯击试验，以确定为达到预期处理效果（一定深度内湿陷性的消除情况）所必需的夯点、锤击数、夯沉量等，以指导施工，保证质量。

3. 石灰土或二灰（石灰与粉煤灰）挤密桩

用打入桩、冲钻或爆扩等方法在土中成孔，然后用石灰土或将石灰与粉煤灰混合分层夯填桩孔而成（少数也有用素土），用挤密的方法破坏黄土地基的松散、大孔结构，达到消除或减轻地基的湿陷性。此方法适用于消除 5～10 m 深度内地基土的湿陷性。

4. 预浸水处理

自重湿陷性黄土地基利用其自重湿陷的特性，可在建筑物修筑前，先将地基充分浸水，使其在自重作用下发生湿陷，然后再修筑。

除以上的地基处理方法外，对既有桥涵等建筑物地基的湿陷也可考虑采用硅化法等加固地基。

11.3　膨胀土地基

膨胀土的定义：按照我国《膨胀土地区建筑技术规范》（GBJ 112—87）中的定义，膨胀土应是土中黏粒成分主要由亲水性矿物组成，同时具有显著的吸水膨胀和失水收缩两种变形特性的黏性土。

膨胀土的分布范围：据现有的资料，广西、云南、湖北、安徽、四川、河南、山东等20多个省、自治区、市均有膨胀土。国外也一样，如美国，50个州中有膨胀土的占40个州，此外在印度、澳大利亚、南美洲、非洲和中东广大地区，也都有不同程度的分布。目前膨胀土的工程问题，已成为世界性的研究课题。

膨胀土的危害：使大量的轻型房屋发生开裂、倾斜，公路路基发生破坏，堤岸、路堑产生滑坡；在我国，据不完全统计，在膨胀土地区修建的各类工业与民用建筑物，因地基土胀缩变形而导致损坏或破坏的有1 000万 m^2；我国过去修建的公路一般等级较低，膨胀土引起的工程问题不太突出，所以尚未引起广泛关注。然而，近年来由于高等级公路的兴建，在膨胀土地区新建的高等级公路，也出现了严重的病害，已引起了公路交通部门的重视。

11.3.1 膨胀土的判别和膨胀土地基的胀缩等级

1. 影响膨胀土胀缩特性的主要因素

内在机制：主要是指矿物成分及微观结构两方面。实验证明，膨胀土含大量的活性黏土矿物，如蒙脱石和伊利石，尤其是蒙脱石，比表面积大，在低含水量时对水有巨大的吸力，土中蒙脱石含量的多寡直接决定着土的胀缩性质的大小。除了矿物成分因素外，这些矿物成分在空间上的联结状态也影响其胀缩性质。经对大量不同地点的膨胀土扫描电镜分析得知，面—面连接的叠聚体是膨胀土的一种普遍的结构形式，这种结构比团粒结构具有更大的吸水膨胀和失水吸缩的能力。

外界因素：是水对膨胀土的作用，或者更确切地说，水分的迁移是控制土胀、缩特性的关键外在因素。因为只有土中存在着可能产生水分迁移的梯度和进行水分迁移的途径，才有可能引起土的膨胀或收缩。

2. 膨胀土的胀缩性指标

1）自由膨胀率 δ_{ef}

将人工制备的磨细烘干土样，经无颈漏斗注入量杯，量其体积，然后倒入盛水的量筒中，经充分吸水膨胀稳定后，再测其体积。增加的体积与原体积的比值 δ_{ef} 称为自由膨胀率，即

$$\delta_{ef}=\frac{V_w-V_0}{V_0} \tag{11-4}$$

式中：V_0——干土样原有体积，即量土杯体积，ml；

V_w——土样在水中膨胀稳定后的体积，由量筒刻度量出，ml。

2）膨胀率 δ_{ep} 与膨胀力 P_e

膨胀率表示原状土在侧限压缩仪中，在一定压力下，浸水膨胀稳定后，土样增加的高度与原高度之比，可表示为

$$\delta_{ep}=\frac{h_w-h_0}{h_0} \tag{11-5}$$

式中：h_w——土样浸水膨胀稳定后的高度，mm；

h_0——土样的原始高度，mm。

以各级压力下的膨胀率 δ_{ep} 为纵坐标，压力 p 为横坐标，将试验结果绘制成 $p-\delta_{ep}$ 关系曲线，该曲线与横坐标的交点 P_e 称为试样的膨胀力，膨胀力表示原状土样在体积不变时，由于浸水膨胀产生的最大内应力。

3）线缩率 δ_{sr} 与收缩系数 λ_s

膨胀土失水收缩，其收缩性可用线缩率与收缩系数表示。

线缩率 δ_{sr} 是指土的竖向收缩变形与原状土样高度之比，可表示为

$$\delta_{sri}=\frac{h_0-h_i}{h_0}\times 100\% \tag{11-6}$$

式中：h_0——土样的原始高度，mm；

h_i——某含水量 w_i 时的土样高度，mm。

利用收缩曲线直线收缩段可求得收缩系数 λ_s，其定义为：原状土样在直线收缩阶段内，含水量每减少 1%时所对应的线缩率的改变值，即

$$\lambda_s=\frac{\Delta\delta_{sr}}{\Delta w} \tag{11-7}$$

式中：Δw——收缩过程中，直线变化阶段内，两点含水量之差，%；

$\Delta\delta_{sr}$——两点含水量之差对应的竖向线缩率之差，%。

3. 膨胀土的判别

《膨胀土规范》中规定，凡具有下列工程地质特征的场地，且自由膨胀率 $\delta_{ef}\geqslant 40\%$ 的土应判定为膨胀土。

① 裂隙发育，常有光滑面和擦痕，有的裂隙中充填着灰白、灰绿色黏土。在自然条件下呈坚硬或硬塑状态。

② 多出露于二级或二级以上阶地、山前和盆地边缘丘陵地带，地形平缓，无明显自然陡坎。

③ 常见浅层塑性滑坡、地裂，新开挖坑（槽）壁易发生坍塌等。

④ 建筑物裂缝随气候变化而张开和闭合。

4. 膨胀土地基评价

《膨胀土规范》规定以 50 kPa 压力下测定的土的膨胀率，计算地基分级变形量，作为划分胀缩等级的标准，表 11－3 给出了膨胀土地基的胀、缩等级。

表 11-3 膨胀土地基的胀缩等级

地基分级变形量 s_e/mm	级 别	破坏程度
$15 \leqslant s_e < 35$	Ⅰ	轻 微
$35 \leqslant s_e < 70$	Ⅱ	中 等
$s_e \geqslant 70$	Ⅲ	严 重

注：地基分级变形量 s_e 应按公式（7-8）计算，式中膨胀率采用的压力应为 50 kPa。

11.3.2 膨胀土地基的工程措施

膨胀土地基的工程建设，应根据当地气候条件、地基胀缩等级、场地工程地质和水文地质条件，结合当地建筑施工经验，因地制宜采取综合措施，一般可从以下几方面考虑。

1. 设计措施

选择场地时应避开地质条件不良地段，如浅层滑坡、地裂发育、地下水位剧烈等地段。尽量布置在地形条件比较简单、地质较均匀、胀缩性较弱的场地。坡地建筑应避免大开挖，依山就势布置，同时应利用和保护天然排水系统，并设置必要的排洪、借流和导流等排水措施，加强隔水、排水，防止局部浸水和渗漏现象。

建筑上力求体型简单，建筑物不宜过长，在地基土不均匀、建筑平面转折、高差较大及建筑结构类型不同处，应设置沉降缝。一般地坪可采用预制块铺砌，块体间嵌柔性材料，大面积地面作分格变形缝；对有特殊要求的地坪可采用地面配筋或地面架空等措施，尽量与墙体脱开。民用建筑层数宜多于 2 层，以加大基底压力，防止膨胀变形。并应合理确定建筑物与周围树木间距离，避免选用吸水量大、蒸发量大的树种绿化。

结构上应加强建筑物的整体刚度，承重墙体宜采用拉结较好的实心砖墙，不得采用空斗墙、砌块墙或无砂混凝土砌体，避免采用对变形敏感的砖拱结构、无砂大孔混凝土和无筋中型砌块等。基础顶部和房屋顶层宜设置圈梁，其他层隔层设置或层层设置。建筑物的角段和内外墙的连接处，必要时可增设水平钢筋。

加大基础埋深，且不应小于 1 m。当以基础埋深为主要防治措施时，基底埋置宜超过大气影响深度或通过变形验算确定。较均匀的膨胀土地基，可采用条基；基础埋深较大或条基基底压力较小时，宜采用墩基。

可采用地基处理方法减小或消除地基胀缩对建筑物的危害，常用的方法有换土垫层、土性改良、深基础等。换土应采用非膨胀性黏土，砂石或灰土等材料，厚度应通过变形计算确定，垫层宽度应大于基底宽度。土性改良可通过在膨胀土中掺入一定量的石灰来提高土的强度。也可采用压力灌浆将石灰浆液灌注入膨胀土的裂缝中起加固作用。当大气影响深度较深，膨胀土层较厚，选用地基加固或墩式基础施工困难时，可选用桩基础穿越。

2. 施工措施

在施工中应尽量减少地基中含水量的变化。基槽开挖施工宜分段快速作业，避免基坑岩土体受到曝晒或浸泡。雨季施工应采取防水措施。当基槽开挖接近基底设计标高时，宜预留 150～300 mm 厚土层，待下一工序开始前挖除；基槽验槽后应及时封闭坑底和坑壁；基坑施工完毕后，应及时分层回填夯实。

由于膨胀土坡地具有多向失水性和不稳定性，坡地建筑比平坦场地的破坏严重，故应尽量避免在坡坎上建筑。若无法避开，首先应采取排水措施，设置支挡和护坡进行治坡，整治环境，再开始兴建建筑。

11.4　山区地基及红黏土地基

山区地基覆盖层厚薄不均，下卧基岩面起伏较大，土岩组合地基在山区较为普遍。当地基下卧岩层为可溶性岩层时，易出现岩溶发育。土洞是岩溶作用的产物，凡具备土洞发育条件的岩溶地区，一般均有土洞发育。红黏土也常分布在岩溶地区，成为基岩的覆盖层。由于地表水和地下水的运动引起冲蚀和潜蚀作用，红黏土中也常有土洞存在。

11.4.1　土岩组合地基

当建筑地基的主要受力层范围内存在有下卧基岩表面坡度较大、石芽密布并有出露的地基、大块孤石地基之一时，则属于土岩组合地基。

1. 土岩组合地基的工程特性

土岩组合地基在山区建设中较为常见，其主要特征是地基在水平和垂直方向具有不均匀性，主要工程特性如下：

(1) 下卧基岩表面坡度较大

若下卧基岩表面坡度较大，其上覆土层厚薄不均，将使地基承载力和压缩性相差悬殊而引起建筑物不均匀沉降，致使建筑物倾斜或土层沿岩面滑动而丧失稳定。

如建筑物位于沟谷部位，基岩呈 V 形，岩石坡度较平缓，上覆土层强度较高时，对中小型建筑物，只需适当加强上部结构刚度，不必作地基处理。若基岩呈“八”字形倾斜，建筑物极易在两个倾斜面交界处出现裂缝，此时可在倾斜交界处用沉降缝将建筑物分开。

(2) 石芽密布并有出露的地基

该类地基多系岩溶的结果，我国贵州、广西和云南等省广泛分布。其特点是基岩表面凹凸不平，起伏较大，石芽间多被红黏土充填，即使采用很密集的勘探点，也不易查清岩石起伏变化全貌。其地基变形目前理论上尚无法计算。若充填于石芽间的土强度较高，则地基变形较小；反之变形较大，有可能使建筑物产生过大的不均匀沉降。

(3) 大块孤石或个别石芽出露地基

地基中夹杂着大块孤石，多出现在山前洪积层中或冰碛层中。该类地基类似于岩层面相背倾斜及个别石芽出露地基，其变形条件最为不利，在软硬交界处极易产生不均匀沉降，造成建筑物开裂。

2. 土岩组合地基的处理

土岩组合地基的处理，可分为结构措施和地基处理两方面，两者相互协调与补偿。

（1）结构措施

建造在软硬相差比较悬殊的土岩组合地基，若建筑物长度较大或造型复杂，为减小不均匀沉降所造成的危害，宜用沉降缝将建筑物分开。缝宽 30～50 mm。必要时应加强上部结构的刚度，如加密隔墙，增设圈梁等。

（2）地基处理

地基处理措施可分为两大类。一类是处理压缩性较高部分的地基，使之适应压缩性较低的地基。如采用桩基础、局部深挖、换填或用梁、板、拱跨越，当石芽稳定可靠时，以石芽作支墩基础等方法。此类处理方法效果较好，但费用较高。另一类是处理压缩性较低部分的地基，使之适应压缩性较高的地基。如在石芽出露部位做褥垫（见图 11－3），也能取得良好效果。褥垫可采用炉渣、中砂、土夹石（其中碎石含量占 20%～30%）或黏性土等，厚度宜取 300～500 mm，采用分层夯实。

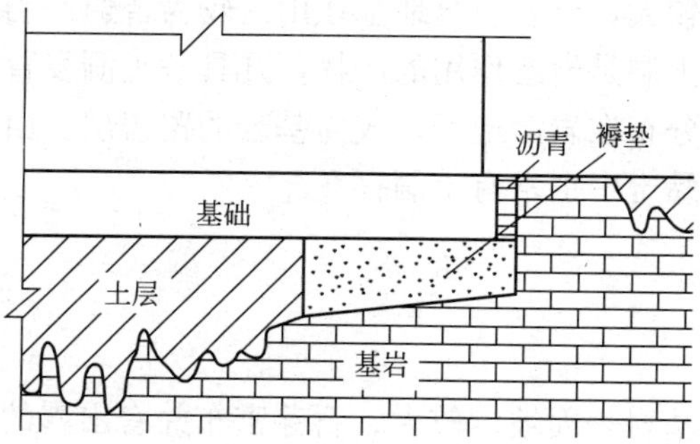

图 11－3　褥垫构造图

11.4.2 岩溶

岩溶或称喀斯特（Karst）是指可溶性岩石，如石灰岩、白云岩、石膏、岩盐等受水的长期溶蚀作用而形成溶洞、溶沟、裂隙、暗河、石芽、漏斗、钟乳石等奇特的地区及地下形态的总称（见图 11－4）。我国岩溶分布较广，尤其是碳酸盐类岩溶，西南、东南地区均有分布，贵州、云南、广西等地发育最为完全。

1. 岩溶发育条件和规律

岩溶的发育与可溶性岩层、地下水活动、气候、地质构造及地形等因素有关，前两项是形成岩溶的必要条件。若可溶性岩层具有裂隙，能透水，而又具有足够溶解能力和足够流量的水，就可能出现岩溶现象。岩溶的形成必

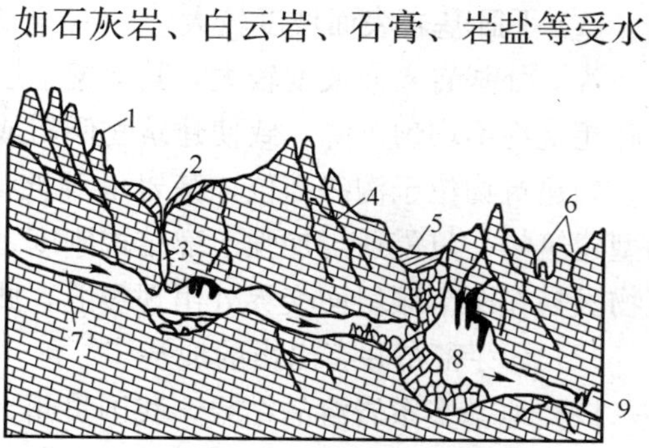

图 11－4　岩溶岩层剖面示意图

1—石芽、石林；2—漏斗；3—落水洞；4—溶蚀裂隙；5—塌陷洼地；6—溶沟、溶槽；7—暗河；8—溶洞；9—钟乳石

须有地下水的活动，因富含 CO_2 的大气降水和地表水渗入地下后，不断更新水质，维持地下水对可溶性岩层的化学溶解能力，从而加速岩溶的发展。若大气降水丰富，地下水源充沛，岩溶发展就快。此外，地质构造上具有裂隙的背斜顶部和向斜轴部、断层破碎带、岩层接触面和构造断裂带等，地下水流动快，有利于岩溶的发育。地形的起伏直接影响地下水的流速和流向，如地势高差大，地表水和地下水流速大，也将加速岩溶的发育。

可溶性岩层不同，岩石的性质和形成条件不同，岩溶的发育速度也就不同。一般情况下，石灰岩、泥灰岩、白云岩及大理岩发育较慢。岩盐、石膏及石膏质岩层发育很快，经常存在有漏斗、洞穴并发生塌陷现象。岩溶的发育和分布规律主要受岩性、裂隙、断层以及不同可溶性岩层接触面的控制。其分布常具有带状和成层性。当不同岩性的倾斜岩层相互成层时，岩溶在平面上呈带状分布。

2. 岩溶地基稳定性评价和处理措施

对岩溶地基的评价与处理，是山区工程建设经常遇到的问题，通常，应先查明其发育、分布等情况，作出准确评价，其次是预防与处理。

首先要了解岩溶的发育规律、分布情况和稳定程度。岩溶对地基稳定性的影响主要表现在：①地基主要受力层范围内若有溶洞、暗河等，在附加荷载或振动作用下，溶洞顶板塌陷，地基出现突然下沉；②溶洞、溶槽、石芽、漏斗等岩溶形态使基岩面起伏较大，或分布有软土，导致地基沉降不均匀；③基岩上基础附近有溶沟、竖向岩溶裂痕、落水洞等，可能使基底沿倾向临空面的软弱结构面产生滑动；④基岩和上覆土层内，因岩溶地区较复杂的水文地质条件，易产生新的工程地质问题，造成地基恶化。

一般情况下，应尽量避免在上述不稳定的岩溶地区进行工程建设，若一定要利用这些地段作为建筑场地，应结合岩溶的发育情况、工程要求、施工条件、经济与安全的原则，采取如下必要的防护和处理措施。

(1) 清爆换填

适用于处理顶板不稳定的浅埋溶洞地基。即清除覆土，爆开顶板，挖去松软填充物，回填块石、碎石、黏土或毛石混凝土等，并分层密实。对地基岩体内的裂隙，可灌注水泥浆、沥青或黏土浆等。

(2) 梁、板跨越

对于洞壁完整、强度较高而顶板破碎的岩溶地基，宜采用钢筋混凝土梁、板跨越，但支承点必须落在较完整的岩面上。

(3) 洞底支撑

适用于处理跨度较大，顶板具有一定厚度，但稳定条件差，若能进入洞内，可用石砌柱、拱或钢筋混凝土柱支撑洞顶。但应查明洞底的稳定性。

(4) 水流排导

地下水宜疏不宜堵，一般宜采用排水隧洞、排水管道等进行疏导，以防止水流通道堵塞，造成动水压力对基坑底板、地坪及道路等的不良影响。

11.4.3 红黏土地基

1. 红黏土的形成和分布

石灰岩、白云岩等碳酸盐系出露区的岩石在炎热湿润气候条件下，经长期的成土化学风化作用（红土化作用），形成棕红、褐黄等色的高塑性黏土称红黏土。其液限一般大于50%，具有表面收缩、上硬下软、裂隙发育等特征。

红黏土广泛分布于我国贵州、云南、广西等省，湖南、湖北、安徽、四川等部分地区也有分布。通常堆积在山坡、山麓、盆地或洼地中，主要为残积、坡积类型。常为岩溶地区的覆盖层，因受基岩起伏影响，厚度变化较大。若红黏土层受间歇性水流冲蚀，被搬运至低洼处，沉积形成新土层，但仍保留其基本特征，且液限大于45%者称为次生红黏土。

2. 红黏土的工程地质特征

(1) 矿物化学成分

红黏土的矿物成分主要为石英和高岭石（或伊利石），化学成分以 SiO_2、Fe_2O_3、Al_2O_3 为主。土中基本结构单元除静电引力和吸附水膜联结外，还有铁质胶结，使土体具有较高的连接强度，抑制土粒扩散层厚度和晶格扩展，在自然条件下具有较好的水稳性。由于红黏土分布区气候潮湿多雨，含水量远高于缩限，在自然条件下失水，土粒结合水膜减薄，颗粒距离缩小，使红黏土具有明显的收缩性和裂隙发育等特征。

(2) 物理力学性质

红黏土中较高的黏土颗粒含量（55%～70%）使其孔隙比较大（1.1～1.7），常处于饱和状态（$S_r > 85\%$），天然含水量（30%～60%）几乎与液限相等，但液性指数较小（−0.1～0.4），即红黏土以含结合水为主。故其含水量虽高，但土体一般仍处于硬塑或坚硬状态，且具有较高的强度和较低的压缩性。在孔隙比相同时，其承载力为软黏土的 2～3 倍。此外，红黏土的各种性能指标变化幅度很大，具有较高的分散性。

(3) 不良工程特征

从土的性质来说，红黏土是较好的建筑物地基，但也存在一些不良工程特征。①有些地区的红黏土具有胀缩性；②厚度分布不均，常因石灰岩表面石芽、溶沟等的存在，其厚度在短距离内相差悬殊（有的 1 m 之间相差竟达 8 m）；③上硬下软，从地表向下由硬至软明显变化，接近下卧基岩面处，土常呈软塑或流塑状态，土的强度逐渐降低，压缩性逐渐增大；④因地表水和地下水的运动引起的冲蚀和潜蚀作用，岩溶现象一般较为发育，在隐伏岩溶上的红黏土层常有土洞存在，影响场地稳定性。

3. 红黏土地基评价与工程措施

在工程建设中，应根据具体情况，充分利用红黏土上硬下软的分布特征，基础尽量浅埋。当红黏土层下部存在局部的软弱下卧层和岩层起伏过大时，应考虑地基不均匀沉降的影响，采取相应的措施。

红黏土地还常存在岩溶和土洞，可按前述方法进行地基处理。为了清除红黏土中地基存在的石芽、土洞和土层不均匀等不利因素的影响，应采取换土、填洞、加强基础和上部结构整体刚度，或采用桩基和其他深基础等措施。

红黏土裂隙发育，在建筑物施工或使用期间均应做好防水排水措施，避免水分渗入地基。对于天然土坡和人工开挖的边坡及基槽，应防止破坏坡面植被和自然排水系统，坡面上的裂隙应加填塞，做好地表水、地下水及生产和生活用水的排泄、防渗等措施，保证土体的稳定性。对基岩面起伏大、岩质坚硬的地基，也可采用大直径嵌岩桩和墩基进行处理。

11.5　冻土地基及盐渍土

11.5.1　冻土地基

冻土的定义：温度为 0 ℃或负温，含有冰且与土颗粒呈胶结状态的土称为冻土。

冻土的分类：根据冻土冻结延续时间可分为季节性冻土和多年冻土两大类，土层冬季冻结，夏季全部融化，冻结延续时间一般不超过一个季节，称为季节性冻土层，其下边界线称为冻深线或冻结线；土层冻结延续时间在三年或三年以上称为多年冻土。

冻土的分布：季节性冻土在我国分布很广，东北、华北、西北是季节性冻结层厚 0.5 m 以上的主要分布地区；多年冻土主要分布在黑龙江的大小兴安岭一带、内蒙古纬度较大地区，青藏高原部分地区与甘肃、新疆的高山区，其厚度从不足一米到几十米。

1. 季节性冻土

1）季节性冻土按冻胀性的分类

土的冻胀由于侧向和下面有土体的约束，主要反映在体积向上的增量上（隆胀），季节性冻土地区建筑物的破坏很多是由于地基土冻胀造成的。

对季节性冻土按冻胀变形量大小结合对建筑物的危害程度分为五类，以野外冻胀观测得出的冻胀系数 K_d 为分类标准。

Ⅰ类不冻胀土：$K_d<1\%$，冻结时基本无水分迁移，冻胀变形很小，对各种浅埋基础无任何危害。

Ⅱ类弱冻胀土：$1\%<K_d\leqslant3.5\%$，冻结时水分迁移很少，地表无明显冻胀隆起，对一般浅埋基础也无危害。

Ⅲ类冻胀土：$3.5\%<K_d\leqslant6\%$，冻结时水分有较多迁移，形成冰夹层，如建筑物自重轻、基础埋置过浅，会产生较大的冻胀变形，冻深大时会由于切向冻胀力而使基础上拔。

Ⅳ类强冻胀土：$6\%<K_d\leqslant13\%$，冻结时水分大量迁移，形成较厚冰夹层，冻胀严重，

即使基础埋深超过冻结线，也可能由于切向冻胀力而上拔。

Ⅴ类特强冻胀土：$K_d>13\%$，冻胀量很大，是使桥梁基础冻胀上拔破坏的主要原因。

冻胀系数可表示为

$$K_d=\frac{\Delta h}{Z_0}\times 100\%$$

式中：Δh——地面最大冻胀量，m；

Z_0——最大冻结深度，m。

2）防冻胀措施

目前多从减少冻胀力和改善周围冻土的冻胀性来防治冻胀。

① 基础四侧换土，采用较纯净的砂、沙砾石等粗颗粒土换填基础四周冻土，填土夯实。

② 改善基础侧表面平滑度，基础必须浇筑密实，具有平滑表面。基础侧面在冻土范围内还可用工业凡士林、渣油等涂刷以减少切向冻胀力。对桩基础也可用混凝土套管来减除切向冻胀力。

③ 选用抗冻胀性基础改变基础断面形状，利用冻胀反力的自锚作用增加基础抗冻拔的能力。

2. 多年冻土

1）多年冻土按其融沉性的等级划分

多年冻土的融沉性是评价其工程性质的重要指标，可用融化下沉系数 A 作为分级的直接控制指标。且有

$$A=\frac{h_m-h_T}{h_m}\times 100\% \tag{11-8}$$

式中：h_m——季节融化层冻土试样冻结时的高度，m（季冻层土质与其下多年冻土相同）；

h_T——季节融化层冻土试样融化后（侧限条件下）的高度，m。

Ⅰ级（不融沉）：A 小于1%，是仅次于岩石的地基土，在其上修筑建筑物时可不考虑冻融问题。

Ⅱ级（弱融沉）：$1\%\leqslant A<5\%$，是多年冻土中较好的地基土，可直接作为建筑物的地基，当控制基底最大融化深度在3 m以内时，建筑物不会遭受明显融沉破坏。

Ⅲ级（融沉）：$5\%\leqslant A<10\%$，具有较大的融化下沉量而且冬季回冻时有较大冻胀量。作为地基的一般基底融深不得大于1 m，并采取专门措施，如深基、保温防止基底融化等。

Ⅳ级（强融沉）：$10\%\leqslant A<25\%$，融化下沉量很大，因此施工、运营时不允许地基发生融化，设计时应保持冻土不融或采用桩基础。

Ⅴ级（融陷）：$A\geqslant 25\%$，为含土冰层，融化后呈流动、饱和状态，不能直接作地基，应进行专门处理。

2）防融沉措施

（1）换填基底土

对采用融化原则的基底土可换填碎、卵、砾石或粗砂等，换填深度可到季节融化深度或到受压层深度。

(2) 选择好施工季节

采用保持冻结原则时基础宜在冬季施工，采用融化原则时，最好在夏季施工。

(3) 选择好基础形式

对融沉、强融沉土宜用轻型墩台，适当增大基底面积，减少压应力，或结合具体情况，加深基础埋置深度。

(4) 注意隔热措施

采取保持冻结原则时施工中注意保护地表上覆盖植被，或以保温性能较好的材料铺盖地表，减少热渗入量。施工和养护中，保证建筑物周围排水通畅，防止地表水灌入基坑内。

11.5.2 盐渍土地基

1. 盐渍土的形成和分布

盐渍土系指含有较多易溶盐（含量>0.5%），且具有吸湿、松胀等特性的土。

盐渍土分布很广，一般分布在地势较低且地下水位较高的地段，如内陆洼地、盐湖和河流两岸的漫滩、低阶地、牛轭湖以及三角洲洼地、山间洼地等。我国西北地区如青海、新疆有大面积的内陆盐渍土，沿海各省则有滨海盐渍土。此外，在前苏联、美国、伊拉克、埃及、沙特阿拉伯、阿尔及利亚、印度以及非洲、欧洲等许多国家和地区均有分布。

盐渍土厚度一般不大，自地表向下 1.5～4.0 m，其厚度与地下水埋深、土的毛细作用上升高度以及蒸发作用影响深度（蒸发强度）等有关。其形成受如下因素影响：①干旱半干旱地区，因蒸发量大，降雨量小，毛细作用强，极利于盐分在表面聚集；②内陆盆地因地势低洼，周围封闭，排水不畅，地下水位高，利于水分蒸发盐类聚集；③农田洗盐、压盐、灌溉退水、渠道渗漏等进入某土层也将促使盐渍化。

盐渍土的工程特征

影响盐渍土基本性质的主要因素是土中易溶盐的含量。土中易溶盐主要有氯化物盐类、硫酸盐类和碳酸盐类三种。

2. 盐渍土的工程评价及防护措施

盐渍土的岩土工程评价应包括下列内容。

① 根据地区的气象、水文、地形、地貌、场地积水、地下水位、管道渗漏、地下洞室等环境条件变化，并对场地建筑适宜性作出评价。

② 评价岩土中含盐类型、含盐量及主要含盐矿物对岩土工程性能的影响。

③ 盐渍土地基的承载力宜采用载荷试验确定，当采用其他原位测试方法，如标准贯入、静（动）力触探及旁压试验等时，应与荷载试验结果进行对比。盐渍岩地基承载力可按《地基规范》软质岩石的小值确定，并应考虑盐渍岩的水溶性影响。

④ 盐渍岩边坡的坡度宜比非盐渍岩的软质岩石边坡适当放缓，对软弱夹层、破碎带及中、强风化带应部分或全部加以防护。

⑤ 盐渍土的含盐类型、含盐量及主要含盐矿物对金属及非金属建筑材料的腐蚀性评价。

此外，对具有松胀性及湿陷性盐渍土评价时，尚应按照有关膨胀土及湿陷性土等专业规范的规定，作出相应评价。

思考题

11－1　何谓自重和非自重湿陷性黄土？其主要特征有哪些？工程中应注意哪些问题？

11－2　影响黄土湿陷性的因素有哪些？工程中如何判定黄土地基的湿陷等级，并应采取哪些工程措施？

11－3　膨胀土具有哪些工程特征？影响膨胀土胀缩变形的主要因素有哪些？

11－4　什么是红黏土？红黏土地基有何工程特点？

11－5　何谓季节性冻土和多年冻土地基？工程上如何划分和处理？

习题

11－1　某黄土试样原始高度 20 mm，加压至 200 kPa，下沉稳定后的土样高度为 19.40 mm；然后浸水，下沉稳定后的高度为 19.25 mm，试判断该土是否为湿陷性黄土。

（答案：δ_s＝0.007 5，该土为非湿陷性黄土。）

11－2　某膨胀土地基试样原始体积 V_0＝10 ml，膨胀稳定后的体积 V_w＝15 ml，该土样原始高度 h_0＝20 mm，在压力 100 kPa 作用下膨胀稳定后的高度 h_w＝21 mm，试计算该土样的自由膨胀率 δ_{ef} 和膨胀率 δ_{ep}。

（答案：自由膨胀率 δ_{ef}＝0.5，膨胀率 δ_{ep}＝0.05。）

第12章

地基处理

12.1 概　　述

土木工程建设中，有时不可避免地遇到工程地质条件不良的软弱土地基，不能满足建筑物要求，需要先经过人工处理加固，再建造基础，处理后的地基称为人工地基。

地基处理的目的是针对软土地基上建造建筑物可能产生的问题，采取人工的方法改善地基土的工程性质，达到满足上部结构对地基稳定和变形的要求，这些方法主要包括：提高地基土的抗剪强度，增大地基承载力，防止剪切破坏或减轻土压力；改善地基土压缩特性，减少沉降和不均匀沉降；改善其渗透性，加速固结沉降过程；改善土的动力特性防止液化，减轻振动；消除或减少特殊土的不良工程特性（如黄土的湿陷性，膨胀土的膨胀性等）。

近几十年来，大量的土木工程实践推动了软弱土地基处理技术的迅速发展，地基处理的方法多样化，地基处理的新技术、新理论不断涌现并日趋完善，地基处理已成为基础工程领域中一个较有生命力的分支。根据地基处理方法的基本原理，基本上可以分为如表12-1所示的几类。

表12-1　地基处理方法的分类

物理处理				化学处理		热学处理	
置换	排水	挤密	加筋	搅拌	灌浆	热加固	冻结

但必须指出，很多地基处理方法具有多重加固处理的功能，例如碎石桩具有置换、挤密、排水和加筋的多重功能；而石灰桩则具有挤密、吸水和置换等功能。地基处理的主要方法、适用范围及加固原理，如表12-2所示。

上述表中的各类地基处理方法，均有各自的特点和作用机理，在不同的土类中产生不同的加固效果，也存在着局限性。地基的工程地质条件是千变万化的，工程对地基的要求也

表 12-2 地基处理的主要方法、适用范围和加固原理

分类	方法	加固原理	适用范围
置换	换土垫层法	采用开挖后换好土回填的方法；对于厚度较小的淤泥质土层，亦可采用抛石挤淤法。地基浅层性能良好的垫层，与下卧层形成双层地基。垫层可有效地扩散基底压力，提高地基承载力和减少沉降量	各种浅层的软弱土地基
	振冲置换法	利用振冲器在高压水的作用下边振边冲，在地基中成孔，在孔内回填碎石料且振密成碎石桩。碎石桩柱体与桩间土形成复合地基，提高承载力，减少沉降量	C_u<20 kPa 的黏性土、松散粉土和人工填土、湿陷性黄土地基等
	强夯置换法	采用强夯时，夯坑内回填块石、碎石挤淤置换的方法，形成碎石墩柱体，以提高地基承载力和减少沉降量	浅层软弱土层较薄的地基
	碎石桩法	采用沉管法或其他技术，在软土中设置砂或碎石桩柱体，置换后形成复合地基，可提高地基承载力，降低地基沉降。同时，砂、石柱体在软黏土中形成排水通道，加速固结	一般软土地基
	石灰桩法	在软弱土中成孔后，填入生石灰或其他混合料，形成竖向石灰桩柱体，通过生石灰的吸水膨胀、放热以及离子交换作用改善桩柱体周围土体的性质，形成石灰桩复合地基，以提高地基承载力，减少沉降量	人工填土、软土地基
	EPS 轻填法	发泡聚苯乙烯（EPS）重度只有土的 1/100～1/50，并具有较高的强度和低压缩性，用于填土料，可有效减少作用于地基的荷载，且根据需要用于地基的浅层置换	软弱土地基上的填方工程
排水固结	加载预压法	在预压荷载作用下，通过一定的预压时间，天然地基被压缩、固结，地基土的强度提高，压缩性降低。在达到设计要求后，卸去预压荷载，再建造上部结构，以保证地基稳定和变形满足要求。当天然土层的渗透性较低时，为了缩短渗透固结的时间，加速固结速率，可在地基中设置竖向排水通道，如砂井、排水板等。加载预压的荷载，一般有利用建筑物自身荷载、堆载或真空预压等	软土、粉土、杂填土、冲填土等

续表

分类	方法	加固原理	适用范围
排水固结	超载预压法	基本原理同加载预压法，但预压荷载超过上部结构的荷载。一般在保证地基稳定的前提下，超载预压方法的效果更好，特别是对降低地基次固结沉降十分有效	淤泥质黏性土和粉土
振密挤密	强夯法	采用重量100～400 kN的夯锤，从高处自由落下，在强烈的冲击力和振动力作用下，地基土密实，可以提高承载力，减少沉降量	松散碎石土、砂土，低饱和度粉土和黏性土，湿陷性黄土、杂填土和素填土地基
	振冲密实法	振冲器的强力振动，使得饱和砂层发生液化，砂粒重新排列，孔隙率降低；同时，利用振冲器的水平振冲力，回填碎石料使得砂层挤密，达到提高地基承载力，降低沉降的目的	黏粒含量小于10%的疏松散砂土地基
	挤密碎（砂）石桩法	施工方法与排水中的碎（砂）石桩相同，但是，沉管过程中的排土和振动作用，将桩柱体之间土体挤密，并形成碎（砂）石桩柱体复合地基，达到提高地基承载力和减小地基沉降的目的	松散砂土、杂填土、非饱和黏性土地基、黄土地基
	土、灰土桩法	采用沉管等技术，在地基中成孔，回填土或灰土形成竖向加固体，施工过程中排土和振动作用，挤密土体，并形成复合地基，提高地基承载力，减小沉降量	地下水位以上的湿陷性黄土、杂填土、素填土地基
加筋	加筋土法	在土体中加入起抗拉作用的筋材，例如土工合成材料、金属材料等，通过筋土间作用，达到减小或抵抗土压力；调整基底接触应力的目的。可用于支挡结构或浅层地基处理	浅层软弱土地基处理、挡土墙结构
	锚固法	主要有土钉和土锚法，土钉加固作用依赖于土钉与其周围土间的相互作用；土锚则依赖于锚杆另一端的锚固作用，两者主要功能是减少或承受水平向作用力	边坡加固，土锚技术应用中，必须有可以锚固的土层、岩层或构筑物
	竖向加固体复合地基法	在地基中设置小直径刚性桩、低等级混凝土桩等竖向加固体，例如CFG桩、二灰混凝土桩等，形成复合地基，提高地基承载力，减小沉降量	各类软弱土地基，尤其是较深厚的软土地基

续表

分　类	方　法	加固原理	适用范围
化学固化	深层搅拌法	利用深层搅拌机械，将固化剂（一般的无机固化剂为水泥、石灰、粉煤灰等）在原位与软弱土搅拌成桩柱体，可以形成桩柱体复合地基、格栅状或连续墙支挡结构。作为复合地基，可以提高地基承载力和减小变形；作为支挡结构或防渗，可以用作基坑开挖时，重力式支挡结构，或深基坑的止水帷幕。水泥系深层搅拌法，一般有两大类方法，即喷浆搅拌法和喷粉搅拌法	饱和软黏土地基，对于有机质较高的泥炭质土或泥炭、含水量很高的淤泥和淤泥质土，适用性宜通过试验确定
	灌浆或注浆法	有渗入灌浆、劈裂灌浆、压密灌浆以及高压注浆等多种工法，浆液的种类较多	类软弱土地基，岩石地基加固，建筑物纠偏等加固处理

是不尽相同的，材料、施工机具和施工条件等亦存在显著差别，没有哪一种方法是万能的。因此，对于每一工程必须进行综合考虑，通过方案的比选，选择一种技术可靠、经济合理、施工可行的方案，既可以是单一的地基处理方法，也可以是多种方法的综合处理。

12.2 软土地基

软土是指沿海的滨海相、三角洲相、内陆平原或山区的河流相、湖泊相、沼泽相等主要由细粒土组成的土，具有孔隙比大（一般大于1）、天然含水量高（接近或大于液限）、压缩性高（$a_{1-2}>0.5\ \mathrm{MPa}^{-1}$）和强度低的特点，多数还具有高灵敏度的结构性。主要包括淤泥、淤泥质黏性土、淤泥质粉土、泥炭、泥炭质土等。

12.2.1 软土的成因及划分

软土按沉积环境分类主要有下列几种类型。

1. 滨海沉积

1）滨海相

常与海浪岸流及潮汐的水动力作用形成较粗的颗粒（粗、中、细砂）相掺杂，使其不均匀和极松软，增强了淤泥的透水性能，易于压缩固结。

2）泻湖相

颗粒微细、孔隙比大、强度低、分布范围较宽阔，常形成海滨平原。在泻湖边缘，表层常有厚0.3～2.0 m的泥炭堆积。底部含有贝壳和生物残骸碎屑。

3）澙谷相

孔隙比大、结构松软、含水量高，有时甚于潟湖相。分布范围略窄，在其边缘表层也常有泥炭沉积。

4）三角洲相

由于河流及海潮的复杂交替作用，而使淤泥与薄层砂交错沉积，受海流与波浪的破坏，分选程度差，结构不稳定，多交错成不规则的尖灭层或透镜体夹层，结构疏松软，颗粒细小。如上海地区深厚的软土层中央有无数的极薄的粉砂层，为水平渗流提供了良好条件。

2. 湖泊沉积

湖泊沉积是近代淡水盆地和咸水盆地的沉积。沉积物中夹有粉砂颗粒，呈现明显的层理。淤泥结构松软，呈暗灰、灰绿或暗黑色，厚度一般为10 m左右，最厚者可达25 m。

3. 河滩沉积

主要包括河漫滩相和牛轭湖相。成层情况较为复杂，成分不均一，走向和厚度变化大，平面分布不规则。一般常呈带状或透镜状，间与砂或泥炭互层，其厚度不大，一般小于10 m。

4. 沼泽沉积

分布在地下水、地表水排泄不畅的低洼地带，多以泥炭为主，且常出露于地表。下部分布有淤泥层或底部与泥炭互层。

软土由于沉积年代、环境的差异，成因的不同，它们的成层情况，粒度组成，矿物成分有所差别，使工程性质有所不同。不同沉积类型的软土，有时其物理性质指标虽较相似，但工程性质并不很接近，不应借用。软土的力学性质参数宜尽可能通过现场原位测试取得。

软土的工程特性：含水量较高，孔隙比较大；抗剪强度低；压缩性较高；渗透性很小；结构性明显；流变性显著。

12.2.2 软土地基的承载力、沉降和稳定性的计算

在软土地基设计计算中，由于它的工程特性常需解决地基承载力、沉降和稳定性的计算问题，故与一般地基土的计算有所区别，现分述如下。

1. 软土地基的承载力

软土地基承载力应根据地区建筑经验，并结合下列因素综合确定：①软土成层条件、应力历史、力学特性及排水条件；②上部结构的类型、刚度、荷载性质、大小和分布，对不均匀沉降的敏感性；③基础的类型、尺寸、埋深、刚度等；④施工方法和程序；⑤采用预压排水处理的地基，应考虑软土固结排水后强度的增长。

1）根据极限承载力理论公式确定

饱和软黏土上条形基础的极限承载力 p_u（kPa）按普朗特尔—雷斯诺（Prandtl－Reissner）极限荷载公式，由 $\varphi=0$，$q=\gamma_2 h$ 确定为

$$p_u=5.14C_u+\gamma_2 h \tag{12-1}$$

式中：C_u——软土不排水抗剪强度，可用三轴仪、十字板剪切仪测定，也可取室内无侧限抗压强度 q_u 之半计算；

γ_2——基底以上土的重度，kN/m³，地下水位以下为浮重度；

h——基础埋置深度，m。当受水流冲刷时，由一般冲刷线算起。

据此，考虑矩形基础的形状修正系数及水平荷载作用时的影响系数，并考虑必要的安全系数，《公桥基规》提出软土地基容许承载力 [σ]（kPa）为

$$[\sigma]=\frac{5.14}{m}k_p C_u+\gamma_2 h \tag{12-2}$$

式中：m——安全系数 1.5～2.5，软土灵敏度高且基础长宽比小者用高值；

k_p——基础形状及倾斜荷载的修正系数，属半经验性质的系数，当矩形基础上作用有倾斜荷载时

$$k_p=\left(1+0.2\frac{b}{l}\right)\left(1-\frac{0.4Q}{bl\,C_u}\right)$$

b——基础宽度，m；

l——垂直于 b 边的基础长度，m。当有偏心荷载时，b 与 l 由 b' 与 l' 代替，$b'=b-2e_b$，$l'=l-2e_l$，e_b、e_l 分别为荷载在 b 方向、l 方向的偏心矩；

Q——荷载的水平分力，kN。

2）根据土的物理性质指标确定

软土大多是饱和的，天然含水量 ω 基本反映了土的孔隙比的大小，当饱和度 $S_r=1$ 时，$e=\frac{wG}{S_r}=wG$（G 为土颗粒比重），e 为 1 时，相应天然含水量 w 约 36%；e 为 1.5 时，相应 w 约 55%，所以一般情况，地基承载力是与其天然含水量密切相关的，根据统计资料 w 与软土的容许承载力 [σ_0] 关系如表 12-3 所示。

表 12-3 软土的容许承载力 [σ_0]

天然含水量 w/%	36	40	45	50	55	65	75
[σ_0] /kPa	100	90	80	70	60	50	40

3）按临塑荷载估算

软土地基承载力，考虑变形因素可按临塑荷载 p_{cr} 公式估算，以控制沉降在一般建筑物容许范围。条形基础临塑荷载 p_{cr}（kPa）计算式为

$$p_{cr}=N_q\gamma D+N_c C$$

饱和软土 $\phi_u=0$，$C=C_u$ 时，$N_q=1$，$N_c=\pi$ 则

$$p_{cr}=3.14C_u+\gamma D=3.14C_u+\gamma_2 h \tag{12-3}$$

此式用于矩形基础（空间问题）可认为较用于条形基础（平面问题）偏于安全。我国有些地区和部门，根据该地区软土情况，采用略高于临塑荷载的临界荷载 $p_{1/4}$，即允许基础边

缘出现塑性区范围深度不超过基础底宽的 1/4。$p_{1/4}$的计算详见第六章。

4）用原位测试方法确定

由室内试验测定土的物理力学指标（如 C_u 等）常受土被扰动影响使结果不正确；而一般土的承载力理论公式用于软土也会有偏差，因此采用现场原位测试的方法往往能克服以上缺点。软土地基常用的原位测试方法有：根据载荷试验、旁压试验确定地基承载力，以十字板剪切试验测定软黏土不排水抗剪强度换算地基承载力值，按标准贯入试验和静力触探结果用经验公式计算地基承载力等。

对较重要或规模较大的工程，确定软土地基承载力宜综合以上方法，结合当地软土沉积年代，成层情况，下卧层性质等考虑，并注意满足结构物对沉降和稳定的要求。

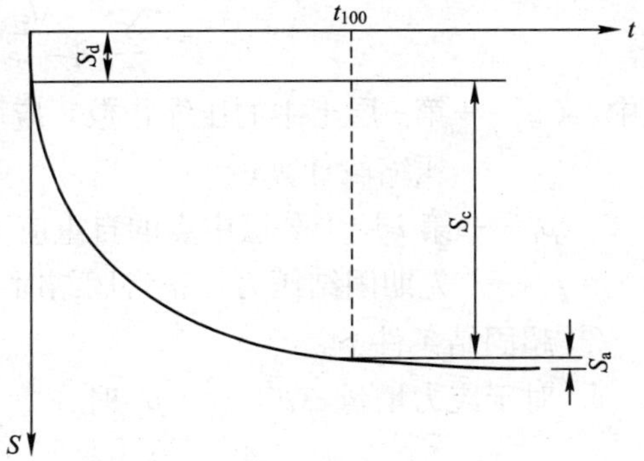

图 12－1　软土地基沉降的组成

2. 软土地基的沉降计算

软土地基在荷载下沉降变形的主要部分为固结沉降 S_c，此外还包括瞬时沉降 S_d 与次固结沉降 S_s，如图 12－1 所示。软土地基的总沉降量 S 为 S_d、S_c、S_s 之和。

1）固结沉降 S_c

在荷载作用下，软土地基缓慢地排水固结发生的沉降称为（主）固结沉降，常用的计算方法如下。

（1）采用 $e-p$ 曲线计算

$$S_c = \sum_{i=1}^{n} \frac{e_{0i} - e_{1i}}{1 + e_{0i}} \Delta h_i \tag{12-4}$$

式中：e_{0i}——未受基础荷载前，软土地基第 i 层土分层中点自重应力作用下稳定时的孔隙比；

e_{1i}——受基础荷载后，软土地基第 i 层土分层中点自重应力与附加应力作用下稳定时的稳定孔隙比；

Δh_i——土分层厚度，宜为 0.5～1.0 m。

（2）采用压缩模量计算

$$S_c = \sum_{i=1}^{n} \frac{\Delta p_i}{E_{si}} \Delta h_i \tag{12-5}$$

式中：Δp_i——第 i 层土中点的附加应力；

E_{si}——压缩模量，应取第 i 层土分层中点自重应力至自重应力与附加应力之和的压缩段计算。

（3）采用 $e-\log p$ 曲线计算

软土根据先期固结压力 P_c，与上覆土自重应力 P_0 关系，天然土层的固结状态可区分为正常固结状态、超固结状态、欠固结状态。我国海滨平原，内陆平原软土大多属正常固结状态；少数上覆土层经地质剥蚀的软土及软土上的“硬壳”则属超固结状态；江、河入海口处及滨海相沉积（以及部分冲填土）则属欠固结土的。对于欠固结软土，在计算其固结沉降 S_c 时，必须包括在自重应力作用下继续固结所引起的那一部分沉降，若仍按正常固结的土层计算，所得结果将远小于实际沉降。下面简要介绍考虑先期固结压力的计算公式。

① 正常固结、欠固结条件下

$$S_c=\sum_{i=1}^{n}\frac{\Delta h_i}{1+e_{0i}}\left[C_{ci}\cdot\lg\left(\frac{p_{0i}+\Delta p_i}{p_{ci}}\right)\right] \tag{12-6}$$

式中：C_{ci}——第 i 层土中的压缩指数，应取分层中点自重应力至自重应力与附加应力之和的压缩段计算；

p_i——第 i 层土分层中点的自重应力；

p_{ci}——先期固结压力，正常固结时 $p_{ci}=p_{0i}$，欠固结时 $p_{ci}<p_{0i}$。

② 超固结条件下

a. 对于应力增量 $\Delta p>p_c-p_0$ 时

$$S_c=\sum_{i=1}^{n}\frac{\Delta h_i}{1+e_{0i}}\left[C_{si}\cdot\lg\left(\frac{p_{ci}}{p_{0i}}\right)+C_{ci}\cdot\lg\left(\frac{p_{0i}+\Delta p_i}{p_{ci}}\right)\right] \tag{12-7}$$

b. 对于应力增量 $\Delta p\leqslant p_c-p_0$ 时

$$S_c=\sum_{i=1}^{n}\frac{\Delta h_i}{1+e_{0i}}\left[C_{si}\cdot\lg\left(\frac{p_{0i}+\Delta p_i}{p_{ci}}\right)\right] \tag{12-8}$$

式中：C_{si}——第 i 层土中的回弹指数。

2）瞬时沉降 S_d

瞬时沉降包括土的两种沉降，一种由地基土弹性变形引起；另一种是由于软土渗透系数低，加荷后初期不能排水固结，因而土体产生剪切变形，此时沉降是由软土侧向剪切变形引起。前一部分可用弹性理论公式计算

$$S_d=\frac{(1-\mu^2)}{E_d}\omega bp \tag{12-9}$$

式中：p——基础底面平均压力；

b——矩形基础的宽度；

μ——软土的泊松比，此处 $\mu=0.5$；

E_d——软土的弹性模量，可用三轴仪不排水试验求；

ω——沉降影响系数，与基础形状、计算点位置有关，可自土力学教材中查用。

由于工程设计中地基承载力的采用都限制塑性区的开展，因而由土体初期侧向剪切位移引起的沉降，在总的瞬时沉降中所占比例不大，目前一般不计或略作估算。

对于土体的一维变形情况，瞬时沉降是很小的，特别是当土体饱和时，由于土中水及土颗粒本身的变形可忽略不计，瞬时沉降接近于零。但是，对于土体的二维或三维变形情况，

瞬时沉降在地基总沉降量中占有相当大的比例，并且与加荷方式和加荷速率有很大的关系，比如采用一次瞬时加载时产生的瞬时沉降就比采用慢速均匀加载时大得多。

有时也用 $S_d=(0.2\sim0.3)S_c$ 对瞬时沉降进行估算。

3）次固结沉降 S_s

长期现场观测表明，在理论计算的固结过程结束后，软土地基因土骨架的蠕动而继续发生长期（长达数年以上）的、缓慢的压缩，称为次固结沉降，如图 12－2 所示。当软土较厚，含高塑性矿物等较多时，对沉降要求严格的建筑物不宜忽视次固结沉降 S_s。S_s 可按下式计算：

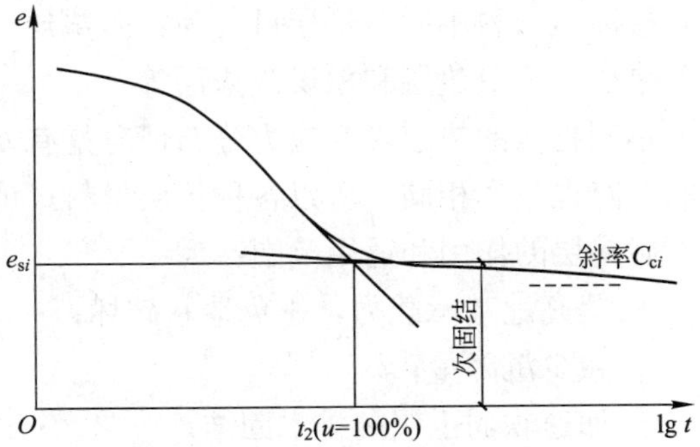

图 12－2　次固结沉降图

$$S_s=\sum_{i=1}^{n}\frac{C_{ci}}{1+e_{2i}}\lg\left(\frac{t_3}{t_2}\right)h_i \qquad (12-10)$$

式中：C_{ai}——第 i 层土的次固结系数，可由在固结压力下试验的 $e-\lg t$ 曲线如图 12－2 所示求取。其值与粒径、矿物成分有关，一般 $C_{ai}=0.005\sim0.03$；

e_{2i}——第 i 层软土在固结压力下完成排水固结时的孔隙比；

t_2、t_3——完成固结（固结度为 100%）时间和计算次固结沉降的时间，$t_3>t_2$。

由于对软土的次固结性状仍了解不够，无论对于它的机理、变化规律、影响因素、计算方法和试验测定等都有待进一步深入探讨。

软土地基沉降量 S 还可以利用观察到的建筑物的若干随时间（t_1、t_2 等）变化的沉降值 S_{t1}、S_{t2}、S_t-t 关系等，推算该建筑物的后期沉降 S_t 及最终沉降 S_∞。常用的推算方法是将实测的沉降—时间（S_t-t）曲线拟合为指数曲线、双曲线等而用数学方法推算 S_t 或 S_∞。

综上所述，软土地基的沉降应为上述三种沉降之和，即 $S=S_d+S_c+S_s$。

12.3　换土垫层法

当软土地基的承载力和变形满足不了建筑物的要求，而软弱土层的厚度又不很大时，将基础底面以下处理范围内的软弱土层的部分或全部挖去，然后分层换填强度较大的砂（碎石、素土、灰土、高炉干渣、粉煤灰）或其他性能稳定、无侵蚀性等材料，并压（夯、振）实至要求的密实度为止，这种地基处理的方法称为换填法。

根据采用的施工机具，压实垫层施工方法包括机械碾压、重锤夯实和平板振动等，这些施工方法不但可处理分层回填土，还可加固地基表层土。

12.3.1 换填垫层法的原理

按回填材料不同，垫层可分为：砂垫层、砂石垫层、碎石垫层、素土垫层、灰土垫层、二灰垫层、干渣垫层和粉煤灰垫层等。

不同材料的垫层，其应力分布情况是有差别的，但其极限承载力比较接近，垫层上建筑物的沉降也基本相同，所以各种垫层材料，可用类似砂垫层的方法计算。

砂垫层的作用和适用范围：

① 提高地基承载力，避免地基破坏；

② 减少沉降量；

③ 加速软弱土层的排水固结；

④ 防止冻胀（因粗颗粒孔隙大，无毛细现象）；

⑤ 消除膨胀土的胀缩作用。

一般当软弱土地基的承载力和变形满足不了建筑物的要求，而软弱土层厚度又不很大时，常采用此法。

12.3.2 砂垫层的设计

垫层的设计不但要满足建筑物对地基变形及稳定的要求，而且应符合经济合理的原则。其设计内容主要是确定断面的合理厚度和宽度。对于垫层，既要求有足够的厚度来置换可能被剪切破坏的软弱土层，又要有足够的宽度以防止垫层向两侧挤出。

1. 砂垫层厚度的确定

砂垫层的厚度应根据垫层底部软弱土的承载力来确定，即作用在砂垫层底面处土的自重应力与附加应力之和不大于软弱土承载力设计值，即图 12-3 所示的 $\sigma_{cz}+\sigma_z$ 应满足。

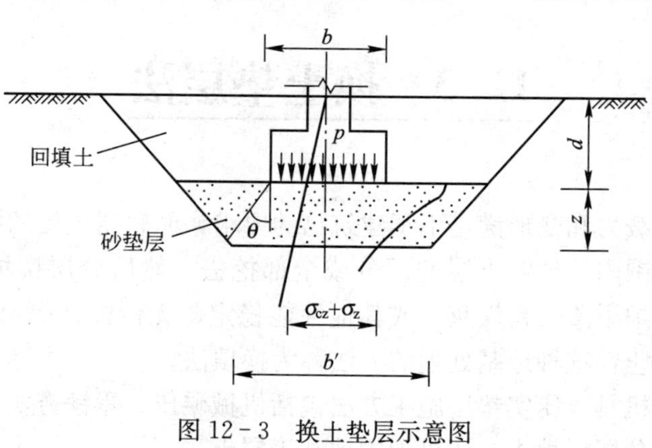

图 12-3 换土垫层示意图

$$\sigma_{cz}+\sigma_z \leqslant f_{az} \tag{12-11}$$

式中：f_{az}——垫层底面处软弱土层承载力特征值，kPa；

σ_{cz}——垫层底面处上的自重应力，kPa；

σ_z——垫层底面处土的附加应力，kPa。

条形基础

$$\sigma_z=\frac{bp_0}{(b+2z\cdot\tan\theta)} \tag{12-12a}$$

矩形基础

$$\sigma_z=\frac{blp_0}{(b+2z\cdot\tan\theta)(l+2z\cdot\tan\theta)} \tag{12-12b}$$

式中：b、l——基础的宽、长度，m；

z——基础底面下垫层的厚度，m；

θ——垫层的压力扩散角，查表 12-4；

p_0——基础底面的附加应力，kPa。

表 12-4　垫层压力扩散角

z/b \ 换填材料	中砂、粗砂、砾砂、圆砾、角砾、石屑、卵石、碎石、矿渣	粉质黏土、粉煤灰	灰土
0.25	20°	6°	28°
≥0.50	30°	23°	

由式（12-11）即可确定垫层的厚度，垫层厚度一般不宜大于 3 m，太厚施工较困难，太薄（<0.5 m）作用不显著。

计算时，一般先初步拟定一个垫层厚度，再用式（12-11）验算。如不合要求，则改变厚度，重新验算，直至满足为止。

2. 砂垫层的宽度

砂垫层的宽度除要满足应力扩散要求外，还要根据垫层侧面土的容许承载力来确定，防止垫层向两边挤出。若垫层宽度不足，四周侧面土质又比较软弱时，垫层就有可能部分挤入侧面软弱土中，增大基础沉降。故有

$$b'\geqslant b+2z\cdot\tan\theta \tag{12-13}$$

式中：b'——砂垫层底宽，m；

θ——压力扩散角，按表 12-3 确定。

底宽确定后，再根据开挖基坑需要的坡度延伸至地面，要求垫层顶部距基础外缘距离大

于 300 mm，这样即得砂垫层断面设计。

若建筑物比较重要，还要按分层总和法计算沉降量，使其小于相应的容许值。

12.3.3 施工要点

① 垫层施工必须保证达到设计要求的密实度。密实方法常用的有振动法、水撼法、根压法等。这些方法都要求控制一定的含水量，分层铺砂厚 200～300 mm，逐层振密或压实，并应将下层的密实度检验合格后，方可进行上层施工。

② 垫层的砂料必须具有良好的压实性。砂料的不均匀系数不能小于 5，以中粗砂为好，容许在砂中掺入一定数量的碎石，但要分布均匀。

③ 开挖基坑铺设垫层时，必须避免对软弱土层的扰动和破坏坑底土的结构。基坑开挖后应及时回填，不应暴露过久或浸水，并防止践踏坑底。当采用碎石垫层时，应在坑底先铺一层砂垫底，以免碎石挤入土中。

【例题 12-1】 某砖混结构办公楼，承重墙下为条形基础，宽 1.2 m，埋深 $d=1.0$ m，承重墙传至基础顶面的荷载 $N=180$ kN/m，地表为 1.5 m 厚的杂填土，$\gamma=17$ kN/m^3，下面为淤泥质土，承载力特征值 $f_{ak}=72.0$ kPa，试设计该基础的垫层。

解： (1) 垫层材料选用粗砂，$\gamma=20$ kN/m^3，并设垫层厚度 $z=1.5$ m，$z/b=1.5/1.2>0.5$，则垫层的压力扩散角 $\theta=30°$。

(2) 垫层厚度的验算：

基底附加应力 $$p_0=\frac{F}{b}+(\gamma_G-\gamma_0)d=\frac{180}{1.2}+(20-17)\times 1.0=62.4(\text{kPa})$$

垫层底面处土的自重应力：$\sigma_{cz}=17.0\times 1.0+20.0\times 1.5=47.0(\text{kPa})$

查表 7-8 得 $\eta_d=1.0$，则经过深度修正后淤泥质土的承载力特征值为：

$$f_{az}=f_{ak}+\eta_d\gamma_m(D-0.5)=72.0+1.0\times 47.0\div 2.5\times(2.5-0.5)=109.6(\text{kPa})$$

则 $\sigma_{cz}+\sigma_z=109.4\ \text{kPa}\leqslant f_{az}=109.6$ kPa。说明垫层厚度满足要求。

(3) 确定垫层底宽 b'

$$b'\geqslant b+2z\cdot\tan\theta=1.2+2\times 1.5\times\tan 30°=2.93(\text{m})$$

取 $b'=3.0$ m。按 1∶1.5 边坡开挖。

12.4 排水固结法

排水固结须压法是利用地基排水固结的特性，通过施加顶压荷载，并增设各种排水条件（砂井和排水垫层等排水体），以加速饱和软黏土固结发展的一种软土地基处理方法。

12.4.1　加固原理与应用条件

饱和软黏土地基在荷载作用下，孔隙中的水被慢慢地排出，孔隙体积逐渐减小，地基发生固结变形，同时随着孔隙水压力的消散，有效应力逐渐提高，地基土的强度随之增长。排水固结法加固地基的原理可以用图 12－4 所示曲线来说明。

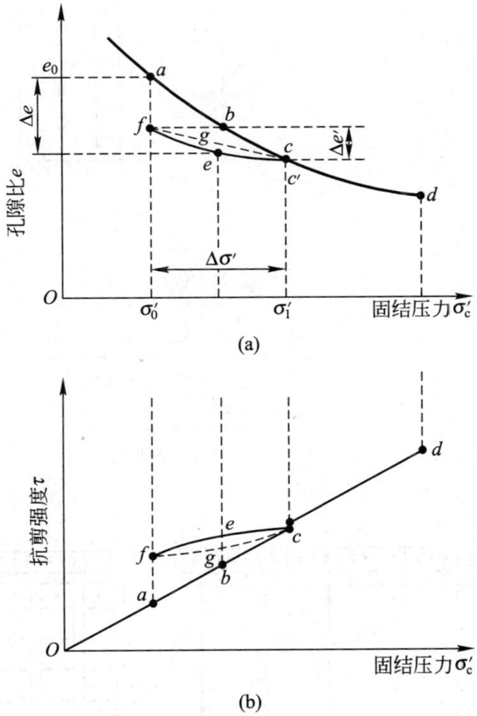

图 12－4　排水固结法增大地基土密度的原理

在如图 12－4（a）中，当土样的天然有效固结压力为 σ_0'时，孔隙比为 e_0，在 $e-\sigma_c'$曲线上相应为 a 点，当压力增加 $\Delta\sigma'$，固结终了时孔隙比减少 Δe，相应点为 c 点，曲线 abc 为压缩曲线，与此同时，抗剪强度与固结压力成比例地由 a 点提高到 c 点，说明土体在受压固结时，与孔隙比减小产生压缩的同时，抗剪强度也得到提高。如从 c 点卸除压力 $\Delta\sigma'$，则土样发生回弹，图 12－4（a）中 cef 为卸荷回弹曲线，如从 f 点再加压 $\Delta\sigma'$，土样再压缩将沿虚线到 c'，其相应的强度包线，如图 12－4（b）所示。从再压缩曲线 fgc'可看出，固结压力同样增加 $\Delta\sigma'$而孔隙比减小值为 $\Delta e'$，$\Delta e'$比 Δe 小得多。这说明如在建筑场地上先加一个和上部结构相同的压力进行加载预压使土层固结，然后卸除荷载，再施工建筑物，可以使地基沉降减少，如进行超载预压（预压荷载大于建筑物荷载）效果将更好，但预压荷载不应大于地基土的容许承载力。

排水固结法主要适用于处理淤泥、淤泥质土及其他饱和软黏土。对于砂类土和粉土，因透水性良好，无须用此法处理。对于含水平砂夹层的黏性土，因其具有较好的横向排水性能，所以不用竖向排水体（砂井等）处理，也能获得良好的固结效果。

12.4.2　砂井排水固结法

1. 砂井的布置和范围

砂井常按梅花形和正方形布置（见图 12－5）。假设每个砂井的有效影响面积为圆面积，如砂井间距为 l，则等效圆（有效排水范围）的直径 de 与 l 关系为：梅花形时，$de=1.05\ l$；正方形时，$de=1.13l$。由于梅花形排列较正方形紧凑和有效，应用较多。砂井的布置范围应稍大于建筑物基础范围，扩大的范围可由基础轮廓线向外增大 2～4 mm。

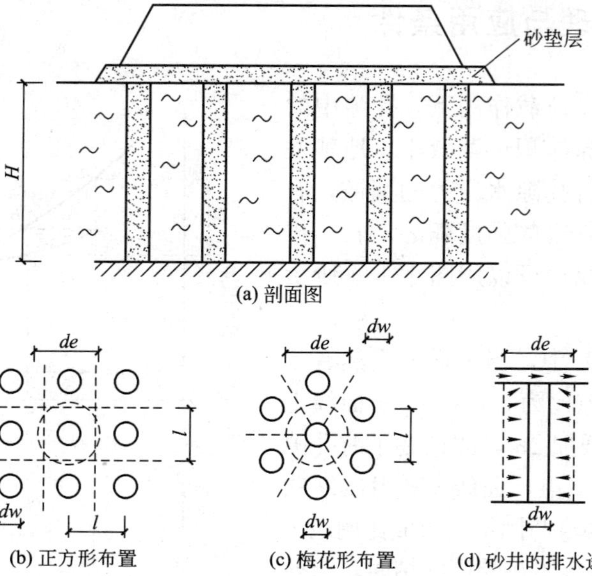

图 12-5　砂井布置图

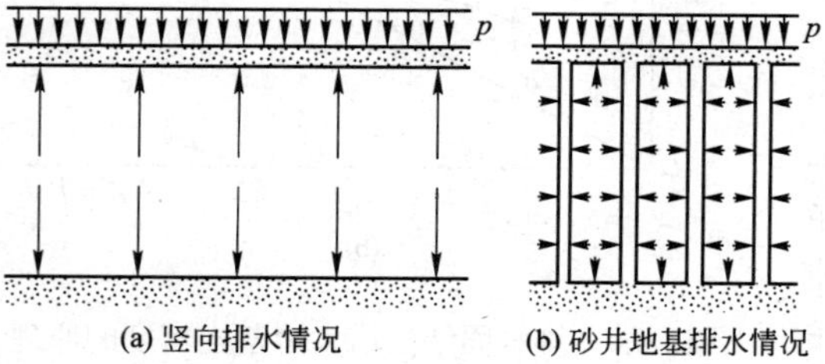

图 12-6　竖向排水体设置原理

根据固结理论，黏性土固结所需时间与排水距离的平方成正比。因此，为了加速土层的固结，最有效的方法是增加土层的排水途径，缩短排水距离（见图 12-6）。

砂料：砂料宜用中、粗砂，必须保证良好的透水性，含泥量不应超过 3%，渗透系数应大于 10^{-3} cm/s。

砂垫层：为了使砂井有良好的排水通道，砂井顶部应铺设砂垫层，垫层砂料粒度和砂井砂料相同，厚度一般为 0.5～1 m。

2. 砂井地基的固结度的计算

砂井固结理论采取了下列的假设条件：

①地基土是饱和的，固结过程是土中孔隙水的排出过程；②地基表面承受连续均匀的一次施加的荷载；③地基土在该荷载作用下仅有竖向的压密变形，整个固结过程地基土渗透系数不变；④加荷开始时，所有竖向荷载全部由孔隙水承受。

采用砂井的地基固结度计算属于三维问题。在轴对称条件下的单元井固结课题，如图 12-5 所示。可采用 Redulic-Terzaghi 固结理论，其表达式为

$$\frac{\partial u}{\partial t}=C_V\frac{\partial^2 u}{\partial z^2}+C_r\left(\frac{\partial^2 u}{\partial r^2}+\frac{1}{r}\frac{\partial u}{\partial r}\right) \tag{12-14}$$

式中：C_V、C_r——地基的竖向和水平向固结系数，m/s^2；

r、z——距离砂井中轴线的水平距离和深度，m。

为了求解方便，采用了分离变量原理，设 $u=u_z u_r$，则式（12-14）可分解成

$$\frac{\partial u_z}{\partial t}=C_V\frac{\partial^2 u}{\partial z^2} \tag{12-15a}$$

$$\frac{\partial u_r}{\partial t}=C_r\left(\frac{\partial^2 u}{\partial r^2}+\frac{1}{r}\frac{\partial u}{\partial r}\right) \tag{12-15b}$$

方程（12-15a）的求解，可以采用 Terzaghi 解答，其固结度的计算公式为

$$U_z=1-8\sum_{i=0}^{\infty}\frac{\exp(-A_i^2 C_v t/(2L)^2)}{A_i^2} \quad 其中\ A_i=\pi(2i+1) \tag{12-16}$$

方程（12-15b）已由 Barron（1948）根据等应变条件解出，其水平向固结度的计算公式为

$$U_r=1-\exp\left(-\frac{8T_r}{F_n}\right) \tag{12-17}$$

其中

$$T_r=\frac{C_r t}{d_e^2}$$

$$F_n=\frac{n^2}{n^2-1}\ln n-\frac{3n^2-1}{4n^2}$$

式中：T_r——水平向固结的时间因素，无量纲；

t——固结时间，s；

L——砂井垂直长度（竖向排水距离），m；

n——井径比 $n=d_e/d_w$，无量纲；

d_e、d_w——砂井的有效排水直径和砂井直径，m。

根据前述的分离变量原理 $u=u_z u_r$，则整个土层的平均超静孔隙水压力为

$$\bar{u}=\bar{u}_z\bar{u}_r$$

同理，对起始孔隙水压力值的平均值仍然有

$$\bar{u}_0=\bar{u}_{0z}\bar{u}_{0r}$$

上述两式相除后，可得到

$$\frac{\bar{u}}{\bar{u}_0}=\frac{\bar{u}_r}{\bar{u}_{0r}}\frac{\bar{u}_z}{\bar{u}_{0z}}$$

再根据固结度的概念，土层的平均固结度

$$U_t=1-\frac{\bar{u}}{\bar{u}_0} \quad 或 \quad \frac{\bar{u}}{\bar{u}_0}=1-U_t \tag{12-18}$$

同理，可得竖向和径向平均固结度为

$$U_r=1-\frac{\bar{u}_r}{\bar{u}_{0r}} \quad 或 \quad \frac{\bar{u}_r}{\bar{u}_{0r}}=1-U_r \tag{12-19a}$$

$$U_z=1-\frac{\bar{u}_z}{\bar{u}_{0z}} \quad 或 \quad \frac{\bar{u}_z}{\bar{u}_{0z}}=1-U_z \tag{12-19b}$$

从式（12-18）或式（12-19）可得

$$1-U_t=(1-U_r)(1-U_z) \quad 或 \quad U_t=1-(1-U_r)(1-U_z) \tag{12-20}$$

上述推导得到的式（12-20），即 Carrillo（1942）原理。根据这一原理，以及上述 Terzaghi 和 Barron 的解答，则可计算出砂井地基的平均固结度。

为了实际应用方便，将式（12-20）中 U_r 与 T_r、n 的函数关系制成表 12-5 以供查用。

表 12-5　径向平均固结度 U_r 与时间因素 T_r 及井径比 n 的关系

n \ U_r	0.1	0.2	0.3	0.4	0.5	0.6	0.7	0.8	0.9
4	0.009 8	0.020 8	0.033 1	0.047 5	0.064 2	0.085 2	0.111 8	0.150 0	0.214 0
5	0.012 2	0.026 0	0.041 3	0.059 0	0.080 0	0.106 5	0.139 0	0.187 0	0.268 0
6	0.014 4	0.030 6	0.049 0	0.070 0	0.094 6	0.125 4	0.164 8	0.221 0	0.316 0
7	0.016 3	0.035 6	0.055 2	0.079 0	0.107 0	0.141 7	0.186 0	0.249 0	0.356 0
8	0.018 0	0.038 3	0.061 0	0.087 5	0.118 2	0.157 0	0.206 0	0.276 0	0.395 0
9	0.019 6	0.041 6	0.066 4	0.095 0	0.128 7	0.170 5	0.223 0	0.300 0	0.438 0
10	0.020 6	0.044 0	0.070 0	0.100 0	0.136 7	0.180 0	0.236 0	0.316 0	0.453 0
11	0.022 0	0.046 7	0.074 6	0.107 0	0.144 6	0.192 0	0.252 0	0.338 0	0.482 0
12	0.023 0	0.049 0	0.078 0	0.112 0	0.151 8	0.200 8	0.263 0	0.353 0	0.505 0
13	0.023 9	0.050 7	0.081 0	0.116 0	0.157 0	0.208 0	0.273 0	0.366 0	0.524 0
14	0.025 0	0.053 1	0.084 8	0.121 5	0.166 3	0.218 6	0.286 0	0.383 0	0.548 0

【例题 12-2】 有一饱和软黏性土层，厚 8 m，其下为砂层，打穿软黏土到达砂层的砂井直径为 0.3 m，平面布置为梅花形，间距 $l=2.4$ m；软黏土在 150 kPa 均布压力下的竖向固结系数 $C_V=0.15\ \text{mm}^2/\text{s}$，水平向固结系数 $C_r=0.29\ \text{mm}^2/\text{s}$，求一个月时的固结度。

解： 竖向排水固结度 U_z 的计算

地基上设置砂垫层，该情况为两面排水　$H=8\div 2=4$（m）

$$T_V=\frac{C_V}{H^2}t=\frac{0.15\times 30\times 86\ 400}{(4\ 000)^2}=0.024$$

$$U_z=1-\frac{8}{\pi^2}\exp\left(-\frac{\pi^2}{4}T_v\right)=1-\frac{8}{3.14^2}\exp\left(-\frac{3.14^2}{4}\times 0.024\right)=0.235$$

径向排水固结度 U_r 的计算

$$d_e=2\ 400\times 1.050=2\ 520\ (\text{mm}) \quad n=\frac{2\ 520}{300}=8.4$$

$$T_r=\frac{C_r}{d_e^2}t=\frac{0.29\times 30\times 86\ 400}{(2\ 520)^2}=0.118\ 4$$

$$F_n=\frac{8.4^2}{8.4^2-1}\ln(8.4)-\frac{3\times 8.4^2-1}{4\times 8.4^2}=1.014\times 2.13-0.746=1.414$$

$$U_r=1-\exp\left(-\frac{8}{F_n}T_n\right)=1-\exp\left(-\frac{8}{1.414}\times 0.1184\right)=1-0.51=49\%$$

砂井地基总平均固结度 $U_t=1-(1-0.235)(1-0.49)=1-0.39=61\%$

不打砂井，依靠上下砂层固结排水，一个月地基固结度仅23.5%，设砂井后为61%。

以上介绍的径向排水固结理论，是假定初始孔隙水压力在砂井深度范围内为均匀分布的，即只有荷载分布面积的宽度大于砂井长度时方能满足，并认为预压荷载是一次施加的，如荷载分级施加，也应对以上固结理论予以修正，详见有关砂井设计规范和专著，此处不再赘述。

对于未打穿软黏土层的固结度计算，因边界条件不同（需考虑砂井以下软黏土层的固结度），不能简单套用式（12-20），可以按下式近似计算其平均固结度：

$$U=\eta U_t+(1-\eta)U_z' \tag{12-21}$$

式中：U——整个受压土层平均固结度；

η——砂井深度 L 与整个饱和软黏性土层厚度 H 的比值，$\eta=\frac{L}{H}$；

U_t——砂井深度范围内土的固结度，按式（6-26）计算；

U_z'——砂井以下土层的固结度，按单向固结理论计算，近似将砂井底面作为排水面。

砂井的施工工艺与砂桩大体相近，具体参照砂桩的施工工艺。

12.4.3 袋装砂井和塑料排水板预压法

用砂井法处理软土地基如地基土变形较大或施工质量稍差常会出现砂井被挤压截断，不能保持砂井在软土中排水通道的畅通，影响加固效果。近年来在砂井的基础上，普遍出现了以袋装砂井和塑料排水板代替普通砂井的方法，避免了砂井不连续的缺点，而且施工简便、加快了地基的固结，节约用砂，在工程中得到日益广泛的应用。

1. 袋装砂井预压法

目前国内应用的袋装砂井直径一般为70～120 mm，间距为1.0～2.0 m（井径比 n 取15～20）。砂袋可采用聚丙烯或聚乙烯等长链聚合物编织制成，应具有足够的抗拉强度、耐腐蚀、对人体无害等特点。装砂后砂袋的渗透系数不应小于砂的渗透系数。灌入砂袋的砂应为中、粗砂并振捣密实。砂袋留出孔口长度应保证伸入砂垫层至少300 mm，并不得卧倒。

袋装砂井的设计理论、计算方法基本与普通砂井相同，它的施工已有相应的定型埋设机械，与普通砂井相比，优点是：施工工艺和机具简单、用砂量少；它间距较小，排水固结效率高，井径小，成孔时对软土扰动也小，有利于地基土的稳定，有利于保持其连续性。

2. 塑料排水板预压法

塑料排水板预压法是将塑料排水板用插板机插入加固的软土中，然后在地面加载预压，使土中水沿塑料板的通道溢出，经砂垫层排除，从而使地基加速固结。

塑料板排水与砂井比较具有如下优点：

① 塑料板由工厂生产，材料质地均匀可靠，排水效果稳定。

② 塑料板重量轻，便于施工操作。

③ 施工机械轻便，能在超软弱地基上施工；施工速度快，工程费用低。

塑料排水板所用材料、制造方法不同，结构也不同，基本上分两类。一类是用单一材料制成的多孔管道的板带，表面刺有许多微孔（见图 12-7）；另一类是两种材料组合而成，板芯为各种规律变形断面的芯板或乱丝、花式丝的芯板，外面包裹一层无纺土工织物滤套（见图 12-8）。

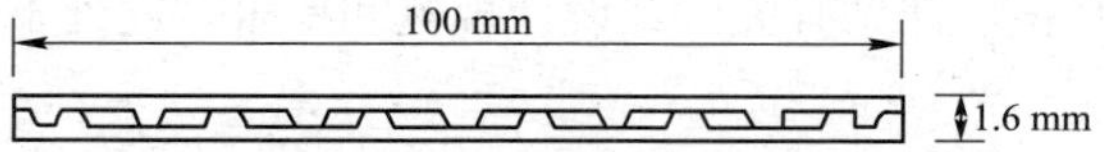

图 12-7 多孔单一结构型塑料排水板

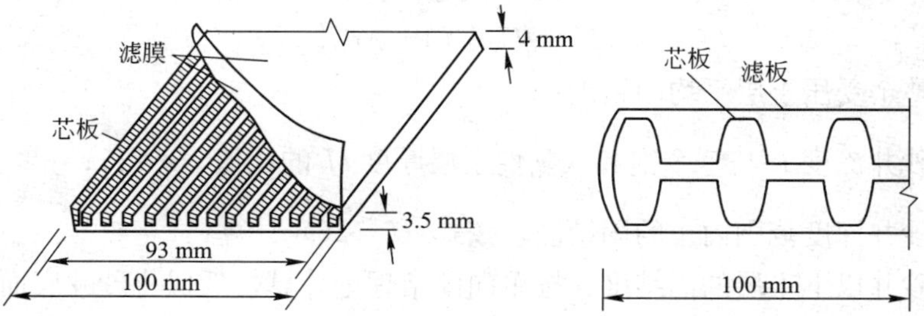

图 12-8 复合结构塑料排水板

塑料排水板可采用砂井加固地基的固结理论和设计计算方法。计算时应将塑料板换算成相当直径的砂井，根据两种排水体与周围土接触面积相等原理进行换算，当量换算直径 d_p 为

$$d_p = \frac{2(b+\delta)}{\pi} \tag{12-22}$$

式中：b——塑料板宽度，mm；

δ——塑料板厚度，mm。

目前应用的塑料排水板产品成卷包装，每卷长数百米，用专门的插板机插入软土地基，先在空心套管装入塑料排水板，并将其一端与预制的专用钢靴连接，插入地基下预定标高处，拔出空心套管，由于土对钢靴的阻力，塑料板留在软土中，在地面将塑料板切断，即可移动插板机进行下一个循环作业。

12.4.4 天然地基堆载预压法

天然地基堆载预压法是在建筑物施工前，用与设计荷载相等（或略大）的预压荷载（如砂、土、石等重物）堆压在天然地基上使地基软土得到压缩固结以提高其强度（也可以利用建筑物本身的重量分级缓慢施工），减少工后的沉降量，待地基承载力、变形达到设计预期要求后，将预压荷载撤除，在经预压的地基上修建建筑物。此方法费用较少，但工期较长。

如软土层不太厚，或软土中夹有多层细、粉砂夹层渗透性能较好，不需很长时间就可获得较好预压效果时可考虑采用，否则排水固结时间很长，应用就受到限制。此法设计计算可用一维固结理论。

12.4.5 真空预压法和降水位预压法

真空预压法实质上是以大气压作为预压荷重的一种预压固结法（见图12-9）。在需要加固的软土地基表面铺设砂垫层，然后埋设垂直排水通道（普通砂井、袋装砂井或塑料排水板），再用不透气的封闭薄膜覆盖软土地基，使其与大气隔绝，薄膜四周埋入土中，通过砂垫层内埋设的吸水管道，用真空泵进行抽气，使其形成真空，当真空泵抽气时，先后在地表砂垫层及竖向排水通道内逐渐形成负压，使土体内部与排水通道、垫层之间形成压力差，在此压力差作用下，土体中的孔隙水不断排水，从而使土体固结。

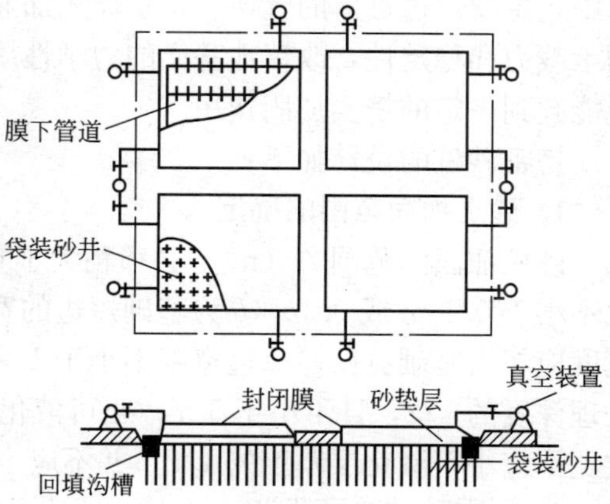

图12-9　真空预压工艺设备平面和剖面图

降低水位预压法是借井点抽水降低地下水位，以增加土的自重应力，达到预压目的。其降低地下水位原理、方法和需要设备基本与井点法基坑排水相同。地下水位降低使地基中的软弱土层承受了相当于水位下降高度水柱的重量而固结，增加了土中的有效应力。这一方法最适用于渗透性较好的砂土或粉土或在软黏土层中存在砂土层的情况，使用前应摸清土层分布及地下水位情况等。

采用各种排水固结方法加固后的地基，均应进行质量检验。检验方法可采用十字板剪切试验、旁压试验、荷载试验或常规土工试验，以测定其加固效果。

12.5　挤（振）密法

在不发生冲刷或冲刷深度不大的松散土地基（包括松散中、细、粉砂土，粉土，松散细粒炉渣，杂填土以及 $I_L<1$、孔隙比接近或大于1的含砂量较多的松软黏性土），如其厚度较大，用砂垫层处理施工困难时，可考虑采用砂桩深层挤密法，以提高地基承载力，减少沉降量和增强抗液化能力。对于厚度大的饱和软黏土地基，由于土的渗透性小，此法加固不易将土挤密实，还会破坏土的结构强度，主要起到置换作用，加固效果不大，宜考虑采用其他加

固方法如砂井预压、高压喷射、深层搅拌法等。下面介绍常用的挤密砂桩法、夯（压）实法和振动法三类。

挤密砂（或砂石）桩法是用振动、冲击或打入套管等方法在地基中成孔（孔径一段为300～600 mm），然后向孔中填入含泥量不大于5%的中、粗砂、粉、细砂料，并同时掺入25%～35%的碎石或卵石，再加以夯挤密实形成土中桩体从而加固地基的方法。对松散的砂土层，砂桩的加固机理有挤密作用、排水减压作用和砂土地基预振作用，对于松软黏性土地基中，主要通过桩体的置换和排水作用加速桩间土的排水固结，并形成复合地基，提高地基的承载力和稳定性，改善地基土的力学性质。对于砂土与黏性土互层的地基及冲填土，砂桩也能起到一定的挤实加固作用。

挤密砂桩的设计如下：

1. 砂土加固范围的确定

砂桩加固的范围 A（m^2）必须稍大于基础的面积（见图 12－10），一般应自基础向外加大不小于0.5 m或0.1b（b为基础短边的宽度，以m计）。一般认为砂（石）桩挤密地基的宽度应超出基础宽度，每边宽度不小于1～3 排；用于防止砂土液化时，每边放宽不宜小于处理深度的1/2，且不小于5 m；当可液化层上覆盖有厚度大于3 m的非液化土层时，每边放宽不应小于液化层厚度的1/2，并不应小于3 m。

2. 所需砂桩的面积 A_1

A_1 的大小除与加固范围 A 有关外，主要与土层加固后所需达到的地基容许承载力相对应的孔隙比有关。图 12－11 表示砂桩加固后的地基。假设砂桩加固前地基土的孔隙比为 e_0，砂土加固范围为 A，加固后土孔隙比为 e_1。从加固前后的地基中取相同大小的土样[见图 12－11（b）]可见，加固前后原地基土颗粒所占体积不变，由此可得所需砂桩的面积 A_1（m^2）

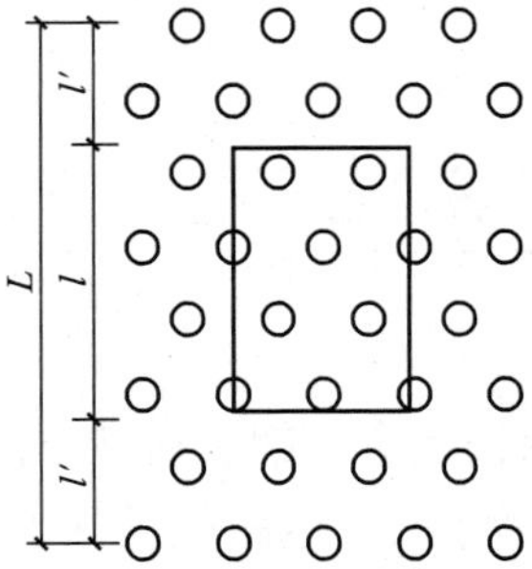

图 12－10　砂桩加固的平面布置

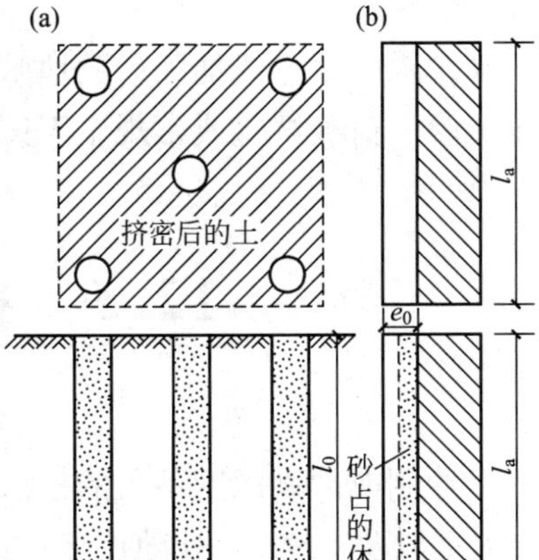

图 12－11　砂桩加固后的地基情况

$$A_1=\frac{e_0-e_1}{1+e_0}A \tag{12-23}$$

砂土：

$$e_1=e_{max}-D_r(e_{max}-e_{min})$$

e_{max}及 e_{min}由相对密度试验确定，D_r 值根据地质情况、荷载大小及施工条件选择，可采用 0.7～0.85。

黏性土：

$$e_1=d_s[w_P-I_L(w_L-w_P)]$$

式中：d_s——土粒的比重；

w_L、w_P——土的液限和塑限；

I_L——液性指数，黏土可取 0.75，粉质黏土取 0.5。对粉土根据试验资料 $e_1=0.6$～0.8，砂质粉土取较低值，黏质粉土取较高值。e_1 值也可根据加固后地基要求的承载力或抗液化确定。

3. 砂桩根数

确定 A_1 后，可根据施工设备的能力，地基的类型和地基处理的加固要求，确定砂桩的直径 d（m），目前国内实际采用的直径一般为 0.3～0.6 m，由此求出砂桩根数 n，则砂桩根数约为：

$$n=\frac{4A_1}{\pi d^2} \tag{12-24}$$

4. 砂桩的布置及其间距

为了使挤密作用比较均匀，砂桩可按正方形、梅花形布置或等边三角形，也可以为其他形式，如放射形等。

当布置为梅花形时，如图 12-12 所示，$\triangle abc$ 为挤密前软土，面积为 A，被砂桩挤密后该面积内的松软土被挤压到阴影所示的部分。

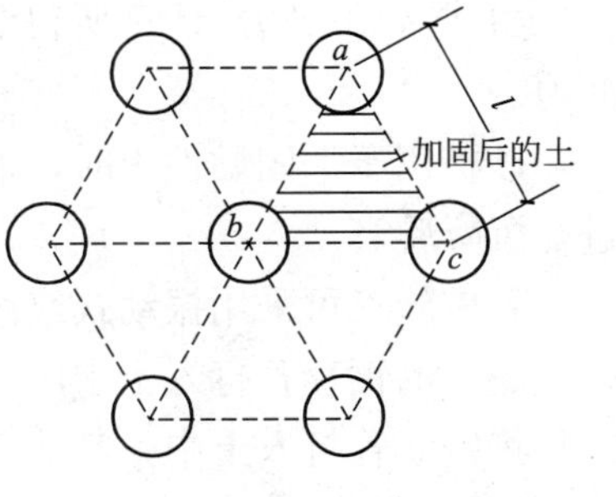

图 12-12　按梅花形布置砂桩

砂桩面积 A_1 从图 12-12 可知为：

$$A=3\times\left[\frac{1}{6}\left(\frac{\pi d^2}{4}\right)\right]=\frac{\pi d^2}{8} \tag{12-25}$$

$\triangle abc$ 的面积

$$A=\frac{\sqrt{3}}{4}l^2 \tag{12-26}$$

将式（12-25）、式（12-26）代入式（12-23）解得：

$$l=0.952d\sqrt{\frac{1+e_0}{e_0-e_1}} \tag{12-27}$$

式中，l 为砂桩的间距（m），一般为（3～5)d。

当布置为正方形时，同理可得：

$$l=0.887d\sqrt{\frac{1+e_0}{e_0-e_1}} \tag{12-28}$$

在工程实践中，除了理论计算外，常常通过现场试验确定砂桩的间距及加固的效果。

5. 砂桩长度

如软弱土层不很厚，砂桩一般应穿透软土层，如软弱土层很厚，砂桩长度可按桩底承载力和沉降量的要求，根据地基的稳定性和变形验算确定。

6. 砂桩的灌砂量

为保证砂桩加固后地基达到设计要求的质量，每根桩应灌入足够的砂量 Q（kN），以保证加固后土的密实度达到设计要求。则每根砂桩的灌砂量为：

$$Q=(A_1\times l)\gamma=\frac{A_1 l\, d_s}{1+e}(1+0.01w)\gamma_w \tag{12-29}$$

式中：A_1——砂桩面积；

l——砂桩长度；

γ——为加固后的孔隙比 e_1 的砂桩内砂土重度，kN/m^3；

γ_w——水的重度，kN/m^3；

w——灌入砂的含水量（以百分数计）；

d_s——土颗粒比重。

由式（12－29）计算所得灌砂量是理论计算值，应考虑各种可能损耗，备砂量应大于此值。

砂桩用于加固黏性土时，地基承载力应按后面介绍的复合地基计算或复核，并在需要时进行沉降验算。

砂桩施工可采用振动式或锤击式成孔。振动式是靠振动机的垂直上下振动作用，把带桩靴或底盖的钢套管打入土中成孔，填入砂料振动密实成桩（一面振动一面拔出套管）；锤击式是将钢套管打入土中，其他工艺与振动式基本相同，但灌砂成桩和扩大是用内管向下冲击而成。

筑成的砂桩必须保证质量要求：砂桩必须上下连续，确保设计长度；每单位长度砂桩投砂量应保证；砂桩位置的允许偏差不大于一个砂桩直径，垂直度允许偏差不大于 1.5%；加固后地基承载力可用静载试验确定，桩及桩间土的挤密质量可采用标准贯入法、动力触探法、静力触探法等进行检测。

除用砂作为挤密填料外，还可用碎石、石灰、二灰（石灰、粉煤灰）、素土等填实桩孔。石灰、二灰还有吸水膨胀及化学反应而挤密软弱土层的作用。这类桩的加固原理与设计方法与砂桩挤密法相同。

12.6　碾压法与夯实法

碾压与夯实是修路、筑堤、加固地基表层最常用的简易处理方法。通过处理，可使填土或地基表层疏松土孔隙体积减小，密实度提高，从而降低土的压缩性，提高其抗剪强度和承载力。目前我国常用的有机械碾压、振动压实和重锤夯实，以及 20 世纪 70 年代发展起来的强夯法等。

12.6.1　机械碾压法

机械碾压法是利用压路机、羊足碾、平碾、振动碾等碾压机械特地基土压实。黏性土：每层铺土（虚铺）厚度为 200～300 mm 碾压的效果：压实能量、最佳含水量。

压实系数＝施工时所控制的土的干密度 ρ_d/最大干密度 ρ_{dmax}之比一般控制在 0.94～0.97 之间。

12.6.2　夯实法

夯（压）实法对砂土地基及含水量在一定范围内的软弱黏性土可提高其密实度和强度，减少沉降量。此法也适用于加固杂填土和黄土等。按采用夯实手段的不同可对浅层或深层土起加固作用，浅层处理的换土垫层法需要分层压实填土，常用的压实方法是碾压法、夯实法和振动压实法。还有浅层处理的重锤夯实法和深层处理的强夯法（也称动力固结法）。

1. 重锤夯实法

重锤夯实法是利用起重机械将夯锤提到一定高度（2.5～4.5 m），然后使锤自由落下并重复夯击以加固地基。锤重一般不小于 15 kN，经夯击以后，地基表层土体的相对密实度或“干”密度将增加，从而提高表层地基的承载力。对于湿陷性黄土，重锤夯实可减少表层土的湿陷性；对于杂填土，则可减少其不均匀性。

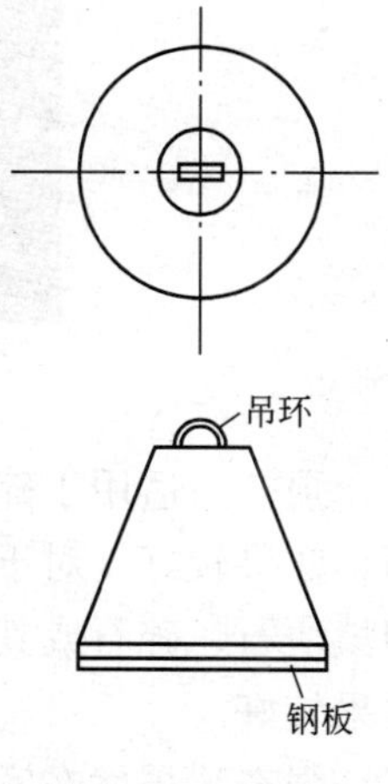

图 12－13　夯锤

重锤的式样常为一截头圆锥体（见图 12－13），重为 15～30 kN，锤底直径 0.7～1.5 m，锤底面自重静压力为 15～25 kPa，落距一般采用 2.5～4.0 m。

重锤夯实的有效影响深度与锤重、锤底直径、落距及地质条件有关。国内某地经验，一般砂质土，当锤重为 15 kN，锤底直径

1.15 m，落距 3～4 m 时，夯击 6～8 遍，夯击有效深度为 1.10～1.20 m，为达到预期加固密实度和深度，应在现场进行试夯，确定需要的落距、夯击遍数等。

夯击时，土的饱和度不宜太高，地下水位应低于击实影响深度，在此深度范围内也不应有饱和的软弱下卧层，否则会出现“橡皮土”现象，严重影响夯实效果，含水量过低消耗夯击功能较大，还往往达不到预期效果。一般含水量应尽量控制接近击实土的最佳含水量或控制在塑液限之间而稍接近塑限，也可由试夯确定含水量与锤击功能的规律，以求能用较少的夯击遍数达到预期的设计加固深度和密实度，从而指导施工。一般夯击遍数不宜超过 8～12 遍，否则应考虑增加锤重、落距或调整土层含水量。

重锤夯实法加固后的地基应经静载试验确定其承载力，需要时还应对软弱下卧层承载力及地基沉降进行验算。

2. 强夯法

强夯法，又称动力固结法（见图 12－14），是法国梅纳（Menard，1969）首创的一种地基加固方法。其用起重机械（起重机或起重机配三角架、龙门架）将 80～300 kN 的夯锤起吊到 6～30 m 高度后，自由落下，产生强大的冲击能量，对地基进行强力夯实，从而提高地基承载力，降低其压缩性，是我国目前最为常用和最经济的深层地基处理方法之一。

图 12－14　强夯法施工

强夯法适用于碎石类土、砂类土、杂填土、低饱和粉土和黏土、湿陷性黄土等地基的加固，效果较好。对于高饱和软黏土（淤泥及淤泥质土）强夯处理效果较差，但若结合夯坑内回填块石、碎石或其他粗粒料，强行夯入形成复合地基（称为强夯置换或动力挤淤），处理效果较好。

强夯法虽然在实践中已被证实是一种较好的地基处理方法，但其加固机理研究尚待完善。目前对强夯加固机理根据土的类别和强夯施工工艺的不同分为三种加固机理：

（1）动力挤密

在冲击型荷载作用下，在多孔隙、粗颗粒、非饱和土中，土颗粒相对位移，孔隙中气体被挤出，从而使得土体的孔隙减小、密实度增加、强度提高以及变形减小。

（2）动力固结

在饱和的细粒土中，土体在夯击能量作用下产生孔隙水压力使土体结构被破坏，土颗粒间出现裂隙，形成排水通道，渗透性改变，随着孔隙水压力的消散土开始密实，抗剪强度、变形模量增大。在夯击过程中并伴随土中气体体积的压缩，触变的恢复，黏粒结合水向自由水转化等。

（3）动力置换

在饱和软黏土特别是淤泥及淤泥质土中，通过强夯将碎石填充于土体中，形成复合地基，从而提高地基的承载力。

强夯法的设计如下。

（1）有效加固深度

强夯的有效加固深度影响因素很多，有锤重、锤底面积和落距，还有地基土性质、土层分布、地下水位以及其他有关设计参数等。我国常采用的是根据国外经验方式进行修正后的估算公式：

$$H=\alpha\sqrt{Mh} \tag{12-30}$$

式中：H——有效加固深度，m；

M——锤重（以10 kN为单位）；

h——落距，m；

α——对不同土质的修正系数，如表12-6所示。

表12-6 修正系数α

土的名称	黄土	一般对黏性土、粉土	砂土	碎石土（不包括块石、漂石）	块石、矿渣	人工填土
α	0.45～0.60	0.55～0.65	0.65～0.70	0.60～0.75	0.49～0.50	0.55～0.75

上式未反映土的物理力学性质的差别，仅作参考，应根据现场试夯或当地经验确定，缺乏资料时也可按相关规范提供的数据预估。

（2）夯击次数与遍数

夯击次数应根据现场试夯的夯击次数和夯沉量关系曲线以及最后两击夯沉量之差并结合现场具体情况来确定。施工的合理夯击次数，应取单击夯沉量开始趋于稳定时的累计夯击次数，且这一稳定的单击夯沉量即可用作施工时收锤的控制夯沉量。但必须同时满足：

① 最后两击的平均夯沉量不大于50 mm，当单击夯击能量较大时，应不大于100 mm，

当单击夯击能大于 6 000 kN · m 时不大于 200 mm；

② 夯坑周围地基不应发生过大的隆起；

③ 不因夯坑过深而发生起锤困难。

各试夯点的夯击数，应使土体竖向压缩最大，而侧向位移最小为原则，一般为 5～15 击。夯击遍数一般为 2～3 遍，最后再以低能量满夯一遍。

(3) 间歇时间

对于多遍夯击，两遍夯击之间应有一定的时间间隔，主要取决于加固土层孔隙水压力的消散时间。对于渗透性较差的黏性土地基的间隔时间，应不小于 3～4 周，渗透性较好的地基可连续夯击。

(4) 夯点布置及间距

夯点的布置一般为正方形、等边三角形或等腰三角形，处理范围应大于基础范围，宜超出 1/2～2/3 的处理深度，且不宜小于 3 m。夯间距应根据地基土的性质和要求处理的深度来确定。一般第一遍夯击点间距可取 5～9 m，第二遍夯击点位于第一遍夯击点之间，以后各遍夯击点间距可与第一遍相同，也可适减小。

强夯法施工前，应先在现场进行原位试验（旁压试验、十字板试验、触探试验等），取原状土样测定含水量、塑限液限、粒度成分等，然后在实验室进行动力固结试验或现场进行试验性施工，以取得有关数据。为按设计要求（地基承载力、压缩性、加固影响深度等）确定施工时每一遍夯击的最佳夯击能、每一点的最佳夯击数、各夯击点间的间距以及前后两遍锤击之间的间歇时间（孔隙承压力消散时间）等提供依据。

强夯法施工过程中还应对现场地基土层进行一系列对比的观测工作，包括：地面沉降测定；孔隙水压力测定；侧向压力、振动加速度测定等。对强夯加固后效果的检验可采用原位测试的方法如现场十字板、动力触探、静力触探、荷载试验、波速试验等；也可采用室内常规试验、室内动力固结试验等。

近年来国内外有采用强夯法作为软土的置换手段，用强夯法将碎石挤入软土形成碎石垫层或间隔夯入形成碎石墩（桩），构成复合地基，且已列相关的行业规范。

强夯法除了尚无完整的设计计算方法，施工前后及施工过程中需进行大量测试工作外，还有诸如噪声大、振动大等缺点，不宜在建筑物或人口密集处使用；加固范围较小（5 000 cm^2）时不经济。

12.7 振 冲 法

振冲法主要的施工机具是振冲器、吊机和水泵。振冲器是一个类似插入式混凝土振捣器的机具，其外壳直径为 0.2～0.45 m，长 2～5 m，重 20～50 kN，筒内主要由一组偏心块、潜水电机和通水管三部分组成，如图 12-15 所示。

施工时，振冲器由吊车或卷扬机就位后（见图 12-16），打开下喷水口，启动振冲器，在振动力和水冲作用下，在土层中形成孔洞，直至设计标高。然后经过清孔，用循环水带出孔中稠泥浆后，向桩孔逐段添加填料（粗砂、砾砂、碎石、卵石等），填料粒径不宜大于 80 mm，碎石常用 20～50 mm，每段填料均在振冲器振动作用下振挤密实，达到要求密实度后就可以上提，重复上述操作直至地面，从而在地基中形成一根具有相当直径的密实桩体，同时孔周围一定范围的土也被挤密。孔内填料的密实度可以从振动所耗的电量来反映，通过观察电流变化来控制。不加填料的振冲法密实法仅适用于处理黏粒含量不大于10%的粗砂、中砂地基。

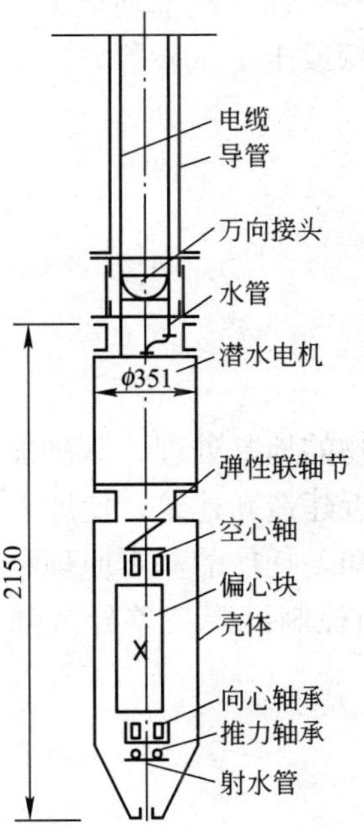

图 12-15　振冲器构造示意图

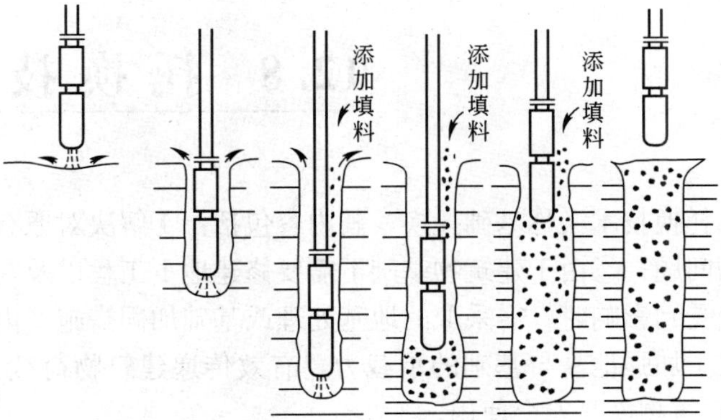

图 12-16　振冲施工过程

振冲法的显著优点是用一个较轻便的机具，将强大的水平振动（有的振冲器也附有垂直向的振动）直接递送到深度可达 20 m 左右的软弱地基内，施工设备较简单，操作方便，施工速度快，造价较低。缺点是加固地基时要排出大量的泥浆，环境污染比较严重。

振冲法根据其加固机理不同，可分为振冲置换和振冲密实两类（见表 12-1）。

1. 对砂类土地基

振动力除直接将砂层挤压密实外，还向饱和砂土传播加速度，因此在振冲器周围一定范围内砂土产生振动液化。液化后的土颗粒在重力、上覆土压力及外添填料的挤压下重新排列变得密实，孔隙比大为减小，从而提高地基承载力及抗震能力；另一方面，依靠振冲器的重复水平振动力，在加回填料情况下，通过填料使砂层挤压加密。

2. 对黏性土地基

软黏性土透水性很低，振动力并不能使饱和土中孔隙水迅速排除而减小孔隙比，振动力主要是把添加料振密并挤压到周围黏土中去形成粗大密实的桩柱，桩柱与软黏土组成复合地基。复合地基承受荷载后，由于地基土和桩体材料的变形模量不同，故土中应力集中到桩柱上，从而使桩周软土负担的应力相应减少。与原地基相比，复合地基的承载力得到提高。

振冲法处理地基最有效的土层为砂类土和粉土，其次为黏粒含量较小的黏性土，对于黏粒含量大于30%的黏性土，则挤密效果明显降低，主要产生置换作用。

振冲法加固砂性土地基，宜在加固半个月后进行效果检验，黏性土地基则至少要一个月才能进行。检验方法可采用静载试验，标准贯入试验，静力触探或土工试验等方法，对加固前后进行对比。

12.8 托换技术

托换技术又称基础托换，其内容包括：①解决对原有建筑物的地基处理、基础加固或改建的问题；②由于建筑物基础下需要修建地下工程以及在其邻近建造新建筑，使原有建筑的安全受到影响时，需采取的地基处理或基础加固措施。由此可知，托换的基本原理和根本目的在于加强地基与基础的承载力，有效传递建筑物荷载，从而控制沉降与差异沉降，使建(构)筑物恢复安全使用。

12.8.1 基础托换

基础托换主要有基础加宽、加深技术，桩式托换及地基改良技术如灌浆法等。

1. 基础加宽、加深法

通过基础加宽，扩大基础底面积，有效降低基底接触压力。

基础加宽应注意加宽部分与原有基础部分的连接。通常通过钢筋锚杆（植筋）将加宽部分与原有基础部分连接，并将原有基础凿毛、刷洗干净，铺一层高标号水泥浆或涂混凝土界面剂，使两部分混凝土能较好地连成一体，对刚性基础和柔性基础都要进行计算，刚性基础应满足刚性角要求，柔性基础应满足抗弯要求。钢筋锚杆应有足够的锚固长度，有条件时可将加固筋与原基础钢筋焊牢。有时也可将柔性基础改为刚性基础，独立基础改成条形基础，条形基础扩大成片筏基础，片筏基础改成箱形基础等。

基础加深采用坑式托换，是直接在被托换建筑物的基础下挖坑后浇筑混凝土的托换加固

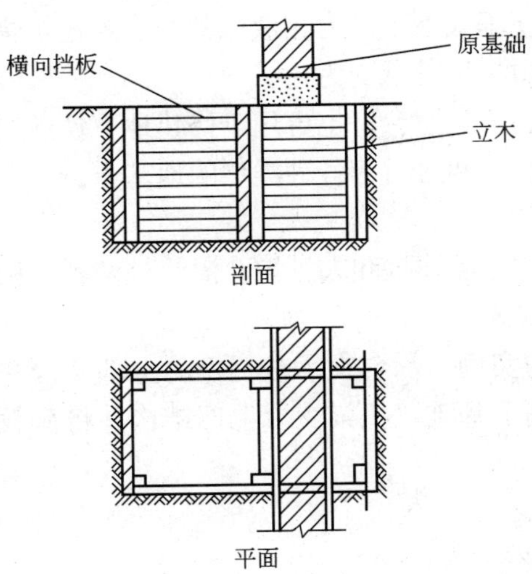

图 12-17 基坑托换

方法，也称墩式托换，如图 12-17 所示。坑式托换的适用条件是：土层易于开挖，地下水位较低，否则施工时会发生邻近土的流失；建筑物的基础最好为条形，便于在纵向对荷载进行调整，起到梁的作用。

2. 桩式托换

桩式托换的内容，包括各种采用桩基的形式进行托换的方法。内容十分广泛，以下介绍几种常用且行之有效的桩式托换方法。

1）压入桩

（1）顶承式静压桩

顶承式静压桩是利用建筑物上部结构自重作支承反力，采用普通千斤顶，将桩分节压入土中（见图 12-18），接桩用电焊，从压力传感器上可观察到桩贯入到设计土层时的阻力，当桩所承受的荷载超过设计单桩承载力 150%时，停止加荷撤出千斤顶，并在基础下支模浇注混凝土，使桩和基础浇注成整体，如图 12-18（b）所示。

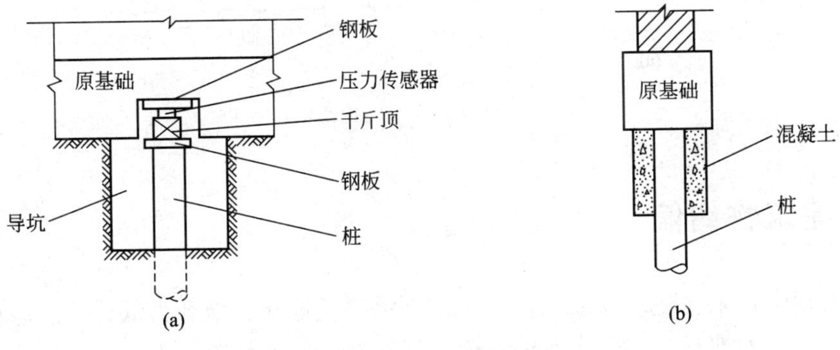

图 12-18 顶承式静压桩托换示意图

（2）锚杆式静压桩

锚杆式静压桩的工作原理是利用建筑物自重，先在基础上埋设锚杆，借锚杆反力，通过反力架用千斤顶将预制好的桩逐节经基础开凿出来的桩孔中压入至设计土层，最后在不卸载的情况下用强度等级 C30 的微膨胀早强混凝土将桩与原基础浇灌在一起。

2）树根桩

树根桩实际上是一种小直径的就地灌注钢筋混凝土桩，其钻孔直径一般为 7.5～25 cm，穿越原有建筑物进入到地基土层中。树根桩可以是垂直或倾斜的，也可是单根或成排的。

用树根桩进行托换时，可认为施工时树根桩不起作用。但当建筑物一产生极小沉降，树根桩就反应迅速，将承受建筑物的部分荷载，同时使基底下土反力相应地减小。若建筑物继续下沉，则树根桩将继续分担荷载，直至全部荷载由树根桩承受为止。

树根桩托换可应用于加固已有建筑，包括房屋、桥梁墩台；也可用于修建地下铁道时的托换和加固土坡、整治滑坡等。适用于砂性土、黏性土和岩石等各种类型的地基土。

3）灌注桩托换

用于托换工程的灌注桩，按其成孔方法可分为钻孔灌注桩和人工挖孔灌注桩两种。根据桩材又可分为混凝土、钢筋混凝土、灰土桩等。

图 12－19（a）为一厂房桩基础用灌注桩托换的实例，承台支承被托换的上部结构并将荷载传至灌注桩；图 12－19（b）为一灰土桩托换墙下基础，托梁支承上部结构并将荷载传至灌注桩。

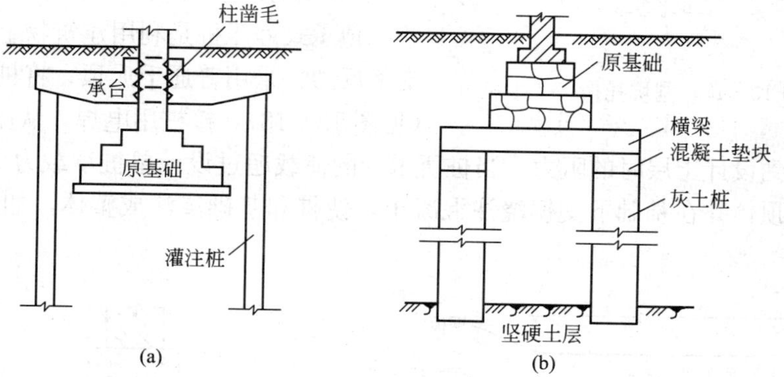

图 12－19　灌注桩托换

12.8.2　建筑物纠偏

在建筑工程中，某些建筑物或结构物经常不可避免地建在承载力低、土层厚度变化大的较软弱地基上，或因地基局部浸水湿陷，或因建筑物荷载偏心等因素，往往造成建筑物、构筑物或工业设备基础过大的沉降或不均匀沉降。此外，对大面积堆料的厂房，还会引起桩基础倾斜和吊车卡轨等现象。通常的处理方法有加深加大基础、加固地基、凿开基础矫正基础加压、基础减压及增大结构刚度等方法。近几年，我国在基础纠偏工程中创造出一些新的方法，实践证明，其方法简便、效果良好。以下简要介绍顶桩掏土法和排土纠偏法。

1. 顶桩掏土法

该法是将锚杆静压桩和水平向掏土技术相结合。其工作原理是先在建筑物基础沉降多的一侧压桩，并立即将桩与基础锚固在一起，迅速制止建筑物的下沉，然后在沉降少的一侧基底下掏土，以减少基底受力面积，增加基底压力，从而增大该处土中应力，使建筑物缓慢而又均匀地下沉，产生回倾，必要时可在掏土一侧设置少量保护桩，以提高回倾的稳定性，最后达到纠偏矫正的目的。在施工过程中必须加强建筑物沉降和裂缝的观测。

2. 排土纠偏法

排土纠偏法的形式有多种，现介绍以下几种：

1）抽砂纠偏法

为了纠正建筑物在使用期间可能出现的不均匀沉降，在建筑物基底预先做一层 70～100 cm 厚的砂垫层，在预估沉降量较小的部位，每隔一定距离（约 1 m）预留砂孔一个。当建筑物出现不均匀沉降时，可在沉降量较小的部位，用铁管在预留孔中取出一定数量的砂体，从而使建筑物强迫下沉，达到沉降均匀的目的。

2）钻孔取土纠偏法

当软黏土地基上的建筑物发生倾斜时，用钻孔取土法纠正能收到良好的效果。其方法是利用软土中应力变化后将产生侧向挤出这一特性来调整变形和纠正倾斜。

当基础一侧出现较大沉降而倾斜时，在沉降小的一侧基础周围钻孔，然后再在孔中掏土，使此侧软弱地基土有可能产生侧向挤出而产生较大下沉，达到纠偏的目的。

为了加速倾斜的调整过程，还可在基础下沉较小一侧的基础上逐级增加偏心荷载，使该处地基中附加应力增大，加速软黏土的侧向变形和挤出。

托换技术是一种建筑技术难度较大、费用较高、责任性强的特殊施工方法，其可能危及生命和财产安全，并需应用各种地基处理技术，同时需要善于巧妙和灵活地综合选用各种托换技术。

思考题

12-1　什么是软土地基？软土的种类有哪些？

12-2　常用地基处理有哪些？各适用什么情况？

12-3　如何设计垫层？垫层施工质量的关键是什么？

12-4　某砌体混合结构房屋，承重内墙传至±0.00 处的荷载 $N=205$ kN/m，地基为较厚的淤泥土，$\gamma=17$ kN/m^3，$f_{ak}=62$ kPa（$\eta_b=0 \eta_d=1.1$），基础埋深为 $d=1.0$ m，基础宽度取 $b=2$ m。现用砂垫层来处理此地基，假设砂垫层厚度为 $z=2$ m，$f_a=150$ kPa，压力扩散角为 30°，试验算此砂垫层，如验算合理的话确定垫层宽度。

（答案：此砂垫层验算合理，垫层底部宽度 $b'\geqslant 4.3$ m）

参 考 文 献

［1］ 陈希哲. 土力学地基基础. 3 版. 北京：清华大学出版社，1999.
［2］ 周汉荣，赵明华. 土力学地基与基础. 3 版. 北京：中国建筑工业出版社，1997.
［3］ 赵明华. 土力学与基础工程. 2 版. 武汉：武汉理工大学出版社，2003.
［4］ 东南大学. 混凝土结构设计. 2 版. 北京：中国建筑工业出版社，2003.
［5］ 史如平，韩选江. 土力学与地基基础. 上海：上海交通大学出版社，1990.
［6］ 建筑桩基技术规范. JGJ 94—94，1995.
［7］ 建筑地基基础设计规范. GB 50007—2002，2002.